国家林业和草原局普通高等教育“十三五”规划教材

水土保持与荒漠化防治概论

（第2版）

王克勤　赵雨森　陈奇伯　主编

中国林业出版社

内容提要

《水土保持与荒漠化防治概论》(第2版)是根据国家林业和草原局普通高等教育“十三五”规划教材编写计划以及水土保持与荒漠化防治工作范畴的不断扩大和新需求的不断出现，在第1版的基础上修订的新教材，突出针对非水土保持与荒漠化防治专业人员的特点，使其能在较短的时间内，对水土保持与荒漠化防治的基本原理和方法有一个比较系统的认识。本教材对水土保持和荒漠化防治方面的基本原理和方法做了系统的论述，在原教材的基础上，根据当前国内外水土保持的新理论、新方法、新经验，对教材内容进行了修订和补充。内容主要包括：水土保持与荒漠化的基本概念、水土流失规律、水土保持规划、林业生态工程、水土保持措施体系、生态清洁小流域建设、沙化土地与石漠化土地防治、生产建设项目水土保持、水土保持管理等。

本教材适用于非水土保持与荒漠化防治专业，也可供相关从业人员学习参考。

图书在版编目(CIP)数据

水土保持与荒漠化防治概论 / 王克勤，赵雨森，陈奇伯主编. —2版. —北京：中国林业出版社，2019.1(2023.12重印)

国家林业和草原局普通高等教育“十三五”规划教材

ISBN 978-7-5038-9951-5

Ⅰ.①水… Ⅱ.①王… ②赵… ③陈… Ⅲ.①水土保持－高等学校－教材 ②沙漠化－防治－高等学校－教材 Ⅳ.①S157 ②P941.73

中国版本图书馆CIP数据核字(2019)第012065号

中国林业出版社·教育出版分社

策划编辑：肖基浒　　**责任编辑**：许　玮　肖基浒

电　　话：83143555　　**传　　真**：83143516

出版发行　中国林业出版社(100009　北京市西城区德内大街刘海胡同7号)

E-mail:jiaocaipublic@163.com　电话:(010)83143500

http://www.forestry.gov.cn/lycb.html

经　　销　新华书店

印　　刷　三河市祥达印刷包装有限公司

版　　次　2008年9月第1版(共印4次)

2019年1月第2版

印　　次　2023年12月第2次印刷

开　　本　850mm×1168mm　1/16

印　　张　21.5

字　　数　510千字

定　　价　58.00元

《水土保持与荒漠化防治概论》(第2版)
编写人员

主　　编：王克勤　赵雨森　陈奇伯

副 主 编：赵洋毅　王　立

编写人员：(按姓氏笔画排序)

王　立　甘肃农业大学
王克勤　西南林业大学
许　丽　内蒙古农业大学
宋维峰　西南林业大学
李艳梅　西南林业大学
辛　颖　东北林业大学
张玉珍　甘肃农业大学
陈奇伯　西南林业大学
赵洋毅　西南林业大学
赵雨森　东北林业大学

前言
（第2版）

《水土保持与荒漠化防治概论》(第1版)出版以来得到了广大使用单位和读者的大力支持与肯定，已成为全国农林高等院校非水土保持与荒漠化防治专业普及水土保持与荒漠化防治专业知识的教材和重要参考书。根据国家林业和草原局普通高等教育"十三五"规划教材编写计划以及水土保持与荒漠化防治事业发展的新形势、新任务和新要求，编委会决定在2008年出版的《水土保持与荒漠化防治概论》(第1版)基础上重新修订《水土保持与荒漠化防治概论》(第2版)。西南林业大学为主编单位，参编单位有东北林业大学、内蒙古农业大学、甘肃农业大学。由王克勤、赵雨森、陈奇伯三位教授担任主编。

本教材此次的修订和编写基本保持了第1版教材关于水土保持与荒漠化专业的基本知识结构，为顺应新时期水土保持与荒漠化防治发展的需求，对部分章节进行了修订，同时增加了新的内容。第1章绪论中主要介绍了水土保持与荒漠化防治的基本概念，更新了我国水土保持的发展和新成就；第2章对水土流失的基本理论和规律进行了介绍，增加了冻融侵蚀和冰川侵蚀内容；第3章根据最新的行业标准重新编写水土保持规划的基本方法；第4~6章分别是水土保持三大措施的林业和草业措施、工程措施、农业措施技术体系的基本内容，同时，为了适应水土保持学科新的发展需要，增加了第7章生态清洁小流域建设，对生态清洁小流域的基本概念、建设特点及建设技术进行了比较全面的介绍；第8~10章为依据新的法律法规和行业标准编写修订的沙漠化和石漠化防治的措施技术体系，生产建设项目水土保持方案编制、监测和技术评估理论及方法、水土保持项目管理的程序方法及水土保持执法与监督。但鉴于非水土保持与荒漠化防治专业开设《水土保持与荒漠化防治概论》课程的学时限制，本教材的篇幅有限，编写中集中体现简明扼要的特点，对基本理论的基础计算、水土流失过程的详细描述、措施体系的技术要点等内容均进行了简化，目的在于用有限的篇幅使读者能比较全面地掌握水土保持学科的基本知识结构，而更深入的学习还需要借助其他更全面系统的专业教材。

《水土保持与荒漠化防治概论》(第2版)全书共10章，各章节分工如下：

第1章：宋维峰(西南林业大学)；第2章：张玉珍(甘肃农业大学)；第3章：陈奇伯(西南林业大学)；第4章：王克勤(西南林业大学)；第5章：王立(甘肃农业大学)；第6章：许丽(内蒙古农业大学)；第7章：赵洋毅(西南林业大学)；第8章：赵雨森、辛颖(东北林业大学)；第9章：李艳梅(西南林业大学)；第10章：宋维峰(西南林业大学)。全书由赵洋毅和王立统稿，由王克勤、赵雨森和陈奇伯修改定稿。

本书参考和引用了众多专家、学者的珍贵资料和研究成果，除部分注明出处外，限于体例未能一一说明。在此谨向有关作者致以诚挚的谢意！

由于编者水平有限，书中难免有不妥或疏漏之处，敬请广大读者和专家批评指正。

编　者

2018 年 4 月

前 言
（第1版）

我国人口众多，资源相对匮乏，人口、资源、环境的矛盾十分突出，特别是严重的水土流失和荒漠化，导致耕地减少，土地退化，沙尘暴频繁发生，泥沙淤积，影响水资源的有效利用，加剧洪涝灾害，恶化生态环境，危及国土和国家生态安全，给国民经济发展和人民群众生产、生活带来严重危害，已成为我国的重大环境问题之一。党的十七大提出了"进一步贯彻落实科学发展观，建设生态文明，基本形成节约能源资源和保护生态环境的产业结构、增长方式、消费模式，主要污染物排放得到有效控制，生态环境质量明显改善，生态文明观念在全社会牢固树立"，这是对我国经济社会发展战略的新要求。

水土保持在我国新的可持续发展战略要求下，其工作地位和内容发生了重大变化，工作领域进一步拓展，不仅仅局限于小流域综合治理和水土保持预防监督，开发建设项目水土保持、城市水土保持、面源污染控制和水土保持生态修复等内容已成为水土保持工作的新内容。水土保持从业者不再局限于水利、林业、农业等部门，大批非环境类专业人员所从事的工作也增加了水土保持的新内容。例如，随着这几年开发建设项目的增多，为了防止开发建设过程中对环境的严重破坏，国家对开发建设项目水土保持工作越来越重视，但开发建设项目的管理者在项目审批过程中由于不了解水土保持的相关内容，给项目审批造成了不必要的时间延误，在建设过程中也使水土保持工作走了很多弯路，甚至造成严重水土流失。因此，环境教育对高等院校人才培养的具体内容提出了新的要求，水土保持在环境类课程中作为一门能全面掌握生态建设原理和方法的重要课程，是非水土保持专业必须学习的内容，编写出版一本适合于非水土保持专业人员学习的《水土保持与荒漠化防治概论》成为当务之急。

几十年来，一代又一代水土保持教育和研究工作者默默开拓、奋力进取，在教学、科技和社会实践中不断丰富着水土保持理论，出版了一些经典而优秀的水土保持学及水土保持概论等教材。但随着水土保持事业的发展，已有的教材除水土保持基本理论和技术方面的内容，缺少目前实践中急需的新内容，已不能满足新时期人才培养模式的需要。在我们近几年的水土保持教学、科研和科技服务中，深刻体会到水土保持方案编制和水土保持监测的理论与方法是目前水土保持概论教材中所没有涉及的但又是目前实践中最需要的内容。为此，我们在教育部"水土保持"特色专业、云南省"水土保持"重点专业和《水土保持学》省级精品课程建设的契机下，恰逢教育部高等学校环境生态类教学指导委员会和高等学校水土保持与荒漠化防治专业教材编写指导委员会制订"十一五"规划教材选题计划，并和中国林业出版社积极支持我们的编写设想。我们与具有丰富水土保持专业办学经验的北京林业大学、东北林业大学、西南大学、甘肃农业大学和内蒙古农业大学等兄弟院校同仁精诚合作、群策群力，经多次召开编委会会议讨论教材提纲、修改和审定教材内容，共同完成了《水土保持与荒漠化防治概论》的编写。

本教材基本保持了水土保持与荒漠化专业的基本知识结构，第1章主要介绍了水土保持与荒漠化防治的基本概念，第2章对水土流失的基本理论和规律进行了介绍，第3章为水土保持规划的基本方法，第4～6章分别是水土保持三大措施的工程措施、林业措施、农业和草业措施技术体系的基本内容，第7章单独对沙漠化和荒漠化防治的措施技术体系进行了介绍。同时，为了适应水土保持学科新的发展需要，增加了第8章开发建设项目水土保持，对开发建设项目水土保持方案编制、水土保持投资概预算和水土保持监测进行了比较全面的介绍；在水土保持措施体系中，也尽量介绍近年来最新的研究成果。但鉴于非水土保持与荒漠化防治专业开设《水土保持与荒漠化防治概论》课程的学时限制，本教材的篇幅有限，编写中集中体现简明扼要的特点，对基本理论的基础计算、水土流失过程的详细描述、措施体系的技术要点等内容均予以简化，目的在于用有限的篇幅使读者能比较全面地掌握水土保持学科的基本知识结构，而更深入的学习还需要借助其他更全面系统的专业教材。

本教材主编单位为西南林学院和东北林业大学，参编单位有北京林业大学、西南林学院、东北林业大学、甘肃农业大学、西南大学、内蒙古农业大学。王克勤教授、赵雨森教授、陈奇伯教授任主编。全书共9章，各章编写者为：第1章宋维峰、张洪江；第2章张玉珍；第3章陈奇伯；第4章王克勤；第5章王立；第6章许丽；第7章赵雨森、宫伟光；第8章李艳梅；第9章宋维峰、李艳梅。西南大学史东梅、内蒙古农业大学孙旭、西南林学院马建刚和黄新会分别参加了第3章、第4章、第5章和第2章部分内容的编写工作。全书最后由王克勤、赵雨森和陈奇伯修改定稿。

北京林业大学余新晓教授为本书担当主审，高等学校水土保持与荒漠化防治专业教材编写指导委员会和中国林业出版社对本书出版给予了大力支持，在此表示衷心感谢！

本教材参考和引用了众多专家、学者的珍贵资料和研究成果，未能一一说明，在此谨向有关作者致以诚挚的谢意！

由于编者水平有限，书中难免有不妥及疏漏之处，敬请广大读者和专家给予批评指正。

编　者

2008年1月

目 录

第1章 绪 论

水土资源是人类赖以生存和发展的物质基础，是生态环境与农业生产的基本要素。防止水土资源的损失与破坏，保护、改良与合理利用水土资源，对于遏制土地退化、维护和提高土地生产力、发展生产、改善生态环境、整治国土、治理江河、减少水旱、风沙等自然灾害，具有十分重要的意义。水土保持和荒漠化防治是减少水土资源损失与破坏的有效措施，本章就水土保持和荒漠化的概念，我国水土流失和荒漠化的现状、危害以及治理成就做了简要阐述，以便对水土保持和荒漠化有一个总体的认识。

1.1 水土保持与荒漠化防治及其发展

1.1.1 水土保持的概念

《中国水利百科全书·水土保持分册》中明确指出：水土保持是防治水土流失，保护、改良与合理利用水土资源，维护和提高土地生产力，以利于充分发挥水土资源的生态效益、经济效益和社会效益，建立良好生态环境的事业。

1.1.2 荒漠化的概念

根据1994年10月在巴黎签署的《联合国关于在发生严重干旱和/或荒漠化的国家特别是在非洲防治荒漠化的公约》，“荒漠化”是指包括气候变异和人类活动在内的种种因素造成的干旱、半干旱和亚湿润干旱地区的土地退化。干旱、半干旱和亚湿润干旱地区是指年降水量与可能蒸散量之比为0.05～0.65的地区，但不包括极区和副极区。“土地退化”是指由于使用土地或由于一种营力或数种营力结合致使干旱、半干旱和亚湿润干旱地区雨浇地、水浇地或草原、牧场、森林和林地的生物或经济生产力和复杂性下降或丧失，其中包括风蚀和水蚀致使土壤物质流失，土壤的物理、化学和生物特性或经济特性退化及自然植被长期丧失。因此，风力侵蚀和半干旱、亚湿润干旱地区的水力侵蚀都属荒漠化的范畴，风力侵蚀也叫风蚀荒漠化。

1.1.3 水土保持与荒漠化防治的主要研究内容

(1)各种水土流失的形式、分布和危害；小流域径流的形成与损失过程；不同土壤侵蚀类型区的自然特点和土壤侵蚀的特征。

(2)水土流失规律和水土保持措施，即研究在不同的气候、地形、地质、土壤、植被等自然因素综合作用下，水土流失发生和发展的规律，以及人类活动因素在水土流失和水土保持中的作用，为制定水土保持规划和设计综合防治措施提供理论根据；研究各项措施的技术问题。

(3)水土流失与水土资源调查和评价的方法；研究合理利用土地资源的规划原则与方法。

(4)水土保持效益，包括生态效益、经济效益和社会效益。

(5)面源污染控制和生态清洁小流域建设理论。

1.1.4 我国水土流失与荒漠化的现状及其危害

1.1.4.1 我国水土流失及荒漠化现状

(1)水土流失的特点

中国是世界上水土流失最为严重的国家之一。由于特殊的自然地理和社会经济条件，山丘区面积比重大，约占全国面积的2/3，降水分布时空不均，人口众多，垦殖历史久远。受自然和人为双重因素的影响，水土流失十分严重，已成为头号环境问题。其水土流失的主要特点是：

①分布范围广、面积大　根据2013年全国第一次水利普查结果，中国水土流失面积 $249.91\times10^4km^2$，占普查范围总面积的31.12%，其中水力侵蚀面积 $129.32\times10^4km^2$，风力侵蚀面积 $165.59\times10^4km^2$。在水力侵蚀中，轻度、中度、强烈、极强烈和剧烈侵蚀的面积分别为 $66.76\times10^4km^2$、$35.14\times10^4km^2$、$16.87\times10^4km^2$、$7.63\times10^4km^2$ 和 $2.92\times10^4km^2$。西部地区水土流失最严重，分布面积最大；中部次之，东部流失相对较轻。山西、重庆、陕西、贵州、辽宁、云南和宁夏7个省(自治区、直辖市)的侵蚀面积超过辖区面积的25%。在风力侵蚀中，轻度、中度、强烈、极强烈和剧烈侵蚀的面积分别为 $71.60\times10^4km^2$、$21.74\times10^4km^2$、$21.82\times10^4km^2$、$22.04\times10^4km^2$、$28.39\times10^4km^2$。新疆、内蒙古、青海和甘肃4个省(自治区)的风力侵蚀面积较大，占风力侵蚀总面积的比例分别为48.18%、31.80%、7.60%和7.55%。

②侵蚀形式多样，类型复杂　水力侵蚀、风力侵蚀、冻融侵蚀及滑坡、泥石流等重力侵蚀特点各异，相互交错，成因复杂。西北黄土高原区、东北黑土漫岗区、南方红壤丘陵区、北方土石山区、南方石质山区以水力侵蚀为主，伴随有大量的重力侵蚀；青藏高原以冻融侵蚀为主；西部干旱地区风沙区和草原区风蚀非常严重；西北半干旱农牧交错带则是风蚀水蚀共同作用区。

③土壤流失严重　据统计，中国每年流失的土壤总量达 50×10^4t，其中长江流域年土壤流失总量 24×10^4t，长江上游地区达 15.6×10^4t；黄河流域黄土高原区每年进入黄河的泥沙多达 16×10^4t。

(2)荒漠化现状

根据国家林业局2015年12月发布的中国荒漠化和沙化状况公报，截至2014年，全国荒漠化土地总面积为 $261.16\times10^4km^2$，占国土总面积的27.20%，分布于北京、天津、河北、山西、内蒙古、辽宁、吉林、山东、河南、海南、四川、云南、西藏、陕西、甘肃、青海、宁夏、新疆18个省(自治区、直辖市)的528个县(旗、市、区)。主要集中于大兴安岭以西，长城和“昆仑山—阿尔金山—祁连山”一线以北的西北干旱和半干旱区，跨新疆、宁夏、甘肃、内蒙古以及吉林、辽宁、河北、陕西等省(自治区)的一小部分。

①各气候类型区荒漠化现状　干旱区荒漠化土地面积为 $117.16\times10^4km^2$，占全国荒漠化土地总面积的44.86%；半干旱区荒漠化土地面积为 $93.59\times10^4km^2$，占全国荒漠化土地总面积的36.84%；亚湿润干旱区荒漠化土地面积为 $50.41\times10^4km^2$，占全国荒漠化土地总面积的19.30%。

②荒漠化类型现状　风蚀荒漠化土地面积 $182.63\times10^4km^2$，占全国荒漠化土地总面积的69.93%；水蚀荒漠化土地面积 $25.01\times10^4km^2$，占9.58%；盐渍化土地面积 $17.19\times10^4km^2$，占6.58%；冻融荒漠化土地面积 $36.33\times10^4km^2$，占13.91%。

③荒漠化程度现状　轻度荒漠化土地面积为 $74.93\times10^4km^2$，占荒漠化土地总面积的29.69%；中度为 $92.55\times10^4km^2$，占35.44%；重度为 $40.21\times10^4km^2$，占15.40%；极重度为 $53.47\times10^4km^2$，占20.47%。

④各省份荒漠化现状　主要分布在新疆、内蒙古、西藏、甘肃、青海5省(自治区)，面积分别为 $107.06\times10^4km^2$、$60.92\times10^4km^2$、$43.26\times10^4km^2$、$19.50\times10^4km^2$、$19.04\times10^4km^2$，5省(自治区)荒漠化面积占全国荒漠化总面积的95.64%；其他13省(自治区、直辖市)占4.36%。

(3)水土流失发展趋势

截至2014年，全国沙化土地总面积 $172.12\times10^4km^2$，占国土总面积的17.93%，分布在除上海、台湾及香港和澳门外的30个省(自治区、直辖市)的920个县(旗、市、区)。

①各省份沙化土地现状　主要分布在新疆、内蒙古、西藏、青海、甘肃5省(自治区)，面积分别为 $74.71\times10^4km^2$、$40.79\times10^4km^2$、$21.58\times10^4km^2$、$12.46\times10^4km^2$、$12.17\times10^4km^2$，5省(自治区)沙化土地面积占全国沙化土地总面积的93.95%；其他25省(自治区、直辖市)占6.05%。

②沙化土地类型现状　流动沙地(丘)面积 $39.89\times10^4km^2$，占全国沙化土地总面积的23.17%；半固定沙地(丘)面积 $16.43\times10^4km^2$，占9.55%；固定沙地(丘)面积 $29.34\times10^4km^2$，占17.05%；露沙地面积 $9.10\times10^4km^2$，占5.29%；沙化耕地面积 $4.85\times10^4km^2$，占2.82%；风蚀劣地(残丘)面积 $6.38\times10^4km^2$，占3.71%；戈壁面积 $66.12\times10^4km^2$，占38.41%；非生物治沙工程地面积 $89km^2$，占0.01%。

③沙化程度现状　轻度沙化土地面积 $26.11\times10^4km^2$，占全国沙化土地总面积的15.17%；中度面积 $25.36\times10^4km^2$，占14.74%；重度面积 $33.35\times10^4km^2$，占19.38%；极重度面积 $87.29\times10^4km^2$，占50.71%。

④沙化土地植被覆盖现状　沙化土地上的植被以草本和灌木为主，植被覆盖为草本型的沙化土地面积 $71.89\times10^4km^2$，占全国沙化土地总面积的41.77%；植被覆盖为灌木型的沙化土地面积 $38.51\times10^4km^2$，占22.37%；植被覆盖为乔灌草型的沙化土地面积 $6.08\times10^4km^2$，占3.53%；植被覆盖为纯乔木型的沙化土地面积 $0.52\times10^4km^2$，仅占0.30%。无植被覆盖型(指植被盖度小于5%和沙化耕地)的沙化土地面积 $55.13\times10^4km^2$，

占全国沙化土地总面积的32.03%。

(4)水土流失发展趋势

根据1999年第二次遥感调查资料和第一次全国水利普查资料(2013年发布)分析，十多年间，我国水土流失状况发生了不同程度的变化，主要表现在：

①全国水土流失总面积减少 全国水土流失面积由20世纪90年代末的$355.55\times10^4km^2$，减少到2011年年底的$249.91\times10^4km^2$，十多年间减少了17.06%。

②全国水蚀面积减少，侵蚀强度下降 全国水蚀面积由20世纪90年代末的$164.88\times10^4km^2$，减少到2011年年底的$129.32\times10^4km^2$，10多年间减少了21.56%。其中：轻度、中度侵蚀面积减少明显，分别减少了19.62%、36.67%；强烈侵蚀面积有所减少，减少了5.38%；极强烈和剧烈侵蚀面积略有增加，主要来自未治理陡坡耕地、开发建设项目用地和未利用的裸露土地。

③全国风蚀面积减少，侵蚀强度下降 第二次全国遥感调查全国风蚀面积$190.67\times10^4km^2$，第一次水利普查风力侵蚀面积为$165.59\times10^4km^2$，减少了13.15%，其中轻度、中度、强烈、极强烈和剧烈侵蚀面积分别减少了9.17%、13.46%、12.02%、18.04%和1.70%。

④国家重点治理地区土壤侵蚀面积下降幅度尤其明显 黄土高原地区的陕西、宁夏、山西和甘肃等省(自治区)水力侵蚀面积减少显著，水力侵蚀面积占各省(自治区)土地面积的比例由29.5%~59.3%下降为17.87%~44.85%；西南土石山区的重庆、贵州、四川和云南等省(直辖市)侵蚀面积所占的比例由37.2%~63.2%下降为23.54%~38.07%。

(5)荒漠化的发展趋势

与2009年相比，到2014年年底，全国荒漠化土地面积净减少12 120km^2，年均减少2424km^2。

①各省份荒漠化动态变化 与2009年相比，18个省(自治区、直辖市)的荒漠化土地面积全部净减少。其中，内蒙古减少4169km^2，甘肃减少1914km^2，陕西减少1443km^2，河北减少1156km^2，宁夏减少1097km^2，山西减少622km^2，新疆减少589km^2，青海减少507km^2。

②荒漠化类型动态变化 与2009年相比，风蚀荒漠化土地减少5671km^2，水蚀荒漠化土地减少5109km^2，盐渍化土地减少1100km^2，冻融荒漠化减少240km^2。

③荒漠化程度动态变化 与2009年相比，轻度荒漠化土地增加$8.36\times10^4km^2$，中度荒漠化土地减少$4.29\times10^4km^2$，重度荒漠化土地减少$2.44\times10^4km^2$，极重度荒漠化土地减少$2.83\times10^4km^2$。

(6)沙化土地动态变化

与2009年相比，到2014年年底，全国沙化土地面积净减少9902km^2，年均减少1980km^2。

①各省份沙化土地动态变化 与2009年相比，内蒙古等29省(自治区、直辖市)沙化土地面积都有不同程度的减少。其中，内蒙古减少3432km^2，山东减少858km^2，甘肃减少742km^2，陕西减少593km^2，江苏减少585km^2，青海减少570km^2，四川减

少 507km^2。

②沙化土地类型动态变化 与2009年相比，流动沙地(丘)减少7282km^2，半固定沙地(丘)减少12 841km^2，固定沙地(丘)增加15 506km^2，露沙地减少8722km^2，沙化耕地增加3905km^2。

③沙化程度动态变化 与2009年相比，轻度沙化土地增加$4.19\times10^4km^2$，中度沙化土地增加$0.41\times10^4km^2$，重度沙化土地增加$1.89\times10^4km^2$，极重度沙化土地减少$7.48\times10^4km^2$。

1.1.4.2 水土流失与荒漠化的危害

(1)水土流失的危害

①耕地减少，土地退化严重 近50年来，中国因水土流失毁掉的耕地达$2.67\times10^4km^2$，平均每年666.67km^2以上。因水土流失造成退化、沙化、碱化草地约$100\times10^4km^2$，占中国草原总面积的50%。进入20世纪90年代，沙化土地每年扩展2460km^2。

②泥沙淤积，加剧洪涝灾害 由于大量泥沙下泄，淤积江、河、湖、库，降低了水利设施调蓄功能和天然河道泄洪能力，加剧了下游的洪涝灾害。黄河年均约4×10^8t泥沙淤积在下游河床，使河床每年抬高8～10cm，形成著名的"地上悬河"，增加了防洪的难度。1998年长江发生全流域性特大洪水的原因之一就是中上游地区水土流失严重、生态环境恶化，加速了暴雨径流的汇集过程。

③影响水资源的有效利用，加剧了干旱的发展 黄河流域3/5～3/4的雨水资源消耗于水土流失和无效蒸发。为了减轻泥沙淤积造成的库容损失，部分黄河干支流水库不得不采用蓄清排浑的方式运行，使大量宝贵的水资源随着泥沙下泄。黄河下游每年需用约$200\times10^8m^3$的水冲沙入海，降低河床。

④生态恶化，加剧贫困程度 植被破坏，造成水源涵养能力减弱，土壤大量"石化""沙化"，沙尘暴加剧。同时，由于土层变薄，地力下降，群众贫困程度加深。中国90%以上的贫困人口生活在水土流失严重地区。

除了特殊的自然地理、气候条件外，从目前情况看，过伐、过垦、过牧，开发建设时忽视保护，水资源不合理开发利用等人为因素，都是导致生态环境恶化、加剧水土流失的主要原因。

(2)荒漠化的危害

据调查，20世纪50～70年代全国风蚀荒漠化土地平均每年扩大1 560km^2，进入80年代，平均每年扩大2100km^2，近年来已增加到2460km^2，相当于每年损失掉一个中等县的土地面积。荒漠化给工农业生产和人民生活带来了严重的影响，它造成了可利用土地面积减少、土地生产力下降；生产和生存条件恶化；旱、涝灾害加剧；粮食产量下降；农田、牧场、城镇、村庄、交通线路和水利设施等受到严重威胁。

全国受荒漠化影响，每年减少粮食产量达30×10^8kg，相当于750万人一年的口粮。50年代以来，全国共有$66.7\times10^4hm^2$耕地沦为沙地，平均每年丧失耕地$1.5\times10^4hm^2$；有$235.3\times10^4hm^2$草地变成沙地，平均每年减少草地$5.2\times10^4hm^2$。目前，全国退化草地已达$1.05\times10^8hm^2$。荒漠化不仅造成可利用土地数量减少，而且使土地质量下降。据中国科学院试验测算，荒漠化地区每年因风蚀损失土壤有机质及氮、磷、钾等达 5590×10^4t，折合 2.7×10^8t 标准化肥，相当于1996年全国农用化肥产量的9.5倍。

1.1.5 我国水土保持的成就

(1)长江上游、黄河中上游等七大流域水土保持重点工程建设取得很大进展。在长江上游、黄河中游以及环北京等水土流失严重地区，实施了水土保持重点建设工程、退耕还林工程、防沙治沙工程等一系列重大生态建设工程。

(2)在地广人稀、水土流失轻微地区开展了水土保持生态修复工程。在128个县(市、区、旗)开展了水土保持生态修复试点，在“三江源”区 $30 \times 10^4 km^2$ 范围内实施了水土保持预防保护工程，全国共实施封育保护面积 $60 \times 10^4 km^2$。

(3)依法推进水土保持，积极控制人为水土流失。通过认真贯彻《中华人民共和国水土保持法》，人们的水土保持意识明显增强，特别是在开发建设项目中较好地落实了“三同时”制度，减少了开发建设过程中的水土流失，公路、铁路、水利工程、矿山开采、城市建设等都要求同步做好水土保持工作，防止对植被的破坏。

(4)水土保持科学研究工作取得了新的进展。开展了全国第二次水土流失遥感调查和第一次全国水利普查；开展了生态用水、水土保持发展战略等重大理论和关键技术研究，提出了我国水土保持中长期发展战略和近期行动计划；制定了水土保持工程前期工作、概(估)算定额等20多项技术规范与标准，水土保持技术标准体系基本形成；以“3S”技术为突破口，推动了全国水土保持监测网络和信息系统的现代化建设；因地制宜地推广了机修梯田、坡面水系、淤地坝、水坠筑坝、引水拉沙造田、雨水集流、节水灌溉、植物篱、猪沼果、乔灌草优化配置、滑坡预警等大量先进实用技术，提高了水土保持工程的科技含量，保证了水土保持效益的发挥。

中华人民共和国成立以来，通过科研人员和广大群众不懈努力，我国水土保持已取得了显著成效。截至2011年年底，全国水土保持措施总面积 $99.16 \times 10^4 km^2$，其中工程措施 $20.03 \times 10^4 km^2$(梯田 $17.01 \times 10^4 km^2$)，植物措施 $77.85 \times 10^4 km^2$，其他措施 $1.28 \times 10^4 km^2$。全国共建成淤地坝58 446座，淤地面积92 757hm²，通过水土保持措施，基本解决了水土流失治理区群众的温饱问题，改善了当地的生态环境，提高了群众生活水平。

1.1.6 我国荒漠化防治的成就

早在20世纪50年代，我国就有重点地组织群众开展以植树种草为主的防治荒漠化工作。近些年，国家在实施西部大开发战略中，把生态环境建设作为其根本和切入点。地方各级政府也把防治荒漠化纳入政府重要议事日程。我国防治荒漠化工作已经初步建立了从中央到地方，从教学科研到生产实践，从法律法规到乡规民约的比较稳定的管理、服务体系。

自1978年以来，陆续启动了以保护和改善生态环境、防治土地荒漠化为主要目标的一系列生态工程，推广了上百项生态经济效益好，简单适用的荒漠化防治和沙区资源综合开发利用模式与技术成果，使一些地区的生态环境得到了改善，呈现出林茂、粮丰、草多、畜旺的喜人景象，显示出防治荒漠化的巨大潜力。2000年以来，国家相继制定实施了《中华人民共和国防沙治沙法》《中华人民共和国环境影响评价法》《中华人民共和国森林法实施条例》等法律、法规，修订完善了《中华人民共和国草原法》，下发了《国务院关于禁止采集和销售发菜制止滥挖甘草和麻黄草有关问题的通知》，出台了一系列惠农治沙政策措施，有效地保障了防沙治沙的顺利进行。

新的荒漠化和沙化监测结果表明，与2009年相比，近5年间荒漠化土地面积净减少12 120km^2，年均减少2424km^2；沙化土地面积净减少9902km^2，年均减少1980km^2。自2004年以来，我国荒漠化和沙化状况连续3个监测期“双缩减”，呈现整体遏制、持续缩减、功能增强、成效明显的良好态势。

(1)荒漠化和沙化面积持续减少，沙化逆转速度加快

与2009年相比，全国荒漠化和沙化土地面积分别减少12 120km^{2}和9902km^2，这是自2004年(第三次监测)出现缩减以来，连续第三个监测期出现“双缩减”。沙化土地年均减少1980km^2，与第四次监测年均减少1717km^{2}相比，减少速度加快。

(2)荒漠化和沙化程度进一步减轻，极重度减少明显

荒漠化和沙化程度呈现逐步变轻的趋势。从荒漠化土地看，极重度、重度和中度分别减少2.83×10^4km^2、2.44×10^4km^{2}和4.29×10^4km^2，轻度增加8.36×10^4km^2；从沙化土地看，极重度减少7.48×10^4km^2，轻度增加4.19×10^4km^2。极重度荒漠化和极重度沙化土地分别减少5.03%和7.90%。

(3)沙区植被盖度增加，固碳能力增强

2014年沙区的植被平均盖度为18.33%，与2009年的17.63%相比，上升了0.7个百分点；京津风沙源治理一期工程区植被平均盖度增加了7.7个百分点；我国东部沙区(呼伦贝尔沙地、浑善达克沙地、科尔沁沙地、毛乌素沙地和库布齐沙漠)植被盖度增加了8.3个百分点，固碳能力提高8.5%。

(4)防风固沙能力提高，沙尘天气减少

2014年与2009年相比，我国东部沙区土壤风蚀状况呈波动减小的趋势，土壤风蚀量下降了33%，地表释尘量下降了约37%，其中植被对输沙量控制的贡献率为18%~20%。沙尘天气也明显减少，5年间全国平均每年出现沙尘天气9.4次，较上一监测期减少2.4次，减少了20.3%，北京地区减少了63.0%，风沙危害明显减轻。

(5)38%的可治理沙化土地得到有效治理，重点地区生态状况明显改善

截至2014年，实际有效治理的沙化土地为20.37×10^4km^2，占53×10^4km^{2}的可治理沙化土地的38.4%。京津风沙源治理工程区和四大沙地等地区生态状况明显改善，京津风沙源治理一期工程区沙化土地减少1486km^2，植被盖度平均增长7.7个百分点；四大沙地所在区域沙化土地减少1685km^2，植被盖度增加5~15个百分点。

(6)沙区特色产业逐步形成，群众收入明显增加

各地结合防沙治沙，建成了一批特色产业基地，沙区已营造经济林果540×10^4hm^2，年产干鲜果品$5\ 360\times10^4$t，占全国年产量的33.9%。特色林果业带动沙区种植、加工和贮运产业的蓬勃发展，成为沙区经济发展的重要支柱和农民群众脱贫致富的拳头产业。

其中，新疆特色林果年产值达450多亿元，全区农民人均林果收入达1400元；内蒙古林业总产值达到245亿元，人均增收460元。

1.1.7 我国水土保持的发展

1.1.7.1 我国水土保持的发展历程

中国既是世界上水土流失严重的国家之一，又是世界上开展水土保持具有悠久历史并积累了丰富经验的国家。商代(前16～前11世纪)就出现了防止坡耕地水土流失的区田法，类似现在干旱地区采用的掏种法和坑田法。在西汉(前206～公元23年)，山西已有梯田(雏形)。明朝万历年间(1573—1620年)，著名水利专家徐贞明就提出了“治水先治源”的理论等。因此，我国的水土保持，作为生产实践，自古就有之，但作为一门科学来研究，却是近70多年的事。特别是新中国成立以来，得到了快速发展。大体经历了五个阶段：

(1)启蒙探索阶段(20世纪20～40年代)

主要是一些大学、科研单位和个别流域机构，对全国水土流失重点地区进行了调查，建立了若干个水土保持实验区，对一些水土流失规律进行了初步探索，为开展典型治理提供了依据。

(2)示范推广和发展阶段(20世纪50～70年代)

在此期间，国务院召开了三次全国水土保持工作会议，研究制定政策，安排部署水土保持工作。1952年国家就确定黄河中游为全国水土保持重点治理地区。同时，政务院发出了《关于发动群众继续开展防旱、抗旱运动并大力推行水土保持工作的指示》。1953年，水利部会同农业部、林业部、中国科学院及西北行政委员会，组织了500多名专家和科技人员，对黄土高原水土保持进行了大规模的查勘、考察和综合调查，划分了土壤侵蚀类型区，提出了黄土高原开展水土保持工作的纲领性报告。1957年，国务院成立了水土保持委员会，下设办公室，负责日常工作，办公室设在水利部，从此全国水土保持有了统一领导。同年，邓子恢同志在第二次全国水土保持工作会议上强调：水土保持是发展山区生产的生命线；平原农、林、牧业的发展，也要依靠水土保持工作；做好山区丘陵区的水土保持工作，将会改变全国的自然环境。随后，国务院发布了《中华人民共和国水土保持暂行纲要》。1963年国务院作出了《关于黄河中游地区水土保持工作的决定》，1965年成立了黄河中游水土保持委员会。

(3)以小流域为单元进行综合治理新阶段(1979—1989年)

党的十一届三中全会以后，从中央到地方都加强了水土保持工作。1980年，水利部在山西省吉县召开了13个省(自治区、直辖市)参加的水土保持小流域综合治理座谈会，会议系统总结了各地“以小流域为单元，进行全面规划、综合治理”的经验，并迅速在全国示范推广。从此，水土保持工作进入了以小流域为单元综合治理的新阶段。1982年国务院批准发布了《中华人民共和国水土保持工作条例》，1983年，经国务院批准，财政部拨专款，启动了首批全国八片国家重点治理工程。1989年国务院将长江上游的金沙江下游及贵州毕节地区、嘉陵江中下游、三峡库区四片列为国家级重点防治区，随后逐步扩大到中游地区，包括四川、云南、贵州、甘肃、陕西、湖北等10个省，涉及180个县。

(4)以预防为主、依法防治水土流失和深化水土保持改革(1990—1997年)

1991年6月29日，中国第一部《水土保持法》诞生了，标志着水土保持工作开始步入法制化阶段。1993年国务院印发了“关于加强水土保持工作的通知”，要求各级政府和有关部门从战略高度认识“水土保持是山区发展的生命线，是国土整治、江河治理的根本，是国民经济和社会发展的基础，是我们必须长期坚持的一项基本国策”；同年，国务院批准实施《全国水土保持规划纲要》。1994年在机构改革中，水利部专门成立了水土保持司。1997年国务院召开了全国第六次水土保持工作会议，对跨世纪水土保持工作进行了部署。同时，在这一时期，小流域综合治理进入治理与开发一体化。水土保持工作进一步深化改革，在以户承包治理小流域的基础上，总结推广山西省拍卖“四荒”使用权的经验，把市场机制引入到水土保持工作中来，形成了以承包、拍卖使用权为主，租赁经营、股份合作制等多种治理组织形式共存的新格局。

(5)全面开展水土保持生态建设阶段(1997至今)

1997年8月5日，江泽民同志对姜春云同志关于陕北治理水土流失建设生态农业调查报告作出了重要批示，从历史和战略的高度，深刻阐明了治理水土流失、建设秀美山川的极端重要性和紧迫性，向全党、全国发出了“再造山川秀美”的伟大号召，为跨世纪水土保持生态建设指明了方向。随后，党中央、国务院又作出了一系列重大战略部署和决策，将水土保持生态建设作为我国可持续发展战略和西部大开发战略的重要组成部分，批准实施了《全国生态建设规划》，进一步明确了水土保持生态建设的目标、任务和措施。同时，中央采取积极的财政政策，对生态建设的投入不断增加，在长江上游、黄河中游以及环北京等水土流失严重地区，实施了水土保持重点建设工程，退耕还林工程、防沙治沙工程等一系列重大生态建设工程，开始了大规模的生态建设。党的十八大首次将生态文明建设与经济建设、政治建设、文化建设和社会建设一起，纳入中国特色社会主义“五位一体”总体布局，习近平同志提出“生态兴则文明兴”“绿水青山就是金山银山”等重要论述，生态文明建设被放在治国理政的重要战略地位。治理水土流失、改善生态环境已成为全社会广泛关注的焦点，我国水土保持生态建设从此进入了全面发展的新时期。

1.1.7.2 我国水土保持与荒漠化防治的发展趋势

(1)水土保持发展趋势

①全面实施预防保护，控制人为水土流失　目前我国正处在工业化和城市化进程中，经济高速增长，各种基础设施大规模建设，保护生态环境的任务十分艰巨。强化生产建设活动和项目水土保持管理，全面预防水土流失，重点是重要水源地、重要江河源头区、水蚀风蚀交错区水土流失预防。强化水土保持监督保护工作，综合运用行政、法律和经济的手段，加强对现有植被和治理成果的保护，是今后水土保持发展的主要趋势。

②继续实施传统的小流域综合治理　以小流域为单元的综合治理是治理水土流失最重要、最主要的途径，也是最能让群众直接受益、快速受益的水土保持手段，是水土保

持服务“三农”、建设小康社会、促进城乡协调发展的具体体现，今后会坚持不懈地抓下去。以小流域为单元的山水田林路综合治理，加强坡耕地、侵蚀沟及崩岗的综合整治，重点是西北黄土高原区、东北黑土区、西南岩溶区等水土流失相对严重地区，坡耕地相对集中区域，以及侵蚀沟相对密集区域的水土流失治理。

③开展生态自我修复工作，促进大面积植被恢复　这几年，为加快水土流失防治步伐，水利部门调整工作思路，加大了封育的力度，依靠生态自我修复能力恢复植被、改善生态。通过实施封禁保护，不仅使生态建设成果得到了较好的保护，而且更多地依靠大自然的自我修复能力，使封禁区内的植被得到了较快的恢复；不仅有效减轻了水土流失的程度，而且促进了生态修复区农牧业发展和人们思想观念的积极变化，推动了区域经济的发展；不仅提高了生物的多样性，而且促进生物群落的良性变化。因此，今后应把生态修复作为水土保持工作的核心理念，将其放在生态建设的重要位置，采取有力措施予以推动。

④开展城市水土保持　大规模的城市化、初期无序的过度开发带来经济社会迅猛发展的同时，也使许多城市沦为人为水土流失的重灾区，如深圳水土流失总面积中城市水土流失面积就占到93.4%，其中80%是闲置开发区水土流失。因此，今后城市水土保持是水土保持工作的新领域。

⑤开展面源污染控制工作，维护饮水安全　近年来，饮水安全的问题越来越受到社会各界的广泛关注。饮水安全体系中，一个重要的指标就是水质，如果水源受到污染，就无法谈及安全。现在全国农村有3亿人饮水不安全，其中有1.9亿是水质问题。导致水源污染的原因，除工业“三废”排放超标的点源污染外，主要就是过量施用化肥、农药而导致的农业面源污染。据调查，我国将近一半的湖泊处于严重的富营养化状态，主要是由于这些区域的农业面源污染和人畜粪尿排放而造成，水体中氮磷污染物1/3来自农业面源污染。我国积累在饮用水源特别是井水中的化肥氮磷和农药，已经对至少13个省份、数百万人的健康构成威胁，面源污染问题已到了非治理不可的地步。因此，保护水源、防治面源污染，是今后水土保持发展的趋势之一。

⑥积极开展江河湖库水系连通，深入推进水生态文明建设　构建布局合理、生态良好，引排得当、循环通畅，蓄泄兼筹、丰枯调剂，多源互补、调控自如的现代化水网格局，是今后水生态文明建设的重点，加强水土流失综合治理、坡耕地综合整治和生态清洁小流域建设是今后水土保持工作的重要内容。

⑦加强秀美家园建设工作，改善人居生活环境　打造山青、水净、河畅、湖美、岸绿的美好家园是水生态文明建设的重要任务。很多地方在小流域治理中注重同美化环境结合起来，取得了比较好的效果。水土保持工作如何体现与时俱进，改善人居环境应该是一个今后重点努力的方向。这是更高层次上的水土流失防治，是水土保持工作的新发展。尤其在经济比较发达的地区，水土保持要把为人们创造更加秀美的生态环境作为主要任务之一。

⑧建立健全综合监管体系，为生态建设提供科学支撑　水土保持监测评价工作是一个非常薄弱的环节，不能及时准确地反映水土流失的动态变化，许多事情只能是定性地描述一下。随着社会的发展，今后有许多事情必须用数据来说话，尤其是当前按照科学

发展观的要求，测算国民经济和社会发展的绿色 GDP，要分析环境资源成本，水土保持监测评价将具有更加重要的作用，将承担更加重要的职责。今后应不断建立健全综合监管体系，强化水土保持监督管理，完善水土保持监测体系，推进信息化建设，建立和完善社会化服务体系。

(2) 荒漠化防治发展趋势

①以大农业的生态观，实施防治与开发　土地沙漠化是由于大气环境自然地理、社会、政治、经济、人为活动引起的。防治沙漠化不是靠某个部门所能完成的，也不是某个科研系统能够独立完成的研究课题，而是需要各部门联合行动才能完成的工作。因此，荒漠化防治的一个发展趋势就是在大农业生态环境思想指导下打破行业界线，统一规划，分头实施，各行其权，各负其责，共同完成防治沙漠化，实现开发利用发展经济的目的。

②合理布局产业结构，实施沙产业革命　多年来我国与国际上一直在寻求一种解决干旱地区发展经济的最佳模式，这一点以色列为我们做出了榜样。以色列地少人多，干旱缺水，在恶劣的干旱环境中，他们利用土地面积少和很有限的水资源，得到丰优的农产品，使农业成为国家的支柱产业，出口农产品成为国家的主要外汇来源。因此，今后应在坚持生态优先的原则下，充分挖掘沙区土地和劳动力资源的潜力，充分发挥林草产品纯天然、无污染、可再生的优势，充分利用市场机制的引导和带动作用，通过大力发展森林食品及药材、绿色能源、森林旅游、草业开发、野生动植物驯养繁殖等沙区生态产业，提高防沙治沙的经济效益，努力增加农民收入。积极引进和扶持一批龙头企业参与防沙治沙和产业开发，推动沙区各类资源资本化运作，实现生态建设与产业开发的良性互动和协调发展。

③继续实施防沙治沙重点工程　继续京津风沙源治理工程和"三北"防护林工程等防沙治沙工程。

④遵循利益驱动原则，引导社会力量参与荒漠化防治　完善防沙治沙资金扶持、税赋优惠、土地使用、人才引进政策以及保护治理者合法权益等措施，引导不同所有制经济成分参与防沙治沙、承包造林，这是今后荒漠化防治工作的重要发展趋势。

⑤充分发挥科技的先导作用，提高防沙治沙的整体水平　对现有科技成果进行组装配套、发展创新和推广应用，建立一批高起点、高效益的防沙治沙综合示范区；进一步加强防沙治沙科技攻关，研究先进的造林种草技术和适应性强的植物良种；强化技术培训，提高基层技术人员和农牧民的技术素质和政策水平；制定和完善防沙治沙国家和地方(行业)标准、规程和规范，严格检查、监督。

⑥健全荒漠化监测和预警体系　加强监测机构和队伍建设，健全和完善荒漠化监测体系，实施重点工程跟踪监测，科学评价建设效果。

1.2 水土保持与荒漠化防治和其他学科的关系

水土保持学是一门综合性的自然科学，与一些基础性自然科学和应用科学有紧密的联系。

1.2.1 同基础科学的关系

水土保持学与荒漠化防治与气象学、水文学、地貌学、地质学和土壤学等基础科学密切相关。

各种气象因素和不同气候类型对水土流失都有直接或间接的影响，并形成不同的水土流失特征，水土保持工作者一方面要根据气象、气候因素对水土流失的作用以及径流、泥沙运行的规律，采取相应的措施，抗御暴雨、洪水、干旱、大风的危害，并使其变害为利；另一方面通过综合治理，改变大气层下垫面性状，对局部地区的小气候及水文特征加以调节与改善。

地形条件是影响水土流失的重要因素之一，而水蚀及风蚀等水土流失作用又对塑造地形起重要影响。各种侵蚀地貌是水土保持学研究的对象。

水土流失与地质构造、岩石特性有密切的关系。滑坡、泥石流等大规模的水土流失形式和水土保持工程涉及的地基、地下水等问题的研究与解决，都需要运用第四纪地质学及水文地质学、工程地质学的专业知识。

土壤是水力侵蚀和风力侵蚀作用破坏的主要对象，不同的土壤具有不同的贮水、渗水和抗蚀能力。因此，改良土壤性状、提高土壤肥力，与防止水土流失关系密切。同时，水土流失地区各项水土保持措施也是改良土壤、提高土壤肥力的措施。

1.2.2 同应用科学的关系

水土保持与荒漠化防治同农业、林业、水利、环境等应用科学密切相关。

水土保持是水土流失地区发展农业生产的基础，通过控制水土流失，为农业创造了高产稳产条件。农民在生产实践中创造的许多水土保持农业技术，如深翻改土、施肥、密植、等高耕种、草田轮作、套种、间种、草地改良等措施，都具有保水、保土、保肥的作用。

在水土流失地区大面积营造防护林，恢复植被，是根本性的水土保持措施。防护林的作用是建立良好的生态环境、维持生态平衡，建设林业生态工程。森林培育科学一般以研究提高林分木材生产量为主，而水土保持林的主要任务是防治水土流失，发挥森林改造自然环境的功能。水土保持林在选用树种方面，不仅要求材质优良，经济价值高，更主要的是要具有耐瘠薄、速生、防风及固土作用强等特性。在造林技术上，强调与水土保持工程措施相结合，改善林木生长条件。在林型结构方面，从提高防护效果出发，要求采用乔、灌混交或乔、灌、草混交，尽量提高郁闭度及覆盖率，增加地面枯枝落叶层。水土保持林不仅可以防治水土流失，还可以促进农、林、副业多种经营的发展，满足农村燃料、木料、饲料的需求。

水力学为阐明水土流失规律和设计水土保持措施提供了许多基本原理；水文学的原理与方法对于研究水力侵蚀中径流、泥沙的形成和搬运具有重要的意义。水土保持工程设计与水力学、水文学、水工结构、农田水利、防洪、环境水利、水利规划等方面的知识关系密切。另外，水土保持又是根治河流水害、开发河流水利的基础。水土保持学的发展，也不断充实水利科学的内容。此外，水土流失破坏了水土资源，并且污染河流、淤积水库与湖泊，造成环境破坏与污染。搞好水土保持是保护与建立良好生态环境的重要工作。

水土保持与环境科学关系密切。例如，土壤侵蚀对河流水质的污染作用和对生物的危害作用；水土保持措施，特别是林业措施净化水源及空气的作用等。水土保持应吸收环境科学的理论与方法，环境科学也需要扩展到与人类、生物生态问题相关的水土保持。

本章小结

水土保持学是一门综合性的自然科学。防止水土资源的损失与破坏，保护、改良与合理利用水土资源，遏制土地退化，维护和提高土地生产力，发展生产，改善生态环境，整治国土，治理江河，减少水旱、风沙等自然灾害是水土保持的任务。水土保持与荒漠化防治就是在长期防治水土流失和荒漠化的实践过程中，为治理和预防水土流失和土地荒漠化所采取的各种工程的、生物的、农业的和综合的技术措施与手段。它以流体力学、风沙物理学、风沙地貌学、沙漠学、土壤侵蚀原理、造林学、生态学、草场经营学等为专业基础，与林业生态工程学、水土保持防治工程学、环境保护与评价、林业经济持续发展等学科关系密切。

思考题

1. 简述水土保持的概念。
2. 论述水土保持的特点及其与生态环境建设的关系。
3. 简述荒漠化及其危害。

本章推荐阅读书目

1. 王礼先．2000. 水土保持学[M]. 北京：中国林业出版社.
2. 孙保平．2000. 荒漠化防治工程学[M]. 北京：中国林业出版社.
3. 中华人民共和国林业部防沙治沙办公室．1994. 联合国关于发生严重干旱和/或沙漠化的国家特别是在非洲防治沙漠化的公约[M]. 北京：中国林业出版社.

参考文献

关君蔚，解明曙，张洪江，等．1996. 水土保持原理[M]. 北京：中国林业出版社.
国家林业局．2015. 中国荒漠化和沙化状况公报.
李慧卿．2004. 荒漠化研究动态[J]. 世界林业研究，17(1)：12－17.
刘震．2003. 我国水土保持的目标与任务[J]. 中国水土保持科学，1(4)：1－7.
刘震．2013. 谈谈全国水土保持情况普查及成果运用[J]. 中国水土保持(10)：4－7.
孙保平，丁国栋，姚云峰，等．2000. 荒漠化防治工程学[M]. 北京：中国林业出版社.
唐克丽，史立人，史德明，等．2004. 中国水土保持[M]. 北京：科学出版社.
王礼先，王斌瑞，朱金兆，等．2000. 林业生态工程学[M]. 北京：中国林业出版社.

王礼先．1992. 中国大百科全书(水利卷·水土保持分册)[M]. 北京：中国大百科全书出版社．
王礼先，余新晓，齐实，等．1999. 流域管理学[M]. 北京：中国林业出版社．
王礼先，孙保平，苏新琴，等．2000. 水土保持工程学[M]. 北京：中国林业出版社．
王礼先，孙保平，余新晓，等．2004. 中国水利百科全书·水土保持分册[M]. 北京：中国水利水电出版社．
王礼先，孙保平，余新晓，等．1999. 水土保持学[M]. 北京：中国林业出版社．
王鸣远，杨素堂．2005. 中国荒漠化防治与综合生态系统管理[J]. 西北林学院学报，20(2)：1－6.
王涛．2003. 我国沙漠化研究的若干问题[J]. 中国沙漠，23(5)：477－482.
辛树帜，蒋德麟．1982. 中国水土保持概论[M]. 北京：农业出版社．
郑元润．2006. 中国荒漠化发展趋势及治理对策[J]. 科技导报，24(11)：67－70.
中国水土保持学会．水土保持科学的发展及21世纪展望[M]//周光召．1998. 科学进步与学科发展[C]. 北京：中国科学技术出版社；753－758.
中华人民共和国林业部防沙治沙办公室．1994. 联合国关于发生严重干旱和/或沙漠化的国家特别是在非洲防治沙漠化的公约[M]. 北京：中国林业出版社．
中华人民共和国水利部．2013. 第一次全国水利普查水土保持情况公报．
朱震达，陈广庭，等．1994. 中国土地沙质荒漠化[M]. 北京：科学出版社．
朱震达．1998. 中国土地荒漠化的概念、成因与防治[J]. 第四纪研究，2：145－155.

第2章

水土流失规律

《中国大百科全书·水利卷》对土壤侵蚀所下的定义是：土壤及其母质在水力、风力、冻融、重力等外营力作用下，被破坏、剥蚀、搬运和沉积的过程。水土流失在《中国水利百科全书·第一卷》中定义为：在水力、重力、风力等外营力作用下，水土资源和土地生产力的破坏和损失，包括土地表层侵蚀及水的损失，亦称水土损失。土地表层侵蚀是指在水力、风力、冻融、重力以及其他外营力作用下，土壤、土壤母质及岩屑、松软岩层被破坏、剥蚀、搬运和沉积的全部过程。有些国家的水土保持文献中水的损失是指植物截留损失、地面及水面蒸发损失、植物蒸腾损失、深层渗漏损失、坡地径流损失。在中国，水的损失主要是指坡地的地表径流损失。

水土流失一词在中国早已被广泛使用，自从土壤侵蚀一词传入我国以后，从广义上理解常被用作水土流失的同义语。从土壤侵蚀和水土流失的定义中可以看出，二者虽然存在着共同点，即都包括了在外营力作用下土壤、母质及浅层基岩的剥蚀、搬运和沉积的全过程；但是也有明显差别，即水土流失中包括了在外营力作用下水资源和土地生产力的破坏与损失，而土壤侵蚀中则没有。

虽然水土流失与土壤侵蚀在定义上存在着明显差别，但因水土流失一词源于我国，在科研、教学和生产上使用较为普遍，而土壤侵蚀一词作为传入我国的外来词，其涵义显然狭于水土流失的内容，生产上常把水土流失和土壤侵蚀作为同义词来使用。

2.1 土壤侵蚀的基本营力

土壤侵蚀是陆地表面演变的一种自然现象，陆地表面的组成物质和地表形态处在不断变化发展之中。改变地表起伏状态，促使土壤侵蚀发生发展的基本力量是内营力(或称内力)和外营力(或称外力)。在内、外营力的相互作用、相互影响、相互制约下，形成了高山、丘陵、高原、平原、盆地、湖泊、河流等，奠定了地形的轮廓，并决定着土壤侵蚀的形成、发生和发展过程。

2.1.1 内营力作用

内营力作用是由地球内部能量引起的，它的主要表现形式是地壳运动、岩浆活动和地震等。

(1)地壳运动

地壳运动使地壳发生变形和变位，改变地壳构造形态，又称为构造运动。根据地壳运动的方向和性质，可分为垂直运动和水平运动两类。这两类运动并不是截然分开的，它们在时间上和空间上可以交替出现，有时也可能同时出现。

垂直运动又叫升降运动或振荡运动。运动方向垂直于地表，即沿地球半径方向运动。这种运动表现为地壳大范围的缓慢抬高和沉降，造成地表的巨大起伏。其作用时间长，影响范围广，是垂直运动的一个显著特点。

水平运动又称板块运动。运动方向平行于地表，即沿地球切线方向运动。这种运动形成巨大、复杂的褶皱构造、断裂构造等，造成地表的剧烈起伏。

褶皱运动是使岩层发生波状弯曲的地壳运动。褶皱能直接反映构造运动的性质和特征。

断裂运动可分为水平断裂运动和垂直断裂运动。这两者很难严格区分，往往是伴生的。在地形起伏变化较大的地区，如山地、高原与平原、山地与盆地的接壤处(如太行山与华北平原)，往往是长期活动的断裂带，这些地区还常常是地震的活动带。

(2)岩浆活动

岩浆活动是地球内部的物质运动(又称地幔物质运动)。地球内部的熔融物质在压力、温度改变的条件下，沿地壳裂隙或脆弱带侵入或喷出。岩浆侵入地壳形成各种侵入体，喷出地表则形成火山，改变原来形态，造成新的起伏。

(3)地震

地震也是内营力作用的一种表现形式。地幔物质的对流作用使地壳及上地幔的岩层遭受破坏，把所积蓄的应变能转化为波动能，引起地表剧烈振动。地震往往和断裂、火山现象相联系，世界主要火山带、地震带与断裂带分布的一致性就是这种联系的反映。

2.1.2 外营力作用

外营力作用的主要能源来自太阳能。地球表面直接与大气圈、水圈、生物圈接触，它们之间相互影响和作用，从而使地表形态不断发生变化。外营力作用是通过剥蚀、搬运、堆积，使地面逐渐夷平。外营力作用的主要形式有流水、风、重力、冰川等。各种作用对地貌形态的改造方式虽不相同，但都经历了风化、剥蚀、搬运和沉积(堆积)几个环节。

(1)风化

所谓风化作用就是指暴露在地面的岩石、矿物在各种因素的作用下，使它的形状、结构、成分等发生改变的现象。风化可分为物理风化和化学风化。物理风化系指岩石、矿物只发生形态的变化而没有化学成分的改变，因此又称为机械风化。化学风化是指大气、水等对岩石的破坏，使岩石的化学成分和结构发生改变的现象。风化作用为地表物质发生移动创造了条件，并为其他外营力作用提供了前提。

(2)剥蚀

剥蚀是指岩石在外营力作用下，使岩石外层与内部发生脱离，一层层的岩屑从岩体上剥离。

(3)搬运

搬运是指风化、剥蚀的松散物质在各种外营力作用下，由原来的地方搬运到其他地方的过程。根据外营力作用的性质不同，可分为流水搬运、冰川搬运、风力搬运等。

(4)沉积

被搬运的物质经过一段时间的搬运之后，到了一定的环境当中，因搬运能力减小不能负荷而堆积下来的过程称为沉积。沉积作用在地球表面进行得非常普遍，每次降雨过后，产生的地表径流携带的泥沙就会在低洼地带沉积下来。

内营力形成地表的起伏，外营力则对地表进行夷平。内营力产生隆起和沉降，外营力则将隆起的部分剥蚀、搬运到地势低洼的地方堆积。内营力与外营力相互作用、相互影响的过程，实际上就是地表形态与土壤侵蚀发生、发展和演化的过程。

2.2 土壤侵蚀类型、形式和我国土壤侵蚀类型分区

2.2.1 土壤侵蚀类型

根据土壤侵蚀研究及防治的侧重点不同，土壤侵蚀类型的划分方法也不相同。常用的方法主要有以下三种，即按土壤侵蚀发生的速率划分土壤侵蚀类型、按土壤侵蚀发生的时间划分土壤侵蚀类型和按引起土壤侵蚀发生的外营力种类划分土壤侵蚀类型。

2.2.1.1 按土壤侵蚀发生的速率划分

按土壤侵蚀发生的速率大小和是否对土地资源造成破坏，将土壤侵蚀划分为正常侵蚀和加速侵蚀。

土壤侵蚀是动态地、永恒地发生着的。在没有人类活动干预的自然状态下，纯粹由自然因素引起的地表侵蚀过程，其土壤侵蚀速率小于或等于土壤形成速率，称之为正常侵蚀，也称为自然侵蚀。这种侵蚀不易被人们察觉，实际上也不会对土地资源造成危害。

随着人类的出现，人类活动逐渐破坏了陆地表面的自然状态，如陡坡开荒、乱砍滥伐、过度放牧等，加快和扩大了某些自然因素的作用，引起地表土壤破坏和移动，使土壤侵蚀速率大于土壤形成速率，导致土壤肥力下降，理化性质恶化，甚至使土壤遭到严重破坏，这种侵蚀过程称之为加速侵蚀。

一般情况下所指的土壤侵蚀，就是指由于人类活动影响所造成的加速侵蚀。防治土壤侵蚀，进行水土保持，也就是指防治加速侵蚀。

2.2.1.2 按土壤侵蚀发生的时间划分

以人类在地球上出现的时间为分界点，将土壤侵蚀分为古代侵蚀和现代侵蚀。

古代侵蚀是指人类出现以前的历史时期内，在构造运动和海陆变迁所造成的地形基础上进行的一种侵蚀。古代侵蚀的结果，形成了当今的侵蚀地貌，是当代人类赖以生存的基础。而现代侵蚀是在古代侵蚀的基础上进行的。古代侵蚀的实质就是地质侵蚀。

现代侵蚀是指人类出现以后，受人类生产活动影响而产生的土壤侵蚀现象。人类出现以后开始是刀耕火种，逐渐开发和利用自然资源。然后伴随而来的是地面植被的大量破坏，土壤侵蚀的规模和速度逐渐增加，从而又影响和限制着人们的生产经济活动。这种作用往往在一年或几天时间之内，就侵蚀掉在自然状态下千百年才能形成的土壤层，因而给生产带来严重恶果。所以这种现代侵蚀又称之为现代加速侵蚀。

2.2.1.3　按引起土壤侵蚀的外营力种类划分

国内外关于土壤侵蚀的分类多以引起土壤侵蚀的主要外营力为依据进行分类。

一种土壤侵蚀类型的发生往往主要是由一种或两种外营力导致的，因此这种分类方法就是依据引起土壤侵蚀的外营力种类划分出不同的土壤侵蚀类型。按引起土壤侵蚀的外营力种类进行土壤侵蚀类型的划分，是土壤侵蚀研究和土壤侵蚀防治等工作中最常用的一种方法。

在我国引起土壤侵蚀的外营力主要有水力、风力、重力、水力和重力的综合作用力、温度(由冻融作用而产生的作用力)作用力、冰川作用力、化学作用力等，因此土壤侵蚀类型就有水力侵蚀、风力侵蚀、重力侵蚀、混合侵蚀、冻融侵蚀、冰川侵蚀和化学侵蚀等。

另外，还有一类土壤侵蚀类型称为生物侵蚀，它是由指动、植物在生命过程中引起土壤肥力降低和土壤颗粒迁移的现象。一般植物在防蚀固土方面有着特殊的作用，但人为活动不当会发生植物侵蚀，如部分针叶纯林可恶化林地土壤的通透性及其结构等物理性状。

根据引起土壤侵蚀的外营力划分的土壤侵蚀类型，如图 2-1 所示。

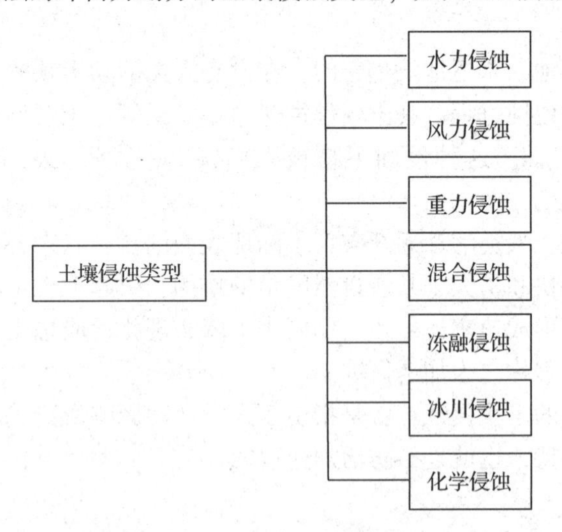

图 2-1　按照引起土壤侵蚀的外营力划分的土壤侵蚀类型

2.2.2　土壤侵蚀形式

土壤侵蚀形式是指在一定土壤侵蚀外营力作用下(或称在同一土壤侵蚀类型中)，由于影响土壤侵蚀的自然因素、土地利用方式和土壤侵蚀发生的条件不同，因而所造成的侵蚀外部特征、作用方式和过程也不相同，据此可以将同一土壤侵蚀类型划分成不同的侵蚀形式。

2.2.2.1 水力侵蚀

由大气降水及所形成的地表径流引起的土壤侵蚀，称为水力侵蚀，简称水蚀。水力侵蚀是目前世界上分布最广、危害也最常见的一种土壤侵蚀类型。在陆地表面，除沙漠和永冻的极地外，当地表失去覆盖物时，都有可能发生不同程度的水力侵蚀。

常见的水力侵蚀形式主要有雨滴击溅侵蚀、面蚀、沟蚀、山洪侵蚀、库岸波浪侵蚀和海岸波浪侵蚀等。

(1)雨滴击溅侵蚀

雨滴击溅侵蚀是指裸露的坡地受到雨滴的击溅而引起的土壤侵蚀现象，简称溅蚀。

溅蚀是整个降雨过程中最普遍的现象，凡裸露的地表受到较大雨滴的打击时，表层土壤结构遭到破坏，土粒随雨滴溅散，当溅起的土粒落到坡地上时，落向坡下部的土粒比落向坡上部的要多，因而土粒向坡下移动。溅蚀除移走土粒外，对地表土壤物理性状也有破坏作用，使土壤表层形成泥浆薄膜，堵塞土壤孔隙，阻止雨水下渗，为产生坡面径流创造了条件。

雨滴落在平地上时，由于土壤表层结构遭到破坏，降雨后土地会产生板结，使土壤的保水保肥能力降低，并影响作物发芽和生长。

(2)面蚀

面蚀是指由于分散的地表径流冲走坡面表层土粒的一种侵蚀现象，它是土壤侵蚀中最常见的一种侵蚀形式。凡是裸露的坡地表面，都有不同程度的面蚀存在。由于面蚀涉及面积大，侵蚀的又是肥沃的表土层，所以对农业生产的危害很大。

面蚀因地形、地质条件、土地利用状况及侵蚀力对土壤侵蚀的方式不同，又分为层状面蚀、鳞片状面蚀、沙砾化面蚀和细沟状面蚀四种。

①层状面蚀　层状面蚀是指降雨在坡面上形成薄层分散的地表径流时，把土壤可溶性物质及比较细小的土粒以悬移为主的方式带走，使整个坡地土层减薄，肥力下降的一种侵蚀形式。当降水量超过土壤渗透量时，地表分布着薄厚不均的层状径流，没有固定的流路，其流速缓慢，在流动过程中对地表侵蚀。所以层状面蚀多发生在侵蚀的开始阶段。

层状面蚀发生的程度大小，主要取决于地形、降雨、土壤结构及地表径流等条件，在地形平直的坡面上，土壤结构不良而渗透能力低的情况下，容易引起层状面蚀。层状面蚀大多数发生在质地均匀的坡耕地及农闲地上，或者是作物生长初期，根系还没有固结土体，松散的土粒极易被地表径流带走。

②沙砾化面蚀　在土石山区的农地上，特别是花岗岩、片麻岩、砂岩等地区，由于风化形成的土壤，其土层薄，土壤中所含粗骨物质较多，在分散的地表径流作用下，土壤中的细粒、黏粒及腐殖质被冲走，砂砾等粗骨物质残留在地表，经耕作后又与底土相混合，如此反复，土壤中的细小颗粒越来越少，而沙砾越来越多，造成土壤肥力下降，

耕作困难，最终导致弃耕，这种侵蚀过程称为沙砾化面蚀。

③鳞片状面蚀　在非农耕地的坡面上，由于不合理的樵采或放牧，使植被分布不匀，植被种类减少，生长不良，覆盖度趋于稀疏，以致使有植被覆盖处和无植被覆盖处受地表径流冲刷的情形不同，形成了鱼鳞状的侵蚀形态，这种侵蚀过程称为鳞片状面蚀。

鳞片状面蚀发生的程度，取决于植被的覆盖度及其分布情况，以及人或动物的破坏程度。这种侵蚀形式在山区和牧区较为常见。

④细沟状面蚀　在较陡的坡耕地上，特别是西北黄土高原区，暴雨过后，坡面被分散的小股径流冲成许多细小而密集的细沟，这就是细沟状面蚀。

细沟与地表径流的流线方向平行，其深度和宽度均不超过 20cm，它是造成农地跑水、跑土、跑肥的重要方式之一。因其只发生在农地的耕作层，一次暴雨所形成的细沟又被下次耕作所平复。当面蚀发展到这一阶段，说明面蚀已经发展到了十分严重的程度。

总之，面蚀涉及的面积大，侵蚀的又是表层肥沃的土壤，一旦面蚀发生，虽然不易引起人们的注意，但已经影响到土壤肥力状况和土壤结构的形成。面蚀的发生是长期不合理利用土地的结果。如果面蚀不加以治理，就会发展成为沟蚀。

(3) 沟蚀

一旦面蚀未被控制，由面蚀所产生的细沟在地表径流的作用下，就会向长、向宽、向深发展，直至不能被一般耕作所平复，于是就由面蚀发展成为沟蚀。沟蚀是指集中的地表径流冲刷土壤及其母质，切入地表以下形成沟壑的侵蚀过程。由沟蚀形成的沟壑称为侵蚀沟。

沟蚀也是水力侵蚀类型中常见的侵蚀形式之一。虽然沟蚀所涉及的面积不如面蚀范围广，但它对土地的破坏程度远比面蚀严重，因为一旦形成侵蚀沟，土地即遭到彻底破坏，而且由于侵蚀沟的不断扩展，曾经连片的土地被切割得支离破碎。但侵蚀沟只在一定宽度的带状土地上发生和发展，就其涉及的土地面积远较面蚀小。

①侵蚀沟的组成　由于冲刷而形成的侵蚀沟具有一定的外形，每条侵蚀沟都由沟沿、沟头、沟坡、沟底、水道、沟口、冲积扇几部分组成，如图 2-2 所示。

沟沿：侵蚀沟的外部轮廓线称为沟沿。

沟头(又称为沟顶、沟脑)：是侵蚀沟的顶端，具有一定高度呈陡峭状，绝大多数流水经沟头进入沟道，它是侵蚀沟发展最活跃的部位，其发展方向与径流方向相反。一条侵蚀沟往往有几个沟头，一般以沟道最长而连结的沟头称为主沟头，它所接的集水面积最大，来水量最多，其余的沟头称为支沟头。

沟坡：上部以沟沿为界，下部以沟底为界的中间部分称为沟坡。从侵蚀沟的横断面看，它与水平面常成一定角度。其坡度大小取决于侵蚀沟的地面组成物质和侵蚀沟的发展时期。黏质土沟坡较陡，砂壤土沟坡较缓；发展激烈阶段沟坡较陡，衰老阶段沟坡较缓。

沟底：夹在侵蚀沟两斜坡中间的部分，呈带状，并具有一定宽度。越接近沟口越宽，而侵蚀沟上部呈狭带状，沟头附近几乎看不出沟底存在。

水道：是侵蚀沟沟底有地表水流的地段，即水道。在侵蚀沟上部，因沟底呈狭带状，沟底与水道无明显划分界限；而在下部，沟底比水道宽，径流只在沟底的一侧流动，具有固定的水道。

沟口：指侵蚀沟汇入河流的地段，也是侵蚀沟最早形成的地方。沟口坡度较缓，沟底下切不大，流速缓慢。在沟口与河流交汇处，是侵蚀沟的侵蚀基准，通过侵蚀基准所作的水平面，即为侵蚀基准面，也是侵蚀沟下切深度的极限。

冲积扇(又称冲积锥)：当携带泥沙的径流流出沟口时，由于沟口坡度减缓，流路变宽，使得流速减慢，导致水流携带的泥沙沉积下来形成扇状。因此根据冲积扇的倾斜度、层次、沉积物、植物状况等可推断出侵蚀沟的发展状况。

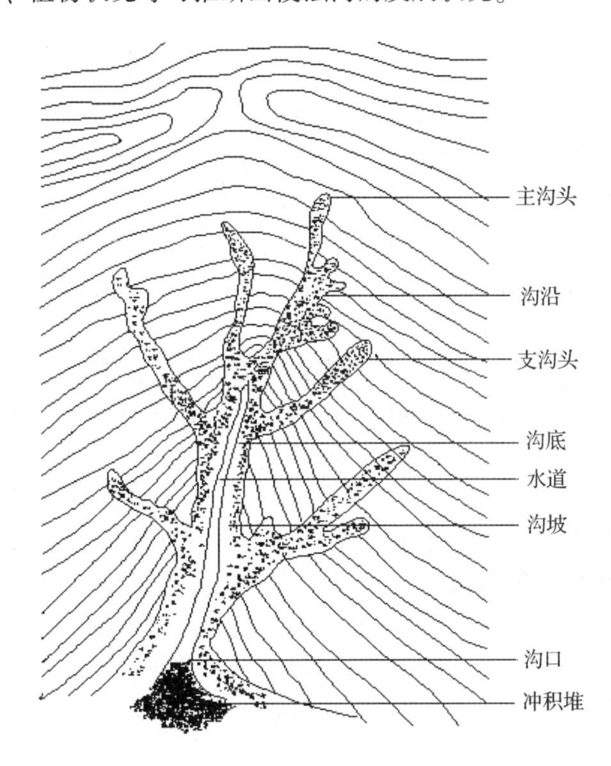

图 2-2　侵蚀沟的组成

②沟蚀的分类　根据侵蚀沟发展程度及外貌形态，将沟蚀分为浅沟侵蚀、切沟侵蚀、冲沟侵蚀和河沟侵蚀。

浅沟侵蚀：在细沟状面蚀的基础上，随着地表径流进一步集中，由小股径流汇集成较大的径流，因冲刷能力增加，冲刷表土并切入底土，形成横断面为宽浅槽形的浅沟，这种侵蚀形式称为浅沟侵蚀。浅沟侵蚀下切深度在0.5～1.0m，沟宽一般超过沟深，以后继续加深加宽。浅沟侵蚀在初期与细沟状面蚀相同，是侵蚀沟发育的初期阶段，其特点是没有形成明显的沟头跌水，正常的耕翻已不能复平，但不妨碍耕犁通过。由于不断耕翻，沟壁倾斜，与坡面无明显界限。浅沟在凸形坡面上呈扇形分散排列，在凹形坡面上呈扇形集中排列，在直线形坡面上呈平行排列。这种侵蚀沟使坡耕地在横坡方向上呈波浪状起伏。

切沟侵蚀：浅沟侵蚀继续发展，冲刷力量和下切力量增大，沟深切入母质中，有明显的沟头，并形成一定高度的沟头跌水，这种沟蚀称为切沟侵蚀。切沟侵蚀初期沟深为 1.0m 以下，随后可发展到 10.0～20.0m，甚至更深。初期的切沟横断面多呈"V"字形，随着侵蚀沟的发育，最后呈"U"字形，沟底纵断面在初期大体保持着与原坡面平行的趋势，后来逐渐变得上部较陡，下部较平缓。在质地疏松、透水性好和具有垂直节理的黄土地区，切沟发展十分迅速，侵蚀量大。切沟侵蚀吞蚀耕地，使耕地支离破碎，大大降低了土地利用率。切沟侵蚀是侵蚀沟发育的盛期阶段，沟头前进、沟底下切和沟岸扩张均十分激烈。所以这一阶段是防治沟蚀最困难的阶段。

冲沟侵蚀：切沟侵蚀进一步发展，径流更加集中，下切深度越来越大，沟壁向两侧扩展，横断面呈"U"形并逐渐定型，沟底出现明显的水道，有水道的部位，横断面呈复"U"形。沟底纵断面与原坡面有显著的差异，上部较陡，下部已日渐接近平衡断面，这种侵蚀称为冲沟侵蚀。冲沟侵蚀形成的侵蚀沟是侵蚀沟发育的后期，但还没有达到相对稳定的阶段，这时沟底下切虽已缓和，但沟头的溯源侵蚀和沟坡的扩张作用还很活跃。冲沟侵蚀阶段已经形成干、支、毛沟的现代侵蚀沟系统。

河沟侵蚀：侵蚀沟发育到末期，沟头已接近分水岭，沟底下切已达到侵蚀基准所控制的沟道自然比降程度，沟坡的扩张达到了其两侧的重力侵蚀趋于缓和的地步。同时沟中多具有常流水。

在土壤及母质层不太厚、下层为坚硬岩石的土石山区，集中的地表径流虽然有很大的冲力，但基岩却限制了侵蚀沟的下切，形成宽而浅的侵蚀沟，来源于两岸或斜坡上的大量土沙石砾堆积在沟内，这种侵蚀沟又称荒沟。

一旦地面形成侵蚀沟，就必须采取综合措施治理，只靠生物措施不能根治沟蚀。在黄土高原上侵蚀沟将整个坡面切割得支离破碎，使土地很难利用。生产上用沟壑密度来表示沟蚀的程度，所谓沟壑密度是指单位面积上的侵蚀沟总长度，单位以 km/km^2 计，在黄土丘陵沟壑区，沟壑密度可达到 $5km/km^2$ 以上，因为沟壑具有一定宽度呈带状分布，其所占面积与总土地面积之比，称为沟壑面积，用百分数表示，它是衡量沟蚀程度的另一个重要指标。在黄土丘陵沟壑区，沟壑面积可达 40% 以上。

(4) 山洪侵蚀

山洪侵蚀系指山区河流洪水对沟道堤岸的冲淘、对河床的冲刷或淤积过程。由于山洪具有流速高、冲刷力大和暴涨暴落的特点，因而破坏力大，并能搬运和沉积泥沙石块。山洪侵蚀改变河道形态，冲毁建筑物和交通设施、淹埋农田和居民点，可造成严重危害。

2.2.2.2　风力侵蚀

风力侵蚀是指土壤颗粒或沙粒在气流冲击作用下脱离地表，被搬运和堆积的过程，以及随风运动的土沙粒对地表物质的吹蚀与磨蚀作用，简称风蚀。

风是风力侵蚀的动力，土粒或沙粒被风挟带形成风沙流。气流中的含沙量随风力的大小而改变，风力越大，气流含沙量越高。当气流中的含沙量过饱和或风速降低时，土粒或沙粒与气流分离而沉降，堆积成沙丘或沙垅。在风力侵蚀中土粒或沙粒脱离地表、被气流搬运和沉积这三个过程是相互影响并穿插进行。

风力侵蚀主要发生在干旱半干旱地区，这些地区日照强烈，昼夜温差大，物理风化强烈；降水少且变率大，蒸发强烈；地表径流贫乏，流水作用微弱；植被稀疏矮小，地表疏松，碎屑沙粒裸露；在强劲、频繁、持续的大风作用下，风力侵蚀作用极其剧烈，由此形成了风蚀地貌和风积地貌形态。

(1)风蚀地貌

风和风沙流对地表物质的吹扬搬运作用，称为风蚀作用。风蚀作用包括吹蚀作用和磨蚀作用两部分。风吹击地表时，由于风的压力作用，将地表的松散沉积物或基岩上的风化产物(沙质物)吹走，使地面遭到破坏的现象，称为吹蚀作用。风携带沙粒移动，沙粒与岩石表面发生摩擦，造成岩面磨损，称为磨蚀作用。

风蚀仅限于地表及距离地表较低的范围内，风蚀地貌主要有以下几种类型。

①石漠与砾漠(又称戈壁)　在干旱地区地势较高的基岩或山麓地带，由于强劲风力将地表大量碎屑细粒物质吹蚀而去，使基岩裸露或留下具有棱面麻坑的各种风棱石和石块，使得地表植被稀少、景色荒凉，这种地貌称为石漠与砾漠。石漠与砾漠在我国分布的面积很大。

②石窝(又称风蚀壁龛)　在陡峭岩壁的迎风面，经风蚀形成大小不等、形状各异的小洞穴和凹坑，其直径约20cm，深度10～15cm，有的分散，有的群集，使岩壁呈蜂窝状外貌，称为石窝。这种地貌在花岗岩和砂岩壁上最为发育。

③风蚀蘑菇和风蚀柱　孤立突起的岩石，或水平节理和裂缝发育的岩石，特别是下部岩性软于上部的岩石，在长期风蚀作用下，易形成上部大、下部小、形似蘑菇的地形，称为风蚀蘑菇。

垂直裂缝发育的岩石经过长期的风蚀，易形成柱状，故称为风蚀柱。它可单独挺立，也可成群分布，其大小高低不一。

④风蚀垄槽(雅丹)　“雅丹”是维吾尔语，意指具有陡壁的风蚀槽垄。在干旱地区的湖积平原上，由于湖水干涸，湖底常干缩裂开，风沿裂隙不断吹蚀，使裂隙逐渐扩大，将原来平坦的地面发育成许多不规则的陡壁、垄岗(墩台)和宽浅的沟槽，这种支离破碎的地面称为风蚀垄槽。风蚀垄槽以罗布泊附近雅丹地区最为典型，故又称雅丹地貌。沟槽可深达十余米，长达数十米至数百米，沟槽内常被沙粒填充。

⑤风蚀洼地　由松散物质组成的地面，经长期的风吹蚀后，形成宽广而轮廓不大明显的洼地。它们多呈椭圆形，成行分布并沿主要风向伸展，自地面向下凹进很深。洼地的背风壁较陡，常达30°以上。

⑥风蚀谷、风蚀残丘和风蚀城堡　在干旱地区遇暴雨也能产生地表径流冲刷地面，形成许多沟谷，这些沟谷再经长期风蚀形成风蚀谷。风蚀谷无一定形状和走向，蜿蜒曲折，宽度不一，谷底崎岖不平。在陡峭的谷壁上分布着大小不同的石窝，谷壁下部常堆积着崩塌的岩屑堆。

风蚀谷不断发展扩大，原始地面不断缩小，最后残留下来的小块地面称为风蚀残丘。其形状各不相同，以平顶的较多，亦有塔状的，高度一般在10～20m不等。

在较软的水平岩层地区，经长期风力吹蚀，地面被分割成一些平顶残丘，远远望去，好似废弃的城堡，故称风蚀城堡，也称风城。在新疆的吐鲁番和哈密西南等地，有典型的风城地貌。

(2)风积地貌

风积地貌是指被风搬运的沙物质，在一定条件下沉积所形成的各种地貌，主要有以下几种类型。

①沙波纹　沙波纹是沙地和沙丘表面呈波状起伏的微地貌，是流动沙丘形成过程中具体而微小的缩影。沙波纹的排列方向与风向垂直，相邻的两条沙波纹的脊线间距，一般为 20 ~ 30cm，风力愈大则脊间距愈大，脊也愈高。

②沙堆　风沙流遇到植物或障碍物时，在背风面产生涡流，消耗气流的能量，使风速减小，在背风面沙粒发生沉积形成沙堆。沙堆的大小不等，形状各异，从发育的过程看有蝌蚪和盾状沙堆。在多种风向的作用下，沙堆逐步演化成各种沙丘或沙丘链。

③新月形沙丘和新月形沙丘链　新月形沙丘是沙漠地区分布最广、形态最简单的一类沙丘。主要分布于单一风向或两个相反风向的风交互作用的地区。因其平面形如新月而得名，它的两侧有顺风向延伸的两翼，这是由于从沙丘两侧绕过的具有垂直涡旋的环流造成的。两翼之间交角的大小各地不一，主要取决于主风向的强弱，主风向风速愈强，其交角角度就愈小。

新月形沙丘的剖面形态是两个不对称的斜坡，迎风坡凸出而平缓，坡度在 5° ~ 20°之间，背风坡凹而陡峻，坡度在 28° ~ 34°之间。其高度一般在 1 ~ 5m，很少超过 15m，大多零星分布在沙漠边缘地带。

在有丰富沙源的情况下，密集的新月形沙丘两侧平行连接或前后互接，形成与风向垂直的新月形沙丘链，沙丘链高度一般在 10 ~ 30m，长达数百米至 1km 以上。

④梁窝状沙丘和格状沙丘　在有两个相反风向，并有一个主风向，有草丛或灌木生长的条件下，常形成固定或半固定的由隆起的弧状沙梁和半月形沙窝相间组成的沙丘，称为梁窝状沙丘。在我国准噶尔盆地的古尔班通古特沙漠和毛乌素沙漠都有分布。

格状沙丘是在两个近乎相互垂直的风向作用下形成的。主风方向形成沙丘链(主梁)，与主风向垂直的次风向则在沙丘链间形成低矮的沙埂(副梁)，分隔丘间低地(沙窝)，形似格状，故称格状沙丘。主梁丘高 5 ~ 20m，副梁丘高 2 ~ 3m，腾格里沙漠的沙丘主要是格状沙丘。

⑤金字塔状沙丘　在无主风向的多向风的吹动下，形成沙丘棱面明显、丘体高大、具有三角形的斜面、尖的沙顶和狭窄的棱脊线，外形像金字塔的沙丘，故称为金字塔状沙丘。丘体高度一般 50 ~ 100m。

上述为主要风蚀地貌和风积地貌类型，此外人们在研究沙丘的活化程度时，根据沙丘上植被覆盖度大小，将沙丘分为流动沙丘(植被覆盖度 <5%)、半流动沙丘(植被覆盖度 5%~20%)、半固定沙丘(植被覆盖度 21%~50%)和固定沙丘(植被覆盖度 >50%)。

2.2.2.3　重力侵蚀

重力侵蚀是一种以重力作用为主引起的土壤侵蚀类型。严格地讲，纯粹由重力作用引起的侵蚀现象是不多的，重力侵蚀的发生是在其他外营力作用下，特别是在水力侵蚀及下渗水分的共同作用下，以重力为直接原因而发生的地面物质移动现象。重力侵蚀多发生在局部范围内，往往不易引起人们的注意，重力侵蚀也是河流泥沙的主要来源之一。

在自然界，地表由土体组成的斜坡，它的稳定是由内摩擦阻力、粒子间黏结力和在其上生长的植物根系的固持作用来维持的，一旦受到外界条件的影响或外营力作用时，内摩擦阻力和黏结力减小，在重力作用下，使土壤及其母质发生移动。在土壤侵蚀严重地区，重力侵蚀与水力侵蚀中的面蚀、沟蚀之间呈现相互影响、相互促进的复杂而紧密的联系。

根据引起重力侵蚀发生的原因及其表现方式，可分为陷穴、泻溜、崩塌和滑坡等形式。

(1)陷穴

陷穴是西北黄土高原地区特有的一种侵蚀形式。由于地表径流沿黄土的垂直缝隙渗流到地下，使可溶性矿物质和细小土粒被淋溶至深层，土体内形成空洞，上部的土体失去顶托而发生陷落，呈垂直洞穴，这种侵蚀称之为陷穴。其产生的原因主要是由于水分局部下渗和黄土的大孔隙性及其垂直节理发育形成的。

陷穴多发生在易积水的地方，有时单个出现，有时成群出现叫蜂窝状陷穴，有时沿着流水线连串出现叫串珠状陷穴。串珠状陷穴为侵蚀沟的形成创造了条件。

(2)泻溜

泻溜也称撒落，是指松散的表土或岩屑在重力作用下，沿着坡面下泻的现象。

泻溜的发生主要是由于土壤质地黏重，受到干湿、冷热等变化的影响而引起缩胀，以致土体表层剥裂，碎屑物质受重力作用顺坡而下，在坡麓逐渐形成锥状碎屑堆积体，称岩屑锥。由于组成斜坡的物质性质不同，其发生泻溜的坡度也有差异。一般砂黄土超过34°、黄砂超过32°、红黏土超过37°、紫色黏土与紫色页岩风化物超过36°时即可发生泻溜。

(3)崩塌

在陡峭的斜坡上大块岩土体突然向外倾倒、翻滚、崩落的现象称为崩塌。斜坡上崩塌下来的岩土体称为崩落体，崩塌发生后在原坡面上形成的新斜面称为崩落面。崩塌形成的崩落面不整齐，崩落体停止运动后，岩土体上下之间的层次被彻底打乱。

发生在岩体中的崩塌，称为岩崩；发生在土体中的崩塌，称为土崩；发生在雪山上的崩塌，称为雪崩；发生在山坡上大规模的崩塌，称为山崩；发生在悬崖陡坡上单个块石的崩塌，称为坠石。

崩塌主要出现在地势高差较大、斜坡陡峻的高山地区和河流强烈侵蚀的地带。崩塌可造成河流堵塞或阻碍航运、毁坏建筑物或村镇，以及引起波浪冲击沿岸等灾害。

(4)滑坡

滑坡是指斜坡上的岩土体在重力作用下沿着一个或几个滑动面(或滑床)整体向下滑动的现象。斜坡上向下滑动的土体或岩体称为滑坡体。滑落后的滑坡体层次虽受到严重扰动，一般还可保持原来的相对位置。滑坡下滑速度有快有慢，一般是开始时较慢，不易为人们所觉察，到后来则速度加快，以至可达到25m/s左右。滑坡规模有大有小，小的只有几十立方米，大的滑坡体可达$1\times10^8m^3$以上。其危害也很大，如掩埋村镇、摧毁厂矿、中断交通、堵塞江河、破坏农田和森林等。

(5)山剥皮

常发生在土石山区陡峭的坡面上，由于降雨或土体解冻使土壤层及母质层的稳定性被破坏，在重力作用下发生剥落，露出基岩的现象称为山剥皮。

山剥皮开始时规模较小，因植物根系相互缠绕，剥落的部分开始向四周扩散，尤其再遇暴雨后规模迅速扩大。山剥皮剥落下来的物质堆积在坡脚形成倒土堆，并有一定的分选性，即较大石砾堆积在中下部，细小的颗粒堆积在中上部。

2.2.2.4 混合侵蚀

混合侵蚀是指在水流冲力和重力共同作用下产生的一种特殊侵蚀类型，在生产上常称混合侵蚀为泥石流。

泥石流是一种含有大量土砂石块等固体物质的特殊洪流，它不同于一般的暴雨径流，其含有比一般洪流多5~50倍的泥沙石块，刹那间能将数以千百万立方米的砂石冲进江河。一场泥石流过后可使河道面目全非，或堵塞河道，聚水成湖，或推移河道，易槽改道。

泥石流是在一定的暴雨条件下(或是有大量融雪、融冰水条件下)，受重力和水流冲力的综合作用而形成的。泥石流在其流动过程中，因崩塌、滑坡等侵蚀形式的发生，补给了大量松散固体物质。由于泥石流暴发突然，来势凶猛，流速极快(超过15m/s)，历时短暂，因此具有强大的破坏力。

泥石流是山区的一种特殊侵蚀现象，也是山区的一种自然灾害。泥石流中砂石等固体物质的含量一般超过25%，有时高达80%，容重$1.3\sim2.3t/m^3$。泥石流的搬运能力极强，比一般水流大数十倍至数百倍，其堆积作用也十分迅速，所以对山区的工农业生产的危害很大。

泥石流分类的方法很多，根据泥石流的成因，可分为暴雨型泥石流和冰川型泥石流。

(1)暴雨型泥石流

暴雨型泥石流一般发生在低山浅丘地区，其水的来源是暴雨后产生的地表径流。根据暴雨型泥石流中所含固体物质不同，又分为石洪和泥流。

①石洪　多发生在土石山区，所含固体物质主要为大小石砾，固体物质含量达40%以上，容重$1.3\sim2.3t/m^3$。石洪已经不是水流冲动土砂石块，而是水和土砂石块组成一个整体流动，分选作用不明显，在其停止时土砂石块的沉积基本上按原来的结构大小间杂存在。

石洪的特点：一是突然发生，无渐变过程。最前方形成有一定高度的水头(常称为“龙头”)，具有很大的破坏能力；二是流动过程中具有显著的脉动性，运动速度时快时慢。

当石洪以较快的速度前进时，常常依靠其惯性，脱离开原有的流路直线前进。当其运动速度减慢时，一部分体积大的石块堆积在流路上形成“石垒”，亦称“地垒”；当其流至下游如果流路开阔则大小石砾迅速堆积在一起，故不能进行分选作用，因而形成混合锥。

石洪的发生与地质构造、新构造运动、地震等有一定关系。在地质构造复杂、断裂褶皱发育、新构造运动强烈和地震地带，往往也是石洪最活跃的地带。

②泥流 泥流是我国黄土地区或具有深厚土状母质地区发生的泥石流形式。泥流在流动过程中，因其比重大(有时可达 1.6 或更大)，促使其所具有的破坏力远大于山洪。流体表面显著不平，已失去一般流体的特点，能漂浮、顶运大土块和其他固体物质。

泥流在流动过程中也有明显的水头，停止时也能形成地垒，但不如石洪明显。

(2)冰川型泥石流

一般发生在海拔 3500m 以上的高山地区，具有现代冰川、积雪区，它的固体物质主要是冰川所供给，水源主要是冰雪融化、冰川湖溃决、冰崩、雪崩等供给。这种泥石流来势更迅猛，暴发时固体物质可以顷刻间充满整个峡谷，几百吨的巨石如同船一样漂浮起来，力量之大可以冲过一条沟，再爬上一面坡。

2.2.2.5 冻融侵蚀

当温度在 0℃左右变化时，对土体或岩石所造成的机械破坏作用，称为冻融侵蚀。

当土壤孔隙或岩石裂缝中的水分结冰时，体积膨胀，因而使裂缝加宽加深；当冰融化时，水分沿着裂缝渗入到土体或岩石内部。这样冻结、融化反复进行时，不断使裂缝加深扩大，以致使岩石崩裂成岩屑。在冻融侵蚀过程中，水可溶解岩石中的矿物质，同时会发生化学侵蚀。

冻融侵蚀主要分布在我国北方寒温带，在春季陡坡、沟壁、河床、渠道等时有发生。其特点是：冻融使边坡上的土体含水量和容重增大，因而加重了土体的不稳定性，冻融使土体发生机械变化，减小了土壤内部的黏结力，降低了土壤的抗剪强度；土体冻融具有时间和空间的不一致性，当土体表层融化，底层未解冻时，其底层形成一个不透水层，水分沿交接面流动，使两层间的摩擦阻力减小，因此在土体坡角小于休止角的情况下，土体发生缓慢移动，这种现象又称为冻融泥流。所以，冻融侵蚀是一种不同于水力侵蚀、重力侵蚀的独特的侵蚀类型。

2.2.2.6 冰川侵蚀

由于现代冰川的活动对地表造成的机械破坏作用，称为冰川侵蚀。

冰川侵蚀活跃于现代冰川地区，我国主要分布在青藏高原和西北高山雪线以上。高山高原雪线以上的积雪，经过外力作用，转化为有层次的厚度达数十米至数百米的冰川冰，而后沿着冰床作缓慢的移动，冰川及其底部所含的岩石碎块不断锉磨冰床，同时冰川下部松动的岩石突出部分可与冰川冻结在一起，冰川移动时将岩石拔出带走。

冰川冰的重量大，$1m^3$的冰重达 900kg，厚达 100m 的冰川每 $1m^2$产生的压力为 92t，所以它具有巨大的侵蚀力，冰川在运动过程中，其所夹带的岩石碎块对冰川进行磨蚀和刮蚀作用。

2.2.2.7 化学侵蚀

化学侵蚀是指土壤中的营养物质在水分的作用下发生化学变化和溶解损失，导致土壤肥力降低的过程。

进入土壤中的水分在重力作用下沿土壤孔隙向下运动，使土壤中的易溶性的养分和盐类发生化学变化，分散悬浮于土壤水分中的土壤黏粒、有机和无机胶体，沿土壤孔隙向下运动，致使表层土壤养分损失和土壤理化性质恶化，导致土壤肥力下降。

由于化学侵蚀现象一般不太明显，且其作用过程相对较为缓慢，不易被人察觉。化学侵蚀过程不仅使土壤肥力降低，农作物产量下降，而且还会污染水源，恶化水质，直接影响人畜饮水和工农业用水安全。由于被污染的水体内藻类大量繁殖生长，导致水中有效氧含量降低，鱼类和其他水生生物也会受到影响。

化学侵蚀分为岩溶侵蚀、淋溶侵蚀和土壤盐渍化 3 种形式。

(1) 岩溶侵蚀

岩溶侵蚀是指可溶性岩层在水的作用下发生以化学溶蚀作用为主，伴随有塌陷、沉积等物理过程而形成独特地貌景观的过程及结果。依据发育的位置可分为地表岩溶侵蚀和地下岩溶侵蚀两类。

岩溶侵蚀主要是由水的溶蚀作用造成的，水的溶蚀作用是通过大气和水对岩体的破坏，使岩石或土壤化学成分发生变化，造成岩溶地区的土层变薄、土地退化、基岩裸露，形成岩溶地貌。

岩溶侵蚀多发育在气候湿热和碳酸岩分布的地区。在我国，碳酸岩分布面积约 $125 \times 10^4 km^2$，著名的云南石林和桂林景观都是岩溶侵蚀地貌。

(2) 淋溶侵蚀

淋溶侵蚀是指降水或灌溉水进入土壤，土壤水分受重力作用沿土壤孔隙向下层运动，将溶解的物质和细小土壤颗粒带到深层土壤，使表层土壤养分向土壤深层迁移聚集的过程。

淋溶侵蚀是由地表水入渗过程中对土壤上层盐分和有机质的溶解和迁移，水分在这一过程中主要以重力水形式出现。当地下水位低、降水量较少时，淋溶侵蚀强度较小；当地下水位高，或降水较多时，尤其在有灌溉条件的地区，淋溶深度大，不仅造成土壤肥力下降，还会使土壤盐分和有机质进入地下水，构成新的污染源。

(3) 土壤盐渍化

在干燥炎热和过度蒸发条件下，土壤毛管水上升运动强烈，致使地下水及土壤中盐分向地表迁移，并在地表发生盐分积累的过程，称为土壤盐渍化或土壤盐碱化。

盐渍化严重影响农业生产，高浓度的盐分会引起植物的生理干旱，干扰作物对养分的正常摄取和代谢，降低养分的有效性，导致表层土壤板结，甚至难以利用。

2.2.3　我国土壤侵蚀类型分区概要

我国地域辽阔，自然环境错综复杂，山地丘陵面积约占国土总面积的 2/3，由于各地自然条件和人为活动不同，形成了许多具有不同特点的土壤侵蚀类型区域。根据我国地形特点和自然界某一外营力在一较大的区域里起主导作用的原则，水利部颁布了《土壤侵蚀分类分级标准》(SL 190—2007)，把全国划分为三大土壤侵蚀类型区，即水力侵蚀为主的类型区、风力侵蚀为主的类型区、冻融侵蚀为主的类型区。根据各类型区的地质、地貌及土壤特点，又进行二级划分。各类型区的分布范围见表 2-1。

表 2-1 土壤侵蚀类型区的划分和分布范围

一级类型区	二级类型区	分布范围
Ⅰ水力侵蚀类型区		大兴安岭—阴山—贺兰山—青藏高原东缘一线以东
	$Ⅰ_1$西北黄土高原区	西为青海日月山，西北为贺兰山，北为阴山，东为太行山，南为秦岭
	$Ⅰ_2$东北黑土区(低山丘陵区和漫岗丘陵区)	南界为吉林省南部，西、北、东三面为大、小兴安岭和长白山所绕
	$Ⅰ_3$北方土石山区	东北漫岗丘陵以南，黄土高原以东，淮河以北，包括东北南部，河北、山西、内蒙古、河南、山东等部分
	$Ⅰ_4$南方红壤丘陵区	以大别山为北屏，巴山、巫山为西障(含鄂西全部)，西南以云贵高原为界(包括湘西、桂西)，东南直抵海域，包括台湾、海南省及南海诸岛
	$Ⅰ_5$西南土石山区	北接黄土高原，东接南方红壤丘陵区，西接青藏高原冻融区。包括云贵高原、四川盆地、湘西及桂西等地
Ⅱ风力侵蚀类型区		主要分布于西北、华北、东北西部的沙漠戈壁地区以及沿河环湖滨海平原风沙区
	$Ⅱ_1$“三北”戈壁沙漠及沙地风沙区	主要分布于西北、华北、东北西部，包括新疆、青海、甘肃、宁夏、内蒙古、陕西、黑龙江等省(自治区)的沙漠戈壁和沙地
	$Ⅱ_2$沿河环湖滨海平原风沙区	主要分布在山东黄泛平原、鄱阳湖滨湖沙山及福建省、海南省滨海区
Ⅲ冻融侵蚀类型区		主要分布在我国西部青藏高原、新疆天山等一些高山地区和东北大小兴安岭等一些高寒地区
	$Ⅲ_1$北方冻融土侵蚀区	主要分布在东北大小兴安岭山地及新疆的天山山地
	$Ⅲ_2$青藏高原冰川侵蚀区	主要分布在青藏高原和高山雪线以上

2.2.3.1 水力侵蚀为主的类型区

这一类型区大体分布在我国大兴安岭—阴山—贺兰山—青藏高原东缘一线以东，包括西北黄土高原区、东北黑土区(低山丘陵区和漫岗丘陵区)、北方土石山区、南方红壤丘陵区、西南土石山区5个二级类型区。这些高原、山地、丘陵连同其附近的平原，是我国目前工农业生产的主要地区，认识并掌握它们的自然概况及土壤侵蚀特征，因地制宜地进行水土保持工作，具有重要的政治和经济意义。

(1)西北黄土高原区

西北黄土高原区是指西为青海日月山，西北为贺兰山，北为阴山，东为太行山，南为秦岭。绝大部分属黄河中游，是我国土壤侵蚀最严重的地区，也是世界上黄土分布最广的地区。

黄土高原，顾名思义是以黄土为其特色的高原。所谓黄土是指在本区内分布很广、厚度很大的第四纪粉沙物质，分为新黄土(又称马兰黄土)和老黄土(又称离石黄土和午城黄土)两种。前者覆盖在后者之上，总厚度由几十米至100多米，最厚处可达200多米，黄土质地均细，结构疏松，具有大孔隙构造，垂直节理发育，湿陷性和渗透性都较大。颗粒粒径0.05~0.002mm的占50%左右，渗透速度一般0.8~1.3mm/min。黄土具有迅速分散的特性，在清水中1~4min即可全部分散。黄土性农田土壤耕层更加疏松，有机质含量较低，一般为 1%～2% 左右，故抵抗雨滴击溅和径流冲刷的能力较弱。

黄土高原属大陆性季风性气候，冬寒夏热，气温变化剧烈。年平均降水量一般在 300～600mm，其特点是：分布集中，7、8、9 三个月的降水量约占全年的 70%；多以暴雨形式出现，暴雨强度每分钟可达 1mm，甚至 2mm 以上，瞬时暴雨强度更大。暴雨对地面强有力的打击作用，以及由暴雨形成的地表径流的冲刷作用，是导致强烈土壤侵蚀的外营力；一次大暴雨的产沙量可占全年总产沙量的 40%～86%。

黄土高原大部分海拔在 1000～2000m 之间，除少数石质山地超过 2000m，其余皆为新黄土和老黄土所覆盖。黄土地貌按形态和结构划分，可分为丘陵沟壑区和高原沟壑区，还有风沙丘陵、涧地、河谷川地和土石山地。总的来看，沟壑纵横，地形破碎，沟深坡陡是黄土地貌的主要特征。

在自然植被方面，黄土高原自东南向西北大致可分为：山地森林、森林草原、草原和干旱草原四个带。山地森林带的植被以针、阔叶混交林和灌丛为主，开垦指数低，一般在 10% 以下，土壤侵蚀轻微；森林草原带的植被类型以夏绿阔叶林及禾本科、菊科植物群落为主，开垦指数一般在 40%～50%，部分人多地少地区可高达 60%～70%，土壤侵蚀严重；草原带的植被以禾本科、菊科群落为主，开垦指数 30%～40%，部分高达 60%，土壤侵蚀非常严重；干旱草原带的植被以藜科及旱生多刺的植物群落为主，开垦指数为 10%～20%，土壤侵蚀较重，同时有较强烈的风蚀发生。黄土丘陵沟壑区处于草原带和森林草原带。除洛河以西的子午岭和以东的黄龙山，以及延安、甘泉之间的崂山一带有较好的次生林外，其余均为农耕地区；黄土高原沟壑区，处于森林草原带，全为农耕地区。

根据调查研究，在黄土高原地区，除了溅蚀和层状面蚀普遍发生外，2°以上的坡耕地距离分水线以下 10m 处就发生细沟侵蚀；5°以上者，则细沟侵蚀较强，并开始发生浅沟侵蚀；15°以上，细沟、浅沟侵蚀强烈；25°以上，细沟、浅沟侵蚀极强烈，并有切沟出现；35°以上，耕地土壤发生泻溜；45°～75°陡坡地可发生滑坡；75°以上的陡崖和岸壁可发生崩塌。如陕西中西部渭河北岸的黄土塬边，就呈带状分布着体积巨大、滑壁高陡的老滑坡和少数复活的新滑坡，仅宝鸡至常兴 90km 内，就有 170 处滑坡。兰州和西宁附近也有少数规模巨大的黄土滑坡。例如，兰州西大通河海石湾附近有一老滑坡，滑坡体约 $1 \times 10^8 m^3$。宁夏南部的西吉、固原一带，在清水河与葫芦河的分水岭地区，普遍分布着黄土滑坡。一些大型滑坡多是 1920 年海原地震诱发的。此外，晋西和陕西等地也有黄土滑坡的分布。高原内有的地方还存在泥石流的活动，如天水、兰州和西宁等地。天水元龙镇的泥石流活动比较频繁。兰州洪水沟 1964 年 7 月 20 日夜间也爆发了一次规模巨大的泥石流。

黄土高原地区土壤侵蚀模数一般为 5000～10 000t/(km² · a)，有的可达 25 000 t/(km² · a)以上。

黄土高原主体部分是丘陵沟壑区和高原沟壑区，现分别介绍如下：

①黄土丘陵沟壑区　该区地形是由梁峁组成，梁呈长条形，峁呈椭圆形或圆形，是标准的沟壑纵横地貌，在整个黄土高原到处都有分布。目前黄土丘陵沟壑区的梁峁坡面几乎全部开垦为农地，有些地方虽未耕种，但也有轮歇垦耕的习惯。其沟谷深度变化在

50～120m 之间，其中多数为 70～80m。该区是黄河粗泥沙的主要来源地，土壤侵蚀模数一般为 5000～15 000t/(km^2·a)，个别地区可达 30 000t(/km^2·a)以上。

②黄土高原沟壑区　也称黄土塬区，主要分布在泾河中游、北洛河中游、禹门口到延水关的黄河峡谷两侧、介修到临汾的汾河两侧。其中以陇东的董志塬最大，还有早胜塬、长武塬、洛川塬、文道塬等。黄土塬一般被河谷分割，塬边又遭不同程度的沟蚀，其面积逐渐在缩小。如最大的董志塬，据史料记载，唐代后期董志塬南北长 42km，东西宽 32km，其面积为 1344km^2，现今东西最宽处约 18km，最窄处仅 1km。

黄土塬区大体可分为塬面和塬边两部分，塬面平缓，总坡度不超过 5°，土壤侵蚀轻微，因人口稠密，全部垦为农地。塬边因受到不同程度的侵蚀，形成塬咀、塬梁等形态。黄土塬区的沟谷深度比黄土丘陵沟壑区还要大，一般在 70～200m，多数为 100～150m 之间。土壤侵蚀模数一般为 5000～1000t/(km^2·a)。

黄土高原由于黄土疏松，易遭侵蚀。在暴雨强烈、地形破碎的条件下，加之历史上长期滥伐滥垦，造成了本区十分强烈的土壤侵蚀。黄河下游泥沙绝大部分来自本区，每年平均向三门峡以下倾泻 16×10^8t 泥沙。径流中多年平均含沙量为 37.6kg/m^3，最高可达 590kg/m^3，远远超过国内其他各河流，居世界河流含沙量的首位。

(2)东北黑土区(低山丘陵区和漫岗丘陵区)

本类型区南界为吉林省南部，西、北、东三面为大、小兴安岭和长白山所围绕。在此范围内，除了大、小兴安岭林区以及三江平原外，其余地方都有不同程度的土壤侵蚀(包括风蚀)。这一类型区又可分为低山丘陵和漫岗丘陵两部分。

①低山丘陵区　主要分布在小兴安岭南部的汤旺河、完达山西侧的倭肯河上游、牡丹江、张广才岭西部的蚂蚁河、阿什河、拉林河等流域，吉林东部和中部的低山丘陵也属本区范围。这一带开垦已有百年，垦殖指数在 20% 左右，大于 10°的坡地也有开垦。加之降雨量较大，故有很大的侵蚀危险性。但这些地区天然次生林较多，植被覆盖度亦较高，就当前土壤侵蚀情况来看，尚属轻度和中度的面蚀与沟蚀。局部地方侵蚀较严重，如牡丹江地区，原来的山地暗棕色森林土厚度 50cm 以上，腐殖质含量可达 5%，经侵蚀后，逐步变为中厚层和薄层土壤，腐殖质含量也大为降低。表土年流失厚度为 0.5cm 左右，年流失量为 3000～5000t/km^2。以吉林市所属各县为例，土壤侵蚀明显的地区占总面积的 42.5%，遭受侵蚀的耕地占总耕地的 23.2%。根据当地水土保持试验站 1962 年观测，7°的坡耕地每年土壤流失量为 3300t/km^2，12°坡耕地为 4550t/km^2。总之这一地区降雨量大，一旦植被破坏，就会带来严重的后果。如一些地方因陡坡开垦和过度放牧，破坏了植被，雨季时甚至发生泥石流，曾经造成过较大的危害。

②漫岗丘陵区　为小兴安岭山前冲积洪积台地，具有较缓的波状起伏地形。海拔一般为 180～300m，相对高差为 10～40m，丘陵与山地界线明显。这一带原来是繁茂的草甸草原，近五六十年来的开垦，垦殖指数达 70% 以上，土壤侵蚀面积大，分布于 20 多个县，为我国东北黑土侵蚀有代表性的类型。以嫩江支流乌裕尔河、雅鲁河和松花江支流呼兰河等流域土壤侵蚀较为严重，如克山、拜泉、克东、望奎、北安、依安、海伦、龙江等县土壤侵蚀面积分布最广。据统计，克山和克东县土壤侵蚀面积占耕地的 40%，望奎县占 47%，拜泉县占 56%，龙江县占 80%。克山县开垦以来，黑土层厚度由原来

的 1 ~ 2m，减小为 0.2 ~ 0.3m。

黑土漫岗丘陵的坡度一般在 7°以下，并以小于 4°的面积居多，但坡面较长，多为 1000 ~ 2000m，最长达 4000m，汇水面积很大，往往使流量和流速增大，从而增强了径流的冲刷能力。黑土一般比重为 2.55 ~ 2.65，容重为 1.0 ~ 1.5g/cm^3，总孔隙率为 50%，耕层的总孔隙率为 60%。透水性：表层 0 ~ 20cm 为 96.0mm/h，20 ~ 40cm 为 48mm/h。多年以来在不合理耕作方法影响下，在固定的耕层以下形成一个厚为 5 ~ 6cm 的犁底层。该层异常坚实，容重 1.5 ~ 1.6 g/cm^3，透水速度 2.5 ~ 8.6mm/h。黑土的心土层及母质层，多为深厚的黄土性黏土，透水缓慢，表土含水量接近饱和时，就容易发生面蚀和沟蚀。加之这里冬季长而寒冷，有保持半年的冻土层，深 2m 左右，在土层中形成隔水层。因此，春季积雪的融冻及夏季的大量雨水，一时来不及下渗，就往往在坡面上造成较大的地表径流，从而引起土壤流失、土地崩塌和滑坡。黑土漫岗丘陵地区的降水多集中在夏季，且多为暴雨。最大日降雨量为 120 ~ 160mm，有的可达 200mm；最大降雨强度为 1.6mm/s。这种降水特性也加大了黑土地区的土壤侵蚀。

土壤侵蚀的形式主要有面蚀、沟蚀和风蚀。每年表土平均流失的厚度约为 0.6 ~ 1.0cm，土壤侵蚀模数为 6000 ~ 10 000t/(km^2 · a)。沟蚀的发展，随着开垦时间的不同而有明显的差异，一般是南部冲沟多于北部。沟壑密度一般为 0.5 ~ 1.2km/km^2，最大可达 1.61km/km^2。沟头前进速度每年平均为 1m 左右，最快的可达 4 ~ 5m。风蚀方面，黑土含有较多的有机质，耕垦以后表土比较疏松，特别是每年经过冬季数月的干旱和冰冻之后，表土更为细碎，春季干旱多风，常引起严重的风蚀，一次大风可吹失表土 1 ~ 2cm。

由于长期面蚀、沟蚀和风蚀的影响，黑土层逐渐变薄，有的地方已露出了心土，出现了黑黄土、黄黑土、“破皮黄”等肥力较低的土壤。土壤生态环境的破坏，致使土壤水蚀、风蚀强烈发生，从而使土壤理化性质恶化，而恶化的土壤理化性状又促使土壤侵蚀的进一步发展。

(3) 北方山地丘陵区

本区是指东北漫岗丘陵以南、黄土高原以东、淮河以北，包括东北南部，河北、山西、内蒙古、河南、山东等省、自治区范围内有土壤侵蚀现象的山地和丘陵。

从地形上讲，这一类型区的特点：一是山地丘陵都以居高临下之势环抱平原。例如华北平原周围，北有燕山，西接太行山，南有秦岭余脉成一弧形，屏障着这一大平原。二是从高山—低山—丘陵（垄岗）—谷地（盆地）—平原呈梯级状分布。例如，冀北围场、丰宁山区海拔为 1500m 左右，承德、青龙低山区降至 1000m 左右，遵化、迁安丘陵、谷地区再降为 500m 以下，河北平原均在 50m 以下。又如豫西北太行山区，主要地貌类型有中山、低山、丘陵和山间盆地。中山海拔一般为 1000 ~ 1500m，低山、丘陵为 400 ~ 800m，林县盆地为 300m 左右。以上两个分布特点，说明山区土壤侵蚀与平原河流水患之间的密切关系。这种分布特点，对于安排一个较大区域范围内治理措施的配置，是应当加以考虑的一个重要因素。

北方山地丘陵区在各种岩层上形成薄壳状土层。土壤多属褐土和棕色森林土类，粗骨性比较突出。这些土壤的抗蚀性较强，但因坡陡土层薄，下面又多为渗透性很差的基岩，当植被一旦遭到破坏，遇到暴雨就极易引起土壤侵蚀。在一些山地，泥石流也相当活跃。如北京西山及其附近的南口、斋堂、香山、妙峰山、延庆等地，均发生过灾害性泥石流。辽宁锦西县境内，1969 年发生了一次历史上罕见的泥石流。太行山东麓不少山沟，于 1963 和 1964 年夏都爆发了暴雨型泥石流。此外，在辽宁西部、河北、山东中部山地都有泥石流和滑坡的零星分布。

本类型区各地的降水量和土壤侵蚀情况大致如下：河北围场、丰宁一带山地，年降水量 400 ~ 500mm，80% 的降水集中在 6 ~ 8 月份，山区地面坡度多在 30°以上，自然植被覆盖度为 50% ~ 70%，土壤侵蚀模数为 800 ~ 1300t/(km^2 · a)。浅山区坡度 20° ~ 30°，自然植被覆盖度为 30% ~ 50%，土壤侵蚀模数为 1500 ~ 1800t/(km^2 · a)。太行山地区中山、低山、丘陵与盆地、谷地相交错，为海河水系中绝大部分支流的发源地，降雨自南到北逐渐递增，由 500 ~ 600mm 到 700 ~ 1000mm，80% 以上的降水集中在夏季，极易发生暴雨，因受人为破坏，几乎全部成为荒山秃岭，是太行山区土壤侵蚀最严重的地区。海拔 800m 以上的深山区，人为活动较少，土层较厚，残存的天然次生林较多，但也存在不同程度的陡坡开荒、过度放牧现象。豫西熊耳、伏牛山区，是淮海水系的源头，部分地区由于植被保护不好，土壤侵蚀强烈，土壤侵蚀模数为 1300t/(km^2 · a)。高山区和丘陵区，除局部山谷内有少量的次生林外，广大山区都是荒山草坡或岩石裸露的童山，土壤侵蚀较严重。伏牛山东南的低山、丘陵地区，以农耕地为主，这些低山、丘陵主要由花岗岩、片麻岩构成，风化剧烈，加上缺乏植被覆盖，土壤侵蚀极为严重。

(4)南方红壤丘陵区

本类型区的范围大致以大别山为北屏，巴山、巫山为西障，西南以云贵高原为界(包括湘西、桂林)，东南直抵海域，并包括台湾、海南岛以及南海诸岛。土壤侵蚀地区主要集中在长江和珠江中游，以及东南沿海的各河流的中、上游山地丘陵。

该区温暖多雨，有利于植物生长，植被恢复较容易，一般地面植被覆盖良好。雨量充沛，年降水量达 1000 ~ 2000mm，且多暴雨，最大日雨量超过 150mm，1h 最大雨量普遍超过 30mm，因而地表径流较大，年径流深在 500mm 以上，最大可达 1800mm，径流系数为 40% ~ 70%，侵蚀力强。加之高温炎热，风化作用强烈，地面花岗岩、紫色砂页岩及红土又极易破碎，因此在植被遭到破坏的浅山、丘陵岗地，土壤侵蚀相当严重。由于土壤、母质及其他自然因素的不同，本区内又可分为风化层深厚的花岗岩丘陵、紫色砂页岩丘陵和红土岗地三个二级类型区：

①风化层深厚的花岗岩丘陵　在江西、广东、福建、湖南、湖北、浙江、安徽等省均有广泛的分布，是我国东南地区土壤侵蚀有代表性的类型。风化花岗岩丘陵土壤侵蚀强烈，与其风化壳剖面特性有关。据研究，风化壳一般分为三层：上部为红土层，中部为网纹层，底部为碎石层。红土层是由胶结紧实、透水性差、黏粒含量较多的土体组成。在赣南地区，红土层的渗透速度小于 0. 15 ~ 0. 22cm/min，粒径 0. 001mm 的黏粒占 20% 以上。铁铝累积明显，故呈红色。网纹层(即沙粒层)有斑纹出现，长石、云母已分解，含沙粒较多，粒径 0. 05 ~ 0. 3mm 的占 40%，并含有岩屑碎块，颜色黄白。碎石层中花岗岩结构仍然保存，云母、长石还未完全风化，保留有大量块状风化石蛋，沙粒含量大，粒径大于 0. 01mm 的沙粒和粉粒占 71% ~ 90%。渗透性强，渗透速度大于 0. 3 ~ 0. 4cm/min。

花岗岩风化壳的红土层中含黏粒较多，而网纹层中含沙粒很高，有利于切沟和崩岗的发育。碎石层以保留巨大石蛋为其特色，这就为砂砾化侵蚀提供了地质基础。各地风化壳各层厚度不一，在赣南地区红土层可达1～10cm，网纹层10～20mm；在华南沿海地区，风化基岩可深达30cm，碎石层厚17cm。而花岗岩低丘只有50～60cm深，所以往往整个丘陵基本上是由风化壳所组成，至少上部10～20cm是由风化壳组成。因此，凡在植被遭到人为破坏的地方，都成为今日土壤侵蚀的严重地区。除有强烈的面蚀外，以切沟和崩岗侵蚀活跃为其主要特色。平均土壤侵蚀模数达8000～15 000t/(km^2·a)。

②紫色砂页岩丘陵　主要分布在湖南、江西、广东，此类丘陵地形破碎，植被稀少，侵蚀严重，土壤剖面已遭到破坏，地面残留着极薄的风化碎屑物，下部基岩透水性差，保水力弱。因此，大雨或暴雨过后径流量大而流速快，冲刷力很强，面蚀、沟蚀均很活跃，常发生崩岗现象，最大土壤侵蚀模数可达27 000t/(km^2·a)。

③红土岗地　在江西、福建、安徽、广东、湖南等省均有分布，多集中在河谷两侧的阶地或盆地的内侧边缘，宽度不超过2km，土层厚度一般为10m左右，地面起伏不大，多在10～20m，岗顶比较平坦。第四纪红土黏粒含量较大，约30%～50%，固结紧密，抗蚀力较花岗岩风化壳强。但由于透水性差，暴雨后产生大量地面径流，引起严重侵蚀。坡耕地除层状侵蚀外，有细沟、浅沟侵蚀，许多地方还有切沟侵蚀，沟壑密度可达2～4km/km^2。沟道下切相当迅速，但下切至网纹层时速度减缓。沟岸岩石多为层状结构，以片状剥蚀方式向两侧扩展。沟道两侧坡度在15°～25°之间，个别达30°以上。同紫色页岩和花岗岩相比，侵蚀程度较轻，土壤侵蚀模数一般在5000～10 000t/(km^2·a)。

(5)西南土石山区

北与黄土高原区接界，东与南方红壤丘陵区接壤，西接青藏高原冻融区。该区地处亚热带，除碳酸岩类广泛分布外，还有花岗岩类、紫色砂页岩、泥岩、辉岩等。山高坡陡，石多土少；高温多雨、岩溶发育。山崩、滑坡、泥石流分布广，频率高。本区内又可分为四川盆地及其山地丘陵、云贵高原山地区两个二级类型区。

①四川盆地及其山地丘陵　四川盆地大致在北以广元、南以叙永、西以雅安、东以奉节为四个顶点连成的一个菱形地区内，盆地西部为成都平原，其余部分为丘陵。盆地四周为大凉山、大巴山、巫山、大娄山等山脉所围绕。甘肃南部、陕西南部及湖北西部山区因与本区山体相连，特点相似，可附于本区。整个四川盆地，平坝仅占7%，丘陵约占52%，低山约占41%。按当地群众习惯，丘陵可分为浅丘与深丘两类。浅丘地区平坝被丘陵所分割，深丘地区平坝变得相当狭窄。

四川盆地气候温和，雨量丰富，大部分地区年平均降水量在1000mm左右，但季节分配不均匀，夏季降雨集中，多暴雨，径流丰沛，径流系数为40%～50%，因此侵蚀强烈。由于盆地中多紫色砂页岩，土壤呈现红色，所以又名“红色盆地”。大量的深丘和浅丘部分遭到不合理开垦，植被受到明显破坏，地面缺乏植被覆盖的山地、丘陵，土壤侵蚀十分严重，土壤侵蚀模数达1000～5000t/(km^2·a)。盆地内紫色砂页岩丘陵的一般侵蚀特征与南方红壤丘陵区基本相同。

一般来说，四川盆地内土壤侵蚀程度是低山大于深丘、深丘大于浅丘。这是因为浅丘多已修成梯田，而低山和深丘的坡面上被普遍开垦，梯田少而坡地多，处处可以看到面蚀和沟蚀的情景。河沟两岸崩塌、滑坡及河床淤积、水田被沙压的现象也很普遍。本区主要为农区，林木分布极少，且因燃料、肥料、饲料俱缺，荒山疏林常被破坏，林下和荒坡植被覆盖低，土壤侵蚀以面蚀和沟蚀为主，此外，崩塌、泻溜现象亦十分常见。除了水力侵蚀外，川西地区暴雨型泥石流也很发育。西昌地区有泥石流沟数十条，是我国泥石流分布集中、活动频繁、危害剧烈的地区之一。大渡河、雅砻江等几条江河沿岸的支沟中，泥石流活动也较频繁。在地震及河流侵蚀等因素的诱发下，川西山地易形成规模巨大的山崩和滑坡。川东丘陵山区及长江沿岸也有大量的滑坡分布。这些滑坡绝大多数都发生在红色砂页岩和在它上面的黄色黏土中。

②云贵高原山地区　本区包括云南、贵州及湖南西部、广西西部的高原、山地和丘陵。西藏南部雅鲁藏布江河谷中、下游山区的自然状况和土壤侵蚀特点与本区相近，可附于本区内。本区大体可分为四部分：

高原西部横断山脉最显著的特点是，高山与峡谷相间分布，相对高差达千米以上，由此造成自然地带的错综配置与垂直分布。幽谷底部是热带，山岭顶部是寒温带以至寒带，有“一山分四季，十里不同天”的谚语来形容该区的特点。

东部以滇东与黔西为主体的高原地区，地形比较完整，有许多小型山间盆地和宽谷，当地称为“坝子”。高原四周地形起伏较大，有的已被流水侵蚀成低山、高丘。高原上温暖多雨，年降雨量一般在1000mm左右，最多可达2000mm。雨量年内分配也不均匀，在云南，5~10月为雨季，降水量约占全年降水量的80%；在贵州，夏季降雨占全年的一半。径流量大，径流系数为40%~50%。高原上的盆地、宽谷和缓坡上分布着紫红色砂页岩。由于历史上长期以来烧山垦种、乱砍滥伐的影响，坡耕地及荒山上存在着比较严重的面蚀和沟蚀。在金沙江两岸，土壤侵蚀模数为1000~5000t/(km^2·a)。

云南西双版纳州等热带季雨林—砖红壤地区，高温多雨，适宜种植橡胶、金鸡纳、咖啡、可可、椰子等热带经济植物。因为雨量集中，径流量大，在开垦利用时，如不注意保护植被，会导致严重的土壤侵蚀，结果使作物产量下降，甚至使耕地荒芜成为不毛之地。据测定，在17.5°的坡地上开垦种植农作物后，每年冲刷量达到3750t/km^2。

云南东川地区是我国泥石流最发育、危害最严重的地区之一。流经东川市的小江流域，与四川西昌地区相连，泥石流沟成群分布，是泥石流比较多的地区，其中蒋家沟流域面积47.1km^2，是东川地区最大的一条泥石流沟，其活动十分频繁，1965年爆发28次，1966年爆发17次。根据观测，这个沟每年排出的泥沙总量达$300\times10^4\sim500\times10^4m^3$，造成很大的危害。

云贵高原山区的滑坡也很发育。贵州西部的水城、六枝、盘县等地是滑坡较多、危害较大的一个地区。云南的滑坡分布多与泥石流的分布交错在一起的，而前者又为后者提供了大量的土沙石块。云南其他地区，如通海、开远、个旧、元江、墨江、下关、德党镇等地亦有滑坡分布。这些滑坡多为碎石土滑坡和砂页岩顺层滑坡，规模一般不大，但数量却很多，危害也十分严重。

在云南东部、贵州和广西、湖南西部石灰岩集中分布地区，还发育着化学侵蚀，即岩溶侵蚀。云南路南一带的石林，面积近300km^2，耸立于地面的簇状峰林，千姿百态，峰奇异石，与桂林齐名。但是石灰岩岩溶山区，由于土壤侵蚀的影响，水、土皆缺，对人民的生产和生活带来很大困难。

2.2.3.2 风力侵蚀为主的类型区

风力侵蚀主要分布于“三北”地区，即西北、华北、东北西部，包括新疆、青海、甘肃、宁夏、内蒙古、陕西等省(自治区)的沙漠及沙漠周围地区。县总面积为187.6×10^4 km^2，约占全国总土地面积的19.0%。沙丘起伏的沙漠为63.7×10^{4}km^2，砂砾及碎石戈壁为45.8×10^{4}km^2。我国中东部地区受季风影响，冬春季干旱风大，沿海地区及河流下游冲积平原沙质土地，在有风季节风沙化十分严重。

在风力侵蚀类型区内，根据我国风蚀化区域的特点，可划分为“三北”戈壁沙漠及沙地风沙区和沿河环湖滨海平原风沙区十两个二级土壤侵蚀类型区。

(1)“三北”戈壁沙漠及沙地风沙区

我国沙漠多位于内陆地区，远离海洋，主要分布于海拔较高的平原及内陆山间盆地中，在甘肃乌鞘岭和宁夏贺兰山以西，沙漠、戈壁分布比较集中，占全国沙漠戈壁总面积的90%，绝大部分以流动沙丘为主；该线以东，沙漠分布比较零散，面积也较小，除毛乌素沙地及科尔沁沙地有一部分流沙外，绝大部分以固定、半固定沙丘为主。

我国面积最大的沙漠、沙地有新疆塔里木盆地的塔克拉玛干沙漠、准噶尔盆地的古尔班通古特沙漠、内蒙古的巴丹吉林沙漠、青海柴达木盆地沙漠、新疆东部和甘肃西部的库姆塔格沙漠、内蒙古阿拉善地区的腾格里沙漠、黄河沿岸的乌兰布和沙漠及库布齐沙漠，鄂尔多斯市南部与陕西北部长城沿线的毛乌素沙地、锡林郭勒盟南部和昭乌达盟西北部的浑善达格沙地、科尔沁沙地、呼伦贝尔沙地等。此外，在陕西大荔县沙苑、河南兰考等县及山东蓬莱、广东电白、福建平潭等沿海地区，还零星分布有小片的沙地。我国各主要沙漠、沙地的地理位置和面积见表2-2。

表2-2 我国各主要沙漠的地理位置和面积

沙漠名称	地理位置	面积(×10^{4}km^2)
塔克拉玛干沙漠	新疆塔里木盆地	33.76
古尔班通古特沙漠	新疆准噶尔盆地	4.88
库姆塔格沙漠	新疆东部、甘肃西部，罗布泊低地南，阿尔金山北	2.28
柴达木盆地沙漠(包括风蚀沙地)	青海柴达木盆地	3.49
巴丹吉林沙漠	内蒙古阿拉善高原西部	4.43
腾格里沙漠	甘肃中北部、宁夏北部	4.27
乌兰布和沙漠	内蒙古阿拉善高原东北部、黄河河套平原西南部	0.99
库布齐沙漠	内蒙古鄂尔多斯高原北部、黄河河套平原以南	1.61
毛乌素沙地	内蒙古鄂尔多斯高原中南部和陕西北部	3.21
浑善格沙地(小腾格里)沙地	内蒙古高原东部的锡林郭勒盟南部和昭盟西北部	2.14
科尔沁沙地	东北平原西部的西辽河下游	4.23
呼伦贝尔沙地	内蒙古东部的呼伦贝尔高原	0.72

我国沙漠地区气候干旱，雨量稀少，大部分年降水量在200mm以下，最少的在10mm以下。热量丰富，气温变化剧烈，蒸发量很大，一般在1400～3000mm。因此，气候异常干燥，风力强劲，冬春风季风速经常达到5～6级以上；再加上植被稀疏低矮，绝大部分系草本和灌木（如沙蒿、红柳和酸刺等），河流冲积或湖积的沙质沉积物深厚广泛，就使得沙漠地区风沙活动频繁而强烈。风沙日一般每年有20～100d左右，最多可达150d，造成强烈的风蚀和风沙迁移、堆积，并形成多种风蚀地貌及广泛分布的沙丘。沙丘高度一般为10～25m，高大者可达100～300m。这些沙丘中，除了固定沙丘，因植被覆盖度在40%以上，沙丘表面风沙活动不显著外，半固定沙丘植被覆盖度15%～40%，沙丘表面流沙呈斑点状分布，有风沙活动；而流动沙丘植被覆盖度在15%以下，风沙活动强烈。沙丘在风力作用下沿主风方向移动的速度，一般每年在5m左右，最高可达10m以上。

（2）沿河环湖滨海平原风沙区

主要分布在山东黄泛平原、鄱阳湖滨湖沙山及福建省、海南省滨海区。其特点是风蚀沙化土地零星分布，面积较小。由于属湿润、半湿润区，自然条件较好，植被覆盖度高，在减少人为破坏的情况下，其自我逆转的可能性较大。

2.2.3.3　冻融侵蚀为主的类型区

冻融侵蚀主要分布在我国的青藏高原及西部、北部的高山地区，其类型包括青藏高原冰川侵蚀区和北方冻融土侵蚀区两个二级类型区。

（1）青藏高原冰川侵蚀区

主要分布在青藏高原和高山雪线以上地区。青藏高原是世界上最大的高原，海拔在4500m以上，高原上空气稀薄，温度很低，太阳辐射强烈，降水不多，风力强劲。高原上的喜马拉雅山、昆仑山、喀喇昆仑山、唐古拉山、念青唐古拉山、巴颜喀拉山、积石山、阿尔金山、祁连山和天山，以及横断山脉的大雪山、雪山、宁静山等山脉中，许多山峰高耸在雪线（海拔4000～6000m）以上，终年冰雪皑皑，发育有多种类型的现代冰川，一般长3～5km，也有长达20～26km的，最长的超过35km。冰川侵蚀十分强烈，造成许多锥形山峰、角峰、冰斗和冰川槽谷。在雪线以下的地方形成一些冰碛堆积物及冰碛湖。

在青藏高原的喜马拉雅山、喀喇昆仑山等山区还存在着冰川洪水、冰川型泥石流等灾害，主要是由于冰川融化、冰崩、雪崩、冰碛湖溃决等引起的。

（2）北方冻土侵蚀区

冻融侵蚀区主要分布在东北北部山区、西北高山区及青藏高原地区冰川侵蚀线以下及海拔3000m以上的区域。因气候寒冷，地温常处于0℃或负温，部分降水渗入土壤中，积蓄成冰，就会形成多年冻土层。大部分多年冻土的上部，常发生周期性的融化（即活动层），下部则长期处于冻结状态，形成永冻层。活动层冻土夏季融化而产生地表径流，处于永冻层以上的融化物质发生流动时，因土壤含水量很高，水与泥沙颗粒浑然一体，常常以泥流形态出现。

2.2.4 土壤侵蚀强度指标及分级

土壤侵蚀强度是表示和衡量某区域土壤侵蚀的数量多少和侵蚀的轻重程度，通常采用调查和定位长期观测得到。土壤侵蚀强度是评价土地资源、划分土地等级，进行水土保持规划和水土保持措施布置、设计的重要依据。

2.2.4.1 土壤侵蚀强度指标

(1)土壤侵蚀量和土壤侵蚀速率

土壤及其母质在外营力作用下产生位移的物质量，称为土壤侵蚀量。单位面积单位时间内的土壤侵蚀量称为土壤侵蚀速度(或土壤侵蚀速率)。在特定时段内，通过小流域出口某一观测断面的泥沙总量，称为流域产沙量。

(2)土壤侵蚀模数和土壤侵蚀深度

土壤侵蚀模数和土壤侵蚀深度是表示侵蚀强度最直接的指标，可比性强。

土壤侵蚀模数是指单位面积上每年侵蚀的土壤总量，其单位是 $t/(km^2 \cdot a)$。它是反映大范围内土壤侵蚀严重程度的重要指标之一。计算公式是：

$$M_s = \Sigma W_S \cdot F^{-1} T^{-1} \tag{2-1}$$

式中 M_s——土壤侵蚀模数；

W_S——年土壤侵蚀总量，t；

F——土壤侵蚀面积，km^2；

T——侵蚀时限，a。

土壤侵蚀深度是指侵蚀区域每年平均地表被侵蚀的厚度，计算公式是：

$$h = \frac{1}{1000} \cdot \frac{M_s}{r_s} \tag{2-2}$$

式中 h——土壤侵蚀深度，mm；

M_s——土壤侵蚀模数；

r_s——侵蚀土壤容重，t/m^3。

(3)沟壑密度

沟壑密度是指单位面积上的侵蚀沟总长度，单位是 km/km^2，计算公式是：

$$沟壑密度 = \frac{侵蚀沟总长度}{总土地面积} \tag{2-3}$$

(4)土壤流失量

土壤侵蚀量中被输移出特定地段的泥沙量，称为土壤流失量。

(5)泥沙输移比

泥沙输移比是指一定时段内，通过沟道或河流某一断面的总输沙量与该断面以上的流域总侵蚀量之比，它反映了从侵蚀源地到某一观测断面之间的泥沙输移及沉积的变化量。

2.2.4.2 土壤容许流失量

土壤容许流失量是指在长时期内保持土壤肥力和维持土地生产力基本稳定的最大土壤流失量。一般情况下，完全避免土壤侵蚀是不可能的，因此在容许量的范围内采取一些措施，使之长期保持较高的土地生产力水平，能使土地持续利用。

土壤容许流失量值的确定，除了考虑自然因素外，还应考虑社会生产力水平，一般来说，土壤侵蚀速度应小于或等于成土速度，是确定土壤容许流失量的基本要求。基于我国地域辽阔，自然条件复杂多样，各地区成土速度不同，在各侵蚀类型区采用不同的土壤容许流失量值，见表 2-3。

表 2-3 各侵蚀类型区土壤容许流失量 t/(km² · a)

类型区	土壤容许流失量	类型区	土壤容许流失量
西北黄土高原区	1 000	南方红壤丘陵区	500
东北黑土区	200	西南土石山区	500
北方土石山区	200		

2.2.4.2 土壤侵蚀强度分级

土壤侵蚀强度反映土壤侵蚀发生的强烈程度。进行土壤侵蚀强度分级，其目的是综合判定某地区或区域土壤侵蚀的现状和发展趋势，来确定相应的治理措施。

土壤侵蚀类型和形式不同，土壤侵蚀强度分级也不一样。土壤侵蚀强度分级是根据土壤侵蚀强度从小到大的规律变化，划分出若干个等级序列。

(1)水力侵蚀强度分级

土壤侵蚀强度分级，以年平均土壤侵蚀模数为判别指标，见表 2-4。

表 2-4 土壤侵蚀强度分级标准表

级 别	年平均土壤侵蚀模数[t/(km² · a)]	年平均流失厚度(mm/a)
微 度	<200，500，1 000	<0.15，0.37，0.74
轻 度	200，500，1 000 ~ 2 500	0.15，0.37，0.74 ~ 1.9
中 度	2 500 ~ 5 000	1.9 ~ 3.7
强 度	5 000 ~ 8 000	3.7 ~ 5.9
极强度	8 000 ~ 15 000	5.9 ~ 11.1
剧 烈	>15 000	>11.1

注：本不表流失厚度系指按土壤的干密度 1.35g/cm³ 折算，各地可按当地土壤干密度计算。

①面蚀强度分级　面蚀强度是指在不改变土地利用方向和不采取任何措施的情况下，今后面蚀发生发展的可能性大小。坡耕地面蚀强度一般是以地面坡度大小为判定标准，非农耕地面蚀强度一般是以植被的覆盖度和地面坡度大小为判定标准。见表 2-5。

表 2-5　面蚀强度分级指标表

<table>
<tr><th colspan="2" rowspan="2">地　类</th><th colspan="5">地面坡度</th></tr>
<tr><th>5°~8°</th><th>8°~15°</th><th>15°~25°</th><th>25°~35°</th><th>>35°</th></tr>
<tr><td rowspan="4">非耕地林草覆盖度（%）</td><td>60~75</td><td>轻　度</td><td>轻　度</td><td>轻　度</td><td>中　度</td><td>中　度</td></tr>
<tr><td>45~60</td><td>轻　度</td><td>轻　度</td><td>中　度</td><td>中　度</td><td>强　度</td></tr>
<tr><td>30~45</td><td>轻　度</td><td>中　度</td><td>中　度</td><td>强　度</td><td>极强度</td></tr>
<tr><td><30</td><td>中　度</td><td>中　度</td><td>强　度</td><td>极强度</td><td>剧　烈</td></tr>
<tr><td colspan="2">坡耕地</td><td>轻　度</td><td>中　度</td><td>强　度</td><td>极强度</td><td>剧　烈</td></tr>
</table>

②沟蚀强度分级　沟蚀强度分级指标，见表 2-6。

表 2-6　沟蚀强度分级指标表

沟谷占坡面面积比（%）	<10	10~25	25~35	35~50	>50
沟壑密度（km/km^2）	1~2	2~3	3~5	5~7	>7
强度分级	轻　度	中　度	强　度	极强度	剧　烈

（2）重力侵蚀强度分级

重力侵蚀强度分级指标，见表 2-7。

表 2-7　重力侵蚀强度分级指标表

滑坡、崩塌面积占坡面面积比（%）	<10	10~15	15~20	20~30	>30
强度分级	轻　度	中　度	强　度	极强度	剧　烈

（3）风力侵蚀强度分级

风力侵蚀强度分级指标，见表 2-8。

表 2-8　风力侵蚀强度分级指标表

级　别	地表形态	植被覆盖度（%）（非流沙面积）	风蚀厚度（mm/a）	土壤侵蚀模数（$t/km^2 \cdot a$）
微　度	固定沙丘，沙地和滩地	>70	<2	<200
轻　度	固定沙丘，半固定沙丘，沙地	70~50	2~10	200~2 500
中　度	半固定沙丘，沙地	50~30	10~25	2 500~5 000
强　度	半固定沙丘，流动沙丘，沙地	30~10	25~50	5 000~8 000
极强度	流动沙丘，沙地	<10	50~100	8 000~15 000
剧　烈	大片流动沙丘	<10	>100	>15 000

（4）混合侵蚀（泥石流）强度分级

泥石流强度分级是以单位面积年平均冲出泥沙量为判别指标，见表 2-9。

表 2-9 泥石流强度分级指标表

级 别	泥沙冲出量 [$\times10^4 m^3$/ ($km^2 \cdot a$)]	固体物质补给形式	固体物质补给量 ($\times10^4 m^3/km^2$)	沉积特征	泥石流浆体容重 (t/m^3)
轻 度	<1	由浅层滑坡或零星坍塌补给，由河床补给时，粗化层不明显	<20	沉积物颗粒较细，沉积表面较平，很少有大于 10cm 以上颗粒	1.3 ~ 1.6
中 度	1 ~ 2	由浅层滑坡及中小型坍塌补给，一般阻碍水流，或由大量河床补给，河床有粗化层	20 ~ 50	沉积物细颗粒较少，颗粒间较松散，有岗状堆积形态，颗粒较粗，多大漂砾	1.6 ~ 1.8
强 度	2 ~ 5	由深层滑坡或大型坍塌补给，沟道中出现半堵塞	50 ~ 100	有舌状堆积形态，一般厚度在 200m 以上，巨大颗粒较少，表面较为平坦	1.8 ~ 2.1
极强度	>5	以深层滑坡和大型集中坍塌为主，沟道中出现全部堵塞情况	>100	有垄岗、舌状堆积形态，大漂石较多	2.1 ~ 2.2

2.3 土壤侵蚀规律

土壤侵蚀类型和形式多种多样，但就其发生和发展过程来看，都是在不同的具体条件下，外营力的破坏力大于土体抵抗力的结果。在自然界，水、风、温度的变化和重力等是形成外营力破坏力的基础。土壤侵蚀总是由地面最表层开始，土壤和母质甚至基岩构成了土体，而土体主要是由土沙石砾等组成，在一定条件下，它们密切结合在一起，决定着土体的抵抗力。当土壤侵蚀发生时，其演进过程大致均可被分为四个阶段，即土石体结构的破碎、松散、位移及停止。各阶段所经历的过程，受外营力种类、作用力大小、土体性质及地形条件等多方面因素的影响和制约。

2.3.1 水力侵蚀规律

水是地球上分布最广、最活跃，也是最重要的物质之一。水是地球上万物生命之源，也是生态系统中最有影响的因素。水与环境条件是相互依存和相互制约的，人类的生存和发展同水及自然环境的变化是统一的过程。因此人类对水资源的认识和利用，对人类本身将有很大的影响。

在外营力的破坏作用中，水是最活跃的物质基础，陆地上的水主要是来自大气降水。人类对于水对土壤侵蚀作用的认识是由浅入深的，最初认为“水冲土跑”就是土壤侵蚀，当水的破坏力大于土体的抵抗力时，土体就会被水冲跑。随着认识的深化，人们发现水对土体的侵蚀不仅仅是以冲力的方式导致土体移动，而且更以冲击、溅散、浸泡、溶解等多种方式侵蚀土体，使土体遭到破坏。

2.3.1.1 水循环与水文要素

(1) 水循环

水在地球上形成水圈，包括海洋中的水、大陆上的水、大气中的水及地下水。因热力状态不同，水圈中的水可以为气态、液态和固态。在热力、地心引力等多种外力作用下，地球上的水不断地运动并进行着三态的交替变化。受质量守恒定律的支配，水的循环运动保持连续性。

水圈水的循环过程：在太阳辐射能的作用下，水从海陆表面蒸发，上升到大气中，成为大气的一部分。水汽随着大气的运动转移并在一定的热力条件下凝结，因重力作用降落形成降水，一部分降水在地表可被植物拦截和被植物散发，另一部分降水到达地面，形成地面径流，渗入土中的水一部分以表层壤中流和地下水径流形式进入河道，形成了河川径流。贮于地下的水，一部分上升至地表面蒸发，一部分水向深层渗透，在一定的地质构造条件下排出或成为不同形式的泉水。地面水和返回地面的地下水，最终要流入大海或蒸发到大气中去。由此可见，在水循环过程中，蒸发、水气输送、降水、径流是 4 个主要环节。

(2) *水文要素*

水文要素是构成某一地区、某一时段水文状况的必要因素。主要的水文要素有降水、下渗、蒸发、径流、水位、流量、含沙量、水温、冰凌和水质等。

①降水　降水是水文循环的重要环节，是陆地上各种水体的直接或间接的补给源。降水的基本要素主要包括：

降水(总)量：指一定时段内降落在某一面积上的总水量。一天内的降水总量称日降水量；一次降水总量称为次降水量，单位以 mm 计。

降水历时与降水时间：前者指一场降水自始至终所经历的时间；后者指对应于某一降水而言，其时间长短通常是人为划定的(例如：1，3，5，24h 或 1，3，7d 等)，在此时段内并非意味着连续降水。

降水强度：简称雨强，指单位时间内的降水量，以 mm/min 或 mm/h 计。

降水面积：指降水所笼罩的面积。以 km^2 计。

等降水量线：又称等雨量线，指地区内降水量相等各点的连线。等雨量线综合反映了一定时段内降水量在空间上的分布变化规律。

②下渗　下渗是指降落到地面上的雨水从地表渗入土壤内的运动过程。降雨落到地表之后，一部分渗入土壤中，另一部分形成地表(面)水，地表水主要指河川径流。渗入土壤中的水，一部分被土壤吸收成为土壤水，而后通过直接蒸发或植物蒸腾返回大气；另一部分渗入地下补给地下水，再以地下径流的形式进入河流。下渗是径流形成的重要环节，它的变化直接影响径流的形成。下渗的基本要素主要包括：

下渗率 f：又称下渗强度。指单位面积上单位时间内渗入土壤中的水量。常用 mm/min 或 mm/h 计。

下渗能力 fp：又称下渗容量。指在充分供水条件下的下渗率。

稳定下渗率 fc：简称“稳渗”。通常在下渗最初阶段，下渗率具有较大的数值，称为初渗(f_0)，其后随着下渗作用的不断进行，土壤含水量的增加，下渗率逐步递减，递减的速率也是先快后慢。当下渗锋面推进到一定深度后，下渗率趋于稳定的常值，此时下渗率称为“稳定下渗率”fc。

③蒸发　蒸发是水循环中的重要环节之一，在研究一定地区水量平衡、热量平衡、

水资源估算中有着重要作用。蒸发是液态水或固态水表面的水分子速度足以超过分子间的吸力时，不断地从表面逸出的现象。

蒸发因蒸发面的不同，可分为水面蒸发、土壤蒸发和植物蒸腾等。其中土壤蒸发和植物蒸腾合称陆面蒸发。流域(区域)上各部分蒸发和散发的总和，称为流域(区域)总蒸发。对于各类蒸发量的计算归纳起来大致有3类：一是利用特定的仪器直接进行测定得出数据；二是根据典型资料建立地区经验公式，以进行估算；三是通过成因分析建立理论公式，进行计算。

流域(区域)总蒸发量是我们研究地区水量平衡、水资源估算以及水文过程的重要数据之一，鉴于目前利用各个单项蒸发量来求得总蒸发量尚具有一定难度，因而一般均从全流域综合角度出发，研究并确定总蒸发量。

④径流　沿地面和地下运动着的水流称为径流。径流是陆地上重要的水文现象，是水分循环和水量平衡的基本要素，是引起河流、湖泊、沼泽等陆地水体水情变化的直接因素。

径流的形成：径流形成过程是指从降雨到水流汇集至出口断面的整个物理过程。径流按其对河流的补给方式可分为地面径流和地下径流。来自地面的水流称地面径流，来自地下的水流称为地下径流或基流。地面径流按其降水形式不同可分为降雨径流和融雪径流。

径流形成过程是一个复杂的过程，可概括为：降雨过程→扣除损失→净雨过程→流域汇流→流量过程。

其中降雨转化为净雨的过程称产流过程；净雨转化为河川流量的过程称汇流过程。

径流形成过程也可分为产流和汇流两个过程。产流过程包括降雨、流域蓄渗和产生坡地水流的过程。汇流过程包括坡地汇流和河网汇流。

在产流过程中可分为蓄满产流和超渗产流。蓄满产流是雨量补足包气带缺水量之后，全部形成径流；超渗产流是雨强超过下渗强度就开始产流。

径流形成的影响因素：包括气候因素、下垫面因素和人类活动3个方面。

气候因素是影响河川径流的最基本因素。其中降水和蒸发直接影响径流的形成和变化，温度、风、湿度等则是通过降水和蒸发来影响径流。

下垫面因素包括流域的地形、地貌、大小、形状、河道特性、流域地质和土壤、植被、流域内的湖泊与沼泽等。

人类活动对径流的影响，包括量和质两方面。对量的影响，主要是通过工程措施和农林措施对水循环过程的影响，以改变水量平衡要素。对质的影响主要是人类生活和生产活动对水资源的污染。

2.3.1.2 雨滴击溅侵蚀

雨滴降落时，有一定的速度和质量，也就具有一定的动能，雨滴落在无植被覆盖保护的松散土壤表面时，可直接对其产生侵蚀作用，这就是雨滴击溅侵蚀。雨滴对裸露的土壤表面的冲击作用，是产生溅蚀的根源。

(1)雨滴特性

雨滴特性包括雨滴形状、大小及雨滴分布、降落速度、接地时冲击力、降雨量、降雨强度和降雨历时等。雨滴特性直接影响侵蚀作用的大小。

雨滴具有一定质量，而且是自由落体，在空气中以加速度降落。雨滴质量与其体积大小有关，而雨滴大小以直径计。一般情况下，小雨滴为圆形，稍大的雨滴因其下降时受空气阻力作用而呈扁平形。小雨滴直径约为0.2mm，大雨滴直径约为7mm，雨滴直径越大，速度越快。雨滴降落时，因重力作用而逐渐加速，同时空气对其产生的摩擦阻力也随之增加，此外还有浮力。当重力与摩擦阻力和浮力趋于平衡时，雨滴即以固定速度下降，此时的速度称为最终速度，或终点速度，终点速度随雨滴直径增加而变大(表2-10)。

表2-10　静止空气中各种雨滴终点速度

雨滴直径(mm)	0.25	0.50	1.00	2.00	3.00	4.00	5.00	6.00
终点速度(m/s)	1.00	2.00	4.00	6.58	8.06	8.85	9.15	9.20

雨滴的终点速度越大，其对地表的冲击力也越大，换言之对地表土壤的溅蚀能力也越大。

风对雨滴的下落终点速度有很大影响。这是因为，风的出现会产生一个侧向分速度，其合成矢量较静止空气中的速度大，尤其对小雨滴影响更大。据A·夏乔里(Shachori)和I·塞吉纳尔(Seginer)研究，在20km/h的风速下3.00mm直径雨滴速度为9.8m/s，比该雨滴在静止空气中的终点速度增大20%。这也是暴雨造成击溅侵蚀严重的主要原因。

(2)溅蚀形成过程

雨滴在高空形成后，具有质量和高度，因而获得势能，其势能的大小随雨滴质量、高度而异，如下式所示。

$$E_p = mgh \tag{2-4}$$

式中　E_p——雨滴势能；

m——雨滴质量；

g——重力加速度；

h——雨滴高度。

当雨滴落下时，其势能转变为动能，可由下式表示：

$$E_k = \frac{1}{2}mv^2 \tag{2-5}$$

式中　E_k——雨滴动能；

m——雨滴质量；

v——终点速度。

当雨滴降落接地的瞬间，雨滴原有势能全部转换为动能对地表做功，使土体破坏、土粒分散、飞溅。

溅蚀过程大致可分为4个阶段。干土溅散阶段：降雨初期由于地表土壤水分含量较低，雨滴冲击松散土体，使土粒向四周溅散，溅起的是干燥土粒；湿土溅散阶段：随着降雨历时的延长，表土逐渐被雨水湿润和饱和，溅起的是水分含量较高的湿土颗粒；泥浆溅散阶段：随着降雨的继续，土体结构已被雨滴打击和水分湿润所解体，地表呈泥浆状态堵塞了土壤孔隙，影响了水分下渗，促使地表径流产生；地表板结阶段：由于雨滴击溅作用破坏了土壤表层结构，降雨过后地表土层将由此而产生板结现象。

(3)溅蚀量

击溅侵蚀引起土粒下移的数量，称为溅蚀量。溅蚀量大小与雨滴直径、雨滴终点速度和降雨强度有关。美国学者埃利森(W. D. Ellison)通过大量的试验，提出了计算溅蚀量公式为：

$$W = KV^{1.34}d^{1.07}I^{0.65} \tag{2-6}$$

式中 W——30min 雨滴的溅蚀量，g；

K——土壤常数，粉砂土 $K = 0.000\,785$；

V——雨滴终点速度，m/s；

d——雨滴直径，mm；

I——降雨强度，mm/h。

雨滴溅蚀主要是破坏了土体结构，分散土粒，造成土壤表层孔隙减少或堵塞，形成“板结”，阻止雨水下渗，为地表径流的形成和流动创造了条件。

2.3.1.3 地表径流侵蚀

随着降雨强度的增加，土壤入渗率的减小，当降水量超过土壤的入渗量时，地表即开始形成地表径流。地表径流的出现是径流侵蚀的开始，随着地表径流增加，侵蚀也随之增强。地表径流的多少用径流系数表示：

$$\text{径流系数} = \frac{\text{地表径流深(mm)}}{\text{降水量(mm)}} \tag{2-7}$$

降雨落到坡面上形成地表径流有一个发展过程。降雨不直接产生地表径流，而是首先耗损于植物的截留、土壤的下渗、填洼、蒸发等，其中大部分耗于下渗。降雨满足了土壤的蓄渗之后开始产生地表径流，称为产流。产流过程由分散到集中，流量由小到大，流速由慢到快。产流初期处于分散状态，分散的地表径流亦称坡面径流。坡面径流进一步汇集便形成股流，股流集中在沟槽中。一方面冲淘下覆土体，另一方面进行侧蚀，不断改变沟槽形态，形成各种形态的侵蚀沟。

(1)坡面径流的侵蚀

坡面径流的形成分为两个阶段：一是坡面漫流阶段；二是全面漫流阶段。漫流开始时，并不是涉及整个坡面，而是由许多彼此时合时分小股水流组成，径流处于分散状态，流速也较慢；当降雨强度增加，漫流占有的范围扩大，表层水流逐渐扩展到整个受雨面时，就进入到全面漫流阶段。最初的地表径流冲力较小，但当坡面径流顺坡而下时，流量和流速逐渐增加，使径流的冲刷力加大，最终导致坡面径流的冲刷力大于土体的抵抗力时，土壤表面就会发生面蚀。虽然层状面蚀也可发生，但在自然界完全平坦的坡面很少，而坡面径流又常常是稍行集中后，才具有可以冲动表层土壤的冲力，因此由坡面径流引起的面蚀，主要是细沟状面蚀。

坡面径流冲动并携带固体颗粒的能力，在其他条件相同时，主要取决于流速和流量。

坡面薄层水流的流动情况十分复杂，沿程不仅有下渗、蒸发和雨水补给，还因坡度的不均一，使得流动总是非均匀的。为了使问题简化，不少学者在人造的坡面上，用人工降雨的方法，研究了下渗稳定以后的坡面水流情况，得到坡面水流的流速公式：

$$v = kh^n \cdot J^m \tag{2-8}$$

式中 v——流速，cm/s；

h——水层深度，cm；

J——坡面的坡度,°；

n，m——指数；

k——糙率，无量纲。

因坡面水层深度 h 极小，而坡面又总是高低不平，h 值几乎无法量测，而单宽流量比较容易测定，所以用单宽流量 q 代替 h，即：

$$v = kq^n \cdot J^m \tag{2-9}$$

式中 q——单宽流量，$m^3/(m \cdot s)$；

J——坡面的坡度,°；

n，m——指数；

k——糙率，无量纲。

减少径流量和降低流速，特别是降低流速，对降低坡面径流的冲刷力有着十分重要的意义。而流速是坡度和糙率的函数，因此在生产上用降低流速、增加地面糙率来防止由于坡面径流产生的土壤侵蚀。

(2)股流的侵蚀

一旦面蚀未被控制，由面蚀所产生的细沟或因坡面径流的进一步汇集，或因地形条件有利于进一步的发展，这些细沟向长、向深、向宽继续发展，最终不能被一般土壤耕作措施所平复，于是就由面蚀发展成为沟蚀。所以沟蚀是坡面径流集中冲蚀土壤和母质并切入地面形成沟壑的一种侵蚀形态。由沟蚀形成的沟壑称为侵蚀沟。

侵蚀沟的形成主要是地表径流的冲刷作用，同时径流所携带的泥沙在一定条件下也有显著的磨蚀作用。

侵蚀沟的发育过程和坡面细沟侵蚀不同，沟蚀过程中有一个十分显著的垂直侵蚀作用(或下切作用)。根据侵蚀沟形成和各个发展时期的特征，以及径流集中规律，可分为四个阶段，即沟头前进、沟底下切、沟岸扩张、停止发展阶段。

①沟头前进阶段　沟头前进阶段是侵蚀沟形成的初期，其特点是向长发展最为迅速，这是因为股流沿坡面平行方向的分力大于土壤抵抗力的结果。由于在沟头处坡度局部较陡，径流集中后使冲刷力加大，沟头前进速度加快。沟头前进的方向，由坡面下部开始，向坡面上部前进，而径流是从坡面上部流向坡面下部。所以侵蚀沟发展方向与径流的流向正好相反，故又称溯源侵蚀。

这个阶段同样也有向深、向宽发展，但宽深方向发展速度处于从属地位，沟底崎岖不平且狭窄，横断面为“V”字形，这一阶段侵蚀量不大，规模较小。

②沟底下切阶段　随着溯源侵蚀作用的进展，沟头上部集水区面积不断缩小，流入

沟头的地表径流量逐渐减少，减缓了溯源侵蚀作用，取而代之的是沟底下切阶段。

沟头处的原始地面与沟底具有一定的高差，而且多以陡坡相接，就形成了有跌水的沟头，沟头跌水是第一、第二阶段划分的主要依据。此时横断面开始呈"U"字形，侵蚀沟将依原有地形开始分支，是侵蚀沟发展最激烈阶段，也是防治最困难时期。

侵蚀沟向深发展有一定的限度，其极限是不能深入到其所流入的河床。将侵蚀沟纵断面的最低点(经常是与沟系或河流的交汇点)称为侵蚀基准点。通过侵蚀基准点的水平面称为侵蚀基准面。

③沟岸扩张阶段　随着沟头不断向长发展并不断分支的结果，进入每一个沟头的水量逐渐减少，最终导致沟头停止前进，而沟底下切由于侵蚀基准的限制，由下游开始逐渐停止下切，沟口附近开始沉积，这时侵蚀沟进入沟岸扩张阶段。

在沟底下切的阶段，沟坡坡度较大，当地表径流通过沟沿进入侵蚀沟时，其中部分渗入土层中，引起沟坡不断坍塌，使侵蚀沟逐渐加宽，在沟的中下游沟底和水路具有明显的界限，沟口形成冲积扇。横断面呈复"U"字形，庞大的侵蚀沟系形成。由于沟岸的扩张，成为河沟泥沙的主要来源。

④停止发展阶段　侵蚀沟逐渐停止发育，沟头接近分水岭而停止前进，沟底不再下切，沟岸停止扩张，这时沟底形成淤积物，沟坡逐渐稳定达到自然倾角，在沟底和沟坡上开始有植物生长。

面蚀和沟蚀是现代加速侵蚀的两个方面，它们之间既有明显的区别，又有复杂的相互制约关系。面蚀为沟蚀创造了条件，沟蚀是面蚀发展的必然结果；由于沟蚀的发展，土壤和母质的裸露面积增大，进而促进了面蚀的发展。

2.3.2 风力侵蚀规律

在极端干旱植被稀疏的沙漠地区，或在森林草原地带，由于不合理的土地利用方式，破坏了植被，当风力大于土壤的抗蚀力时，地表土壤及细小颗粒被剥蚀、搬运和沉积，这就是风蚀。

风蚀与水蚀不同，风蚀在任何地形条件下都能发生，甚至在平原、洼地都能发生，而水蚀只能把土壤从高处冲至低处，并在低处沉积下来。风蚀的沉积物可以沉积洼地、平原，甚至高处的高山，这是风蚀和水蚀的根本区别。

产生风蚀必须具备两个基本条件：一是要有强大的风力；二是要有干燥的土壤。风力是产生风蚀力的来源，风的搬运能力取决于风速、风力、风的持续时间和风向。

2.3.2.1 风及风沙流特征

由于地表热量分布不均，出现气压差，空气由高压区流向低压区，就产生了风，风经过地表，将不同大小颗粒和质量差异的沙粒吹离地表，以悬移、跃移和蠕移方式进入气流中运动，形成风沙流。风力侵蚀就是风及风沙流的综合作用。

(1)近地层风的特征

在气象学上将地表面以上 50 ~ 100m 以内的大气层称为近地层，风蚀就发生在近地层。气流在近地层中运动时，由于受下垫面摩擦和热力的作用，具有高度的紊流性。风速沿高度分布与紊流的强弱有密切关系。紊流越强，上下层空气动量交换越剧烈，风速垂直变化就越小；反之，风速垂直变化就越大。风的能量传递和交换，是由整群空气分子所构成的漩涡做横向运动进行的，所以在地表摩擦阻力的影响下，愈接近地表风速愈小。通常2m高处风速仅为12m高处风速的75%。

由于地表粗糙度的影响，风吹过地表时，受地面摩擦阻力的影响，风速减小，并把这种阻力向上层大气传递，由于摩擦阻力随高度增加而减小，故风速随高度而增大。

随着风速增大，风的作用力也增大。当风速达到某一临界值后，地表沙粒脱离静止状态开始运动，这时的风速称为临界风速或起动风速，一切大于启动风速的风称为起沙风速。

影响启动风速的因素除沙粒粒径外，还有地表土壤的含水状况及地表的粗糙度。一般沙粒愈大，启动风速愈大，在沙粒粒径相同时，由于受表面吸附水膜黏着力影响，潮湿沙面的启动风速大于干燥沙面的启动风速，见表2-11。

表2-11 不同含水率时沙的启动风速值

沙粒粒径(mm)	不同含水率下沙的启动风速				
	干燥状态	含水率(%)			
		1	2	3	4
2.0～1.0	9.0	10.8	12.0	—	—
1.0～0.5	6.0	7.0	9.5	12.0	—
0.5～0.25	4.8	5.8	7.5	12.0	—
0.25～0.175	3.8	4.6	6.0	10.0	12.0

不同的地表状况因其粗糙度不同，对风的扰动作用也不同，相应的启动风速也不相同。地面越粗糙，启动风速越大，从表2-12可看出不同地面状况下启动风速的差异。

表2-12 不同地表状况时启动风速

地表状况	启动风速(m/s，2m高处)	地表状况	启动风速(m/s，2m高处)
戈壁滩	12.0	半固定沙地	7.0
风蚀残丘	9.0	流　沙	5.0

(2)风沙流及其特征

在风力的吹动下，地表松散的沙粒被吹起，并随气流前进，这种含有沙粒的运动气流称为风沙流。风沙流的特征对于风蚀风积作用的研究及防沙措施的制定有着重要作用。

风沙流中沙粒在不同高度的分布状况称为风沙流结构。风沙流是一种近地表的沙粒搬运现象，根据野外观测，气流搬运的沙量绝大部分是在离沙面30cm的高度范围内，其中约80%的沙量集中在0～30cm的范围。因此，在近地表0～30cm高度内对防沙治沙措施的确定具有决定性意义。

风沙流搬运沙粒的强度可用输沙率表示。输沙率是指气流在单位时间内通过单位面积(或单位宽度)所搬运的沙量称为输沙率。输沙率是衡量沙区沙害程度的主要指标之一，也是防沙工作设计的主要依据。

影响输沙率的因素复杂多样，它与风力、沙粒粒径、形状、沙粒的湿润程度、地表状况及空气的稳定度等有关，精确表示输沙率与风速的关系是比较困难的。迄今为止在实际工作中对输沙率的确定，一般多采用集沙仪在野外直接观测，然后运用相关分析方法，求得特定条件下输沙率与风速的关系。

(3)沙粒运动形式

风沙流中运动的沙粒因风力、粒径和比重不同，其运动方式也不相同。沙粒的运动形式可分为悬移、跃移、蠕移三种运动形式。

当沙粒启动后保持一定时间悬浮于空气中而不降落，并以与气流相同的速度向前运动，这种运动称为悬移。呈悬移状态的沙粒称为悬移质。悬移质粒径小于0.1mm，由于体积小、质量轻，在空气中的沉降速度小，一旦被风扬起就不易沉落，因而可长距离搬运。

跃移是风力和颗粒的冲击而引起的。沙粒在风力作用下脱离地表进入气流后，从气流中不断获得动量而加速前进。由于空气的密度小于沙粒的密度，沙粒在运动过程中受到的阻力较小，在降落到沙面时仍具有相当大的动能。因此，降落的沙粒不但有可能反弹起来，继续跳跃前进，而且由于它的冲击作用，还能使降落点周围的一部分沙粒受到撞击而飞溅起来，造成沙粒的跳跃运动，这样就会引起一连串的连锁反应，使风沙运动很快达到相当大的强度。以这种运动方式移动的沙物质称为跃移质。跃移是风沙运动的主要形式，跃移质约占风沙流总量的1/2～3/4。粒径在0.1～0.15mm的沙粒最易发生跃移。在沙质地表上跃移质的跳跃高度一般不超过30cm，在戈壁或砾质地面上，沙粒的跳跃高度可达1m以上。

沙粒沿地表面滚动或滑动称为蠕移，蠕移运动的沙粒称为蠕移质。蠕移质约占风沙流中沙总量的1/4。呈蠕移运动的沙粒粒径是在0.5～2.0mm左右的粗沙。从气流中降落到地面上的沙粒，由于具有相当大的动能，不但能打散一些沙粒，使之跃移，而且还能使一部分沙粒因背面受到冲击而向前移动。在低风速时，移动距离只有几毫米，但在风速增加时，移动的距离也随之增长；高风速时，整个地表有一层沙粒都在缓慢向前蠕动。

2.3.2.2 风蚀及沙丘移动

风及风沙流对地表物质的吹蚀和磨蚀作用，统称为风蚀作用。

(1)风蚀作用过程

风蚀作用过程包括风和风沙流对地表物质的分离、搬运和沉积三个过程。

在风力作用下，当平均风速等于或大于启动风速时，沙粒开始出现振动或小摆动，促使一些不稳定的沙粒首先沿沙面滚动或滑动。在滚动过程中，有些沙粒与地表凸起的沙粒碰撞，或被其他运动沙粒冲击时，都会获得很大的动能，于是沙粒在冲击力的作用下被分离，进入气流运动。

风的搬运能力主要取决于风速，还与沙粒的粒径、形状、比重、沙粒的湿润程度、地表状况和空气稳定度等有关。在整个风沙运动过程中，蠕移质搬运距离很近，若被磨蚀作用崩解成细小颗粒，可转化成悬移和跃移方式。跃移质多沉积在被蚀地块的附近，在灌丛、土埂的背后堆积成沙垄。悬移质搬运距离最长。

在风沙搬运过程中，当风速减弱或遇到障碍物时，由于沉速大于紊流旋涡的垂直分速，导致沙粒从气流中沉降堆积。

(2)沙丘的移动

沙漠中各种类型的沙丘都不是静止和固定不变的。沙丘在风力作用下通过迎风坡吹蚀、背风坡堆积而实现移动。

沙丘移动的方向随着起沙风方向的变化而变化。移动的总方向是和起沙风的年合成风向大致相同。根据气象资料，在我国沙漠地区，影响沙丘移动的风主要是东北风和西北风。受其影响，沙丘移动方向表现在：新疆塔克拉玛干沙漠广大地区及东疆、甘肃河西走廊西部等地，在东北风的作用下，沙丘自东北向西南移动；其他各地区，都是在西北风作用下向东南移动。

沙丘移动方式取决于风向及其变化，可分为三种形式(图2-3)。第一种方式是前进式，这是在单一的风向作用下产生的。如新疆塔克拉玛干沙漠的大部分、青海柴达木盆地沙漠、内蒙古巴丹吉林沙漠、腾格里沙漠的西部等地，是受单一的西北风和东北风的作用，沙丘均以前进式运动为主。第二种方式是往复前进式，它是在两个方向相反而风力大小不等的情况下产生的。如毛乌素沙地处于两个相反方向的冬、夏季风交替作用下，沙丘移动具有往复前进的特点；冬季在主风西北风作用下，沙丘由西北向东南移动；在夏季，受东南季风的影响时，沙丘则产生逆向运动。由于西北风风力大于东南风，故沙丘逐渐向东南移动。第三种方式是往复式，它是在两个方向相反风力大致相等的情况下产生的，这种情况较少。

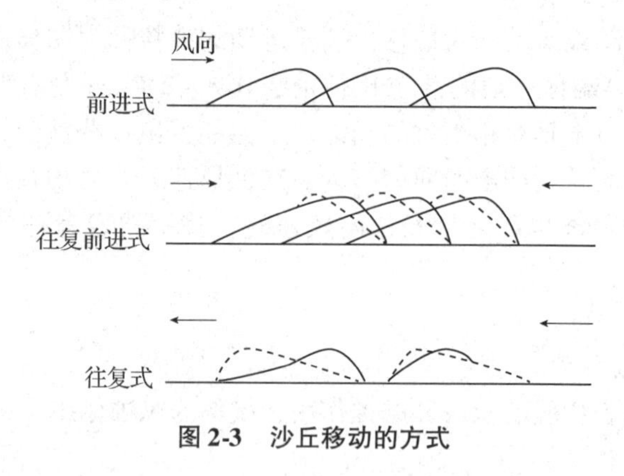

图2-3　沙丘移动的方式

沙丘移动的速度主要取决于风速和沙丘本身的高度，如果沙丘在移动的过程中，形状和大小保持不变，则迎风坡吹蚀的沙量应该等于背风坡堆积的沙量，沙丘移动速度与风速成正比，与其高度成反比。沙丘移动速度还与风向频率、沙丘的形态、沙丘的水分含量、植被状况等因素有关。

2.3.3　重力侵蚀规律

斜坡上的风化碎屑、土体或岩体受到其他外营力作用发生变形、位移和破坏，在重力侵蚀作用下，就会发生崩塌、错落、滑坡及蠕动。其他外营力主要是指地震和下渗水分。地震使土体摇动而处于不稳定，下渗水分则使土体间内摩擦阻力和黏结力减小，同时增加了上部土体的重量，减少土体抗滑能力等，这是重力侵蚀发生的主要原因。

斜坡表面的土粒岩屑或石块，在重力作用下产生下滑力 T，促使块体向下移动；另一方面，块体与坡面接触面间，由于摩擦阻力 τ 的存在，能使块体趋向稳定。因此块体能否向下运动，要看下滑力与摩擦阻力间的对比关系。当下滑力大于摩擦阻力时则发生位移，反之则稳定，若两者相等则块体处于极限平衡状态(图 2-4)。

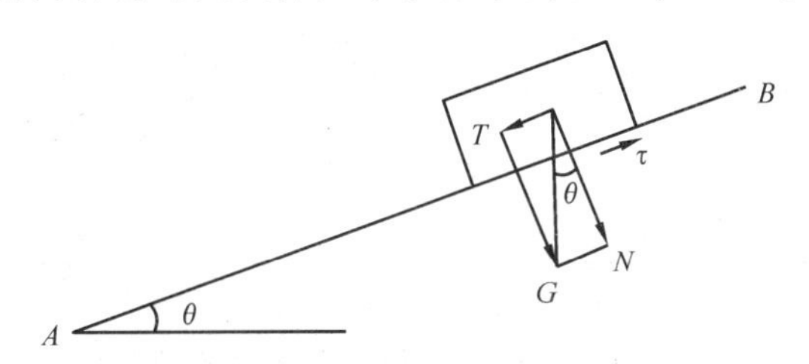

图 2-4 坡面块体运动力学分析

块体重力 G 可分解为与坡面平行的下滑力 T 和垂直于坡面的分力 N，其表达为：

$$T = G \cdot \sin\theta \tag{2-10}$$

$$N = G \cdot \cos\theta \tag{2-11}$$

式中 θ——坡角。

坡面上块体越重，下滑力越大，同时坡角越大，其下滑力也越大。有下滑力存在，必然同时有摩擦阻力出现，在块体静止的条件下，两者大小相等，方向相反，作用在同一滑动面上。可将摩擦阻力写成：

$$\tau = N \cdot \tan\theta \tag{2-12}$$

若坡度不断增大，下滑力和摩擦阻力同时相应增大。但 τ 增大是有一定限度的，当增大到块体与坡面间最大摩擦阻力 τ_f 时，块体处于极限平衡状态。与此相应的坡角 θ 为临界坡角，它反映了块体与坡面间摩擦阻力大小的性质，因此可将临界坡角 θ 称为该块体与坡面间的内摩擦角，以 φ 表示。则有：

$$\tau_f = N \cdot \tan\varphi = G \cdot \cos\theta \cdot \tan\varphi \tag{2-13}$$

坡面块体保持稳定状态的条件是：

$$T \leqslant \tau_f \tag{2-14}$$

则有：

$$G \cdot \sin\theta \leqslant G \cdot \cos\theta \cdot \tan\varphi$$

$$\tan\theta \leqslant \tan\varphi$$

$$\theta \leqslant \varphi \tag{2-15}$$

若 $\theta > \varphi$，则块体必然沿坡面下移，发生重力侵蚀。

由于内摩擦角 φ 反映了块体沿坡面下滑刚好启动的坡度，因此，通常也称为松散物质的休止角。对于松散的砂和岩屑来说，内摩擦角和休止角是一致的。凡是坡度 θ 小于内摩擦角 φ 时，坡面上的物质就是稳定的。

内摩擦角 φ 值随坡面物质颗粒大小、形状、密度和含水量而异(表 2-13、表 2-14)。粗大并呈棱角状而密实的颗粒，休止角大。一般情况下，风化碎屑离源地愈远，其颗粒逐渐变小，棱角被磨蚀，圆度增加，内摩擦力减小，休止角变缓，因此，愈向坡脚，坡度愈趋缓和。土粒间的孔隙被水充填后会增加润滑性，减少内摩擦力，因而休止角也相应变缓。在同一斜坡上，坡顶远离地下水面较干燥，而坡脚接近地下水面较润湿，因此，坡度有向坡脚变缓的趋势。

表 2-13　几种岩石碎块的休止角(°)

岩屑堆的成分	最　小	最　大	平　均
砂岩、页岩(角砾、碎石、混有块石亚黏土)	25	42	35
砂岩(块石、碎石、角碎)	26	40	32
砂岩(块石、碎石)	27	39	33
页岩(角砾、碎石、亚砂土)	36	43	38
石灰岩(碎石、亚砂土)	27	45	34

表 2-14　几种含水不同泥砂的休止角(°)

泥砂种类	干	很　湿	水分饱和
泥	49	25	15
松软砂质黏土	40	27	20
洁净细砂	40	27	22
紧密的细砂	45	30	25
紧密的中粒砂	45	33	27
松散的细砂	37	30	22
松散的中粒砂	37	33	25
砾石土	37	33	27

一些岩质边坡，岩体被裂隙分隔成许多块体，岩块的稳定性受裂隙面的倾斜方向和倾角的控制。若裂隙面的倾角与边坡的倾向一致，而且裂隙面的倾角 θ 达到并超过块体间的内摩擦角 φ 时，块体就会滑落下来。因此，在节理和断裂发育的岩体破碎地区，如开挖路堑或渠道时，应注意裂隙的倾向和倾角，以免坡面失去平衡。

块体运动并不限于坡地表面，有时沿坡面以下一定深度的软弱面发生整体位移。这时块体运动一定要先克服颗粒间的黏结力 C，产生破裂面或滑动面，然后再克服摩擦阻力，才能发生位移。于是运动块体的抗滑阻力可写为：

$$\tau_f = N \cdot \tan\varphi + C \cdot A \tag{2-16}$$

式中　N——支撑力，kg/cm^2；

C——黏结力，kg/cm^2；

A——运动块体与坡面的接触面积，cm^2。

土体的黏结力与组成物质的化学成分、结构及土中的含水量有密切的关系。黏土的力学性质受水分的影响很大。当黏土处于干燥状态时，具有极其坚固的性质，若水分增加，黏土可变为可塑状态；水分进一步增加，则可变为流动状态，其强度大大降低，极易形成软弱面，土体往往沿此软弱面发生块体运动。吸水性很强的石膏、硬石膏等都有这种情况。

坚硬岩体的黏结力 C 值大，一般不易发生移动。但岩层中常常存在软弱的结构面(层面、软弱夹层、断层面、节理面、裂隙面等)。软弱的结构面的内摩擦角 φ 和黏结力 C 较小，因此容易产生破裂面发生块体运动。

坡面上的块体运动主要是重力引起的下滑力和岩土块体的内摩擦阻力及黏结力相互作用的结果。岩土体能否沿结构面或破裂面发生位移，应由下滑力和抗滑阻力之间的对比关系来决定，即

$$K = \frac{\text{抗滑阻力}}{\text{下滑力}} = \frac{N \cdot \tan\varphi + C \cdot A}{T} \tag{2-17}$$

式中 K——岩土体的稳定系数。

在理论上：当 $K=1$ 时，岩体或土体处于极限平衡状态；当 $K<1$ 时，岩体或土体处于不稳定状态；当 $K>1$ 时，岩体或土体是稳定的。工程上一般采用 $K=2\sim3$ 为安全稳定系数。

自然界的山坡大多数的 $K>1$，所以都是比较稳定的。如果坡脚地带因受河流冲淘或人工削破，改变了坡形使坡角增大，形成陡坎，则不稳定性加大，将促使块体发生移动。

2.3.4 混合侵蚀规律

混合侵蚀是指在水流冲力和重力共同作用下产生的一种特殊侵蚀类型，在生产上常称混合侵蚀为泥石流。

2.3.4.1 泥石流的形成条件

泥石流的形成与地质、地形、气候、水文、植被等关系极为密切。形成泥石流必须具备以下三个条件：

(1)要有充足的固体碎屑物质

充足的固体碎屑物质是泥石流发育的基础条件之一，通常决定于地质构造、岩性、地震、新构造运动和不良的地质现象。

在地质构造复杂、断裂皱褶发育、新构造运动强烈和地震烈度高的地区，岩体破裂严重，稳定性差，极易风化、剥蚀，为泥石流提供固体物质。在新构造运动强烈和地震烈度高的地区，不仅破坏山坡岩体的完整性和稳定性，还能激发泥石流。在泥岩、页岩、粉沙岩分布区，容易风化和滑动；在岩浆岩等坚硬岩石分布区，会风化成巨砾，成为泥石流的固体物质来源。不良的地质现象包括崩塌、滑坡、塌方、岩屑流、倒石锥等，是固体碎屑物质的直接来源。此外，基本建设工程中的弃土、尾沙、废渣等，也会为泥石流提供大量的固体碎屑物质。

(2)要有充足的水源

降雨、冰雪融化、地下水、湖库溃决等都为泥石流的形成提供了水的来源，特别是在有充分的前期降雨又遇暴雨时，极易产生大量地表径流，从而引发泥石流。

(3)地形条件

典型的泥石流沟道，从上游到下游可分为侵蚀区、流过区、沉积区三部分。

侵蚀区大多为漏斗形或勺形地形，斜坡的坡度大，易在短时间内汇集大量地表径流。流过区沟道比降大，以便不断补充能量和物质。沉积区为泥石流固体物质的堆积地，一般平缓开阔。泥石流的形成主要取决于沟床比降和沟坡坡度。研究表明，泥石流沟床比降多在5%~30%，尤其是10%~30%，在平缓沟床中不易发生泥石流。沟坡坡度影响泥石流的规模和物质补充。统计表明，在10°以上即可发生泥石流，尤以30°~70°为甚，这是坡面不稳定、相对固体物质补给增多的缘故。

另外，人类不合理的活动，如修路削坡、弃土尾沙、砍伐森林、陡坡开荒和过度放牧等，都能引发泥石流。

2.3.4.2 泥石流的特征

(1)突发性和灾变性

泥石流暴发突然，历时短暂，一场泥石流从发生到停止一般仅几分钟到几十分钟，给当地环境带来灾变，包括强烈侵蚀和淤积，强大的搬运能力和严重的堵塞，以及与滑坡等相互促进造成的灾变性和毁灭性。

(2)波动性与周期性

我国泥石流活动时期时强时弱，具有波浪式变化的特点，可划分为活动期和平静期。如怒江自1949年以来，有明显三个活动期，分别是1949—1951年，1961—1966年，1969—1987年。泥石流活动周期长短取决于降雨量和松散物的补给速度。周期长的数十年至数百年暴发一次。如云南东川黑山沟、猛先河泥石流重现期为30~50年，四川雅安陆王沟、干溪沟为200年。

(3)群发性和强烈性

由于降雨的区域性和坡体的稳定性，使泥石流发生常具“连锁反应”，出现数条泥石流沟道同时发生泥石流。如1986年9月22~25日，云南南涧彝族自治县城周围9条泥石流沟道同时暴发泥石流，城镇街道淤沙1m多厚。据中国科学院成都山地灾害研究所东川站实测，一次泥石流暴发侵蚀模数可达20×10^4~30×10^4 t/km^2，最大达50×10^4 t/km^2，平均侵蚀深10m。

此外，我国泥石流还有夜发性特点。据统计，云南80%的泥石流集中在夏秋季节的傍晚或夜间，西藏也是如此，这与阵性降雨和冰雪融化有关。

2.3.5 冻融侵蚀与冰川侵蚀规律

2.3.5.1 冻融侵蚀规律

(1)冻土作用

在多年平均气温0℃以下，不被冰雪覆盖的地区，岩石或表土因含有一定的水分而冻结成冰，把含有冰的土(或岩)层称为冻土。在温度状况相同但不含冰的土(或岩)层，则称为寒土。全世界冻土分布总面积约为3500×10^4 km^2，占地球陆地面积的25%。前苏联和加拿大是冻土分布最广的国家。我国冻土主要分布在东北北部山区、西北高山区及青藏高原地区，冻土面积约215×10^4 km^2，占国土面积的22.3%左右。

冻土一般分为两层，上层为夏融冬冻的活动层，下层为常年(或多年)不化的永冻层。活动层每年冻结时均由上层开始，上层土的冻结膨胀，就会对下面还未冻结的含水土层施加压力，使未冻结层在永冻层上面发生塑性揉皱变形，这种现象称为冻融扰动。

多年冻土的厚度从高纬度到低纬度逐渐变薄，从极地的1000m以上到N48°的1～2m。中、低纬度的高山高原地区，多年冻土的厚度主要受海拔高度的影响。一般海拔愈高冻土层愈厚，地温也愈低。海拔每升高100～150m，年平均地温约降低1℃，永冻层顶面埋藏深度减小0.2～0.3m，冻土层厚度增加30m。

(2)冻融侵蚀

冻融引起岩石冻胀、融陷和流变等一系列复杂过程，其侵蚀表现为冻融风化、融冻泥流和融冻扰动。

①冻融风化　岩土体中孔隙和裂隙被水充填，因受温度变化影响，冻结膨胀、融化侵入呈周期性交替，使地面岩土体松动崩解的过程，称冻融风化。

气候和岩性是影响冻融风化的主要因素。在寒冷而有很大温差的地区，冻融风化十分强烈，可深入到地表下几十米处，产生巨型崩解。一般坚硬岩石，如花岗岩、玄武岩、石英岩能形成巨砾，而沉积岩则只能产生较小的碎屑物。

冻融风化的细小颗粒可被水流或风带走，而巨砾则留在原处，成为石海，移动较少。若在坡面上，则沿冻土层面在重力作用下整体缓慢下移，成为石河。蠕动的石河流速不大，据瑞士科学家在阿尔卑斯山测量，最大流速为1.35～1.55km/a。还有一种冰川退缩由冰碛物形成的石河，又称石冰川。我国昆仑山惊仙谷发育有长300～400m、宽100m的石冰川。石河、石冰川的运动，既产生巨大的物质搬迁，又对地表产生磨蚀，形成细粒。

②融冻泥流　坡面上冻融风化碎屑，在解冻后受水浸润达饱和或超饱和时，具有塑性，在重力和水动压力作用下沿冻融界面向下缓慢移动，形成融冻泥流。当泥流仅发生在上部活动层，称表层泥流；若以地下冰层或多年不化的冰层为滑动面，称深层泥流。前者分布广泛，在有草皮时，会出现草皮蠕动。

融冻泥流发生在缓坡地，坡度一般在20°以下。这是因为坡陡时，细小颗粒难以存留，不易形成泥流。融冻泥流的移动主要发生在融水丰富的夏季，到冬季冻结后，移动停止。其流动速度很小，一般为1m/a。

③融冻扰动　活动层每到秋末，气温下降，表层开始冻结。冻结是由上层开始，上层上的冻结膨胀，就会对下面还未冻结的含水土层施压而产生褶皱扰动。这种扰动若发生在基岩上，会加剧基岩的冻融风化。同时由于膨胀，使表面鼓起成丘。虽然融冻扰动并未造成物质的迁移，但加剧了地表破坏，或形成地表起伏，为进一步侵蚀起到了促进作用

2.3.5.2　冰川侵蚀规律

(1)冰川分布

在高纬度和高山地区，气候寒冷，年平均气温在0℃以下，常年积雪。当降雪形成的积雪大于消融时，地表积雪逐年增厚，经过一系列物理过程，积雪逐渐变成微蓝色的

透明冰川冰。冰川冰是多晶固体，具有塑性，受自身重力作用沿斜坡缓慢运动或在冰层压力下缓慢流动，就形成冰川。

目前世界上冰川覆盖面积约为 $1550 \times 10^4 km^2$，占陆地总面积的 10% 左右，总体积约为 $2600 \times 10^4 km^3$，主要分布在高山和南极、北极地带。现代冰川的水量约占全球淡水总量的 85%。我国现代冰川覆盖面积约为 $5.7 \times 10^4 km^2$，主要集中分布在青藏高原、天山、昆仑山、祁连山西段和川西诸山地等。

(2) 冰川运动

冰川运动速度比河流流速小，肉眼不易觉察，一般平均每年运动数十米至数百米，例如天山冰川流速为 10～20m/a；珠穆朗玛峰北坡的绒布冰川，全长 22.2km，其中游海拔 5400m 处的最大流速为 117m/a。

冰川运动主要通过冰川内部塑性变形和块体滑动来实现。冰川塑变来自冰川自身的重力。一般规模大的冰川，常可分为上部脆性带和下部塑性带，冰川表层裂隙深度多数小于 30～50m，在此深度下，冰川处于可塑状态。但对于小冰川而言，塑性流动常不明显，冰川依靠基底滑动。冰川运动方式还取决于温度的变化，冰川的温度越高，有利于塑性变形，但因冰雪融水的参与，增加了冰川底部的润滑作用，导致基底滑动的比例提高；而当冰川温度越低时，冰与冰床的冻结强度超过冰自身的剪切强度，则往往发生冰内剪切滑动。

冰川运动速度的大小，主要取决于冰床或冰面坡度与冰川厚度。在雪线附近，一般冰川厚度最大，运动速度最快。自此向上游或向下游，随着冰川厚度的减薄，运动速度不断减小，当冰川流经坡度较大地带时，流速又会加快。冰川运动速度在冰舌横向上的分布，中部快于两侧，自中央向边缘递减；冰川的垂直速度分布，冰舌部分以冰面最大，向下逐步减小。冰川运动速度还随时间而变化，一般夏季快，冬季慢，白天快，夜间慢，但其变化幅度较小。

冰川运动速度还与冰川冰的补给量和消融量的多少有关。补给量大于消融量时，冰川厚度增加，流速加快，冰川尾端向前推进；补给量小于消融量时，冰川厚度减薄，冰川尾端往后退缩；补给量等于消融量，冰川就出现稳定状态。

(3) 冰川侵蚀过程

冰川对地表具有很强的侵蚀作用，其侵蚀力主要依赖于所夹的坚硬岩块(称为冰碛)。冰碛随冰川一起运动，在强大的挤压下表现出巨大的侵蚀作用。冰川的侵蚀方式分为拔蚀作用和磨蚀作用。

冰川的拔蚀作用，主要因冰川自身的重量和冰体的运动，致使冰床底部基岩松动、破碎，冰雪融水渗入节理裂隙，时冻时融，从而使裂隙扩大，岩块不断破碎。若这些松动的岩块与冰再冻结在一起时，冰川向前运动就把岩块拔起带走。

冰川的磨蚀作用，是冰川对冰床产生的巨大压力所产生的。如冰川厚度为 100m 时，每平方米的冰床上将承受 90t 左右的压力。冰川运动时，冻结在冰川底部的碎石，不断对冰床进行刮削、锉磨，从而形成了粒级较小的冰碛物。

冰川在运动过程中，不仅具有强大的侵蚀力，而且还能携带大量的碎屑物质。碎屑物质不加分选地随着冰川的运动而移动，这些大小不等的碎屑物质，统称为冰碛物。冰碛物中的巨大石块称为漂砾。冰川的搬运能力极强，成千上万吨的巨大漂砾能随冰流而运移。冰川冰在自身压力和塑性变形下运动，因而具有逆坡搬运的能力，把冰碛物从低处搬运到高处，这不同于流水搬运，我国西藏东南部一大型山谷冰川，曾把花岗岩漂砾抬举到200m的高度。

在冰川下移的运动后期，冰的消融占据主要地位，冰川所夹带的冰碛物堆积在冰川边缘；若冰川迅速消退，冰体大量融化，冰碛物就地堆积，其结构松散，粒径差别悬殊，分选性极差。

2.4 影响土壤侵蚀的因素分析

影响土壤侵蚀的因素有自然因素和人为因素两大类。自然因素是土壤侵蚀发生、发展的潜在条件。影响土壤侵蚀的自然因素，主要有气候、地形、地质、土壤和植被，它们对于土壤侵蚀的影响各不相同，但又是相互制约、相互影响的。自从人类在地球上出现以来，人类活动也就成为影响土壤侵蚀因素的组成部分。随着人口的剧增，人类活动的加强，人类对土壤侵蚀的影响越来越大。自然因素是产生土壤侵蚀的基础和潜在因素，而人为不合理活动是造成土壤加速侵蚀的主导因素。

2.4.1 自然因素对土壤侵蚀的影响

影响土壤侵蚀的自然因素主要是气候、地形、地质、土壤和植被。这些自然因素对土壤侵蚀的影响各不相同，就是对于同一类型的土壤侵蚀，在不同的组合下，影响也各不相同。所以在研究某一因素与土壤侵蚀的关系和制定相应的水土保持防治措施时，必须同时考虑到各种自然因素间的相互制约、相互影响的关系。

2.4.1.1 气候因素对土壤侵蚀的影响

气候因素与土壤侵蚀的关系极为密切，所有的气候因子都从不同方面和不同程度上影响土壤侵蚀，这种影响有直接的和间接的。一般来说，降水和风是造成土壤侵蚀的直接动力，而温度、湿度、日照等，通过对植物的生长、植被类型、岩石风化、成土过程和土壤性质等的影响，进而间接地影响土壤侵蚀的发生和发展。

(1)降水

降水是气候因素中与土壤关系最为密切的一个因子。降水是地表径流和下渗水分的主要来源，在土壤侵蚀的发生发展过程中，降水是水力侵蚀的物质基础。

降水包括降雨、降雪、冰雹等多种形式，在我国分布的土壤侵蚀类型及形式中，以降雨的影响最为明显。

降水诸要素包括降水量、降雨强度、降雨类型、降雨历时、雨滴大小及其下降速度等，其中与土壤侵蚀关系密切的因子有降水量、降雨强度、降雨历时等。

①降水量　降水量与土壤侵蚀的关系比较复杂。降水量多的地区，发生土壤侵蚀的潜在危险就大。降水量大的地区，其热量及其他环境因素也较好，良好的水热条件可为植被生长创造条件。所以我国南方地区降水量虽比黄土地区大，但土壤侵蚀量却比黄土

地区小。这是因为降水量不同，将导致其他因素相应改变，从而改变了土壤侵蚀发生的条件，也影响到土壤侵蚀的严重程度。同一数量的降水，在不同时期和不同地区，侵蚀量也都不相同。

②降雨强度 我国气象部门规定，单位时间内的降雨量称为降雨强度，一般以日或h为单位，按降雨强度的大小，可将降雨分为小雨、中雨、大雨、暴雨、大暴雨和特大暴雨等。一日降雨量超过50mm或1h降雨量超过16mm的都称为暴雨。

暴雨是造成严重土壤侵蚀的主要因子。这是因为暴雨量往往超过土壤渗透量，容易产生地表径流，而且暴雨雨滴大。暴雨雨滴较大，所具有的动能也较大，侵蚀作用强，所以暴雨强度越大，土壤侵蚀越严重。

③降雨历时 降雨历时系指一场降雨所延续的时间长度。雨量与雨强相同，降雨历时不同，土壤侵蚀的结果也不相同。长历时的一次降雨产生的土壤侵蚀量明显大于其总雨量和雨强都与之相同，但中间间隔几次历时较短的降雨。这是因为充分的前期降雨，使土壤含水量增大，再遇暴雨就会产生强大的地表径流，易发生滑坡、泥石流等侵蚀。

我国各地降雨量的年内分配都很不均匀，一般集中分布在7、8、9三个月，这三个月的降雨量约占全年总降雨量的40%，有的甚至高达70%。降雨量的高度集中，形成明显的干、湿季节。雨季土壤经常处于湿润状态，这就为强大暴雨的剧烈侵蚀活动打下了基础，也使得雨季土壤侵蚀量往往占到全年2/3以上。

(2)降雪

降雪过程本身并不直接引起土壤侵蚀的发生。在北方和高山冬季积雪较多的地方，降雪后常不能全部融解而形成积雪。积雪受到风力和地形的影响发生再分配，常堆积在背风的斜坡和凹地。融雪时产生不同的融雪速度和不等量的地表径流，尤其是当表层已融化而底层仍在冻结的情况下，融雪水不能下渗，形成大量的地表径流，常引起严重的土壤侵蚀。

(3)风

风是形成土壤风蚀和风沙流动的动力。风蚀强弱首先取决于风速。受地面摩擦阻力的影响，距地面越近，风速越小，紊流和涡动作用越强；距地面越高，风速越大，气流也较稳定，地面上与人类活动关系密切的一层称为地面空气层，也叫空气下垫面。这层空气受地面及人类活动的干扰较大，风速的脉动性和阵性比较明显。其次是风的持续时间，如果风的持续时间短就不能造成大规模的风沙流。就一定地区而言，风沙流的性质和规模，除风速和持续时间外，还受起沙风次数、季节和空气湿度、气温等的影响。湿度越小，温度越高，就促成植物的蒸腾增加和表土层的干燥，有利于土壤风蚀及风沙流的形成和发展。

(4)其他气候因子

温度变化可以影响岩石风化。当土体和基岩中含有一定的水分，温度的变化使岩石裂隙中的水分在冻结过程中，增加岩石的裂度并发生冻胀，这将加速岩石裂隙的发展，使岩体破碎。

温度的激烈变化对重力侵蚀作用有直接影响，尤其当土体和基岩中含有一定水分，温度反复在0℃附近变化时，其影响就更明显。春季回暖前后，在冻融交替作用下，是泻溜、滑塌、崩塌等最活跃的时期。高山雪线附近也常是由于温度激烈变化引起重力侵蚀活跃的地段。

湿度对土壤侵蚀也有影响，包括土壤湿度和空气湿度。湿度对土壤发育、土壤结构、岩石风化、植物生长等有直接或间接的影响，从而影响到土壤侵蚀。

2.4.1.2 地形因素对土壤侵蚀的影响

地形是影响土壤侵蚀的重要因素之一。地面坡度的大小、坡长、坡形、坡向、分水岭与谷底及河面的相对高差等都对土壤侵蚀有很大影响。

(1)坡度

地面坡度是地形因素中影响土壤侵蚀最重要的因子，是决定径流冲刷能力的基本因素之一。径流所具有的能量是径流的质量与流速的函数，而流速的大小主要取决定于径流深度与地面坡度。在其他条件相同时，一般地面坡度愈大，径流流速愈大，土壤侵蚀量也愈大。

冲刷量随坡度的加大而增加，但径流量在一定条件下，随坡度的加大有减少的趋势。据中国科学院地理研究所通过黄上地区水土保持试验站观测资料分析，认为坡度对水力侵蚀作用的影响并不是无限地成正比增加，而是存在一个“侵蚀转折坡度”。在这个转折坡度以下，冲刷量与坡度成正比，超过了这个转折坡度，冲刷量反而减小。在黄土丘陵沟壑区，这个转折坡度大致在25°~28.5°。

坡面坡度对雨滴的溅蚀也有一定影响。在地面较平坦情况下，即使雨滴可以导致严重的土粒飞溅现象，但不致造成严重的土壤流失。但是在较大地面坡度情况下，土粒被溅起后向下坡方向飞溅的距离较向上坡方向飞溅的距离要大，而且这种现象随坡度的增加而变大。埃里森(Ellison)对溅蚀作用研究发现：在10%的地面坡度上，75%的土壤溅蚀量移向下坡。

重力侵蚀的发生也与坡度有密切关系。一般情况下，坡度越大，坡面失稳的可能性越大，越容易发生重力侵蚀。

(2)坡长

当其他条件相同时，水力侵蚀强度依坡面的长度来决定。坡面越长，径流速度就越大，汇聚的流量也愈大，因而其侵蚀力就愈强。甘肃天水水土保持试验站1954—1957年3年的径流小区观测资料表明，在同样坡度条件下，坡长40m的坡耕地比坡长10m的坡耕地土壤流失量增加41.6%。陕西绥德水土保持试验站1956年观测资料也表明，坡面与分水岭的距离增加1倍时，土壤流失量增加0.5~2.0倍。但需要指出，坡长与侵蚀强度之间的关系还受到其他因子的影响。尤其当雨量不大，在坡度较缓的坡地上，土壤吸水力较强时，随坡长的增加，径流量和流失量反而减少，形成所谓的“径流退化现象”

(3)坡形

由分水线开始随坡长的增加，坡度也发生变化，用坡形来反映坡度和坡长的综合变化。坡度与坡长的不同组合构成多种坡形，可归纳为4种：即直线形坡、凸形坡、凹形坡和阶段形坡，如图2-5所示。

一般来说，直线形坡上下坡度一致，距离分水线越远，汇集的地表径流越多，径流

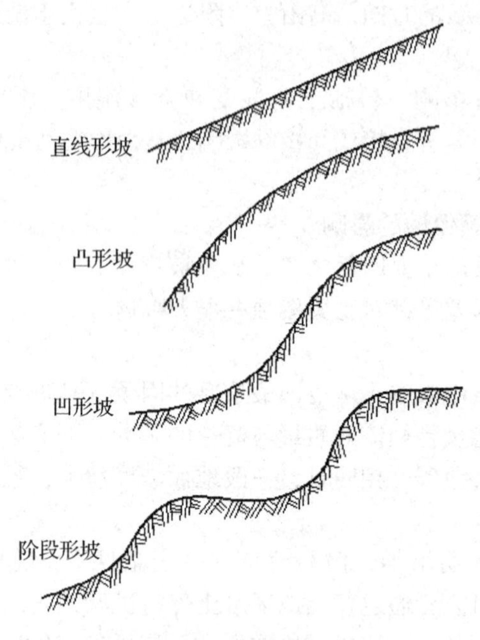

图 2-5 坡形示意

的冲刷力也越大，土壤侵蚀越严重，所以土壤冲刷下部较上部强烈。在自然界直线形坡很少。

凸形坡上部缓，下部陡而长，坡度随距分水线的距离增加而增大。由于坡度和坡长同时增加，引起径流量和流速增加，使土壤侵蚀量也随之增加。凸形坡下部冲刷较直线形坡下部更强烈。

凹形坡上部陡，下部缓，如果下部平缓时侵蚀减小，甚至发生沉积现象。

阶段形坡是凸形坡和凹形坡的复合坡，在阶段形斜坡上，各陡坡地段易发生土壤侵蚀，距分水线越远的陡坡段侵蚀也越严重。

(4)坡向

坡向与地面的水热条件有着密切的关系，所以对土壤侵蚀也有影响。阳坡和半阳坡接受更多的光照，土壤空气充足，而土壤水分条件和腐殖质的积累较差。因而植被生长不良，覆盖度低。而阴坡正好与阳坡环境条件相反，植被生长较好，所以，阳坡的土壤侵蚀比阴坡严重。

另外，区域地形的相对高差和小地形对土壤侵蚀也有影响。相对高差控制沟谷下切的深度，相对高差的增加，将促使沟谷侵蚀加剧。小地形是自然界地形不平的反映，往往对地表径流的流向有制约作用。小地形变化使地表径流分散或集中，直接影响该斜坡的土壤侵蚀。

此外，地形对风蚀也有一定的影响。在地表裸露的情况下，坡度愈小，地表愈光滑，则地面风速愈大，风蚀愈严重。迎风坡的坡度愈大，土壤风蚀愈剧烈。背风坡上，因坡度大小不同，风速减缓程度亦不同，有时形成无风带，出现沙土堆积。

2.4.1.3 地质因素对土壤侵蚀的影响

地质因素中主要是岩性和构造运动对土壤侵蚀影响较大。

(1)岩性

岩性就是岩石的基本特性，对风化过程、风化产物、土壤类型及其抗蚀能力都有重要影响。对沟蚀的发生和发展以及崩塌、滑坡、泻溜、泥石流等侵蚀活动也有影响。所以一个地区的侵蚀状况常受到岩性制约。

①岩石的风化性　岩石的种类不同，风化换质的难易程度也不一样。因岩石的形成过程及其矿物质组成不同，有物理风化和化学风化。如花岗岩和片麻岩等结晶岩类，主要矿物是石英和长石，其结晶颗粒粗大，节理发育，在温度变化作用下，由于各种矿物的膨胀系数不同，易于发生相对错动和碎裂，促进风化作用，其风化层较深厚。我国南方花岗岩风化层一般厚10～20m，有的甚至厚达40m以上。这种风化层主要含石英，黏粒较少，结构松散，抗蚀能力很弱。化学风化难易主要取决于胶结物质。以钙质胶结的易风化，硅质胶结的难风化。页岩与砂岩互层时，由于岩层的组成及倾角不同，侵蚀情况也不同。一般厚层砂岩夹薄层页岩，岩层水平的地区，地面多平台，侵蚀轻微。厚层页岩夹薄层砂岩，岩层倾角较大的地区，地面坡度较大，侵蚀较严重。沟谷陡崖因页岩风化快，侵蚀严重，其上部的砂岩往往失去支持而多发生崩塌现象。

②岩石的坚硬性　块状坚硬的岩石可以抵抗较大的冲刷，阻止沟壁扩张、沟头前进和沟床下切，并间接地延缓沟头以上坡面的侵蚀作用，形成的冲沟具有沟身狭小、沟壁陡峭、沟床多跌水等特点。岩体松软的黄土和红土，沟道下切很深，沟坡扩张和沟头前进很快，全部集流区被分割得支离破碎。黄土具有明显的垂直节理，沟道下切、扩张时，常以崩塌为主。如沟床停止下切，沟壁无侧流掏涮，直立的黄土沟壁可保持很长时间。红土由于比较黏重紧实，沟道的下切较黄土慢。沟壁扩张以泻溜、滑坡为主，不能形成陡坎、陡崖，沟坡亦较平缓。

③岩石的透水性　这一特性对于降水的渗透、地表径流和地下潜水的形成及其作用有显著影响。地面为疏松多孔透水性强的物质时，往往不易形成较大的地表径流。在深厚的流沙或砾石层上，基本上没有径流发生。若浅薄的土层以下为透水性很差的岩层时，即使土壤透水很快，但因土层迅速被水饱和，就可发生较大的径流和侵蚀，甚至使土层整片滑落，形成泥流。若透水快的土层较厚，在难透水的土层上则可形成暂时潜水，使上部土层与下伏岩层间的摩擦阻力减小，往往导致滑坡的发生。

此外，岩性对风蚀的影响也十分明显。块状坚硬致密的岩体，不易风化，抗风蚀性也较强；松散的砂层，最易遭受风力的搬运。质地不匀的岩体，物理风化较强，容易遭受风蚀。

(2)新构造运动

新构造运动可以使侵蚀基准发生变化，也可以使岩石层次发生倾斜。

一般情况下，地面的垂直运动，往往使侵蚀基准发生变化，从而促使冲沟和斜坡上一些古老侵蚀沟再度活跃，因而加剧坡面侵蚀。新构造运动可以使地表层次发生明显变化，也可以使岩层倾斜，从而导致土壤侵蚀发生。当岩层倾斜与山腹倾斜方向一致时，在倾斜角度较大的情况下，有利于崩塌和滑坡的形成。当岩层倾斜方向与山腹倾斜方向垂直时，也可发生崩塌，但规模不大，常以坠石为主。

2.4.1.4　土壤因素对土壤侵蚀的影响

土壤是侵蚀过程中被破坏的对象，土壤侵蚀首先是在地壳最表层——土壤层中进行的，然后再切入母质或基岩。因此土壤的特性，尤其是土壤透水性、土壤抗蚀性和土壤抗冲性对土壤侵蚀有很大影响。

(1) 土壤透水性

地表径流是水力侵蚀的主要侵蚀力。在其他条件相同时，径流对土壤的破坏能力，除流速外主要取决于径流量。而径流量的大小，与土壤的透水性能密切相关。因此，土壤透水性是影响土壤侵蚀的主要因子之一。

土壤透水性强弱主要受土壤机械组成、土壤结构性、土壤孔隙率、土壤湿度、土壤剖面和土地利用现状等因素影响。

①土壤机械组成　一般沙性土壤颗粒较粗，土壤孔隙大，因此其透水性较好，不易产生地表径流。相反壤质或黏质土壤透水性较砂性土壤差，产流的可能性就大。据西北水土保持研究所调查研究，黄土的透水性能随着砂粒含量的减少而降低，见表 2-15。

表 2-15　黄土质地和渗透率的关系

砂粒含量(%) (粒径 0.5 ~ 0.05mm)	前 30min 平均渗透率 (mm/min)	最后稳定渗透率 (mm/min)
86.5	4.76	2.5
39.5	2.64	1.0
36.5	1.89	0.8
32.5	1.42	0.6

②土壤结构性　土壤结构越好，透水性与持水量越大，土壤侵蚀的程度则越小。尤其土壤团粒结构的多少，与土壤透水性关系很大。据西北黄土高原的调查研究表明，土壤团粒结构的增加，促进了土壤渗水能力。如黑垆土的团粒含量在 40% 左右时的渗透能力，比松散无结构的耕作层(一般团粒含量小于 5%)要高出 2 ~ 4 倍。生长林木的黄土，含团粒在 60% 以上的渗水能力比一般耕地高出十余倍。无结构的分散细小土粒，很容易被雨滴溅散，与雨水混合形成泥浆，堵塞土壤孔隙，阻止雨水下渗。

③土壤孔隙率　孔隙大小对土壤含水量和透水性影响很大。含水量低而透水性差的土壤，在遇到暴雨时易产生强大的地表径流，从而发生严重的土壤侵蚀。土壤持水量主要取决于土壤孔隙率，同时也与孔隙的大小有关。当孔隙很小时，土壤的持水量虽然很大，但由于透水性能不好，吸收雨水能力也较弱。如果土壤孔隙率增加，同时孔隙直径加大，土壤吸收雨水的能力可大为加强。

④土壤剖面的构造　土壤由表面到底土层的垂直剖面具有一定层次，从上到下分为熟化层、心土层和底土层。各层的透水性能不一致时，土壤透水性常常由透水性最小的一层所决定。透水性较小的一层距地面愈近，这种作用愈大，因而愈容易引起土壤侵蚀。

⑤土壤湿度　土壤湿度的增加一方面减少了土壤吸水量，另一方面土壤颗粒在较长时间的湿润情况下吸水膨胀，会使孔隙减缩，尤其是胶体含量大的土壤更为显著。所以降雨落在极其潮湿的土壤上产生的径流量，要比降落在比较干燥土壤上的大得多，但土壤流失量不一定完全和径流一样。中国科学院南京土壤研究所的资料说明：黄土含水量小于20%时，土壤愈干燥愈容易崩解。所以西北黄土地区久旱以后的暴雨常引起非常严重的土壤侵蚀，这主要是由于暴雨打击在干土上，土壤迅速分散堵塞下层孔隙，形成泥泞土表的结果。一般情况下，当土壤水分含量非常大时，透水性能就显著下降，并发生较严重的土壤侵蚀。

⑥土地利用状况　土地利用状况对土壤下渗或渗透影响很大。林地有较多的枯枝落叶，土壤有机质含量高、水稳性结构好、孔隙率大、非毛管孔隙多，因而渗透能力比农地和草地都好，产生的地表径流量则少。

总之，质地疏松并有良好结构的土壤，透水性强，不易产生或产生的地表径流量较小；而结构坚实的土壤，则透水性能低，易产生较大的地表径流及较大冲刷量。因此在水土保持工作中必须采取改良土壤的措施，以提高土壤的透水性及持水量。

(2)土壤抗蚀性

抗蚀性是指土壤抵抗径流对它们的分散和悬浮能力，其大小主要取决于土粒和水的亲和力。亲和力越大，土壤越易分散悬浮，其结构也越容易遭到破坏而解体，引起土壤透水性变小和土壤表层形成泥浆。在这种情况下，即使径流速度很小，机械破坏力不大，也会发生侵蚀。

土壤结构是影响亲合力大小的主要因子，结构性好的土壤，含有一定量的胶结物质和黏粒成分，使土壤颗粒之间胶结在一起，形成团粒结构增加了土壤的抗蚀性。

土壤抗蚀性的指标有分散率、侵蚀率和分散系数。

土壤分散率是表示土壤在水中分散程度的指标。根据米德尔顿的测定结果，分散率在5.2%~15%时为耐蚀性土壤；分散率在15%~166%时为易蚀性土壤。我国黄土的土壤分散率在23.2%~69%，属易蚀性土壤。

土壤侵蚀率是表示土壤可蚀性程度的指标。凡侵蚀率超过10%的都易受侵蚀，低于10%的为不易受侵蚀。土壤愈黏重，侵蚀率愈低。就不同利用情况的黄土土壤的分散率和侵蚀率看，灌木林地最小，草地和林地居中，农地最大。在不同的农用地中土壤的表层与下层比，表层小于下层。有机质含量愈低，土壤侵蚀率愈大。

土壤分散系数是表示土壤团聚体在水中破坏程度的指标。一般随有机质和黏粒含量的增高而降低。有机质和黏粒含量较多的黑土分散系数最低，说明其抗蚀力较强。

(3)土壤的抗冲性

土壤抗冲性是指土壤抵抗流水和风等侵蚀力的机械破坏作用的能力。当土壤吸水和水分进入土壤孔隙后，倘若很快崩散破碎成细小的颗粒，就很容易被地表径流推动下移，产生流失现象。因此，土体在静水中的崩解速度可作为土壤抗冲性的指标之一。

2.4.1.5 植被因素对土壤侵蚀的影响

植物是自然因素中对防止土壤侵蚀起积极作用的因素，几乎在任何条件下都有阻缓水蚀和风蚀的作用。良好的植被，能够覆盖地面，拦蓄地表径流，减小流速，过滤泥沙，固结土壤和改良土壤，从而减小或防止土壤侵蚀。植被一旦遭到破坏，土壤侵蚀就会发生、发展。植被在水土保持上的功效主要表现在以下几方面：

(1) 拦截降水

植物的地上部分，能够拦截降水，使雨滴速度减小，有效地削弱雨滴对土壤的破坏作用，植被覆盖度越大，拦截的效果越好，尤其以茂密的森林最为显著。郁闭的林冠像雨伞一样承接雨滴，使雨水通过树冠和树干缓缓流落地面，利于水分下渗，因而减少了地表径流和对土壤的冲刷。林冠截留降水的大小随覆盖率、叶面特性及降水情况而异。

(2) 调节地表径流

森林、草地中有较厚的枯枝落叶层，它们像海绵一样疏松多孔，接纳通过树冠和树干的雨水，使之慢慢地渗入地下变为地下水，不致产生地表径流，即使产生也很少。此外，枯枝落叶层还有保护土壤、增加地面糙率、分散径流、减缓流速以及促进挂淤等作用。

(3) 固结土体

植物根系对土体有良好的穿插、缠绕、网络、固结作用。特别是自然形成的森林及营造的混交林中，各种植物根系分布深度不同，有的垂直根系可伸入土中达10m以上，能促成表土、心土、母质和基岩连成一体，增强了土体的固持能力，减少了土壤冲刷。

(4) 改良土壤性状

林地和草地枯枝落叶腐烂、分解后可给土壤表层增加大量腐殖质，有利于形成团粒结构。同时植物根系不断更新，死亡根系经过腐烂后，形成大量孔隙，提高了土壤的透水性和持水量，增强土壤的抗蚀、抗冲性能，从而起到减小地表径流和土壤冲刷的作用。

(5) 减低风速，防止风害

植被能削弱地表风力，保护土壤，减轻风力侵蚀的危害。一般防风林的防护范围为树高的20～25倍。据观测在此范围内，风速、风力可减低40%～60%，土壤水分蒸发也可减少，有利于保墒，农田土壤含水率比防风林防护范围外的同样土壤高1%～4%。

此外，森林还有提高空气湿度，增加降雨量，调节气温，防止干旱及冻害，净化空气，保护和改善环境等多种效益。

2.4.2 人为因素对土壤侵蚀的影响

自从人类在地球上出现之后，人类活动也就成为影响土壤侵蚀的重要因素。人类发展初期，主要是利用自然条件维持生存和繁衍后代，对土壤侵蚀的影响不显著。随着人类的发展，人口逐渐增多，人类也由利用自然条件发展到利用自然生产人类需要的生存物质。由于不合理的生产活动，从而加剧了土壤侵蚀。

土壤侵蚀的发生和发展是外营力的侵蚀作用大于土体抗蚀力的结果。侵蚀力和抗蚀力的大小受多种自然因素和人为因素的影响和制约。自然因素是土壤侵蚀发生、发展的潜在条件，人类活动是土壤侵蚀发生、发展的主导因素。人类活动可以通过改变某些自然因素来改变侵蚀力和抗蚀力的大小对比关系，得到使土壤侵蚀加剧或者使水土得到保持两种截然不同的结果，即人类的活动即可引起土壤侵蚀，又能控制土壤侵蚀。

2.4.2.1 人类加剧土壤侵蚀的活动

人类加剧土壤侵蚀的活动主要是对植被的破坏，集中表现在对土地资源的不合理利用。人类加剧土壤侵蚀的活动主要表现在：

(1)破坏森林

乱砍滥伐、放火烧山，使森林遭到破坏，失去涵养水源和保持水土作用，并使地面裸露，直接遭受雨滴的击溅、流水冲刷和风力的侵蚀，从而加速了土壤侵蚀的发生和发展。

(2)陡坡开荒

陡坡开荒是人类破坏水土资源的一种经营方式。坡度是地形因素中影响土壤侵蚀最重要的因子。陡坡开荒不仅破坏了地面植被，且又翻松了土壤，最易引起土壤侵蚀。

(3)过度放牧

过度放牧会使山坡和草原植被遭到破坏和退化，种群结构趋于单一，长势衰退，地表覆盖度降低，受到水、风等外营力作用时，易造成严重土壤侵蚀。

(4)不合理的耕作方式

顺坡耕作使坡面径流也顺坡集中在犁沟里下泄，造成沟蚀。缺乏合理的轮作和施肥就会破坏土壤的团粒结构和减低土壤的抗蚀性能，在坡地上广种薄收、撂荒轮垦，会使土壤性状恶化，作物覆盖率降低。这些均会加剧土壤侵蚀。

(5)工业交通及其基本建设工程的影响

开矿、建厂、筑路、伐木、挖渠、建库等活动，一方面使地面植被遭到破坏引起土壤侵蚀，另一方面，建设活动中产生的大量矿渣、弃土、尾沙，如不作妥善处理，就会冲进河道，加剧土壤侵蚀。

2.4.2.2 人类控制土壤侵蚀的积极作用

人类控制土壤侵蚀的积极作用，除合理地调整土地利用结构，合理经营森林资源，防止人为的不合理活动外，具体表现在以下方面：

(1)改变地形条件

人们通过多种工程技术措施可以对局部地形条件加以改变。坡度在地形因素中对土壤侵蚀的影响最大。如在山坡上修建水平梯田、挖水平阶、开水平沟、培地埂以及采用水土保持耕作法等，均可减缓坡度、截短坡长、改变小地形，防止或减轻土壤侵蚀。陡坡造林实施鱼鳞坑、反坡梯田等水土保持整地法，以改变局部地形，达到控制土壤侵蚀和促进林木生长的目的。在沟道及溪流上，可通过修谷坊、建水库、打坝淤地、闸沟垫地等措施，提高侵蚀基准面，改造小地形，控制沟底下切和沟坡侵蚀。在侵蚀沟两岸可采取削坡等工程措施，使坡角变小，以稳定沟坡，防止泻溜、崩塌、滑坡等土壤侵蚀现象的发生。

在风沙地区，根据坡地或沙丘上不同部位的风蚀情况及平坦地面上糙度与风蚀的关系，采取建立护田林网、设置沙障等措施，以达到改变地形条件，减弱风速，防止风蚀的目的。

(2)改良土壤性状

抗侵蚀能力较强的土壤一般本身具有良好的渗透性、强大的抗蚀和抗冲性，这与土壤质地、结构等特性有关。这些条件是可以通过人为的合理活动加以改造而达到。如采取在沙性土壤中适当掺黏土，在黏重土壤中适当掺砂土，多施有机肥，深耕深锄等措施，就可改良土壤性状，增加有机质及团粒结构，提高透水及蓄水保肥能力，增强抗蚀、抗冲性能。

(3)改善植被状况

植被具有拦截降水、调节地表径流、固结土体、改良土壤性状和减低风速的功能，从而起到控制土壤侵蚀作用。植被状况是可以通过造林种草、封山育林，以及农作物的合理密植、草田轮作、间作套种等人为措施予以改善。

综合分析，土壤侵蚀控制工作实际上就是人们运用有关改变局部地形条件、改良土壤性状和改善植被状况等一系列有效措施，将它们因地制宜、因害设防、综合配置在一起，以建立完整的水土保持防护体系，达到根治土壤侵蚀、发展生产和保护生态环境的目的。

本章小结

本章是水土保持学科的核心部分，必须掌握土壤侵蚀及相关概念、土壤侵蚀类型、形式和分布以及土壤侵蚀规律和影响因素。土壤侵蚀与水土流失的含义不同，要搞清他们之间的区别与联系。引起土壤侵蚀的基本营力有内营力和外营力，在内、外营力的相互作用、相互影响和相互制约下，地表形态不断发生变化，外营力决定着土壤侵蚀的形成、发生和发展过程。土壤侵蚀类型划分常用二种方式，即按土壤侵蚀发生的时间划分、按土壤侵蚀发生的速率划分和按引起土壤侵蚀的外营力划分，按外营力划分土壤侵蚀类型的方法最常用。根据我国的地形特点和自然界某一外营力在较大的区域里起主导作用的原则，将我国划分为以水力侵蚀为主的类型区、以风力侵蚀为主的类型区和以冻融侵蚀为主的类型区，水力侵蚀区及二级分区的水土流失特点与生产实践联系最为紧密。土壤侵蚀的发生和发展是在不同的具体条件下，外营力的破坏力大于土体抵抗力的结果，掌握水力侵蚀、风力侵蚀、重力侵蚀、混合侵蚀等常见土壤侵蚀类型的侵蚀规律是水土流失综合防治的基础。影响土壤侵蚀的因素有自然因素和人为因素两大类，自然因素是产生土壤侵蚀的基础和潜在因素，人为不合理的活动是造成土壤加速侵蚀的主要因素。

思考题

1. 土壤侵蚀的概念及土壤侵蚀类型的划分方式。
2. 各种土壤侵蚀类型的外营力是什么？掌握各土壤侵蚀类型的特点。
3. 我国土壤侵蚀类型区划分的依据是什么？
4. 水力侵蚀的形式有哪些？掌握水力侵蚀的规律。
5. 掌握风力侵蚀主要发生的区域及侵蚀规律。
6. 影响土壤侵蚀的自然因素有哪些？它们是如何影响土壤侵蚀的？
7. 正确认识人为因素对土壤侵蚀的影响。

本章推荐阅读书目

1. 关君蔚. 1996. 水土保持原理[M]. 北京：中国林业出版社.
2. 张洪江. 2000. 土壤侵蚀原理[M]. 北京：中国林业出版社.
3. 刘秉正，1996. 吴启发. 土壤侵蚀[M]. 西安：陕西人民出版社.

参考文献

关君蔚. 1996. 水土保持原理[M]. 北京：中国林业出版社.
王礼先. 1995. 水土保持学[M]. 北京：中国林业出版社.
吴发启，王健. 2017. 土壤侵蚀原理[M]. 林业出版社.
张洪江. 2000. 土壤侵蚀原理[M]. 2 版. 北京：中国林业出版社.
刘秉正，吴启发. 1996. 土壤侵蚀[M]. 西安：陕西人民出版社.
辛树帜，蒋德麒. 1982. 中国水土保持概论[M]. 北京：农业出版社.
朱朝云，丁国栋，杨明远. 1998. 风沙物理学[M]. 北京：中国林业出版社.
张广军. 1996. 沙漠学[M]. 北京：中国林业出版社.
唐德富，包忠谟. 1991. 水土保持[M]. 北京：水利电力出版社.
席有. 1992. 水土保持原理与规划[M]. 呼和浩特：内蒙古大学出版社.
中华人民共和国水利部. 2008. SL 190—2007 土壤侵蚀分类分级标准[S]. 北京：中国水利电力出版社.

第3章

水土保持规划

水土保持规划是指按特定区域和特定时间段制定的水土保持总体部署和实施安排〔水土保持术语(GB/T 20465—2006)〕。

水土保持规划是水土流失综合防治的基础和前提。《中华人民共和国水土保持法》明确了“预防为主、保护优先、全面规划、综合治理、因地制宜、突出重点、科学管理、注重效益”的我国水土保持工作基本方针。水土保持法同时指出：“县级以上人民政府水行政主管部门会同同级人民政府有关部门编制水土保持规划，报本级人民政府或者其授权的部门批准后，由水行政主管部门组织实施。水土保持规划一经批准，应当严格执行。经批准的规划根据实际情况需要修改的，应当按照规划编制程序报原批准机关批准”，强化了水土保持规划工作的法律地位。

3.1 概述

水土保持规划一般分为综合规划和专项规划两大类。水土保持综合规划是指以县级以上行政区或流域为单位，根据区域自然与社会经济情况、水土流失现状及水土保持需求，对防治水土流失，保护和利用水土资源而作出的总体部署，规划内容主要包括预防、治理、监测、监督、管理等。水土保持专项规划是根据水土保持综合规划，对水土保持专项工作或特定区域预防和治理水土流失而作出的规划，可分为专项工作规划和专项工程规划。专项工作规划如水土保持监测规划、科技发展规划、信息化规划；专项工程规划又可分为专项综合防治规划和单项工程规划，如饮用水水源地水土保持规划、东北黑土区水土流失综合防治规划、坡耕地综合治理规划、淤地坝规划等。

编制水土保持规划所遵循的直接技术标准规范主要包括：《水土保持规划编制规范》(SL 335—2014)、《水土保持综合治理规划通则》(GB/T 15772—1995)、《水土保持综合治理效益计算方法》(GB/T 15774—2008)、《水土保持综合治理技术规范》(GB/T 16453—2008)、《水利建设项目经济评价规范》(SL 072—2013)等。

水土保持综合规划的主要内容是开展相应深度的现状调查及必要的专题研究；分析评价水土流失的强度、类型、分布、原因、危害及发展趋势；根据规划区社会经济发展要求，进行水土保持需求分析，确定水土流失防治任务和目标；开展水土保持区划，根据区划提出规划区域布局；在水土流失重点预防区和重点治理区划分的基础上提出重点布局；提出预防、治理、监测、监督、综合管理等规划方案；提出实施进度及重点项目安排，匡算工程投资，实施效果分析，拟定实施保障措施。水土保持综合规划的规划期宜为10～20a，最长不超过30a；县级水土保持综合规划不宜超过20a。

水土保持专项规划的主要内容是开展相应深度的现状调查，并进行必要的勘察；分析并阐明开展专项规划的必要性；在现状评价和需求分析的基础上，确定规划任务、目标和规模；开展必要的水土保持分区，并提出措施总体布局及规划方案；提出规划实施意见和进度安排，估算工程投资，进行效益分析或经济评价，拟定实施保障措施。水土保持专项规划的规划期宜为5～10a，最长不宜超过20a。

3.2 水土保持规划的工作程序

3.2.1 准备工作

(1)组建规划小组

由于水土保持规划工作涉及面广，综合性强，需要组建一个具有农、林、水、国土等业务部门技术人员和领导参加的规划小组。

(2)制定工作细则和开展物质准备

明确规划的任务、工作量、要求，制定规划工作进度、方法、步骤，人员组成和分工，做好物质准备、经费预算及制定必要的规章制度。

(3)拟定规划报告大纲

根据规划任务和要求，根据相关标准规范，拟定规划报告大纲。

(4)培训技术人员

在规划工作开始之前，应对参加规划工作的专业人员进行技术培训，学习规划的有关文件和技术规范标准，统一技术要求，明确规划任务。

3.2.2 资料收集和调查

(1)资料收集整理

根据规划的地域范围，收集规范要求的相应比例尺基础和专业图件，以及自然条件、自然资源、社会经济、水土流失、水土保持等有关资料，进行整理归并，并明确需要补充调查的部分。

(2)水土流失和水土保持综合调查和勘测

在资料收集和整理的基础上，确定需要进行补充调查的工作内容、方法和步骤，并升展综合调查工作，对重点单项工程开展水土保持勘测。

3.2.3 系统分析与评价

对收集和调查资料进行整理、分析和评价，包括水土保持环境分析、资源评价、水土流失和水土保持分析评价、社会经济分析评价和水土保持需求分析等。

3.2.4 开展规划工作

(1)确定水土保持规划目标。

(2)进行水土保持规划，包括预防保护规划、综合治理规划、监管规划、监测规划、示范推广规划等。

(3)估算水土保持投资，确定实施进度，进行效益分析，提出实施保障措施。

3.2.5 提交规划成果

按照提前拟定的规划报告大纲和有关标准规范要求，提交规划成果，包括规划报告、图件和表格。

3.2.6 规划审批、实施和修订

水土保持规划完成后，需要报本级人民政府或者授权的部门批准后，由水行政主管部门组织实施。水土保持规划一经批准，应当严格执行。经过批准的水土保持规划是一段时期内规划范围水土保持工作的总体方案和行动指南，具有法律效力。如果根据实际情况规划需要调整和修改，应当按照规划审批程序，报原审批机关批准。

3.3 水土保持规划的基本资料与现状评价

3.3.1 水土保持规划的基本资料

水土保持规划的基本资料主要包括规划区自然条件、社会经济条件、水土流失和水土保持状况，以及相关规划、区划成果等。基本资料主要采用资料收集、实地调查、遥感调查、研究成果分析等方法获取。

(1)自然条件

自然条件主要包括地质资料、气象、水文、土壤、植被、自然资源等。

①地质资料　主要包括能反映规划区域地质构造、地面组成物质及岩性等方面的资料；地貌资料主要包括地貌类型、面积及分布的有关文字、相应比例尺的图件、表格等。

②气象、水文资料　包括能反映规划区气象、水文特征的有关特征数据，其系列年限应基本符合有关专业规范的要求。气象资料主要包括多年平均降水量、最大年降水量、最小年降水量、降水年内分布，多年平均蒸发量，年平均气温、大于等于10℃的年活动积温、极端最高气温、极端最低气温，年均日照时数，无霜期，冻土深度，年平均风速、最大风速、大于起沙风速的日数、大风日数、主害风风向等。水文资料主要包括规划区域所属流域、水系，地表径流量，年径流系数，年内分配情况，含沙量，输沙量等水文泥沙情况。

③土壤资料　主要包括能反映规划区土壤有关特征的土壤普查资料、土壤类型分布图等。

④植被资料　主要包括规划区植被分布图，主要植被类型和树(草)种、林草覆盖率，以及有关的林业区划成果等。

⑤自然资源资料　主要包括土地、水、生物、光热、矿产等资源。

(2)社会经济条件

社会经济资料主要包括规划区最小统计单元的有关行政区划、人口、社会经济等统计资料及国民经济发展规划的相关成果。土地利用资料主要包括能反映规划区土地利用现状及开发利用规划的相关成果。

(3)水土流失和水土保持

水土流失资料包括规划区水土流失类型、面积、强度、分布、土壤侵蚀模数等及相关图件，水土流失危害等相关资料。水土保持现状资料包括规划区已实施的水土保持措施类型、分布、面积、数量、保存情况、防治效果、治理经验及教训，以及监测、监督、管理等现状。

(4)其他

规划区域涉及的自然保护区、名胜风景区、地质公园、文化遗产保护区、重要生态功能区、水功能区划、重要水源地等分布、规划、管理办法等相关资料。相关规划资料包括主体功能区规划、土地利用总体规划、水资源规划、城乡规划、环境保护规划、生态保护与建设规划、林业区划与规划、草原区划与规划、农业区划与规划、国土整治规划等资料。规划区内少数民族聚集区、文物古迹及人文景观等方面资料。

3.3.2 水土保持规划的现状评价与需求分析

3.3.2.1 现状评价

现状评价包括区域的土地利用和土地适宜性评价、水土流失消长评价、水土保持现状与功能评价、水资源缺乏程度评价、饮用水水源地保护区面源污染评价、生态状况评价、监测与管理评价等。

①土地利用现状评价应评价土地利用结构的合理性，分析存在的问题；分析土地利用方式造成的水土流失对农业综合生产能力的影响程度，提出通过土地利用调整提高土地生产力的途径。土地适宜性评价应根据水土流失在不同土地利用类型中的分布情况，从土层厚度、理化性质等方面评价土地适宜性，确定宜农、宜果、宜林、宜牧以及需改造才能利用的土地面积和分布，为规划用途的确定提供依据。

②水土流失消长评价应根据不同时期水土流失分布，结合土地利用情况，对水土流失面积、强度变化及其原因进行分析，总结水土流失变化规律和特点。

③水土保持现状与功能评价应分析水土流失治理度、治理措施保存率、水土保持效益，结合现状区域水土保持功能，评价水土保持功能变化情况及特点。

④水资源缺乏程度评价应根据水资源综合规划，评价植被建设、农村生产生活用水的缺乏程度。

⑤饮用水水源地面源污染评价应根据饮用水水源地保护相关规划，评价水土流失对面源污染的影响。

⑥生态状况评价应根据主体功能区规划、生态保护与建设等相关生态规划，从生态功能重要性、植被类型与覆盖率、生态脆弱程度等方面，评价水土流失对生态的影响。

⑦水土保持监测与管理评价应对水土保持监测体系的完备性及运行情况，监督管理

的法规体系、制度、管理能力建设等方面的完善情况进行评价。

⑧现行规划实施评价应结合经济社会发展变化，对现行规划批准以来的实施情况进行全面评估，分析规划实施取得的主要成效和存在的主要问题，总结经验，提出规划修编的方向、重点和改进的建议。

现状评价主要是对以上八个方面在评价分析基础上，进行归纳总结，明确评价结论，提出在水土流失防治方面需解决的主要问题和意见。

3.3.2.2 需求分析

需求分析是在经济社会发展预测的基础上，结合土地利用规划、水资源规划、林业发展规划等，从土地资源可持续利用、生态安全、粮食安全、防洪安全、饮用水安全、水土保持功能维护、宏观管理等方面，分析不同规划水平年对水土保持的需求。

(1) 经济社会发展预测

不同水平年的社会经济发展预测应在国民经济和社会发展规划、国土规划以及有关行业中长期发展规划的基础上进行，缺少中长期发展规划时，可根据规划区历史情况，结合近期社会经济发展趋势进行合理估测。

(2) 农村经济发展和农民增收对水土保持的需求分析

①根据经济社会发展对土地利用的要求和土地利用规划，结合水土流失分布，分析不同区域土地资源利用和变化趋势，提出水土流失综合防治方向和布局要求。

②根据土地利用规划和相关文件，在符合土地利用总体规划目标和要求基础上，分析评价土地利用结构现状及存在问题，从抢救划入保护土地资源出发，提出水土保持措施合理配置要求。

③根据国家和地方粮食生产方面的规划、土地利用规划、规划区的人口及增长率、粮食生产情况、畜牧业发展等，提出坡耕地改造及配套工程、淤地坝建设和保护性农业耕作措施等的任务和布局要求。

④分析制约农村经济社会发展的因素与水土保持的关系，以及水土保持在农民收入和振兴当地经济中的重要作用，提出满足发展农村经济、建设新农村以及农民增收对水土保持需求的水土保持布局和措施配置要求。

(3) 生态安全建设与改善农村人居环境对水土保持需求分析

①根据全国水土保持区划三级区水土保持主导功能，以及全国主体功能区规划等，分析其功能和定位对于水土保持的需求，明确不同区域生态安全建设与水土保持的关系，从维护水土保持主导功能与主要生态功能需求出发，提出需要采取的林草植被保护与建设等任务和措施布局要求。

②分析具有人居环境维护功能的水土流失分布情况，围绕城市水土保持工作，从改善和维护人居环境要求出发，侧重水系、滨河、滨湖、城市周边的小流域或集水区，提出水土保持建设需求。

(4) 河道治理与防洪安全对水土保持的需求分析

根据规划区水土流失类型、强度和分布与危害，结合山洪灾害防治规划、防洪规划，从涵养水源、削减洪峰、拦蓄径流泥沙等方面，分析控制河道和水库泥沙淤积对于水土保持的需求，提出沟道治理、坡面拦蓄等的任务和布局要求。

与相关规划协调，定性分析滑坡、泥石流、崩岗灾害治理及防洪安全建设对水土保持发展的需求，提出水土保持任务与布局需求。

(5)水源保护与饮水安全对水土保持需求分析

在分析具有水源涵养功能的三级区情况基础上，结合流域综合规划或区域水资源规划，分析有关江河源头区及水源地保护对水土保持的需求，提出水土流失防治重点和要求。

在分析水质维护功能的三级区情况基础上，根据饮用水源地安全保障规划，结合水资源缺乏程度和面源污染评价结果，提出水源涵养林草建设、湿地保护、河湖库及侵蚀沟岸植物保护带等的任务和布局要求。

(6)社会公众服务能力提升对水土保持需求分析

社会公众服务能力提升对水土保持需求分析应根据水土保持公众服务需求，结合水土保持现状与管理评价，提出不同水土保持监测、综合监督管理体系和能力建设需求。

3.4 水土保持规划目标、任务与规模

3.4.1 规划目标与任务

3.4.1.1 水土保持规划的目标

水土保持规划的目标主要是实现规划区水土流失综合防治后的经济目标、社会发展目标和生态环境治理及保护目标。

(1)经济发展目标

经济发展目标要提出生产力发展以及不断完善生产关系的具体目标。

①土地生产力目标　主要有单位面积土地的产量和产值；土地利用率或土地生产潜力实现率及其他有关指标等。

②经济发展目标　采用总产值或总收入，收入或产值的增长速度，劳动生产率提高，产投比的增加等作为经济发展水平的目标指标。

③生产发展目标　如人均基本农田面积，灌溉用地面积，工矿用地，城镇交通建设用地等各类用地面积等。

(2)社会发展目标

社会发展目标主要指人口增长及社会、国家、群众对不同产品的需求和人均收入水平等。

①人口增长目标　包括人口出生率、计划生育率、人口自然增长率及治理期人口控制的目标。

②人口对产品的需求目标　包括粮食、油料、木材、蔬菜、肉类、燃料等的需求量，畜牧需求量，牧草需求量，果品需求量等一系列的需求所达到的目标。

③生活水平及其他目标　包括人均纯收入、教育普及率、劳动力利用率等。

(3)生态环境目标

水土流失防治的一个根本任务就是进行生态环境的治理，保护和改善生态环境，为

水土流失区的社会经济发展创造条件。

①生态环境建设目标 指对规划设计区的生态环境问题(如水土流失、过度放牧造成的草场退化、滥砍滥伐造成的森林破坏等)进行整治，以实现生态环境的改善。具体目标有土壤流失量，水土流失治理程度，治理面积，林草覆盖率，防风固沙面积等。

②生态环境保护目标 生态环境保护目标主要在于水土保持规划设计区内特殊景观、生物多样性的保护，以及预防大气污染、水污染，防灾，生态平衡(如农田矿物质平衡、能量的投入产出平衡)等方面。

3.4.1.2 水土保持规划目标与任务确定

综合规划目标应分不同规划水平年拟定，并根据规划工作要求与规划期内的实际需求分析确定，从防治水土流失、促进区域经济发展、减轻山地灾害、减轻风沙灾害、改善农村生产条件和生活环境、维护水土保持功能等方面，结合区域特点分析确定定性、定量目标。近期以定量为主，远期以定性为主。

综合规划任务应从防治水土流失和改善生态环境，促进农业产业结构调整和农村经济发展，维护水土资源可持续利用等方面，结合区域特点分析确定。

专项规划目标应分不同规划水平年确定。主要包括与任务相适应的定性、定量目标。近期以定量为主，远期以定性为主。

专项工程规划主要任务可结合工程建设需要，从以下方面选择并确定主次顺序：

①治理水土流失，改善生态环境，减少入河入库(湖)泥沙；

②蓄水保土，保护耕地资源，促进粮食增产；

③涵养水源，控制面源污染，维护饮水安全；

④防治滑坡、崩塌、泥石流，减轻山地灾害；

⑤防治风蚀，减轻风沙灾害；

⑥改善农村生产条件和生活环境，促进农村经济社会发展。

3.4.2 规划规模

综合规划的规模主要指水土流失综合防治面积，包括综合治理面积和预防保护面积。应根据规划目标与任务，结合现状与需求分析、资金投入保障等情况，按照规划水平年份近、远期分别拟定。

专项规划的规模主要指水土流失综合防治面积，包括综合治理面积和预防保护面积，或特定工程的改造面积或建设数量，应根据规划目标与任务，结合现状与需求分析、资金投入保障等情况，结合现状评价和需求分析拟定。

3.5 水土保持区划与水土流失重点防治区划分

3.5.1 水土保持区划

水土保持区划是指在综合分析不同地区水土流失发生发展演化过程以及地域分异规

律的基础上，根据区划的原则依据和有关指标，按照区内相似性和区间差异性把侵蚀区划为各具特色的区块，阐明水土流失综合特征，并因地制宜地对各个类型分别提出不同的生产发展方向和水土保持治理要求，以便指导各地科学地开展水土保持，做到扬长避短，发挥优势，使水土资源能得到充分合理的利用，水土流失得到有效的控制，收到最好的经济效益、社会效益和生态效益。水土保持区划属于综合部门经济区划，需要综合考虑区域经济因素。

水土保持区划可分为两种情况，一种是在水土保持区划作为水土保持规划的一部分，其任务是根据规划范围内的自然环境条件、自然资源概况、社会经济情况、水土流失和水土保持现状，划分不同类型区，并对各区分别提出不同的生产发展方向和防治措施布局，进行水土流失综合防治；另一种是水土保持区划作为水土保持规划的前期工作，在开展规划之前，先独立地进行水土保持区划，根据区划成果，再选定其中某些类型区，分期分批地进行水土保持规划，以水土保持区划所阐明的自然条件、自然资源、社会经济情况、水土流失和水土保持特点为依据，以及确定其生产发展方向与措施布局。水土保持区划是水土保持的一项基础性工作，将在相当长的时间内有效指导水土保持综合规划和专项规划。

3.5.1.1　水土保持区划的原则

(1)区内相似性与区间差异性的原则

水土保持区划遵循区域分异规律，即保证区内相似性和区间差异性。相似性和差异性可以采用定量和定性相结合的指标反映。自然环境条件是水土保持区域特征和功能特征形成和分异的物质基础，虽然在大尺度范围内，某些区域内其总体的自然条件趋于一致，但是由于其他一些自然因素的差别，如地质地貌、气候、土壤等，使得区域内自然社会条件、水土流失类型及水土保持功能、结构也存在着一定的相似性和差异性，同一分区内，自然条件、自然资源、社会经济情况、水土流失特点应具有明显的相似性；同时，同一分区内对水土保持的功能需求及生产发展方向(或土地利用方向)与防治措施布局应基本一致，做到区内差异性最小，而区间差异性最大。

(2)主导因素和综合性相结合的原则

水土保持区划的主要依据是影响水土流失发生发展的各种自然和经济社会等综合因素。水土保持区划具有自然与社会双重性，不同地区各因素所起作用的程度不同，其中往往一个或几个因素起主导作用，突出主导作用因素才能反映水土流失治理的本质。

(3)自然区界与行政区划相结合的原则

水土保持区划应首先考虑流域界线、天然植被分界线等自然区界，同时充分考虑行政管理区界，适当照顾行政区划的完整性，二者综合考虑，保持区域的完整性和连续性。

(4)自上而下与自下而上相结合的原则

在进行水土保持区划时，应由上一级部门制订初步方案，下达到下一级部门，下一级据此制订相应级别的区划，然后再反馈至上一级，上一级根据下一级的区划汇总并对初步方案进行修订。这样自上而下与自下而上多次反复修改最终形成各级区划。

3.5.1.2 水土保持区划的内容

(1)确定区划指标

①自然条件和自然资源 地貌地形指标(大地貌、地形);气象指标(年均降水量、汛期雨量、年均温度、≥10%的积温、无霜期、大风日数、风速等);土壤与地面组成物质指标(岩土类型、土壤类型);植被指标(林草覆盖率、植被区系、主要树种草种等)。

②社会经济情况 人口密度、人均土地、人均耕地;耕地占总土地面积的比例、坡耕地面积占耕地面积的比例;人均收入、人均产粮等。

③水土流失和水土保持情况 水土流失类型、土壤侵蚀状况、土壤侵蚀强度和程度、人为水土流失状况、水土流失危害等以及已有水土流失治理经验。

(2)确定区划方案

根据区域大小确定逐级分区方案,当一级分区不能满足工作需要时,应考虑二级以上分区,同时应明确分级分区界限确定原则(自然区界与行政区划结合)及各级分区的区划指标。一级区以第一主导因素为依据,二、三级区划以相对次要的主导因素为依据。

(3)部署生产发展方向与防治途径

根据分区特征和分区方案,明确发展方向(土地利用调整方向、产业结构调整方向等)和水土流失防治途径(主攻方向)、措施总体部署、主要防治措施及其配置模式。

3.5.1.3 水土保持区划命名

区划命名的目的是反映不同类型区的特点和应采取的主要防治措施,使之在规划与实施中能更好地指导工作。命名的组成有单因素、二因素、三因素、四因素4类。不同层次的区划,应分别采用不同的命名。目前我国水土保持区划的命名采取多段式命名法,即地理位置+地貌类型+水土流失类型和强度+防治方案。

(1)单因素和二因素命名

一般适用于高层次区,如全国一级水土保持分区有3个,即以水蚀为主的水土保持区、以风蚀为主的水土保持区、以冻融侵蚀为主的水土保持区;二级区有9个(地理位置和地貌特点),如有东北低山丘陵漫岗区、西北黄土高原区、南方山地丘陵区等。

(2)三因素命名

在二因素基础上,再加侵蚀类型和强度,共三因素组成。一般适用于次级分区。如黄土高原北部黄土丘陵沟壑剧烈水蚀防治区、阴山山地强烈风蚀防治区等。

(3)四因素命名

在三因素基础上,再加防治方案。一般适用于更次一级区,如北部黄土丘陵沟壑剧烈水蚀坡沟兼治区、南部冲积平原轻度侵蚀护岸保滩区等。

3.5.1.4 水土保持区划方法

区划方法一般有定性和定量两大类。

水土保持区划应采用在定性分析的基础上进行定量计算分析的区划方法,实现定性分析与定量分析的结合。

对于较高级别的区划，采用自上而下的、定性与定量相结合的分析方法；对于较低级别的区划，采用自下而上的、定量分析的方法，即以目前国内外流行的统计分析软件为平台，运用层次分析法、系统聚类分析等方法进行分区，同时参阅全国已有的区划研究成果，并结合地域一致性等原则对单纯定量区划的结果进行合理调整。这样，既体现了多因子的综合比较分析，相互平衡，又克服了单纯数学方法所造成的分区过于分散、不符合区域划分原则的不足，从而实现水土保持区划的科学性与实用性统一。

3.5.1.5 水土保持区划与水土保持分区

水土保持区划是对某一行政区域或流域进行的分区，各区在空间上应是连续的，且不重叠的。水土保持区划是一种相对稳定的水土保持区域划分，是各类水土保持规划的基础性和指导性的技术文件，是水土保持规划总体布局的基础。水土保持区划具有约束性，不得随意调整其边界，其主要用于综合规划，是水土保持综合规划中制定水土流失防治方略、区域布局、防治途径和技术体系的基础。在进行水土保持专项规划时，为了更好地分区布局和准确计算工程量，在不改变国家水土保持区划三级区边界基础上，进行必要的水土保持分区，并分区分类开展典型调查和设计。在最小一级区划边界内根据规划设计需要进行分区，各区可以在空间上连续或断续，重复或不重复，以达到合理分区，因地制宜分区布置的目的，详略程度以达到典型调查与设计的精度要求为准。

3.5.1.6 全国水土保持区划结果

2016 年，水利部公布了全国水土保持区划结果。全国(除港澳台地区)共划分 8 个一级区、40 个二级区、115 个三级区。一级区为总体格局区，确定全国水土保持工作战略部署与水土流失防治方略，反映水土资源保护、开发和合理利用的总体格局。二级区为区域协调区，协调跨流域、跨省区的重大区域性规划目标、任务及重点。三级区为基本功能区，确定水土流失防治途径及技术体系，作为重点项目布局与规划的基础。另外，区划成果中分别明确各一级区的区域范围、地势构造、水热条件、水土流失成因等基本情况，以及区域重要性和水土保持工作方向；各二级区的区域范围、优势地貌、主要河流、水土流失特点、植被等基本情况，以及区域水土保持布局；各三级区的区域范围、地貌组成、主要河流、植被类型及树种组成、水土流失强度及面积、社会经济等基本情况，以及区域水土保持基础功能和水土流失防治途径。

3.5.2 水土流失重点防治区划分

水土流失重点防治区划分是为了实现分轻重缓急对水土流失区域进行分区防治、分类指导、加快水土流失防治步伐的制度要求。《中华人民共和国水土保持法》规定：“县级以上人民政府应当依据水土流失调查结果划定并公告水土流失重点预防区和重点治理区。对水土流失潜在危险较大的区域，应当划定为水土流失重点预防区；对水土流失严重的区域，应当划定为水土流失重点治理区。”

水土流失潜在危险较大的区域，一般人为活动较少，大多处在森林区、草原区、大江大河源头区、萎缩的自然绿洲区、水源涵养区、饮用水水源区以及水蚀风蚀交错地带，水土保持作用明显，人为活动容易对生态或环境造成不可逆的影响，需要重点预防保护，以维护生态系统的稳定。此类区域，目前水土流失相对较轻、林草覆盖度较高。但存在水土流失加剧的潜在危险，一旦遭到扰动和破坏，则极易加剧水土流失强度，造成较大的危害。重点预防区的主要防治对策是预防保护和生态修复，建立健全管护机构，强化监督管理，减少人为扰动；在局部实施抢救性治理的同时，在面上利用大自然的力量实施生态修复、封山禁牧，减少诱发水土流失危害的可能性和程度。

对水土流失严重的区域，一般现状水土流失严重，人口密度较大，人为活动较为频繁，自然条件恶劣，生态环境恶化。水旱风沙灾害严重，极易对当地和下游产生严重影响，是制约当地和下游地区生态建设和经济社会发展的主要因素。重点治理区的主要防治对策是调动社会各方面的积极性，依靠政策、投入和科技开展小流域综合治理，并在严重部位实施坡改梯、淤地坝等专项水土保持治理工程，以改善当地生产条件，提高群众生产和生活水平，通过重点治理促进退耕还林(草)，满足经济社会发展对生态环境的需求。

全国水土流失重点预防区和重点治理区复核划分是全国水土保持规划的重要内容，是指导我国水土保持工作的技术支撑，是落实《中华人民共和国水土保持法》的重要举措，是一项十分重要的基础性工作。根据2013年水利部的公布结果，全国共划分了大小兴安岭等23个国家级水土流失重点预防区，涉及460个县级行政单位，重点预防面积$43.92\times10^4 km^2$，约占国土面积的4.6%；东北漫川漫岗等17个国家级水土流失重点治理区，涉及631个县级行政单位，重点治理面积$49.44\times10^4 km^2$，约占国土面积的5.2%。

在应用的过程中，应区分水土保持区划与水土流失重点防治区的关系，水土保持区划是水土保持工作的长期指导性文件，是部门综合区划，反映自然、社会经济及水土流失防治需求的差异性和统一性。而水土流失重点防治区划分是根据轻重缓急、难易程度、需求迫切性结合投资力度确定的水土保持重点区域的划分，是重点项目安排的重要依据，不具有长期性和稳定性，但也与水土保持区划存在联系，即重点防治区的水土保持工作方向、技术体系及防治模式需遵循所在的全国水土保持区划的相关要求。

3.6 总体布局

3.6.1 综合规划的区域布局和重点布局

综合规划中的总体布局包括区域布局和重点布局两部分内容。应根据现状评价和需求分析，围绕水土流失防治任务、目标和规模，结合现状分析和需求分析，在水土保持区划一级各级人民政府划定公告的水土保持重点预防区和水土流失重点治理区基础上，进行规划区预防和治理水土流失、保护和合理利用水土资源的整体部署。

综合规划区域布局应根据水土保持区划，分区提出水土流失现状及存在的主要问题；统筹考虑各行业的水土保持相关工作，拟定水土流失防治方向和措施格局。

综合规划重点布局应根据规划区涉及的水土流失重点预防区和重点治理区，分析确定水土流失防治重点格局和范围。结合水土保持主导基础功能，提出重点布局区域的水土流失防治途径和主要技术体系。

3.6.2　专项规划的区域布局和重点布局

专项规划总体布局应根据规划的任务、目标和规模，结合水土流失重点防治区，按水土保持分区进行。

专项规划区域布局应明确相应水土保持区划确定的水土保持主导基础功能，根据综合规划的区域布局，结合规划区实际情况，分区提出水土流失防治对策和技术途径。

专项规划重点布局可结合工程特点，按照轻重缓急，提出重点布局方案。

3.7　预防和治理规划

3.7.1　预防规划

3.7.1.1　预防规划的内容

预防规划应在明确水土流失重点预防区、崩塌、滑坡危险区和泥石流易发区基础上，确定规划区内预防范围、保护对象、项目布局和重点工程布局、措施体系及配置等内容。

综合规划中的预防规划应突出体现“预防为主、保护优先”“大预防、小治理”的原则，主要针对重点预防区、重要生态功能区、生态敏感区，以及主导基础功能为水源涵养、生态维护、水质维护、防风固沙等的区域的预防措施和重点工程布局。

预防专项规划应符合水土保持综合规划总体布局的要求，针对特定区域存在的水土流失主要问题，结合区域水土保持主导基础功能的维护和提高，提出预防措施与重点工程布局。

3.7.1.2　预防规划的项目布局

(1)预防范围确定

①国家水土保持规划包括的国家级水土流失重点预防区，大型侵蚀沟的沟坡和沟岸、大江大河的两岸以及大型湖泊和水库周边、长江黄河等大江大河源头、全国主要饮用水源地等，全国水土保持区划三级区以水源涵养、水质维护、生态维护等为水土保持主导功能的区域，国家划定的水土流失严重、生态脆弱地区，山区、丘陵区、风沙区等其他主要的生态功能区、生态敏感区以及山区、丘陵区、风沙区以外的容易发生水土流失的其他区域。

②流域或省级水土保持规划在上述范围的基础上，还应包括省级水土流失重点预防区，中型侵蚀沟的沟坡和沟岸、大江大河一级支流的两岸以及中型湖泊和水库周边、七大江河一级支流源头、省级人民政府划定的崩塌、滑坡危险区和泥石流易发区以及公布的饮用水源保护区，省级划定的水土流失严重、生态脆弱地区，以及山区、丘陵区、风沙区以外的容易发生水土流失的其他区域。

③县级水土保持预防保护范围应包括国家、流域和省级规划所涉及的预防保护范围以及县级人民政府划定的崩塌、滑坡危险区和泥石流易发区，县级和乡镇饮用水源保护

区，小型侵蚀沟的沟坡和沟岸、主要河流两岸以及小型湖泊和水库周边，不属于国家和省级预防保护县和重点治理县的，预防保护范围应包括县级水土流失重点预防保护区以及规划区山区、丘陵区、风沙区以外的容易发生水土流失的其他区域。

(2) 预防对象确定

①天然林、植被覆盖率较高的人工林、草原、草地；

②植被或地貌人为破坏后，难以恢复和治理的地带；

③侵蚀沟的沟坡和沟岸、河流的两岸以及湖泊和水库周边的植物保护带；

④山区、丘陵区、风沙区及其以外的容易发生水土流失的其他区域的生产建设项目；

⑤水土流失严重、生态脆弱的区域可能造成水土流失的生产建设活动；

⑥重要的水土流失综合防治成果等其他水土保持设施。

(3) 预防项目和重点预防工程确定

①保障水源安全、维护区域生态系统稳定的重要性；

②生态、社会效益明显，有一定示范效应；

③当地经济社会发展急需，有条件实施；

④近期预防项目应优先安排实施重点预防项目。

3.7.1.3　措施体系及配置

预防措施应包括封禁管护、植被恢复、抚育更新、农村能源替代、农村垃圾和污水处置设施、人工湿地及其他面源污染控制措施，以及局部区域的水土流失治理措施等。

(1) 预防措施配置

①根据预防对象及其特点，进行措施配置。所选择的措施应能够有效缓解区域潜在水土流失问题，并具有明显的生态、社会效益；

②江河源头和水源涵养区应突出封育保护、自然修复和水源涵养植被建设；饮用水水源保护区应以清洁小流域建设为主，突出植物过滤带、沼气池、农村垃圾和污水处置设施及其他面源污染控制措施；局部区域水土流失的治理措施；

③重点预防区应突出生态修复、坡改梯、淤地坝等水土流失的治理措施；

④以生态维护、防风固沙等为主导基础功能的区域应突出维护和提高其功能的措施。

(2) 预防措施配置的典型小流域或片区选择

①在地形地貌、土壤植被、水文气象、水土流失类型和特点、社会经济发展水平等方面具有代表性；

②水土流失防治措施配置应与其代表的区域水土流失防治途径和技术体系协调一致；

③最后根据典型小流域分析结果，确定相应的措施比配，推算措施数量。

3.7.2　治理规划

3.7.2.1　治理规划的内容

治理规划应根据规划总体布局，在水土流失重点治理区的基础上，确定规划区内治理范围、对象、项目布局或重点工程布局、措施体系及配置等内容。

综合规划中的治理规划应突出综合治理、因地制宜的原则，主要针对水土流失重点治理区及其他水土流失严重地区，以及主导基础功能为土壤保持、拦沙减沙、蓄水保土、防灾减灾、防风固沙等区域，提出治理措施和项目布局。县级规划可直接提出治理措施和重点项目布局。

专项工程规划应符合综合规划总体布局的要求，针对特定区域存在的水土流失主要问题，结合区域水土保持主导基础功能，提出治理措施与重点工程布局。

3.7.2.2 治理规划项目布局

(1)治理范围确定

①国家水土保持规划包括国家级水土流失重点治理区，全国水土保持规划三级区水土保持主导基础功能为土壤保持、拦沙减沙、蓄水保水、防灾减灾、防风固沙等的区域，上述以外的土流失严重的老、少、边、穷等区域，水土流失程度高、危害大的其他区域。

②流域和省级水土保持规划在上述治理范围基础上，还应包括省级水土流失重点治理区。

③县级水土保持规划包括在国家、流域和省级规划确定的治理范围并落实到小流域。不属于国家级和省级水土流失重点预防县和治理县的，还应包括县级重点治理区。

(2)治理对象规定

①国家、流域和省级水土保持规划包括坡耕地、四荒地、水蚀坡林(园)地，规模较大的重力侵蚀坡面、崩岗、侵蚀沟道、山洪沟道，沙化土地、风蚀区和风蚀水蚀交错区的退化草(灌草)地等，石漠化、砂砾化等侵蚀劣地。

②县级及以下水土保持规划除上述对象外，还应包括侵蚀沟坡、规模较小的重力侵蚀坡面、崩岗、侵蚀沟道、山洪沟道，支毛沟等其他需要治理的水土流失严重地区。

3.7.2.3 措施体系及配置

(1)治理措施体系

综合治理规划的水土流失综合治理措施体系，应在水土保持区划的基础上，根据区域水土保持主导基础功能、水土流失情况和区域经济社会发展需求等制定。专项治理规划的措施体系应在必要的水土保持分区基础上，根据工程特点和任务拟定。治理措施体系包括工程措施、林草措施和耕作措施。

(2)不同分区的水土保持措施体系

①东北黑土区以保护黑土资源和保障粮食安全为主，以防治坡耕地和防治侵蚀沟水土流失为重点，主要治理措施包括谷坊、沟头防护、塘坝、梯田、等高耕作、垄向区田、地埂植物带、林草措施等；

②黄土高原区以蓄水保土、拦沙减沙为主，以坡耕地改造和沟道治理为重点，主要治理措施包括梯田、淤地坝、雨水集蓄利用、引洪漫地、引水拉沙造地、林草措施和经济林果建设等；

③北方风沙区以保护绿洲农业和防止草场退化为主，以水蚀风蚀交错区以及绿洲农区周边的防风固沙为重点，主要治理措施包括轮封轮牧、人工沙障、网格林带建设、引水拉沙造地、雨水集蓄利用，以及以灌草为主的植被恢复与建设措施；

④北方土石山区以保育土壤和保护耕地资源为主，以水源地水土流失治理、黄泛区风蚀治理以及局部区域山洪灾害防治为重点，主要治理措施包括梯田、雨水集蓄利用、拦沙坝、滚水坝、谷坊、经济林果建设、林草措施及农业耕作措施；

⑤西南岩溶地区以保护耕地和土壤资源、防治山地灾害为主，以坡耕地综合治理为重点，主要治理措施包括梯田及坡面水系工程、岩溶地表水利用工程(塘坝、蓄水池)、岩溶落水洞治理工程、林草措施等；

⑥西南紫色土区以保持土壤、防治山地灾害为主，以坡耕地综合治理为重点，主要治理措施包括梯田及坡面水系工程、塘坝、经济林果、复合农林业建设等；

⑦南方红壤区以保持土壤、防治崩岗危害为主，以坡耕地、水蚀林地、崩岗治理和侵蚀劣地治理为重点，主要治理措施包括梯田及坡面水系工程、谷坊、拦沙坝、截流沟、林草措施、树盘、水平阶(沟)、经济林果建设等；

⑧青藏高原区以生态维护、防灾减灾为主，以河谷农业区及周边水土流失治理为重点，主要治理措施包括坡耕地综合治理、人工草场建设、径流排导、谷坊、拦沙坝等。

(3)治理措施配置

①根据治理对象及其水土流失特点，进行措施配置。所选择的措施应能够有效治理水土流失，并具有显著的生态、经济、社会效益；

②不同区域水土保持措施配置应根据水土保持措施体系突出维护和提高其区域水土保持主导基础功能；

③治理措施配置应按分区和治理对象，各选择 1 ~2 条典型小流域或片区进行分析。典型小流域或片区选择参考预防措施配置的典型小流域或片区选择。

(4)典型配置模式

①根据土地利用现状，结合当地经济社会发展、产业结构调整情况，征求群众意见，进行土地适宜性评价；

②根据土地利用规划、土地适宜性评价和水土流失分布以及代表区域的水土保持主导基础功能，确定措施体系；

③以小斑(地块)为单元进行措施配置及设计；

④根据典型小流域分析结果，确定相应的措施比配，推算措施数量。

3.7.3 小流域综合治理典型设计

治理规划的治理措施配置，要按分区和治理对象，选择典型小流域进行典型设计，据此推算治理措施数量。

小流域一般是指集水面积不超过 50km^2 流域，最大不超过 100km^2。小流域综合治理，是为了充分发挥水土等自然资源的生态效益、经济效益和社会效益，以小流域为单元，在全面规划的基础上，合理安排农、林、牧等各业用地，因地制宜地布设综合治理措施，治理与开发相结合，对流域水土等自然资源进行保护、改良与合理利用。小流域综合治理的目的，在于创立一个以多年生经济植物为核心的低耗、高效、稳定、持久和优化的小流域生态经济系统。

小流域水土流失综合治理是小流域治理的核心内容，是采取综合水土保持措施，实现水土流失防治和水土资源保护、开发和利用为主要目的治理工作。实践证明，以小流域为单元进行综合、集中、连续的治理，是治理水土流失的一条成功经验。以小流域为单元进行综合治理，有利于集中力量按照各小流域的特点逐步实施，由点到面，推动整个水土流失地区水土保持工作，使水土保持工作的综合性得以充分体现。

3.7.3.1 典型小流域设计依据

根据我国水土流失治理实际，国家发改委和水利部、各省水利部门和发展改革部门每年下发水土流失治理重点工程的选点和申报通知，各个规划包含区域以及迫切需要治理的其他地区进行申报立项，经过审批后开展小流域水土流失治理工作。

指导小流域水土流失治理的主要规范标准和技术文献主要有：《水土保持综合治理技术规范》《水土保持工程初步设计编制规程》《水土保持综合治理 效益计算方法》《水土保持治沟骨干工程 技术规范》《水土保持工程概(估)算编制规定》《水土流失重点治理工程小流域水土保持实施方案报告编写提纲》等。同时还需要根据小流域自然与社会经济状况、水土流失状况、可行性研究报告等进行设计，其中可行性研究报告对小流域水土流失综合治理工程的规模、数量、投资、主要技术措施、总体布局、治理标准等做出了详细规定，已经批复的可行性研究报告是水土保持措施设计的重要依据。

3.7.3.2 典型小流域治理重点和要求

小流域水土流失治理，主要通过实施坡耕地改造，修建水窖、水塘和坡面灌排水系等小型水利水保工程。营造水土保持林草，建设乔灌草相结合的入库(河)生物缓冲带。通过工程措施和生物措施，减少土壤侵蚀，发挥梯地、林草植被等水土保持设施控制和降解面源污染的作用。具体水土保持措施包含水土保持工程措施、水土保持林草措施、水土保持农业措施。

(1)措施设计的原则与布局

①设计原则 “预防为主，保护优先；因地制宜，因害设防；全面设计，综合治理；尊重自然，恢复生态；长短结合，注重实效；经济可行，切合实际”。

②措施布局 “全面设计，综合治理”。要求根据小流域水土流失综合治理目标，进行土地利用结构、水土资源合理利用调整，确定水土流失综合治理措施总体布局。林草措施、农业措施与工程措施相结合，治坡措施与治沟措施相结合，造林种草与封禁治理相结合，骨干工程与一般工程相结合。在治理工作中，各项措施、各个部位同步进行，或者做到从上游到下游，先坡面后沟道，先支、毛沟后干沟，先易后难，要使各措施相互配合，最大限度地发挥措施体系的防护作用。形成层层设防、层层拦截的水土保持措施体系，优化土地利用结构，提高水土资源利用效率。在措施的选择上要尽量做到生态与经济兼顾，提升流域经济总产出，有助于增强流域可持续发展能力。

③立体配置 根据小流域的地貌特征和水土流失规律，由分水岭至沟底分层设置防

治体系。如黄土丘陵沟壑区梁峁顶和梁峁坡设置梯田粮果带，沟坡设置灌草生物措施带，沟底设置谷坊、坝库等沟道工程体系。在黄土高原沟壑区的现代侵蚀沟沿线附近，设置沟头防护工程和沟边埂工程，防止沟头延伸和沟岸扩张。

④水平配置 以居民点为中心，道路为骨架，建立近、中、远环状结构配置模式。村庄房前屋后发展种植、养殖庭院经济和四旁植树。居民点附近建立以水平梯田、水地为主的粮食生产和经济果木开发区。远离居民点的地带建设以乔灌草相结合的生态保护区和燃料、饲料基地。中间地带粮、林、草间作，水土保持防护措施和耕作措施相配合。

在有条件的地方可提出两种以上的不同布局方案，分析其投入、产出，减少水土流失量等指标，用系统工程原理，明确目标函数和约束条件，建立数学模型，电算求解，选出优化的治理措施布局方案。

(2)小流域治理标准

根据水利部的规定，小流域治理的标准是：治理程度达到 70% 以上，林草面积达到宜林宜草面积的 80% 以上；建设好基本农田，改广种薄收为少种高产多收，做到粮食自给有余；农民人均纯收入比治理前增加 30%～50%；缓洪拦沙效益达 70% 以上；工程设施拦蓄雨量标准，各地自行规定，做到汛期安全。

3.7.3.3 治理措施设计要求

(1)坡耕地治理措施

①梯田 包括梯田地段的选定、梯田类型的选定、梯田区道路规划、地块的布设、田埂的利用等。梯田的防御暴雨标准，一般采用 10a 一遇 3～6h 最大降雨，在干旱半干旱地区或其他少雨地区，可采用 20a 一遇 3～6h 最大降雨。

对坡地土层深厚，劳力充裕的地区，尽可能一次修成水平梯田；在坡地土层较薄，或劳力较少的地区，可先修成坡式梯田，经逐年向下方翻土耕作，减缓坡面坡度，逐渐变成水平梯田；在地多人少、劳力缺乏，同时年降雨较少、耕地坡度在 15°～20°的地方，可采用隔坡梯田，平台部分种植作物，斜坡部分种植牧草，暴雨径流汇集在梯田中可增加土壤水分。一般土质丘陵、塬、台地区可修为土坎梯田，在土石山区或石质山地，可结合处理土壤中的石块、石砾，就地取材，修成石坎梯田。

②保土耕作 对 25°以下未修梯田的坡耕地，采用保土耕作法进行治理。同时，在坡耕地内部及其上部外侧，设置坡面小型蓄排工程，防止外区域地表径流进入。

保土耕作的重点包括改变微地形的保土耕作沟垄种植、抗旱丰产沟、等高耕作等，增加地面覆盖的保土耕作草田轮作、间作套种等，提高土壤入渗与抗蚀能力的保土耕作深耕深松等。

(2)荒地治理措施

荒地包括荒山、荒坡、荒沟、荒滩(简称“四荒”)和河岸以及村旁、路旁、宅旁、渠旁(简称“四旁”)等。荒地的利用与治理，主要是人工造林，还有人工种草和封育治理等措施。

①水土保持林 荒地治理中水土保持林的营造，要求做到适地适树，既能保持水土，防治土壤侵蚀，改善生态环境，又能解决群众的燃料、饲料、肥料，并尽可能发展

各类经济林与果木，增加经济收入。

荒地治理水土保持林的重点包括林种、林型、树种的选择与苗圃的布局和其他低产林改造、林地道路等的确定。

要根据不同用途和不同地貌部位选择不同林种，不同用途林种主要有经济林与果木、薪炭林、饲料林、水保型用材林等；不同地貌部位的不同林种主要有丘陵山地坡面水土保持林，沟壑水土保持林，河道两岸、湖泊水库四周、渠道沿线等水域附近的水土保持林，“四旁”造林等。水土保持林的林型主要有灌木纯林、乔木纯林和各类不同混交类型和混交方式的混交林。树种选择要坚持以乡土树种为主、适地适树和优质高产的原则。

荒地治理水土保持林的造林密度主要根据不同林种和不同立地条件确定，一般各地都有根据不同立地类型确定的不同林种和不同树种的造林初植密度，可选择参考。水土保持林的整地工程非常重要，不同立地条件或不同林种的不同整地方式是造林成活的关键，也是区别于其他林业工程的关键所在。在一些地区被林业部门评价为“不宜林地”的地方，成功营造水土保持林的范例就说明了这一点。整地工程要根据 10 ~ 20a 一遇 3 ~ 6h 最大雨量进行校核。也可根据各地不同降雨情况，分别采取不同暴雨频率和当地最易产生严重水土流失的短历时、高强度暴雨进行设计。

荒地治理中水土保持林的整地方式主要有水平阶、水平沟、窄梯田、水平犁沟等带状整地方式和鱼鳞坑、大型果树坑等穴状整地工程。

②水土保持种草　荒地治理中的水土保持种草是指 3 ~ 5a 以上多年生人工草地。人工草地的类型主要有以药用、蜜源、编织、造纸、沤肥和观赏草类为主的特种经济草生产基地，以饲养牧畜为主的饲草基地、割草地和放牧地，以提供优质高产种子为主的种子基地等。

除各类种草基地外，以饲养牧畜为主的草地面积要坚持草畜平衡的原则，根据畜牧业发展规划和天然草场与人工草场的单位面积产草量及载畜量，以畜定草，合理规划，确定草地种植面积。

人工种草防治水土流失的重点部位主要是在陡坡退耕地、撩荒轮歇地，过度放牧引起草场退化的牧地，沟头、沟边、沟坡，土坝、土堤的背水坡、梯田田坎，资源开发、基本建设工地的弃土斜坡，河岸、渠岸、水库周围及海滩、湖滨等地。

水土保持草种的选择要坚持抗逆性强、保土性好、生长迅速、经济价值高等原则。直播是草种种植的主要方式，包括条播、穴播、散播和飞播几种。另外还有移栽、插条、埋植等种植方式，但适合草种比较少，生产上应用也比较少。

③封禁治理　封禁治理包括封山育林和封坡育草两个方面。对原有残存疏林采取封山育林措施，对需要改良的天然牧场采取封坡育草措施。封禁、抚育与治理结合是恢复林草植被、防治水土流失、提高林草效益的有效技术措施。

在封山育林与封坡育草面积的四周，就地取材，因地制宜地采用各种形式明确封育范围，作为封育治理的基础设施之一。明确封育治理范围的设施，必须有明显的标志，并能有效地防止人畜任意进入，例如用木桩铁丝网围栏、用草绳树枝围栏、用垒石涂白灰作标志等。封禁治理措施是否成功的标志是林草植被是否得到恢复，郁闭度是否达到 0.7 以上。

(3) 沟壑治理措施

根据“坡沟兼治”原则，进行从沟头到沟口，总支沟到干沟的全面沟壑治理。沟壑治理的内容主要包括沟头防护工程、谷坊工程、淤地坝与小水库工程和崩岗治理工程。

①沟头防护工程 沟头防护工程的作用是防止水流下沟，制止沟头前进。设计依据是沟头附近的地形条件和沟有来水情况。在沟头防护工程的规划、设计，要与谷坊、淤地坝等工程相互配合，以收到共同控制沟壑发展的目的。修建沟头防护工程的重点位置是，沟头以上有坡面天然集流槽，暴雨中坡面径流由此集中泄入沟头、引起沟头剧烈前进的地方。沟头防护工程的防御标准是10a一遇3~6h最大暴雨。

沟头防护工程分蓄水型和排水型两种。当沟头以上坡面来水量不大，沟头防护工程可以全部拦蓄的，采用围埂式或围埂蓄水池式蓄水型沟头防护工程；当沟头以上坡面来水量较大，蓄水型防护工程不能完全拦蓄，或由于地形、土质限制，不能采用蓄水型时，可采用跌水式或悬臂式排水型沟头防护工程。

②谷坊工程 谷坊工程主要修建在沟底比降比较大(5%~10%或更大)、沟底下切剧烈发生的沟段。主要任务是巩固并抬高河床，制止沟底下切，稳定沟坡，防止沟岸扩张等。比降特大(15%以上)，或由于其他原因，不能修建谷坊的局部沟段，应在沟底修水平阶或水平沟造林，并在两岸开挖排水沟，保护沟底造林地。谷坊工程的防御标准是10~20a一遇3~6h最大暴雨。

根据建筑材料的来源和丰富程度，可选择采用土谷坊、石谷坊或植物谷坊。谷坊的布设以沟底比降为主要依据，系统地布设谷坊群，一般高2~5m，下一座谷坊的顶部大致与上一座谷坊的基部等高。

③淤地坝工程 根据规划区域的土地利用特点、地质地貌特征及沟道现状，在干沟和支沟中全面合理地安排淤地坝、小水库及治沟骨干工程。

在坡面治理的基础上，为加强综合治理提高沟道坝系的抗洪能力，减少水毁灾害，在支毛沟中兴建的控制性缓洪淤积坝工程。其主要作用是以防洪为主，并保护下游小多成群的淤积坝，减轻下游危害。稳定沟床，防治沟壑侵蚀。

在水土流失严重地区，沟道是径流汇集和流域泥沙的主要来源地，沟道的治理要兼顾上下游、主支沟，一般根据沟道地形，分别部署大、中、小型淤积坝，同时在适当位置，布设小水库和治沟骨干工程。要求除地形不利的沟道外，尽可能地将坝布满，以充分拦泥淤地，发展种植业，控制水土流失。这就是坝系。

坝系规划与坝址勘测必须建立在流域水土保持综合调查的基础上，通过调查，全面了解流域内的自然条件、社会经济状况、水土流失特点和水土保持状况。同时着重了解沟道情况，包括各级沟道的长度、比降、有代表性的断面、土料、石料分布状况等。坝址勘测与坝系规划应反复研究，逐步落实。首先通过综合调查，对全流域提出坝系的初步规划，再对其中的骨干工程和大型淤积坝逐个查勘坝址；根据坝址落实情况，对坝系规划进行必要的调整和补充；最后，对选定的第一期工程进行具体勘测，为搞好工程布局和设计创造条件。

全流域淤积坝、小水库、治沟骨干工程三者的分布要合理、协调，以保证三者的作用都能充分发挥。新修的淤积坝应尽可能快地淤平种地(一般小型3~5a，中型与大型5~10a，少数可延长至20a)；小水库应避免或减轻泥沙淤积，延长使用年限；治沟骨干工程应有较大库容，能真正起到保护其他坝库安全的作用。

④崩岗治理　崩岗是风化花岗岩地区沟壑发展的一种特殊形式，其治理布局原则与沟壑治理类似。一般在崩口以上集水综合治理，崩口处修“天沟”，制止水流进入崩口。沟口底部修谷坊群巩固侵蚀基点，崩壁两侧修小平台造林种草，崩口下游修拦沙坝防止泥沙流出。

(4)小型蓄排引水工程

①坡面小型蓄排工程　包括截流沟、蓄水池、排水沟三项措施，截、蓄、排三者合理配置，暴雨中保护坡面农田和林草不受冲刷，并可蓄水利用。

②“四旁”小型蓄水工程　包括水窖、涝池(蓄水池)、塘坝等，主要布设在村旁、路旁、宅旁和渠旁，拦蓄暴雨径流，供人畜饮用，同时可减轻土壤侵蚀。

③引洪漫地　包括引坡洪、村洪、路洪、沟洪和河洪五种。其中前三种措施简单易行，暴雨中使用一般农具即可引水入田，后两种需经正式规划、设计，修建永久性引洪漫地工程。引沟洪工程包括拦洪坝、引洪渠、排洪渠等，主要漫灌沟口附近小面积川台地。引河洪工程包括引水口、引水渠、输水渠、退水渠、田间渠道工程等，主要漫灌河岸大面积川地。

3.8　监测和综合监管规划

3.8.1　监测规划

3.8.1.1　监测规划的内容

综合规划中的监测规划应在监测现状评价和需求分析的基础上，围绕监测任务和目标，提出监测站网布局和监测项目安排，明确监测内容和方法。

监测任务主要包括观测和收集水土流失本底数据，积累长期监测资料；调查分析一定时段内某一行政区域或特定区域的水土流失类型、面积、强度、分布状况和变化趋势；调查评估水土流失综合治理和生产建设项目水土保持等工程实施质量和效果管理。

监测专项规划应根据特定的项目和任务，按相关技术规定进行编制。

3.8.1.2　监测站网布局

监测站网规划应包括监测站网总体布局、监测站点的监测内容及设施设备配置原则。站网总体布局应统筹协调各类监测站点及代表性，分区、分类布局，并按照水土流失重点防治区、不同水土流失类型区、生产建设项目集中区和重点工程区等监测的需要布局。监测站点的监测内容应按《水土保持监测技术规程》(SL 277)规定执行，满足不同类型监测站点监测任务和目的。监测站点设施设备配置应根据典型监测站点调查与分析，遵循先进性、经济性、实用性原则，按照《水土保持监测设施通用技术条件》(SL342)规定执行。

3.8.1.3　监测项目确定

监测项目应包括水土流失定期调查项目，水土流失重点预防区和治理区、特定区域、不同水土流失类型区、重点工程区和生产建设活动集中区域等动态监测项目。

重点监测项目根据水土保持发展趋势和监测工作现状，结合国民经济和科技发展水平，考虑经济社会发展需求，以及检测的迫切性进行确定。近期监测项目应优先安排重点监测项目。

3.8.1.4　监测内容和方法

(1) 水土流失定期调查项目监测内容与方法

监测内容包括气象、土壤、地形、植被、土地利用和措施等影响土壤侵蚀的各项因子。监测方法采用统计、抽样调查、遥感解译、空间分析、模型判断等。

(2) 水土流失重点预防区和重点治理区监测内容与方法

监测内容包括区域土地利用情况、水土流失情况、生态环境情况、各类措施及其效益情况等，还应根据重点预防区和重点治理区的预防和治理对象以及区域特征，增加相应的监测内容。监测方法主要是遥感监测与野外调查复核相结合的，并进行必要的地面监测和抽样调查。

(3) 特定区域监测的监测内容与方法

监测内容包括水土保持措施、水土流失状况、河流水沙变化、小流域水质和生物多样性等。监测方法以遥感监测和定位监测，辅以调查统计。

(4) 监测站点的监测内容与方法

监测内容和方法满足不同区域不同水土流失类型动态监测需要。

(5) 重点工程项目区监测的内容与方法

监测内容主要包括项目实施前后项目区的基本情况、土地利用结构、水土流水状况以及防治效果、群众生产生活条件等。监测方法主要包括定位监测、实地调查和遥感调查项结合的方法。

(6) 生产建设项目水土保持监测的内容与方法

监测内容主要包括生产建设项目区水土流失影响因子，扰动面积、弃土弃渣量、弃渣场和料场变化等情况，水土流失防治措施效果以及水土流失危害等。监测方法主要有遥感监测、实地调查和定位监测相结合。

3.8.2　综合监管规划

综合监管规划包括水土保持监督管理、法律法规和政策建议、科技支撑及基础设施与管理能力建设等。

3.8.2.1　监督管理

监督管理规划应按照水土保持法及其配套法规，在明确山区、丘陵区、风沙区以及容易产生水土流失其他区域的基础上，按照生产建设活动和生产建设项目的监督、水土保持综合治理及其重点工程建设的监督管理、水土保持监测工作的管理，违法查处和纠纷调处以及行政许可和水土保持补偿费征收监督管理等，分别提出监督管理的内容和措施。

(1)监督管理的内容

①生产建设活动和生产建设项目的监督应满足预防规划提出的预防目标和控制指标；生产建设项目水土保持方案编制、审批、实施、验收的要求；生产建设项目水土保持监测资质和监测成果质量评价、考核的需要。

②水土保持综合治理工程建设的监督管理应满足评价工程建设和管理及特定区域的水土流失治理工作的需要。

③水土保持监测工作的管理应满足水土保持公告、政府水土保持目标责任考核等的需要。

④违法查处、纠纷调处、行政许可和水土保持补偿费征收等的监督管理应满足考核各级监督执法机构履行行政职责的需要。

(2)监督管理措施

①国家、流域和省级水土保持规划应根据流域与区域管理需求，提出流域与区域管理的事权划分建议及要求；根据水土保持统一管理的需要，提出协商议事、联合决策、合作框架的跨部门管理机制建议；提出公众参与、信息共享、科普教育、应急响应等综合管理运行机制的建议；提出水土保持监督管理制度建设和完善建议；提出水土保持监督管理机构体系、执法规范化、队伍培训和成果管理等要求；提出水土保持监督管理的配套法规、规范性文件及制度建设的建议。

②县级水土保持规划主要提出监督管理组织和机构体系、监督执法规范化、队伍培训和成果管理、不同监督管理对象的监督管理等要求。

③各级行政部门监督常规化还应明确有关基础设施建设、矿产资源开发、城镇建设、公共服务设施建设等方面的规划在报请审批前征求本级人民政府水行政主管部门意见的有关要求。

3.8.2.2　科技支撑

综合规划中的科技支撑规划应包括科技支撑体系、基础研究与技术研发、技术推广与示范、科普教育以及技术标准体系建设。综合规划要提出规划期内重点科技攻关项目、科技推广项目和水土保持科技示范园区建设规模。专项规划中的科技支撑重点是涉及事业发展、工程建设的关键技术问题研究及技术培训等。

科技支撑规划的内容主要包括：

①根据科研基础设施建设和科技协作平台构建的需要，提出水土保持科研机构、队伍和创新体系建设的目标和内容；

②根据分区水土流失防治的需要，提出水土保持领域内的科学技术攻关的关键环节和内容；

③根据分区科学研究和科技示范的需要，提出水土保持科技示范园区建设的布局和主要内容；

④根据分区水土流失特点和技术需要，提出科技示范推广和科普教育的工作方向和主要内容；

⑤根据水土保持规划设计和管理的发展与需求，提出完善水土保持技术标准体系的建议。

3.8.2.3 基础设施与管理能力建设

基础设施与管理能力建设规划主要包括基础设施建设、监督管理能力建设、监测站点标准化建设、信息化建设。规划中要提出基础设施与管理能力建设的重点项目。

基础设施建设与能力建设规划的内容主要包括：

①根据水土保持科技和管理的需要，提出科研基地、重点实验室等基础设施建设内容；

②根据监督管理任务和形势需要，提出水土保持监督管理机构体系、执法装备等方面的建设内容和提高监督管理水平的建议；

③根据有关监测技术标准，提出不同类型监测站点的标准化建设内容；

④根据水土保持信息管理需要，提出信息管理体系、监测信息管理平台和综合监管应用系统等建设内容。

3.9 实施进度和投资匡(估)算

3.9.1 实施进度

(1)规划中实施进度的主要内容

实施进度主要是说明实施进度安排的原则，提出近远期规划水平年实施进度安排的意见。按轻重缓急原则，对近远期规划实施安排进行排序，在分析可能投入情况下，合理确定近期预防治理等的规模和分布。

(2)综合规划近期重点项目安排

按照轻重缓急、先易后难以及所需投入与同期经济发展水平相适应的原则，应优先安排在下列地区：

①水土流失重点预防区、水土流失重点治理区；

②对国民经济和生态系统有重大影响的江河中上游地区、重要水源区；

③“老、少、边、穷”地区；

④投入少、见效快、效益明显，示范作用强的地区；

⑤符合国民经济发展规划，需要优先安排的其他地区。

(3)专项工作规划

在规划方案总体布局的基础上，根据水土保持近期工作的迫切需要，提出近期重点项目安排。

3.9.2 投资匡(估)算

水土保持综合规划宜按综合指标法进行投资匡算。

水土保持专项工程规划应通过不同地区典型小流域或工程调查，测算单项措施投资指标，进行投资匡算；利用外资工程的内外资投资估算应在全内资估算基础上，结合利用外资要求及形式进行编制；对于设计是非常接近项目建议书的专项规划，根据水土保持工程概(估)算编制规定按工程量进行投资估算。专项规划必要时可对资金筹措做出安排。

3.10 实施效果分析和保障措施

3.10.1 实施效果分析

3.10.1.1 实施效果分析的内容

实施效果分析应包括调水保土、生态、经济和社会效果分析以及社会管理与公共服务能力提升的分析，分析方法并应遵循定性与定量相结合的原则。

①应从蓄水保土、水土保持功能的改善与提升、生态环境改善等方面进行生态效果分析；

②从农业增产增效、农民增收等方面进行经济效果分析；

③从提高水土资源承载能力、优化农村产业结构、防灾减灾能力农村生产生活条件改善等方面进行社会效果分析；

④从林草植被建设、生态环境改善等方面进行生态效果分析；

⑤从公众参与、信息公开等方面进行社会管理与公共服务能力提升分析。

专项工程规划要在效益分析的基础上进行国民经济评价。按《水土保持综合治理效益计算方法》(GB/T 15774—2008)进行效益分析，按《水利建设项目经济评价规范》(SL 072—2013)进行国民经济评价。

3.10.1.2 水土保持效益分析

水土保持效益是指在水土流失地区通过保护、改良和合理利用水土资源及其他再生自然资源所获得的调水保土效益、生态效益、经济效益和社会效益的总称。水土保持效益的评估，是判断水土保持规划、设计是否可行的主要依据。

《水土保持综合治理效益计算方法》(GB/T 15774—2018)中规定，水土保持综合治理效益包括调水保土效益、经济效益、社会效益和生态效益四类。四者间的关系是在调水保土效益的基础上产生经济效益、社会效益和生态效益，指标体系见表3-1。

表3-1 水土保持效益分类及计算指标

效益分类	计算内容	指标体系
调水保土效益	调水(一) 增加土壤入渗	1. 改变微地形增加土壤入渗 2. 增加地面植被增加土壤入渗 3. 改良土壤性质增加土壤入渗
	调水(二) 拦蓄地表径流	1. 坡面小型蓄水工程拦蓄地表径流 2. “四旁”小型蓄水工程拦蓄地表径流 3. 沟底谷坊坝库工程拦蓄地表径流
	调水(三) 坡面排水	改善坡面排水能力
	调水(四) 调节小流域径流	1. 调节年际径流 2. 调节旱季径流 3. 调节雨季径流

（续）

效益分类	计算内容	指标体系
调水保土效益	保土(一) 减轻土壤侵蚀(面蚀)	1. 改变微地形减轻面蚀 2. 增加地面植被减轻面蚀 3. 改良土壤性质减轻面蚀
	保土(二) 减轻土壤侵蚀(沟蚀)	1. 制止沟头前进减轻沟蚀 2. 制止沟底下切减轻沟蚀 3. 制止沟岸扩张减轻沟蚀
	保土(三) 拦蓄坡沟泥沙	1. 小型蓄水工程拦蓄泥沙 2. 谷坊坝库工程拦蓄泥沙
经济效益	直接经济效益	1. 增产粮食、果品、饲草、枝条、木材 2. 上述增产各类产品相应增加经济收入 3. 增加的收入超过投入的资金(产投比) 4. 投入的资金可以定期收回(回收年限)
	间接经济效益	1. 各类产品就地加工转化增值 2. 基本农田比种坡耕地节约土地和劳工 3. 人工种草养畜比天然牧场节约土地 4. 水土保持工程增加蓄、饮水 5. 土地资源增殖
社会效益	减轻自然灾害	1. 保护土地不遭沟蚀破坏与石化、沙化 2. 减轻下游洪涝灾害 3. 减轻下游泥沙危害 4. 减轻风蚀与风沙危害 5. 减轻干旱对农业生产的威胁 6. 减轻滑坡、泥石流的危害
	促进社会进步	1. 改善农业基础设施，提高土地生产率 2. 剩余劳力有用武之地，提高劳动生产率 3. 调整土地利用结构，合理利用土地 4. 调整农村生产结构，适应市场经济 5. 提高环境容量，缓解人地矛盾 6. 促进良性循环、制止恶性循环 7. 促进脱贫致富奔小康
生态效益	水圈生态效益	1. 减少洪水流量 2. 增加常水流量
	土圈生态效益	1. 改善土壤物理化学性质 2. 提高土壤肥力
	气圈生态效益	1. 改善贴地层的温度、湿度 2. 改善贴地层的风力
	生物圈生态效益	1. 提高地面林草被覆程度 2. 促进生物多样性 3. 增加植物固碳量

3.10.1.3 经济评价

大、中型基本建设项目的经济评价包括国民经济评价和财务评价。

国民经济评价应从国家整体角度，分析计算项目的全部费用和效益，考察项目对国民经济所作的净贡献，评价项目的经济可行性。

财务评价应从项目财务角度，采用财务价格，分析测算项目的财务支出和收入，考察项目的赢利能力、清偿能力，评价项目的财务可行性。水土保持生态环境建设是非营利性生态公益性项目，一般只进行国民经济初步评价，但有些国际合作项目或营利性的专项工程除外。

国民经济评价指标一般有经济内部收益率（*EIRR*）、经济净现值（*ENPV*）及经济效益费用比（*EBCR*）。经济评价设定几种效益减少、投资增大的不利情况下的敏感性分析。

（1）经济内部回收率

经济内部回收率应以项目计算期内各年净效益现值累计等于零时的折现率表示。其表达式为：

$$\sum_{t=1}^{n}(B-C)_t(1+EIRR)^{-t}=0 \tag{3-1}$$

式中 *EIRR*——经济内部收益率；

B——年效益，万元；

C——年费用，万元；

n——计算期，年；

t——计算期各年的序号，基准点的序号为0；

$(B-C)_t$——第 *t* 年的净效益，万元。

项目的经济合理性应按经济内部收益率与社会折现率（i_s）的对比分析确定。当经济内部收益率大于或等于社会折现率时，该项目在经济上是合理的。

（2）经济净现值

经济净现值应以社会折现率（i_s）将项目计算期内各年的净效益折算到计算期初的现值之和表示。其表达式为：

$$ENPV=\sum_{t=1}^{n}(B-C)_t(1+i_s)^{-t} \tag{3-2}$$

项目的经济合理性应根据经济净现值的大小确定。当经济净现值大于或等于0时，该项目在经济上是合理的。

（3）经济效益费用比

经济效益费用比应以项目效益现值与费用现值之比表示。其表达式为：

$$EBCR=\frac{\sum_{t=1}^{n}B_t(1+i_s)^{-t}}{\sum_{t=1}^{n}C_t(1+i_s)^{-t}} \tag{3-3}$$

式中 B_t——第 *t* 年的效益，万元；

C_t——第 t 年的费用，万元。

项目的经济合理性应根据经济效益费用比的大小确定。当经济效益费用比大于或等于0时，该项目在经济上是合理的。

3.10.2 实施保障措施

实施保障措施应包括法律法规保障、政策保障、组织管理保障、投入保障、科技保障等内容。重点提出规划实施的机制、体制、制度、政策等关键保障措施。

(1)从水土资源保护、监督管理等方面，提出法律法规、规范性文件保障措施；

(2)从政策和制度制定、落实等方面提出政策保障措施；

(3)从组织协调机构建设、目标责任考核制度和水土保持工作报告制度落实以及依法行政等方面提出组织管理保障措施；

(4)从稳定投资渠道、拓展投融资渠道、建立水土保持补偿和生态补偿机制等方面提出投资保障措施；

(5)从科研和服务体系建立健全、科技攻关、科技成果转化等方面，提出科技保障措施。

3.11 水土保持规划成果要求

3.11.1 综合规划成果要求

(1)综合规划报告

前言

规划概要或简本

1 基本情况

1.1 自然条件

说明规划区域的地质、地貌、气候、水文、土壤、植被、自然资源等自然条件。

1.2 社会经济

说明规划区域的社会经济状况、国民经济规划等情况。包括行政区划、人口与劳力、土地利用、农村产业结构、经济收入和群众生活水平等。

1.3 水土流失现状

说明规划区域的水土流失类型、面积、强度和程度、分布、特征、危害等。

1.4 水土保持现状

说明规划区域的水土保持现状、成效、经验等。

2 现状评价及需求分析

2.1 现状评价及存在的问题

依据水土流失与水土保持现状，对规划区域现状进行评价，根据评价结果，分析阐述存在的主要问题。

2.2 需求分析

在经济社会发展预测基础上，从土地资源可持续利用、生态安全、粮食安全、防洪安全、饮用水安全、水土保持功能维护、宏观管理等方面，阐述不同规划水平年对水土保持的需求。

3 规划的任务、目标和规模

3.1 指导思想

概述规划指导思想。

3.2 规划原则

说明规划原则。

3.3 规划水平年

概述规划水平年。

3.4 规划目标

阐述规划近远期目标；远期目标可进行展望或定性描述。

3.5 规划任务

阐述规划任务。

3.6 规划规模

说明近远期建设规模，远期规模可进行展望或定性描述。

4 总体布局

4.1 水土保持区划

简要说明划定的全国水土保持区划方案中规划区域涉及分区以及有关防治方略和水土保持布局要求。

简要说明区划的原则、方法和成果。

4.2 区域布局

分区阐述各区的基本情况、存在问题和水土保持工作方向及水土流失防治途径和技术体系。

4.3 重点布局

阐述重点布局的原则和方案。

5 预防规划

5.1 预防范围与对象

说明规划区内重点预防区的划分情况，阐述预防范围与对象确定的原则，简述预防范围和对象。

5.2 预防管理与控制方案

阐述不同预防对象采取的预防管理要求、控制指标及具体方案。

5.3 措施体系与配置

分区说明典型小流域或片区选择与调查情况，总结说明预防措施体系与配置。

5.4 重点项目

说明重点项目选择原则、分布和主要内容。

6　治理规划

6.1　治理范围与对象

说明规划区内重点治理区的划分情况，阐述治理范围与对象确定的原则，简述治理范围和对象。

6.2　措施体系与配置

分区说明典型小流域或片区选择与调查情况，总结说明治理措施体系与配置。

6.3　重点项目

说明重点项目选择原则、分布和主要内容。

7　监测规划

7.1　监测站网

说明监测站网总体布局、监测站点的监测内容及设施设备配置。

7.2　监测任务和重点项目

说明水土流失定期调查和动态监测的任务和重点项目。

8　综合监管规划

8.1　管理体制、机制

阐述区域内现行管理体制、机制现状和存在问题，说明完善措施和安排。

8.2　规划管理

阐述水土保持规划体系及各级各类规划的管理。

8.3　监督管理

阐述监督管理的内容、管理重点和措施。

8.4　法律法规与政策建议

提出法律法规、规范性文件、管理制度、政策等方面的建议以及近期重点内容。

8.5　科技支撑

阐述科技支撑体系组成与内容，说明基础研究与技术研发、技术推广与示范、科普教育以及技术标准体系建设的内容和重点项目。

8.6　基础设施与管理能力建设

阐述基础设施与管理能力建设方面的内容和重点项目。

9　实施进度与近期重点项目安排

9.1　实施进度

说明实施进度安排的原则和近远期规划水平年实施进度安排的意见。

9.2　近期重点项目安排

阐述选择近期实施重点项目的原则、条件，说明近期实施重点项目。

10　投资匡(估)算

10.1　编制原则、方法

说明投资匡算编制的原则、方法。

10.2　投资编制

提出规划匡算投资。

11 实施效果分析

说明实施效果分析原则和方法，阐述规划实施后生态、经济和社会等方面的效果。

12 实施保障措施

说明规划实施保障措施的内容。

(2)附表

1. 气象特征表
2. 社会经济现状表
3. 土地利用现状表
4. 土地坡度组成表
5. 耕地坡度组成表
6. 水土流失现状表
7. 水土保持措施现状表
8. 水土保持区划成果表
9. 土地利用规划表
10. 水土保持措施规划表
11. 水土保持监测站点布局表
12. 其他必要的表格

(3)附图

1. 水土流失现状图
2. 水土保持区划图
3. 水土流失重点预防区和水土保持重点治理区分布图
4. 水土流失防治格局或布局图
5. 重点项目分布图
6. 水土保持监测站点布局图
7. 其他必要的图件

3.11.2 专项规划成果要求

(1)专项规划报告

前言

1 规划概要

概述规划的主要内容和结论。

2 规划背景及必要性

2.1 规划背景

说明规划编制背景、任务来源、区域范围、依据以及规划编制情况。

2.2 规划必要性

分析区域规划区域社会经济发展状况，根据水土保持综合规划和相关规划，从水土资源可持续利用、水土保持功能维护、农业产业结构调整、区域经济社会发展、生态保护、饮用水安全等方面论述规划的必要性。

2.3　规划编制技术路线

简述规划编制技术路线。

3　基本情况

简要说明规划区域的地理位置、行政区划和面积、人口等概况。

3.1　自然条件

分别说明规划区域地质地貌、气象水文、土壤植被、自然资源等情况。根据规划工程的特点，有所侧重。

3.2　社会经济条件

说明规划区域经济社会状况。包括行政区、人口、农村经济状况及产业结构；交通、水利等基础设施情况。

3.3　土地利用现状

说明规划区域土地利用现状情况。

3.4　水土流失及水土保持现状

说明规划区域水土流失类型、分布、面积、强度和程度、特征及危害。说明水土保持现状、成效及经验。

3.5　主要问题及需求分析

阐述规划区域存在的主要问题。

从治理水土流失、改善生态环境、改善当地农民生产生活条件及当地经济社会可持续发展等方面进行需求分析。

4　现状评价及需求分析

4.1　现状评价

对规划区域现状进行评价，根据评价结果，分析阐述存在的水土流失及其防治主要问题。

4.2　需求分析

从土地资源可持续利用、改善生态环境、改善当地农村生产生活条件及水资源保护与饮用水安全等方面，对不同水平年进行需求分析。需求分析内容应根据专项规划任务，有针对性地选择确定。

5　规划任务、目标和规模

5.1　规划指导思想和原则

说明规划编制的指导思想和原则。

5.2　规划范围及规划水平年

说明规划范围确定的原则、分布和面积及规划水平年。

5.3　规划任务

根据存在的主要问题、水土流失防治和经济社会发展需求提出规划任务，并进行排序。

5.4　规划目标

说明近远期规划的定性目标和定量指标。

5.5　规划规模

阐述规划规模确定的原则和近远期规模。

6 分区及总体布局

6.1 水土保持分区

说明规划区域涉及全国水土保持区划和其他各级区划的分区情况，阐述水土保持分区的原则、方法和结果。

6.2 总体布局和措施体系

分区提出规划的总体布局和措施体系。

7 综合防治

7.1 综合治理

7.1.1 典型设计

说明典型小流域选择的原则及结果。分别说明典型小流域基本情况、治理措施配置模式及配置比例。典型小流域的措施设计按《水土保持工程初步设计编制规程》(SL 449—2009)执行。选择重点工程进行单项工程典型设计。

7.1.2 措施配置

根据典型设计，阐述分区综合治理措施配置，提出措施数量，估算工程量。

7.2 预防

7.2.1 典型设计

说明典型小流域或片区选择的原则及结果。分别说明基本情况、预防措施配置及比例。

7.2.2 措施配置

根据典型设计，阐述分区预防措施配置，提出措施数量。

8 监测

8.1 监测内容与方法

阐述规划区水土保持监测内容、方法以及设施配置。

8.2 监测点布置

说明监测点布置的原则及点位分布。

9 综合监管

9.1 监督管理

阐述监督管理的内容、管理重点和措施。

9.2 科技支撑

阐述规划的技术支持内容和方案；针对规划急需解决的重大技术问题，提出拟开展科学研究和科学实验项目的方案。

9.3 建设和运行管理

说明规划建设和运行管理的主要内容，包括管理机构、机制、模式等。

10 实施进度及近期重点项目安排

10.1 实施进度

说明规划总体实施进度安排。

10.2 近期重点项目安排

说明近期实施重点项目选择的原则、条件，阐述近期实施重点项目的范围、规模和建设内容。

11 投资估算与资金筹措

11.1 工程量

汇总统计各类措施的数量及工程量。

11.2 投资估算

说明投资估算编制的原则、依据、方法，按《水土保持生态建设项目投资概估算编制规定》执行。提出总投资及各水平年投资。

11.3 资金筹措

说明资金筹措方案。

12 效益分析与经济评价

12.1 效益分析

说明效益分析的依据、方法，分析规划实施的蓄水保土、生态、社会、经济效益。

12.2 经济评价

说明国民经济评价的依据、方法及结果。

13 实施保障措施

说明保障规划实施的组织、政策、投入、技术等方面的主要内容。

(2)附表

1. 规划工程或项目特性表
2. 气象特征表
3. 社会经济现状表
4. 土地利用现状表
5. 土地坡度组成表
6. 耕地坡度组成表
7. 水土流失现状表
8. 水土保持措施现状表
9. 水土保持工程布局及措施规划表
10. 必要的投资估算表
11. 其他必要的表格

(3)附图

1. 水系、行政区划图
2. 水土流失现状图
3. 水土保持分区与总体布局图
4. 重点项目(工程)分布图
5. 典型小流域分布图
6. 监测站点分布图
7. 必要的典型措施设计图

本章小结

水土保持规划是一项复杂的、综合性很强的系统工程，涉及水利、国土、农业、林业、交通、能源、环保等多学科、多领域、多行业、多部门。编制水土保持规划必须充分考虑自然、经济和社会等方面影响因素，协调好与其他行业的关系，分析社会经济发展趋势，合理拟定水土保持目标、任务和重点。我国幅员辽阔，自然、经济、社会条件差异大，水土流失范围广、面积大，水土流失形式多样、类型复杂。水力、风力、重力、冻融及混合侵蚀特点各异，防治对策和治理模式各不相同。因此，必须从实际出发，对不同区域水土流失的预防和治理区别对待，因地制宜、分区施策，突出重点。

水土保持规划的主要内容包括水土流失和水土保持基础资料综合调查，规划区自然环境条件和社会经济条件分析与评价，规划规模及目标确定，水土保持分区及总体布局，预防、治理、监测和综合监管规划，典型小流域治理措施设计，主要技术经济指标投资、进度、效益计算，实施保障措施等。编制水土保持规划，要充分依据相关标准、规程、规范，并统一规范图表要求。

思考题

1. 水土保持规划的主要技术依据包括哪些?
2. 简述水土保持规划编制的程序。
3. 水土保持规划的主要内容包括哪些?
4. 水土保持规划目标如何确定?
5. 简述水土保持规划总体布局。
6. 治理规划的措施体系及配置包括哪些内容?
7. 实施进度安排的基本原则是什么?
8. 投资计算的基本原则是什么?
9. 效益分析和经济评价的主要内容包括哪些?
10. 简述水土保持规划成果及要求。

本章推荐阅读书目

1. 中华人民共和国水利行业标准. SL 355—2014. 水土保持规划编制规范[S].
2. 齐实. 2017. 水土保持规划与设计[M]. 北京：中国林业出版社.

参考文献

王治国，张超，纪强，等. 2016. 全国水土保持区划及其应用[J]. 中国水土保持科学，14(6)：101－106.
赵永军. 2012. 水土流失重点防治区划分刍议[J]. 中国水土保持(5)：4－6.
中华人民共和国水利行业标准. 2014. SL 335—2014. 水土保持规划编制规范[S].
中华人民共和国国家标准. 2008. GB/T 15772—2008. 水土保持综合治理规划通则[S].
王克勤，赵雨森，陈奇伯. 2008. 水土保持与荒漠化防治概论[M]. 北京：中国林业出版社.
齐实. 2017. 水土保持规划与设计[M]. 北京：中国林业出版社.
吴发启. 1996. 水土保持规划学[M]. 西安：陕西地图出版社.
崔功豪，魏清泉，陈宗兴. 2008. 区域分析与规划[M]. 北京：高等教育出版社.
冯明汉. 2001. 水土保持规划编制[J]. 中国水土保持(6)：40－42.
余新晓，毕华兴. 2013. 水土保持学[M]. 北京：中国林业出版社.

第4章

林业生态工程

森林是以木本植物为主体的生物群体及其环境的综合整体。森林生态系统是地球上最大最发达的生态系统之一，在整个生物圈的物质和能量交换过程以及保持和调节自然界的生态平衡中，占有极其重要的位置，具有涵养水源、保持水土、防风固沙、改善区域环境和农业生产条件等多种功能。但是，由于种种复杂的原因，森林毁坏，覆盖率减少，使我国的生态环境日趋恶化，自然灾害频繁、水土流失加剧、荒漠化面积扩大、水资源紧缺、生物多样性减少等生态环境问题突出。同时，森林与全球变暖、城市温室效应及工矿区环境保护等的关系问题，在我国也越来越引起关注。因此，水土保持林业措施是防治水土流失、改善生态环境的根本性措施。考虑到水土保持林业措施与其他林业工程的协调统一，共同形成系统的森林防护体系，结合林业生态工程布局实施水土保持林业措施更具有系统性和全局观。本章讲述林业生态工程，但把山丘区水土保持林体系统一纳入林业生态工程的范畴，其中包含了山丘区林业生态工程的内容，充分反映了山丘区水土保持林体系与林业生态工程的协调统一。

4.1 概述

中华人民共和国成立之后特别是改革开放以来，国家先后实施“三北”防护林、长江上中游防护林、沿海防护林等一系列林业生态工程，开展黄河、长江等七大流域水土流失综合治理，加大荒漠化治理力度，推广旱作节水农业技术，加强草原和生态农业建设，使我国的生态建设进入了新的发展阶段。但是，应当清醒地看到，我国自然生态环境仍很脆弱，生态环境恶化的趋势还没有遏制住，水土流失仍然严重，荒漠化土地面积继续扩大，森林砍伐洪涝灾害日益频繁。日益恶化的生态环境，给我国经济和社会带来极大危害，严重影响可持续发展。

我国生态建设的总体目标是：加强对现有天然林及野生动植物资源的保护，大力开展植树种草，治理水土流失，防治荒漠化。建设生态农业，改善生产和生活条件，加强综合治理力度，完成一批对改善全国生态环境有重要影响的工程，扭转生态环境恶化的势头，力争到21世纪中叶，使全国适宜治理的水土流失地区基本得到整治，适宜绿化的土地植树种草，“三化”草地基本得到恢复，建立起比较完善的生态环境预防监测和保护体系，大部分地区生态环境明显改善，基本实现中华大地山川秀美。根据这一目标，林业生态工程在我国生态建设中不仅具有举足轻重的地位，而且将发挥极其重要的作用。

4.1.1 林业生态工程基本概念

林业生态工程是生态工程的一个分支，要理解它，首先必须理解生态工程的概念。

4.1.1.1 生态工程的基本概念

20世纪60年代美国著名生态学家H. T. Odum首先提出了生态工程的概念，定义为："为了控制系统，人类应用主要来自自然的能源作为辅助能对环境的控制""对自然的管理就是生态工程，更好的措辞是与自然结成伙伴关系"，80年代初期欧洲生态学家Uhlmann、Straskraba与Gnamck提出了"生态工艺技术"，将它作为生态工程的同义语，并定义为"在环境管理方面，根据对生态学的深入了解，花最小代价措施，对环境的损坏又是最小的一些技术"，美国的Mitsch与丹麦的Jorgenson联合将生态工程定义为："为了人类社会及其自然环境二者的利益而对人类社会及其自然环境进行的设计。"1993年又修改为："为了人类社会及其自然环境的利益，而对人类社会及其自然环境加以综合的而且能持续的生态系统设计。它包括开发、设计、建立和维持新的生态系统，以期达到诸如污水处理(水质改善)、地面矿渣及废弃物的回收、海岸带保护等。同时还包括生态恢复、生态更新、生物控制等目的。"随着生态工程研究的深入发展，近年来美国、中国、瑞典先后出版了有关的生态工程专著，1993年在荷兰出版了国际性的生态工程杂志。目前，生态工程已经成为一个国际上极其活跃的新研究领域之一。

生态工程在我国的正式提出开始于20世纪70年代末期。面对我国生态环境和社会经济发展过程中存在的严重局势和潜在的威胁，我国著名生态学家马世骏教授1986年及时提出了以"整体、协调、循环、再生"为核心的生态工程基本概念，又进一步将生态工程定义为："生态工程是应用生态系统中物种共生与物质循环再生原理，结合系统工程最优化方法，设计的分层多级利用物质的工艺系统。生态工程的目标就是在促进自然界良性循环的前提下，充分发挥物质的生产潜力，防止环境污染，达到经济效益和生态效益同步发展。"王如松教授1997年7月25日在《中国科学报》海外版发表的《生态工程与可持续发展》一文中指出："生态工程是一门着眼于生态系统持续发展能力的整合工程技术。它根据生态控制论原理去系统设计、规划和调控人工生态系统的结构要素、工艺流程、信息反馈关系及控制机构，在系统范围内获取高的经济和生态效益。不同于传统末端治理的环境工程技术和单一部门内污染物最小化的清洁生产技术。生态工程强调资源的综合利用、技术的系统组合、科学的边缘交叉和产业的横向结合，是中国传统文化与西方现代技术有机结合的产物。"可见生态工程中的生态是指生态系统，不是指生态环境(实际上生态系统包含了生态环境)。生态工程简单地可概括为生态系统的人工设计、施工和运行管理。它着眼于生态系统的整体功能与效率，而不是单一因子和单一功能的解决；强调的是资源与环境的有效开发以及外部条件的充分利用，而不是对外部高强度投入的依赖。这是因为生态工程包含着有生命的有机体，它具有自我繁殖、自我更新、自主选择，有利于自己发育的环境的能力，这也是区别一般工程如土木工程、水利工程等的实质所在。

早在3000多年前，中华民族就已形成了一套鲜为人知的"观乎天文以察时变，观乎人文以成天下”的人类生态理论体系，包括道理(即自然规律，如天文、地理、水文、气象等)、事理(即对人类活动的合理规划管理，如中医、农事、军事、家事等)和情理(即社会行业的准则，如伦理、道德、法律等)，中国社会正是靠着对这些天、地、人三者关系的整体认识，靠着物质循环再生、社会协调共生和修身养性自我调节的生态观，维持着其几千年稳定的社会结构，形成了独特的生态工程技术。90年代以来，在以马世骏院士为首的中国生态学家的倡导下，我国城乡生态工程建设蓬勃发展，农业、林业、渔业、牧业及工业生态工程模式如雨后春笋涌现，取得了显著的社会、经济和环境效益，得到了各级政府的广泛支持和群众的积极参与，获得了国际学术界的好评。生态工程作为一门学科正在形成，并被人们普遍接受。

综合生态学家的阐述，云正明等对生态工程进行了比较概括的定义：应用生态学、经济学的有关理论和系统论的方法，以生态环境保护与社会经济协同发展为目的(可持续发展)，对人工生态系统、人类社会生态环境和资源进行保护、改造、治理、调控、建设的综合工艺技术体系或综合工艺过程。

生态工程包括农业生态工程、林业生态工程、草业生态工程、工矿生态工程、恢复生态工程、城镇生态工程等。生态工程的实施首先要具备理论基础，其次是技术的应用。从理论上讲，生态工程主要包括3个方面的技术：一是在不同结构的生态系统中，能量与物质的多级利用与转化。包括：①自然资源如光、热、水、肥、土、气等的多层次利用技术，林业生态工程中所谓的乔、灌、草结合就属于这一类。②生物产品的多极利用技术，是指人类通过设计和建造优质、稳定的生态系统，使非经济生物产品(如枯枝落叶、草类、动物排泄物，通过各种途径返回自然界)通过人工选择的营养级生物种群，转化为经济生物产品(如木材、粮食、肉类，是可为人类直接利用)的技术。如“桑基鱼塘”就是这种技术的体现。二是资源再生技术，就是通常所谓的“变害为利”技术，即把人类生活与生产活动中产生的有害废物，如污水、废气、垃圾、养殖场的排泄物等污染环境的物质，通过生态工程技术，转化为人类可利用的资源。三是自然生态系统中生物种群之间共生、互生与抗生关系的利用技术，即利用这些关系达到维持优化人工生态系统的目的。

4.1.1.2 林业生态工程的基本概念

关于林业生态工程的概念，目前有多种解释。王礼先教授等根据我国的林业生产实践和生态工程的概念提出的初步概念是：“林业生态工程是生态工程的一个分支，是根据生态学、林学及生态控制论原理，设计、建造与调控以木本植物为主的人工复合生态系统的工程技术，其目的在于保护、改善与持续利用自然资源与环境”。并指出，它与传统森林培育和经营技术有4个明显的区别：①传统上森林培育和经营是以林地为对象，在宜林地上造林，在有林地上经营。而林业生态工程的目的是在某一区域(或流域)内，设计、建造与调控人工的或天然的森林生态系统，特别是人工复合生态系统，如农林复合生态系统、林牧复合生态系统。②传统森林培育与经营，在设计、建造与调控森林生态系统过程中，主要关心木本植物与环境的关系、木本植物的种间和种内关系以林分的结构功能、物流与能量流。而林业生态工程主要关心整个区域人工复合生态系统中物种共生关系与物质循环再生过程，以及整个人工复合生态系统的结构、功能、物流与能量流。③传统森林培育和经营的主要目的在于提高林地的生产率，实现森林资源的可持续利用和经营，而林业生态工程的目的在于提高整个人工复合生态系统的经济效益与生态效益，实现生态系统的可持续经营。④传统森林培育和经营在设计、建造与调控森林生态系统过程中只考虑在林地上采用综合技术措施，而林业生态工程需要考虑在复合生态系统中的各类土地上采用综合措施，也就是通常所说的“山水田林路综合治理”。

综合上述分析，可以看出林业生态工程是应用生态学原理、系统工程学原理、森林培育原理(包括灌、草)，结合科学研究和生产实践的经验，按照一定的规则规程，人工规划、设计、建造和调控以木本植物为主体的森林生态系统和复合生态系统，也包括对现有不良的天然或人工森林生态系统和复合生态系统的改造及调控措施的规划设计。

4.1.2 林业生态工程的基本内容

林业生态工程目标是通过人工设计，在一个区域或流域内建造以木本植物群落为主体的优质、高效、稳定的多种生态系统的复合体，形成区域复合生态系统，以达到自然资源的可持续利用及环境的保护和改良。其内容主要包括四个方面：

(1)区域总体规划

区域复合生态工程总体规划，就是在平面上对一个区域的自然环境、经济、社会和技术因素进行综合分析，在现有生态系统的基础上，合理规划布局区域内的天然林和天然次生林、人工林、农林复合、农牧复合、城乡及工矿绿化等多个不同结构的生态系统，使它们在平面上形成合理的镶嵌配置，构筑以森林为主体的或森林参与的区域复合生态系统的框架。相当于我们说的林业生态工程体系(在防护林学中称为防护林体系和带、网、片结合的问题)。

(2)时空结构设计

对于每一个生态系统来说，系统设计最重要的内容是时空结构设计。在空间上就是立体结构设计，是通过组成生态系统的物种与环境、物种与物种、物种内部关系的分析，在立体上构筑群落内物种间共生互利、充分利用环境资源的稳定高效生态系统，通俗地说就是乔灌草结合、林农牧结合；在时间上，就是利用生态系统内物种生长发育的时间差别，合理安排生态系统的物种构成，使之在时间上充分利用环境资源。

(3)食物链结构设计

利用食物链原理，设计低耗高效生态系统，使森林生态系统的产品得到再转化和再利用，是林业生态工程的高技术设计，也是系统内部植物、动物、微生物及环境间科学的系统优化组合。如桑基鱼塘、病虫害生物控制等。

(4)特殊生态工程设计

所谓特殊生态工程，是指建立在特殊环境条件基础上的林业生态工程，主要包括工矿区林业生态工程、城市(镇)林业生态工程、严重退化的劣地生态工程(如盐渍地、流动沙地、崩岗地、裸岩裸土地、陡峭边坡等)。由于环境的特殊性，必须采取特殊的工艺设计和施工技术才能完成。

4.1.3 全国林业生态工程布局及建设

林业生态工程总体规划与布局，既要考虑和分析林业生产的自然条件，包括气候、土壤、植被、地形、地质地貌等因素，又要考虑林业生态工程管理运行的整体效益。因此，以自然生态环境条件为基础，以自然灾害防治为出发点，以工程管理运行整体效益为目标，是开展林业生态工程规划与布局的基本原则。

首先，因地制宜是林业生态工程建设的先决条件。森林植被的生长发育要求特定的水热组合，同样，特定的水热组合可以满足特定的植被群落。水热组合受多种因素的影响，从大气环流、大地构造，到微地貌的改变，都能影响到特定区域的水热组合特征以及与之相适应的土壤特点、植被特征。因此，林业生态工程规划与布局要充分考虑到自然生态环境条件的分异特征，因地制宜，从气候条件、土壤条件、植被条件、地质地貌特点进行综合分析加以确定。

其次，因害设防实现减灾防灾是林业生态工程规划与布局的出发点。针对我国主要自然灾害特点与分布，充分发挥森林植被改善和影响区域气候、水资源分布功能，起到涵养水源、净化水质、保持水土和抵御各种自然灾害的作用。

再次，获取最佳生态效益、经济效益和社会效益是林业生态工程规划与布局的最终目标。林业生态工程建设一方面要获取最佳的生态效益，另一方面，对我们这样一个农业人口多、土地生产压力大、经济相对不太发达的国家而言，林业生态工程建设的经济效益高低，将直接关系到工程建设的质量、进度及持续发展。因此，开展林业生态工程总体规划与布局，必须分析林业生产现状，包括森林资源、林业用地、森林经营手段等多种方面，分析社会经济发展水平，使林业生态工程规划与布局与当前林业生产、社会经济发展水平相适应，以确保规划的实施，实现林业生态工程建设生态效益、经济效益和社会效益的相统一。

最后，林业生态工程规划与布局要充分注意到地域完整性，以便于工程管理。

我国林业生态工程就是依据我国生态环境特点和持续发展战略的要求，结合我国经济和社会发展状况；根据各种不同类型的生态环境区划及国土整治的要求，结合林业生产建设特点；根据工程建设因害设防，因地制宜，合理布局，突出重点，分期实施，稳步发展的原则，结合林业生态建设现状进行规划与布局的。由于各区域的情况不同，生态环境问题的外在表现及治理建设内容也不同。从布局上可以分为流域林业生态工程、区域林业生态工程以及跨区域林业生态工程。

20世纪70年代末至90年代初，我国林业生态工程建设出现了新的形势，步入了“体系建设”的新阶段，改变了过去单一生产木材的传统思维，采取生态、经济并重的战略方针，在加快林业产业体系建设的同时，狠抓林业生态体系建设，先后确立了以遏制水土流失、改善生态环境、扩大森林资源为主要目标的六大林业生态工程，即三北防护林体系建设工程、长江中上游防护林体系建设工程、沿海防护林体系建设工程、平原绿化工程、太行山绿化工程、防沙治沙工程。在六大林业生态工程取得初步成效的基础上，为了进一步解决生态环境出现的新问题，扩大林业生态工程的成果效益，从20世纪90年代初又相继启动实施了黄河中上游防护林工程、淮河太湖流域综合治理防护林体系建设工程、辽河流域综合治理防护林体系建设工程及珠江流域综合治理防护林体系建设工程等林业生态工程。至此，我国建设了十大林业生态工程，总面积 $705.6\times10^4km^2$，占国土总面积的73.5%，覆盖了我国的主要水土流失区，风沙侵蚀区和台风、盐碱危害区等生态环境最为脆弱的地区，构成了我国林业生态工程建设的基本框架。

20世纪末至21世纪初，随着干旱、洪涝、沙尘暴等自然灾害的频繁加剧，国家从社会经济发展对林业生态工程的客观需求和国情出发，遵循自然规律和经济规律，围绕新世纪林业建设的总体目标和任务，对以往实施和拟规划建设的林业生态工程进行了系统整合，提出了实施天然林保护工程、退耕还林还草工程、三北和长江中下游等重点防护林体系建设工程、京津风沙源治理工程、重点地区速生丰产用材林基地建设工程及野生动植物保护和自然保护区建设工程六大林业重点工程建设的发展战略，构成了我国现阶段的林业生态工程体系。以下对其进行简要介绍：

(1)天然林保护工程

1998年特大洪涝灾害后，针对长期以来我国天然林资源过度消耗等原因而引起的生态环境严重恶化的现实，党中央、国务院从我国社会经济可持续发展的战略高度，作出了实施天然林资源保护工程(简称“天保工程”)的重大决策。

“天保工程”从1998年开始试点，2000年10月，国务院批准了《长江上游、黄河上中游地区天然林资源保护工程实施方案》和《东北、内蒙古等重点国有林区天然林资源保护工程实施方案》。工程建设期为2000—2010年，工程区涉及长江上游、黄河上中游、东北内蒙古等重点国有林区17个省(自治区、直辖市)的734个县和167个森工局。长江上游地区以三峡库区为界，包括云南、四川、贵州、重庆、湖北、西藏6省(自治区、直辖市)，黄河上中游地区以小浪底库区为界，包括陕西、甘肃、青海、宁夏、内蒙古、山西、河南7省(自治区)；东北内蒙古等重点国有林业包括吉林、黑龙江、内蒙古、海南、新疆5省(自治区)。

工程建设的目标和任务：一是切实保护好长江上游、黄河上中游地区 9.18×10^8 亩① 现有森林，调减商品材产量 $1239\times10^4m^3$，新增森林面积 1.3×10^8 亩，工程区内森林覆盖率增加3.72%；分流安置25.6万富余职工。二是东北内蒙古等重点国有林区的木材产量调减 $751.5\times10^4m^3$，使 4.95×10^8 亩森林得到有效保护，48.4万富余职工得到妥善分流和安置，实现森工企业的战略性转移和产业结构的合理调整。

主要政策措施：一是森林资源管护，按每人管护5700亩，每年补助1万元。二是生态公益林建设，飞播造林每亩补助50元，封山育林每亩每年14元，连续补助5年，人工造林长江流域每亩补助200元，黄河流域每亩补助300元。三是森工企业职工养老保险社会统筹，按在职职工缴纳基本养老金的标准予以补助，因各省份情况不同补助比例有所差异。四是森工企业社会性支出，教育经费每人每年补助1.2万元，公检法司经费每人每年补助1.5万元，医疗卫生经费长江黄河流域每人每年补助6000元、东北内蒙古等重点国有林区每人每年补助2500元。五是森工企业下岗职工基本生活保障费补助，按各省份规定的标准执行。六是森工企业下岗职工一次性安置，原则上按不超过职工上一

① 1亩 $=1/15hm^2$

年度平均工资的3倍，发放一次性补助，并通过法律解除职工与企业的劳动关系，不再享受失业保险。七是因木材产量调减造成的地方财政减收，中央通过财政转移支付方式予以适当补助。

2000—2010年规划工程总投资962亿元(中央投入782亿元)。其中，长江上游、黄河上中游地区总投资533亿元，含中央投入426亿元。东北、内蒙古等重点国有林区总投资429亿元，含中央投入358亿元。此外，1998—1999年试点期间中央投入114.8亿元。在规划总投资外，"天保工程"实施以来，中央财政又新增专项资金139亿元。同时，基本解决了森工企业金融机构债务问题。从1998年到2008年年底，中央已累计投入资金908.85亿元。

"天保工程"实施进展顺利。长江上游、黄河上中游13个省(自治区、直辖市)已在2000年全面停止了天然林的商品性采伐；东北、内蒙古等重点国有林区木材产量由1997年的$1854\times10^4m^3$按计划调减到$1213\times10^4m^3$；工程区内14.13×10^8亩森林得到了有效管护；累计完成公益林建设任务1.75×10^8亩，其中人工造林和飞播造林6600×10^4亩，封山育林1.09×10^8亩；分流安置富余职工67.5万人(不含试点期间)。工程建设已取得了明显的阶段性成效，工程区发生了一系列深刻变化。

我国有25个天然林区。天然原始林主要分布在大小兴安岭与长白山一带，其次在四川、云南、新疆、青海、甘肃、湖北西部、海南、西藏和台湾也有一定面积的原始林。按照建设的总思路和原则，将25个林区划分为3个大的保护类型：

①大江、大河源头山地、丘陵的原始林和天然次生林；

②内陆、沿海、江河中下游的山地、丘陵区的天然次生林；

③自然保护区、森林公园和风景名胜区的原始林和天然次生林。

我国的自然保护区、森林公园和风景名胜区，大部分分布在河流上游，其原始林和天然次生林的保护，是水源涵养林业生态工程建设与天然林保护工程的重要组成部分。

(2)退耕还林还草工程

退耕还林还草(即"一退双还")是西部大开发的一项重大举措。1999年秋季，朱镕基总理考察陕北水土流失与生态环境治理情况时，指出："防治水土流失，是当前生态环境建设的急迫任务。治理水土流失，要采取退耕还林(草)、封山绿化、以粮代赈、个体承包的措施"。2000年9月发布了《国务院关于进一步做好退耕还林还草试点的若干意见》。一改历史上形成的提倡垦殖、注重耕战、以粮为纲、奖励垦伐的做法，转变为退出耕种还林还草，对退耕者以粮代赈、实行补贴和鼓励政策，实现了历史性的大转折，是在经受荒漠化、沙尘暴、水土流失、洪涝灾害、生态严重恶化之后理性的思考，是顺天意、合民心、利在当代功在千秋的一项重大举措。其目的就是从国家生态安全出发，从根本上改变西部地区相对落后的面貌，建设山川秀美、经济持续发展、人民更加富裕的新西部。

按水土流失和风蚀沙化危害程度、水热条件和地形地貌特征以及植被恢复的方式和类型，退耕还林工程建设区域划分为10个类型区，即西南高山峡谷区、川渝鄂山地丘陵区、长江中下游低山丘陵区、云贵高原区、琼桂丘陵山地区、长江黄河源头高寒草甸区、新疆干旱荒漠区、黄土丘陵沟壑区、华北干旱半干旱区、东北山地及沙地区。

退耕还林工程建设范围包括北京、天津、河北、山西、内蒙古、辽宁(包括大连市)、吉林、黑龙江(包括黑龙江农垦)、安徽、江西、河南、湖北、广西、海南、重庆、四川、贵州、云南、西藏、陕西、甘肃、青海、宁夏、新疆等24个省(自治区、直辖市)及新疆生产建设兵团，共1887个县，其中重点建设县856个。工程区土地总面积106.43×10^8亩，占国土总面积的73.91%。其中，农业用地14.48×10^8亩，林业用地33.22×10^8亩，牧业用地26.95×10^8亩，分别占土地总面积的13.6%、31.21%和5.53%。区内总人口7.12亿，其中农业人口5.53亿人，占总人口的77.64%。据国土资源部土地详查数据，工程省25°以上的陡坡8803×10^4亩，其中梯田1383×10^4亩，已退耕820×10^4亩，现有坡地6600×10^4亩，都急需进行治理；15°~25°的耕地1.83×10^8亩，其中梯田4100×10^4亩，已退耕200×10^4亩，现有坡地8400×10^4亩，生态地位重要急需治理的近100×10^4亩；6°~15°耕地2.66×10^8亩，其中梯田8400×10^4亩，已退耕100×10^4亩，现有坡地1.81×10^8亩。

(3)京津风沙源治理工程

这是从北京所处位置特殊性及改善这一地区生态的紧迫性出发实施的重点生态工程，主要解决首都周围地区内沙危害问题。京津风沙源治理工程是构筑京津生态屏障的骨干工程，也是中国履行《联合国防治荒漠化公约》、改善世界生态状况的重要举措。工程于2000年6月开始实施，计划工程实施后，工程区林草覆盖率由目前的6.7%提高到21.4%。

(4)三北及长江中下游地区等重点防护林工程

三北及长江中下游地区等重点防护林工程主要解决三北和其他地区各不相同的生态问题。具体包括三北防护林工程，长江、沿海、珠江防护林工程和太行山、平原绿化工程。涉及我国大陆31个省(自治区、直辖市)的1900多个县，基本覆盖了我国主要的水土流失、风沙和盐碱等生态环境脆弱地区。工程自1989年开始。

三北防护林工程建设范围东起黑龙江的宾县，西至新疆的乌孜别里山口，北抵国界线，东西长4480km，南北宽560至1460km，被誉为中国的“绿色长城”，包括13个省(自治区、直辖市)的590个县，建设总面积$406.9\times10^4km^2$，占总国土面积的42.4%。主要功能在于：重点防治黄土高原和华北山地的水土流失；营造农田防护林，实现农田林网化，保护三北地区耕地；建设了一批名、特、优、新果品基地。

长江中上游流域森林资源丰富，是整个长江流域水土保护的重要屏障。长江流域防护林生态系统是一个复杂的系统，有些地区面临环境恶化和经济社会贫困的双重压力。由于长期不合理的耕作和人为破坏，特别是对森林的过度砍伐，使长江流域中上游地区森林植被面积锐减，水土保持能力削弱，导致生态环境的急剧恶化。长江流域防护林生态系统建设工程的实施，旨在恢复遭受破坏的森林系统，遏制水土流失。长江防护林工程实施以来，森林覆盖率提高到29.5%，净增9.6%。治理水土流失面积$6.5\times10^4km^2$，治理区土壤侵蚀量降低到5.4×10^8t，减少了42.0%。

沿海防护林工程新营造或更新海岸基干林带5672km，沿海地区的水土流失面积降至$288.41\times10^4hm^2$，减少$108.56\times10^4hm^2$。珠江防护林工程建设，使工程区有林地面积增加$223\times10^4hm^2$，增加了6.4%；森林覆盖率提高了1.58%，达46.15%。

(5)野生动植物保护及自然保护区建设工程

野生动植物保护及自然保护区建设工程主要解决物种保护、自然保护和湿地保护等问题。工程实施范围包括具有典型性、代表性的自然生态系统、珍稀濒危野生动植物的天然分布区、生态脆弱地区和湿地地区等。工程实施以来，将野生动植物和湿地保护进一步纳入全面协调可持续发展战略，使珍贵自然遗产得到有效保护，取得了显著的成效。

该工程建立包括森林类型、湿地类型、野生动植物类型、荒漠类型等多种类型的保护区600多个。截至2016年8月，全国共建设自然保护区2740个，总面积$147\times10^4km^2$(其中国家级自然保护区428个，面积$96.52\times10^4km^2$)、风景名胜区962个(其中国家级风景名胜区225处)、森林公园3237个、地质公园485个、湿地公园979个、水利风景区2500个、沙漠公园55个、海洋公园33个。这些自然保护区有效保护着我国40%的自然湿地、300多种重点野生动物和130多种重点野生植物主要分布地，初步形成布局较为合理、类型较为齐全、功能较为完备的保护区网络。珍稀物种拯救取得显著成效。随着工程的实施，使多年形成的珍稀物种拯救体系建设有了进一步的加强和发展。全国共建立野生动物拯救繁育基地250多处，野生植物种质资源保育或基因保存中心400多处，已对珍稀濒危的200多种野生动物、上千种野生植物建立了人工种群，使相当一批极度濒危的物种在人工状况下免于灭绝，有的物种已开始回归自然。野生动植物资源人工培育形成规模。全国有经济类野生动物繁殖单位2.45万家，野生植物培植单位1.7万家，野生动物园、动物园243个，植物园、树木园115个，年产值560多亿元，不仅努力满足了社会需要，也促进了野外资源保护。

随着工程的实施，野生动植物、湿地和自然保护区管护体系建设得到很大加强，已初步形成较为健全的法律法规体系、行政管理体系、执法监管体系和科技支撑体系。

(6)重点地区速生丰产用材林基地建设工程

重点地区速生丰产用材林基地建设工程主要解决木材供应问题，同时也减轻木材需求对天然林资源的压力，为其他5项生态建设提供重要保证。工程布局于我国400mm等雨量线以东，地势比较平缓，立地条件较好，自然条件优越，不会对生态环境产生不利影响的18个省(自治区、直辖市)，以及其他条件具备适宜发展速丰林的地区。

速丰林工程发挥劳动力密集、产业关联度高，示范和拉动作用显著的优势，创造数以百万计的工作岗位，大量吸纳企业富余人员和农村剩余劳动力就业。速丰林工程的实施，有力地推动了林业产业与造纸等木材利用行业的协调发展，为缓解我国木材供需矛盾、实现由采伐天然林为主向采伐人工林为主的转变、统筹城乡发展、促进农民增收、提升林业产业化水平、落实全面协调可持续的科学发展观奠定了坚实基础。

4.2 林业生态工程体系

林业生态工程类型至今尚无统一的划分方法。要进行林业生态工程类型的划分，必须首先了解生态系统的分类及我国关于森林和林种的划分，然后才能正确划分林业生态工程的类型。

4.2.1 林种与林种划分

根据森林起源可将森林分为天然林和人工林。所谓天然林(natural forest)是指天然下种或萌芽而长成的森林，而人工林(artificial forest)是用人工种植的方法营造的森林。森林(包括天然林和人工林)按其不同的效益可划分为不同的种类，简称林种。对于人工林来说，不同林种反映不同的森林培育目的；对于天然林来说，不同林种反映不同的经营管理性质。

根据2009年8月27日修正颁布的《中华人民共和国森林法》，林种有五大类，即①防护林：以防护为主要目的森林、林木和灌木丛，包括水源涵养林，水土保持林，防风固沙林，农田、牧场防护林，护岸林，护路林。②用材林：以生产木材为主要目的的森林和林木，包括以生产竹材为主要目的的竹林。③经济林：以生产果品，食用油料、饮料、调料，工业原料和药材等为主要目的的林木。④薪炭林：以生产燃料为主要目的的林木。⑤特种用途林：以国防、环境保护、科学实验等为主要目的的森林和林木，包括国防林、实验林、母树林、环境保护林、风景林，名胜古迹和革命纪念地的林木，自然保护区的森林。

林种划分只是相对的，实际上每一个树种都起着多种作用。如防护林也能生产木材，而用材林也有防护作用，这两个林种同时也可以供人们游憩。但毕竟大多数情况，每片森林都有一个主要作用，在培育人工林和经营天然林时必须区别对待。

4.2.2 林业生态工程体系

林业生态工程是在不同的地理区域人工设计、改造、构建的以木本植物为主体的森林生态系统和复合生态系统，由于地理区域的差异性，不同区域的林业生态工程在生态安全中扮演不同的角色，所承担的生态功能具有较大差异。其划分应符合生态系统类型划分及林种划分基本原则，并满足生态建设的实际要求。20世纪70年代初，北京林业大学关君蔚先生在其发表的《甘肃黄土丘陵地区水土保持林林中调查》一文中，首次提出水土保持林体系的概念。王礼先、王斌瑞在20世纪90年代构建了山丘区水土保持林体系。之后，王治国、王百田等相继根据在不同地理区域所承担的生态功能，将林业生态工程分为江河上中游水源涵养林业生态工程体系、山丘区林业生态工程体系、风沙区草原区防风固沙林业生态工程体系、生态经济型林业生态工程体系和环境改良型林业生态工程体系等几大类型，每一类型又分为不同的亚类(表4-1)。

我国幅员辽阔，不同的区域气候、地貌、植被、经济、社会等条件有很大的差别，无法用一个统一的定式来描述全国的林业生态工程体系。尤其是南方地区分布着特殊的水土流失类型，尽管其分布范围较小，但水土流失形式特殊，形成的危害严重，造成的损失巨大。所以，特殊及典型地段应体现其林业生态工程建设特点。

表4-1 林业生态工程体系分类表

类 型	亚 类	地理区域
江河上中游水源涵养林业生态工程	天然林保护工程 天然次生林改造 水源涵养林营造 自然保护区	江河上中游汇水区
山丘区林业生态工程	分水岭防护林 坡面水土保持林 梯田地埂防护林 沟道防护林 水库、河岸(滩)水土保持林 经济林	江河中下游农业区
特殊、典型区域林业生态工程	风沙区防风固沙林、海岸防护林、石漠化地区林业生态工程、干热河谷区林业生态工程、崩岗区林业生态工程等	风沙地区、沿海沙地、喀斯特地区、西南干热河谷、花岗岩分布区等

4.2.2.1 江河上中游水源涵养林业生态工程体系

(1)水源涵养林

水源涵养林是以调节、改善水源流量和水质而经营和营造的森林，是国家规定的五大林种中防护林的二级林种，是以发挥森林涵养水源功能为目的的特殊林种。虽然任何森林都有涵养水源的功能，但是水源涵养林要求具有特定的林分结构，并且处在特定的地理位置即河流、水库等水源上游。

(2)我国水源涵养林的区划

我国水源涵养林建设的根本方针，首先是保持大江大河的水量平衡，这就必须在大江大河上游和主要支流的源头，规划足够面积的水源涵养林。如何区划、采用何标准，除了《森林资源调查主要技术规定》中的粗略规定外，还未有人做过详细研究。王永安(1989)根据我国江河流域的地形地貌和森林分布，把全国水源涵养林区划为七大块，这里简要列出，供参考。

①东北三大水系水源涵养林；

②西北三个山区水源涵养林区；

③燕山太行山区水源涵养林体系；

④长江中上游水源涵养林体系；

⑤珠江上中游水源涵养林体系；

⑥黄河流域植被建设体系；

⑦其他水系的水源涵养林。

闽江、富春江、瓯江等，分别发源于武夷山和天目山区。这些山区既是水源涵养林区，又是集体林区，也是主要木材产区。应充分利用山区现有森林覆盖率高和森林涵蓄水分效益好的优势，划出一定面积的水源涵养林(面积占10%以上)，才可稳定水量。因此，至少应把河溪上游，水流域集水区和水库划为水源涵养林区。

(3)水源涵养林业生态工程体系

我们知道，任何森林都具有涵蓄水分和调节径流的作用。我国现有的山地原始森林和次生林，大部分分布在河流上游，无论是什么林种，都起着重要的水源蓄水涵养作用，从这个意义上讲，可以说是十分珍贵的水源涵养林。从全国总的情况看，江河上游的水源涵养林，以天然林、天然次生林和天然草坡(山、场)为主。因此，水源涵养林业生态工程体系主要应包括：天然林保护工程(包括原始林、天然灌木坡)、天然次生林改造、水源涵养林营造工程、自然保护区等。

4.2.2.2 山丘区林业生态工程体系

山丘区林业生态工程以防治山丘区水土流失、增强山丘区水源涵养功能、改善山丘区生态环境为主要目的，其主体就是山丘区水土保持体系。山丘区水土保持体系同单一的防护林种不同，它是根据区域自然历史条件和防灾、生态建设的需要，将多功能多效益的各个林种结合在一起，形成一个区域性、多树种、高效益的有机结合的防护整体。这种林业生态工程体系的营造和形成，往往构成区域生态建设的主体和骨架，发挥着主导的生态功能与作用。

山丘区水土保持体系作为山区的防护林体系，其体系的组成及林种应根据林种在流域中所配置的地形地貌部位来划分，应包括分水岭防护林、坡面水土保持林、梯田地埂防护林、沟道防护林、水库/河岸(滩)水土保持林、经济林等。这些水土保持林林种及其形成的体系中，实际上还包括流域内所有木本植物群体，如现有天然林、人工乔灌木林、四旁植树和经济林等。这些林业生产用地反映了各自的经济目的，它们均发挥着水土保持、水源涵养和改善区域生态环境条件的功能和效益。这是因为它们和上述水土保护林体系各林种一样，在流域范围内既覆盖着一定面积，又占据着一定空间，同样发挥着改善生态环境和保持水土的作用，如果园及木本粮油基地等以获取经济效益为主的林种，在水土流失的山区、丘陵区，林地上如不切实搞好保水、保土，创造良好的生产条件，欲得到预期的经济效益是不可能的。因此，在流域范围内的水土保持林体系应由所有以木本植物为主的植物群体所组成。

4.2.2.3 特殊、典型区域林业生态工程

特殊、典型区域的林业生态工程主要包括沿海防护林、石漠化地区林业生态工程、干热河谷区林业生态工程和崩岗区林业生态工程。沿海防护林是沿海以防护为主要目的的森林、林木和灌木林，它不仅具有防风固沙、保持水土、涵养水源的功能，对于沿海地区防灾、减灾和维护生态平衡起着独特而不可替代的作用。石漠化会导致水土流失加重，耕地减少，植被覆盖率和土壤涵养水源能力降低，生态环境恶化，给当地人民的生产、生活及经济发展带来了严重的影响。实施石漠化林业工程可使石漠化面积减少，程度减轻，区域林草植被盖度明显增加，生态状况逐步改善，固土保水功能增强，水土流失减少；扶贫攻坚进程加快，可持续发展能力不断增强。干热河谷区林业生态工程可以加强生态保护和治理，主要依靠天然林保护、退耕还林、公益林管护等大的林业生态工程。崩岗是指发育在红土丘陵地区冲沟沟头部分经不断地崩塌和陷蚀作用而形成的一种

围椅状侵蚀地貌，实施崩岗区林业生态工程可有效减缓和避免灾害的发生。

4.3 森林培育技术

森林培育的技术措施是建设林业生态工程的根本保证。森林培育是一个以木本植物为对象的生产技术系统，在定向培育原则的基础上，要充分考虑林草遗传特性(种子、苗木、林木个体与群落)与生态环境条件(立地条件)相适应的原理，做到适地适树，并选择合理的结构，使林木从苗木、种子到成活、生长，最终形成符合目标的理想结构，发挥其生态和生产功能。

4.3.1 树种草种选择

4.3.1.1 立地分类和立地条件类型划分

立地是指具有一定环境条件综合的空间位置。《中国农业百科全书·林业卷》定义为“按影响森林形成和生长发育的环境条件的异同所区分的有林地或宜林地段称森林立地”。造林地上，凡是与林草生长发育有关的自然环境因子的综合称为立地条件(site condition)。各种环境因子也可叫做立地因子(site factor)。为了便于指导生产，必须对立地条件进行分析与评价，同时按一定的方法把具有相同立地条件的地段归并成类。同一类立地条件上所采取的森林培育措施及生长效果基本相近，我们把这种归并的类型，称为立地条件类型，简称立地类型(site type)。根据各立地条件类型的特点和主要乔、灌、草种的生物学特性，即可适当地选定不同立地条件类型可用的林草种及合理的培育技术措施。因此，对造林地进行立地条件分析评价划分立地类型，是实行科学森林培育的一项十分重要的工作。只有科学地划分立地条件类型和恰当地确定不同立地条件类型上的乔、灌、草种，并在森林培育的实践中，证明了这些树种在这种立地条件类型上可正常完成其生长发育过程，从而达到造林的预期目的时，才能说真正达到了适地适树。

立地分类(site classification)是按一定的原则对环境综合体(通常立地类型是立地分类的最小单位)的划分和归并。同一类型的立地类型在空间上是允许重复出现的，在地域上不一定是相连的。立地分类归纳起来有三种途径：一是环境因子途径，即环境因子为立地分类的主要依据，如生活因子法、地质地貌法、主导因子法；二是植被途径法，即以指示植物或林木生长效果作为划分的依据；三是环境植被综合途径法，即把环境因子与植被因子结合起来划分。

根据某一特定立地区、亚区，或森林植物地带、地貌类型区范围内编制立地类型表的需要，在对其主要立地因子进行具体调查、分析的基础上，从其大量定性、定量分析研究资料中，抽出规律性的东西，据以建立和编制当地的立地类型表。立地类型表是立地分类的实用成果，能比较准确地反映不同立地类型的宜林性质和生产力。我国编制立地类型表采用过的方法有：按主导环境因子的分级组合，按生活因子的分级组合，以地位指数(或地位级)表征立地类型等。

4.3.1.2 适地适树

适地适树就是使造林树种的特性，主要是生态学特性与立地(生境条件)相适应，以充分发挥生态、经济或生产潜力，达到该立地(生境条件)在当前技术经济条件下可能达到的最佳水平，是造林工作的一项基本原则。适地适树原则体现了树种草种与环境条件之间对立统一的关系。树种草种的生长发育规律，主要是由它内在矛盾，即遗传学的特殊性决定的；而环境条件的影响则是促进和影响其生长发育的外在原因。强调适地适树(草)的原则，就是要正确地对待树木和草的生长发育与环境条件之间的辩证关系。在实践中，应按具体的立地条件(生境条件)选择适宜的树种和草种，使树草和立地达到和谐统一，从而达到预期的目标。

实现适地适树的途径可归纳有三条：第一是选树适地和选地适树，第二是改树适地，第三是改地适树。要实现适地适树，第一条途径是基础。造林地段已确定，应通过选树适地途径。树种一定的前提下，可通过选地适树。通过此种途径实现适地适树，必须充分了解地和树的特性。改树适地是在地和树之间某些方面不相适时，通过选种、引种驯化、育种等方法改变某些特性，进而改善树种与立地的适应特性。改地适树就是通过改善立地来达到地和树草适应的目的。如常规造林中采用的整地措施；水土流失地区的集流蓄水措施；盐渍地的灌排措施等。在退化劣地中还采用覆土措施和客土造林、种草。上述三种途径中第一种是最经济实用的，第三种也是经常采用的，第二种是投资高，且需要一定的时间。三种途径也可以结合起来使用，通常在选择好树种和草种后，必须整地，以保证其有一个良好的生存和生长条件。

4.3.1.3 树种选择

树种选择必须依据两条基本原因：第一条原则是树种的各项性状(经济效益和生态效益性状)必须符合既定的培育目标，即定向原则；第二原则是树种的生态学特性与立地条件相适应，即适地适树的原则。这两条原则缺一不可，相辅相成。定向要求的是林木培育的效益，适地适树则是现实效益和手段。树种选择除上述两条基本原则外，还有两条非常重要的辅助原则。第一条是生物学稳定性原则。生物学稳定性系指人工林具有稳定的结构，生长发育良好，能获得高的生物产量，具有对极端环境变化的抵抗能力，并且在一世及下一世表现一致。第二条原则是可行性原则。有些树种看上去很好，可是中选后，种子或苗木没有来源或来源有限，不可能大面积应用。有些则有栽培技术复杂，投入大，成本高，经济上不合算或财力物力不足。

4.3.2 人工林结构设计

4.3.2.1 树种组成

人工林的树种组成是指构成该人工林分的树种成分及其所占的比例。按树种组成不同，可分为单纯林(纯林)和混交林。单纯林是由一种树种构成的森林，混交林是由两种以上的树种构成的森林。按照习惯，造林时的树种组成以各个树种株数(或穴数)占全林的株数(或穴数)百分比来表示；成林以株数或断面积或材积计。混交林中主要树种以外的其他树种应不少于20%(《中国农业百科全书·林业卷》)。因此，纯林的概念是相对的，当一个林分中有一个树种或几个树种占全林的比例不超过20%(有人认为应是10%)，即优势树种(或主要树种)在80%以上，该林分仍看作纯林。

混交林与纯林比较，有很多优点：①充分利用造林地立地条件或营养空间；②能有效地改善和提高土地生产力；③具有较好的景观、美学和旅游价值，具有较好的净化空气、吸毒滞尘、杀菌隔音等环境保护功能；④混交林具有抵御病虫害及火灾的作用。因此，混交林比纯林有很大的生态和经济意义，应该尽量因地制宜地营造混交林。

营造混交林，首先要确定主要树种，然后根据其特点，选择伴生树种和灌木树种。因此，一般所谓的混交树种是指对伴生树种和灌木树种的选择，选择适宜的混交树种是调节种间关系的重要手段。

4.3.2.2 混交结构设计

首先要确定树种比例，树种比例指造林各树种的株数占混交造林总株数的百分比。混交树种所占的比例，应以有利于主要树种生长为原则，一般竞争力强的树种混交比例不宜过大，以免压抑主要树种；立地条件优势的地方，混交树种所占比例宜小，其中伴生树种应比灌木多；立地条件恶劣的地方，可以不用或少用伴生树种，适当增加灌木的比例。其次，确定混交方法。混交方法是指参与混交的树种在造林地上的排列方式或配置方式。常用的混交方法有株间混交、行间混交、带状混交、块状混交、植生组混交和星状混交。各国防护林采用的混交方式不完全一致，较为常用的有带状、行状、块状混交等，株间混交(包括一些不适当的行间混交)容易造成压抑现象，一般采用较少。

4.3.2.3 造林密度

造林密度也叫初植密度，是指单位面积造林地上栽植点或播种穴的数量，通常以“株(穴)/hm^2”为计算单位。人工林的密度对于人工林的郁闭性和速生、丰产、优质各方面都起着不小的作用，在确定的条件下，客观上存在着一个适宜的密度界限。这一适宜密度界限原则上应在林木个体的生长发育不受或不大受抑制的前提下，群体得到最大的发展。林分适宜密度的范围，随林龄和立地条件及栽培水平而不同。因此，要培育好人工林，不仅要确定合理的造林密度，而且应通过间苗、修枝、间伐等措施调节林木个体与林分群体的矛盾，保证其生长发育的各个时期有合理的群体结构，使其发挥最大的防护经济效益。

合理的密度，就是在该密度条件下光热和土地生产力能被树木充分利用，在短时间内生产出数量多质量好的木材及其最大的生物量。造林密度的确定要以密度作用规律为依据，要根据定向培育目标、立地条件、树种特性及当地的社会经济和林业生产水平，统筹兼顾，综合论证，在保证个体充分发育的前提下争取单位面积上有尽量多的株数。

4.3.2.4 种植点的配置

所谓种植点的配置是指一定的植株在造林地上分布的形式，是构成水土保持林群体的数量基础。种植点的配置方式，一般分为行列状配置和群状配置两类。目前主要采用呈行状排列的方式。行状配置由于分布均匀，能充分利用营养空间，有利于树冠发育和树干的通直圆满，也便于抚育管理。山丘地造林时，种植行的方向要与径流方向垂直，水土保持效果好。行状配置有长方形、正方形和三角形3种。

4.3.3 造林整地

造林地整地，又称造林地的整理，是在造林前人为地控制和改善环境条件，使它更适合于林木生长的一种手段。正确、细致、适时地进行整地，在很大程度上决定造林成活率的高低和幼林生长的快慢。造林整地的主要作用在于：①改善立地条件，形成局部微气候，有利于林木生长；②保持水土，提高土壤含水量，促进林木成活与生长；③便于造林施工，提高造林质量。造林整地工作主要包括：①造林地清理；②确定整地方式。可分为全面整地(全垦)和局部整地，局部整地又分为带状整地(带垦)和块状整地(块垦)；③确定局部整地的方法。包括水平带状整地、反坡梯田整地、水平阶、水平沟整地、撩壕整地、高垄整地、鱼鳞坑整地、块状(方形)或穴状(圆形)整地以及回字形漏斗坑整地等。造林地整地的技术规格应从整地的深度、宽度、长度(局部整地)、断面形式、附属设施及整地质量等几方面把握。

4.3.4 造林方法

在细致整地的基础上，我们所选用的造林树种、草种采用何种方法种植，何时何季节种植，是林草施工中的关键技术。造林的方法有播种造林、植苗造林和分殖造林，一般多采用植苗造林；在直接容易成活的地方民可采用人工播种造林，在偏远、交通不便、劳力不足而荒山荒地面积大的地方，可采用飞机播种；对一些萌芽力强的树种，可根据情况采用分殖造林。

造林的适宜季节应是种子或苗木具有适于发芽生根的环境条件(主要水及温度条件)和易于保持幼苗体内水分平衡的季节，并最少遭受不良环境因子(如干旱、日灼、鸟兽害等)危害的时候。以全国来说，春季、夏季(主要指雨季)、秋季、冬季(在土壤不结冻的地区)都可以造林。但在不同地区，不同树种和不同造林方法都有各自最适宜的造林时机。一般春季是我国大部分地区的适宜造林季节。

4.3.5 幼林抚育管理

人工林幼林抚育管理，通常是指在造林后至郁闭前一阶段时间里所进行的各种措施，包括幼林地管理、幼林林木抚育、林下植被管理、幼林保护和造林检查验收。目的是为了改善苗木或幼树的生活环境，排除不良因素的影响，提高造林成活率和保存率，促进林木生长，加速郁闭，提高造林质量。新造林一般要经历缓苗、扎根、生长并逐步进入速生的过程，所以，它是个关键的转折阶段，对以后能获得最大的生物产量并及早地发挥经济防护效益至关重要。俗话说，“三分造林，七分管护”“只造不抚，白费工夫”就是这个道理。

4.3.6 集水造林技术

水资源紧缺一直是限制干旱半干旱地区和山区发展的“瓶颈”因素，进入21世纪，发展中国家还有8亿人口还没有安全可靠的饮水供应，13亿人缺少符合要求的饮用水。地下水的超量开采，使地下水位逐年大幅度下降，印度南部海岸平原，地下水位自1965年以来下降了30m。我国西北干旱半干旱地区地下水位每年以0.25～0.6m的速度下降。在可利用的水资源接近枯竭的同时，世界干旱半干旱地区的大面积耕地还是“靠天吃饭”，农林业生产受到极大限制。2003年西南地区遭遇了历史上罕见的大旱，其中云南省的局部地区在5～7月份的雨季近70d滴雨不见；2005年西南地区的四川南部和云南全省又遇到了50年不遇的旱灾，大春作物无法下种栽苗，云南省筹措3000万元应急资金用于抗旱，调集全省有关部门各级干部参加抗旱救灾第一线工作；2009—2013年西南地区连续5年的严重干旱，使大面积山区出现了严重的人畜饮水困难。但对于缺乏水源的山区小流域只能“望旱兴叹”，一筹莫展。与此同时，这些山区耕地遇到暴雨则产生严重水土流失，2005年6月10日在云南抚仙湖畔一小流域40min内降雨46mm后，在农地监测径流场产生了场降雨2000t/km^{2}的土壤侵蚀强度。因此，旱灾频繁山区的小流域综合治理应该以水为由，从降水资源的合理利用和调控配置上拓展思路。

4.3.6.1 集水的含义和集水工程的类型

(1)集水的含义

Myers(1975)首先对集水作了定义，他认为：“集水是对降雨地表径流和小河或小溪的收集和贮存。”他也引用了Currier的定义从已处理的流域收集自然降水并合理利用的过程。最后所下的定义是：“从一个为了增加降雨和融雪径流而处理过的区域收集水的实践活动。”表明了集水措施包含着产流、收集和贮存方法及对水的利用。所采取的方法完全取决于当地条件、对水的利用目的和所选择材料的不同，如是在干河床阶地发展农业还是在微型集水系统中植树，是用薄膜材料集水还是进行地下水的开采，是用水坝蓄水还是用其他方式都决定着产流、收集、贮存的方式方法。

(2)集水系统的分类

农林业集水系统有小、中、大三种尺度，小尺度的集水系统为微型集水系统(micro water-harvesting, MCWH)，中尺度的为微区域集水系统(micro-area water-harvesting, MAWH)大尺度的为小流域集水系统(watershed water-harvesting, WSWH)。

①微型集水系统(MCWH)　MCWH系统即为就地拦蓄就地入渗的初级集水技术，微型集水区和入渗池(坑)是该系统的两个最基本的组成部分。在入渗池(坑)中可以栽植一株树、一丛灌木或一年生作物。根据这一特点，MCWH系统有等高蓄水沟集水、隔坡带状种植、等高带状种植等几种类型。MCWH的一个主要优点是有高的径流率，在每年的雨季收集大量的雨水入渗到土壤层内，并进行一年生浅根性植物与多年生深根性木本植物混植，既可大幅度增加生物产量，又可有效的利用贮存的土壤水分。系统内每平方米的作物产量较高但单位总面积的产量却比较低，这主要是单位土地上的种植面积较小，然而，在水和陆地缺乏的沙漠地区，采用MCWH系统使植物对水能高效利用。利用隔坡

梯田使地表径流在梯田面富集和叠加，以补充梯田内植物需水量的不足，生长季梯田土壤平均含水率比坡耕地提高 18.03%~25.81%。农田微集水种植技术是一种地块内集水农业技术，通过在田间修筑沟垄，垄面覆膜，作物种在沟里，使降水由垄面向沟内汇集，改善作物水分供应状况，提高作物产量。但微型集水系统所收集的水被贮存在土壤层中，不具备时间上的水分调节功能，由于土壤断面蓄水容量的有限性，在雨水补给地区的旱季还是没有充足的水分供应，不能起到“丰水旱补”的作用，使得其单独使用的效果不理想，尤其在间歇性干旱十分明显、雨季水分过多反而导致土壤积水黏重的地区不能单独使用。

②小流域集水系统（WSWH）　WSWH 系统是包括区域范围较大的集水系统，一般以一个坡面或一个小流域为单元进行集水、蓄水和利用，流域集水区收集地表径流，贮存在地面水库，常用于家畜饮用或农地灌溉。印度 Khadin 集水系统与我国“淤地坝”相似，就是将山坡地表径流和所冲刷的土壤拦蓄在低洼沟谷的水坝中，在坝未淤满之前进行灌溉等方面的利用，淤满之后则可种植农作物或造林，土壤肥沃、水分状况良好。WSWH 系统从流域坡面集水，在地面水库蓄积的水量要比土壤断面层多，使有限的水在时间和空间上更合理地分配以便使用者更有效地利用。但具有小水库的 WSWH 系统涉及的范围较大，水库及蓄水系统的一次性投资太大，只能用于经济能够承受或有外援投资的地区。但是，对于水土流失较为严重的退化小流域，流域坡面是泥沙的主要策源地，采用 WSWH 系统不能阻止坡面的水土流失，并且水库的淤积问题很快使水库失去蓄水能力。

③微区域集水系统（MAWH）　MAWH 系统是利用具有一定面积（100～1 000m^2）的微区域坡面建立集水区收集地表径流，用水渠等输水系统将径流引向地面贮水设备蓄积，在植物需要水分时用管道引向种植区作物的根系分布层进行直接利用。印度典型的 MAWH 系统是在流域的坡面以 0.75m ±0.2m 的垂直间距、0.4% ±0.2% 的比降筑垄开沟，形成沟垄网络，将坡面分割成 0.75hm^2 ±0.5hm^2的小区，在沟垄的末端修建蓄水池，为旱季所利用。在中国北方地区集水区采用路面、院落、硬化处理的坡面、温室棚面，公路沥青路面沟渠 + 水窖集水、屋顶庭院 + 水窖集水，用薄壳水泥窖、涝池、塘坝等贮水，以喷灌、微喷灌和滴灌为主，间歇灌、补充灌溉为辅，以及“坐水种”、点浇保苗、灌关键水相结合的技术体系，同时辅以秸秆覆盖措施，发展大棚温室。但对于自然产流率较高的地区，集水区坡面不采用人工处理，更有利于集水区坡面的植被恢复。山东安口小流域稳渗率变化在 0.06～0.17mm/min 之间，径流系数达 0.46，有利于利用天然径流场集水发展雨养农林业。比较黏重的土壤更适合于采用自然坡面作为集水区。MAWH 系统使雨季相对充足的降雨得到更有效的利用，对降雨资源具有较强的时空调控能力，适合于我国南方地区的气候、地形和土壤特点。但上述的 MAWH 系统仅仅是部分技术的应用，没有在流域水平上对生态系统进行分类，没有对 MAWH 系统的技术体系进行合理配置。而 MAWH 系统应该对单项技术进行有机集成，使其更具有系统性、实用性和可操作性，但 MAWH 系统在国内外还没有被系统和广泛地应用。

综上所述，集水系统应该有三个共同的特征：第一，应用于具有间歇性径流的干旱半干旱地区。地表径流来源于降雨或季节性流出的地下水。由于径流历时短暂，贮存是集水系统中必需的组成成分；第二，由于水源主要是地表径流、小溪流、泉水和渗出水等当地水，所以集水系统不包括大型水库和地下水开采；第三，集水系统在集水区面积、蓄水容积和投资上的规模都比较小。根据以上特征，大尺度的集水系统(WSWH)事实上不属于集水系统，应该属于小型水利工程设施，小尺度的集水系统(MCWH)仅仅是微区域集水系统的部分技术，不能代表集水系统。微区域集水系统符合上述特征，是典型的集水系统。

4.3.6.2 微区域集水系统的结构、特点和功能

(1)微区域集水系统的结构

大、小型集水系统都存在问题，小型集水系统不能解决间歇性干旱地区的旱季水分问题，微区域集水系统充分体现了分区治理思想和斑块交错结构理论，在同一小流域首先划分出自然恢复区和利用性恢复区，在利用性恢复区形成微区域集水系统的主体结构，即集水区、蓄水设备和水分利用区，集水区以自然恢复模式为主，利用区以利用性恢复模式为主，种植经济植物，产生经济效益。自然恢复区、集水区、水分利用区相互交错，形成典型的斑块交错结构，符合景观生态学原理和群落结构理论，结构稳定，功能完善。微区域集水系统为间歇性干旱地区的水土保持生态修复提供了新的思想和技术体系。MAWH系统是典型的集水系统，它不仅从小流域的角度体现了系统性，而且对各种集水单项技术进行了有机集成，体现了综合性，并且每一系统包括范围较小，具有灵活性和操作性。

(2)微区域集水系统的特点

①具有斑块镶嵌结构　建立MAWH系统首先要在小流域水平上进行系统的合理配置。小流域系统的基本单元是各生态系统类型斑块，建立MAWH系统的目的是对各类斑块在系统中进行优化组合，即将不同的斑块类型确定在合理的空间位置，实现小流域系统镶嵌结构中各斑块功能的稳定运行。根据小流域范围内的地形条件确定建立MAWH系统的小流域由作物生产区、经济林果生产区和系统隔离防护区三类生态系统类型组成，并对组成小流域系统的3种斑块类型进行因地制宜的空间优化组合，即将坡度较缓、具备农作物和经济作物生长基本条件的地段划分为作物生产区，进行粮食和经济作物生产，保证当地居民的基本粮食生产和生活；将较陡的、不适合作物生长的地段划分为经济林果生产区，依靠山区热量充沛、光照充足的气候资源优势和发展特色果品的产业优势，为农民增产增收；将脆弱地带(沟道、陡坡等)视为系统隔离防护区，可以依靠生态系统的自然修复能力，采取人工诱导的措施促进脆弱地带的植被恢复，通过对这些地带的植被恢复，在小流域系统农业生态系统之间形成防护植被，实现对农业生态系统的隔离防护，这样在小流域系统中形成生态系统相互交错的斑块镶嵌结构，各生态系统的功能互补、相生相克，形成结构合理、功能稳定、关系协调的小流域生态经济系统。

退化小流域山地要形成上述的斑块镶嵌结构，在水分利用区种植经济作物和经济林果，需要解决旱季的水分短缺问题。间歇性干旱山地降雨的时空分布不均，旱季气温高且持续时间长，成为山地经济林果木和经济作物正常生长和结实的限制因子。具有水分

时空调节功能的微区域集水系统在解决山地农业的缺水问题中表现出特殊的功效，这主要由微区域集水系统的内部结构所决定。微区域集水系统由集水区、蓄水设备和水分利用区3个不同的目的区组成，对降水在时空上进行再分配，有效收集雨季径流，补充经济林果木和经济作物旱季和间歇性干旱期的短缺水分，促进结果结实。根据退化山地系统的结构对集水区、蓄水设备和水分利用区进行合理配置，并通过集水效率、蓄水设备的可利用性和水分利用区的水分生产力水平衡量微区域集水系统结构的合理性。该系统既可通过降水在时空上的再分配实现经济林果木和经济作物的旱季水分补给，又可以通过完善的截排水系统有效防止水土流失、保护山地农业生态系统，实现山区小流域的可持续发展。

②单项集水技术的集成　为了实现MAWH系统对降水资源的调节利用，根据山区小流域系统的斑块镶嵌结构对集水区、蓄水设备和水分利用区进行合理配置，对集流、截流到导流各个环节的技术必须进行有机组合，才能形成完成的集水系统。

A. 集水组合技术　微区域集水系统的集水技术是实现水分调节利用的关键技术之一。该系统能否充分利用降水资源，能否对地表径流进行有效拦截，能否将拦截地表径流有效导入蓄水设备而不产生水土流失，关键在于集水技术的正确和合理性。退化小流域山地系统的三种斑块类型均可充当集水区，但以山地系统的隔离防护区为主，将各分区所产生的地表径流通过完善的截水沟系统引入集流主沟，然后导入蓄水设备，在水分利用区进行节水灌溉利用。鉴于南方地区自然产流率较高（20%~40%）的特点，通过实践研究，在小流域系统隔离防护区采取对原地表破坏小、简单易行的小规格集水技术，开挖小规格的截留沟，拦截系统内部的地表径流，既避免在集水中对原地表的较大干扰造成水土流失，能降低成本，而且在拦截地表径流的同时达到了水土保持的目的。在生产区则利用人工配置的截排水沟系统进行集水，也起到了集水和水土保持的双重目的。

B. 导流组合技术　为了给水分调节利用提供有利条件，通过系统隔离防护区和生产区的截排水系统、人工集流主沟，在MAWH系统中形成了完善的导流系统，人工集流主沟将集水区与蓄水设备相连，截排水沟系统将拦截的地表径流引入集流主沟，然后导入蓄水设备，在水分利用区进行节水灌溉利用。

C. 土地整理组合技术

集水区土地整理技术：系统隔离防护区是微区域集水系统的主要集水区，该集水区一方面是收集地表径流，另一方面是通过对地表径流的拦截防止由地表径流冲刷造成的水土流失。对系统隔离防护区的土地整理组合技术主要通过等高线状整地配置土质截水沟，拦截坡面径流入人工顺坡集流主沟至蓄水设备，尽量减少对系统隔离防护区的扰动，促进该区域的植被恢复。

生产区土地整理技术：生产区既是种植区又是集水区，在作物生产区和经济林果木生产区进行等高带状整地，形成具有拦截泥沙径流的水平阶（台），并配置完善的排水系统，防止径流对农地冲刷所产生的水土流失，并将径流经排水系统引入集流主沟至蓄水设备。

节水灌溉水分利用技术：山区小流域系统的地形条件复杂，生产条件普遍较差，节水灌溉技术既要考虑克服不良的自然条件，又要考虑提高生产力水平，必须充分利用山地地形条件，因地制宜、因势利导，多种灌溉技术相结合，充分利用降水资源，提高水分利用效率。根据山地的地形特点，充分利用自然高差，实现自流灌溉，并通过小罐渗灌、地下渗灌、滴灌等节水灌溉技术的综合应用达到对水分的高效利用。

③具有灵活性和可操作性　小流域山地微区域集水系统包括的集水区、蓄水设备和水分利用区三个不同的目的区，所采用的集水、土地整理和水分利用技术均比较简单易行，每一套微区域集水系统所涉及的山地面积不大，系统的规格尺寸较小，一般集水区面积为100～1000m^2，蓄水设备容积为10～30m^2，水分利用区经济林果为50～60株、经济作物为100～200m^2。不同地区可根据蓄水设备的有效容积、降雨量和产流率对集水区面积进行调整。该系统可以供给(滴灌)植物水分以渡过连续无雨的旱季5个月和雨季间歇性干旱，避免严重干旱胁迫对植物的危害。集水区不论是系统隔离防护区还是生产区，所采取的集水技术均十分简单，便于操作。因此，从技术角度，MAWH系统既适合于一家一户使用，也适合于小流域综合治理中集体应用，具有极强的灵活性和可操作性。

(3)微区域集水系统的功能

①生态协调功能　在利用集水系统解决干旱问题时，为了获取规模效应，普遍都注重大规格集水和蓄水技术的应用。如大型集雨工程的集雨面积在2000m^{2}以上，包括集雨、输水、蓄水、灌溉和其他用水系统，其集雨系统为专用集雨场，一般为混凝土、水泥土、铺砖水泥接缝合沥青等覆面，收集的雨水干净、清澈，不需要配置沉沙池、拦污网、消力池等辅助设施，需要在集雨场周围建设2～3个100m^{3}以上的蓄水池。这种大型集水工程存在几方面与小流域水土保持生态修复不相适应的问题。一是大的蓄水池施工难度大、成本高，受地基的影响很大，可能由于地基的不均匀沉降产生裂缝，一旦有质量问题难以维护处理。二是集水面的硬化处理不符合生态学原则，建设集雨工程的目的是建立可持续发展的山地农业，可持续的山地农业不仅仅体现在农田水平，在一块农田上实现高产不能代表山地农业的可持续发展。可持续发展的山地农业体现在山地各生态系统结构上的有机组合和功能上的相互补充，最理想的山地农业结构应该是森林生态系统、草地生态系统和农田生态系统在平面上的镶嵌分布，森林和草地生态系统不仅可以改善局部的农业小气候，防止不良的气象灾害对农田生态系统的影响，而且是很多农作物病虫天敌的寄宿场所，减轻病虫害对农田生态系统的威胁；反之，山地农田生态系统极有可能产生水土流失，尤其在坡耕地土壤侵蚀量极大，由于镶嵌分布森林和草地生态系统，农田生态系统所产生的高含沙径流可以在森林和草地被过滤，不仅防止了农田水土流失，而且也对提高森林和草地的土壤肥力极为有利。

②微区域集水系统的水文生态功能　在进行农业开发利用的山区坡面，遇上连日暴雨时，不但引起土壤冲蚀和山崩，更易造成径流集中，使洪峰径流量大幅增加，带来下游地区严重洪水及泥沙灾害。利用微区域集水系统贮集雨水，对径流进行循环利用，起到很好的防洪减灾作用，同时还可以将贮集下来的雨水做其他利用，有水资源保育的作用。凡集水系统都具有一定的水文生态功能。利用各种集水技术在集水区上游大量贮集、截留雨水，增加土壤孔隙率及孔隙直径，增加水分渗入及储存，减少地表径流、降低洪峰流量、抑制泥沙输出、净化水质及增加土壤水的贮留量、滞留量和地下水量。使

雨水无法直接冲蚀地表，加强了山坡地水土保持的功能，进而达到防洪的效果。微区域集水系统由于对降水资源的合理分配和利用，改善了非生物环境，不仅促进植被的正向演替过程，而且体现出极强的水文生态功能，雨季，通过其完善的集水、土地整理和截排水系统对地表径流拦截，促使土壤水分的垂直渗透，增大了地表径流的土壤水分转化率，使土壤水分的垂直运动速度和垂直方向的土壤水分通量增加。通过多年研究表明，在集中降雨后，微区域集水系统水分利用区土壤水分垂直运移速度明显比自然坡面大，在场降雨40mm以上的大雨后，水平阶的土壤水分垂直运动速率大约为10~15cm/d。通过拦截了大量地表径流，增加入渗量，微区域集水系统的集水区斑块和水分利用斑块能分别将90%和89%以上的地表径流被转化为土壤水分，增加了地表径流的水文循环过程，而自然坡面的降雨转化率只有22%。

③协调山区保护与发展之间关系　云南山地农业普遍存在“靠天吃饭”的现实问题，广种薄收，土地生产力低下，其根本原因是在降雨的时空分布极为不均、旱季气温高且持续时间长的不利条件下，没有对天然降水实现资源化利用。具有时空水分调节功能的微区域集水系统在解决山地节水农业的缺水问题中具有特殊的功效。结合山地农业系统的组成结构，由集水区、蓄水设备和水分利用区组成的微区域集水系统，对降水在时空上进行再分配，有效收集雨季径流，补充经济林果木和经济作物旱季和间歇性干旱期的短缺水分，促进结果结实。该系统既可通过降水在时空上的再分配实现经济林果木和经济作物的旱季水分补给，提高山地农业的土地生产力水平，又可以通过完善的截排水系统有效防止水土流失、保护山地农业系统，实现山地农业的可持续发展，协调保护与发展之间的关系。

微区域集水系统是以调节地表径流为基本方式、以经济型生态建设为基本目标、以解决生态建设与农民增收的矛盾为基本思路的新型水土保持生态修复技术。其结构的科学合理性，技术体系的实用和可操作性，功能的完善和持续性决定了微区域集水系统在山区未来水土保持生态修复中必将发挥巨大的作用。

4.3.6.3 微区域集水系统的技术要点

微区域集水系统利用的水源全部为坡面径流，集水区全部为自然坡面和坡耕地。有条件和可能时也可以选择撂荒地和道路为集水区。南方地区以黄壤、红壤、砖红壤为主，黏粒含量高，自然产流率在30%以上，大雨情况下达到50%以上，为了在工程建设中不破坏自然地表、不影响农业生产，微区域集水系统的集水区全部采用自然坡面，不进行任何处理。

截留等高反坡阶是集水区拦截坡面径流、防止土壤侵蚀、收集径流的关键技术，在坡耕地上其布设既不能影响农业生产，又能有效收集径流和防治水土流失，同时，等高反坡阶的宽度能保证在上面种植农作物和牧草等。以下几个要素是截留等高反坡阶设计必须考虑的：①宽度，为了保证在等高反坡阶种植农作物、牧草以及植物篱，其水平宽度为1.2~1.5m，宽度过大，反而不利于径流收集；②反坡角，为了防止水平阶拦截径流外溢造成冲刷，保证等高反坡阶具有一定的蓄渗能力，水平阶必须整理成外高内低的反坡，反坡角以5°为宜；③横坡比降，截留等高反坡阶不单纯为了截留集水，还应具有拦蓄泥沙和蓄渗径流的功能，不能使径流有大的流速，所以必须保持水平，在等高方向不能有坡比；④植物种植，阶面可以种植与农田相同的农作物和牧草，外缘种植以经济灌木为主的植物篱。

微区域集水系统施工要注意以下几方面：①集水工程施工前必须进行详细的地质勘察和方案论证，科学选定施工地点，为此需搜集水文地质资料，以便施工中采用相应的技术措施，达到蓄水设计要求；②在选定位置和施工方案后，根据现场情况，修建导流槽；③导流槽一般1套微区域集水系统布设1条，垂直于等高反坡阶；④导流槽选用砖砌结构，断面尺寸30cm×30cm，混凝土铺底10cm，侧壁为单砖砌筑，上缘与地面相平。

根据南方地区的土层、气候等特点，蓄水设备形式选择从以下几方面考虑：蓄水工程包括进水口、蓄水(窖)池、出水口及管理附属设施，主要起贮存作用；蓄水工程的形式主要选用水窖；水窖形状为圆柱形，底部形状为锅底形，防渗材料为水泥砂浆防渗，被覆方式为软被覆式。建筑材料主要为砌砖石和现浇混凝土，底部为现浇混凝土；圆形水窖直径一般为4.0～5.0m，圆柱部分净高2.0～2.2m，底部(锅底)最大净高50cm，底部浇筑混凝土不小于20cm，开挖深度2.8～3.0m。一般要求深度不得低于2.0m，否则既不经济也不能充分发挥效益。深度大于3.0m则需要增加侧墙厚度且不利于工程稳定；圆柱形水窖要求采用埋置形式，以充分利用圆形拱的作用。导流槽方向有建沉沙池的地方，且基础是硬基，并且与周边地形、道路、建筑物相协调。

4.4 林业生态工程构建

4.4.1 水源涵养林业生态工程

为了调节河流水量，解决防洪灌溉问题，最有成效的办法是修建水库。但水库投资大，加上库区淹没、移民以及环境保护等，常常带来很多难以预料的问题，而且无法从根本上解决上游的水源涵养、水土保持及生态环境问题。近几十年来，世界各国对修筑大坝，长距离调水等工程重新审视，更加重视和关心上游林草植被的保护、恢复和重建。

水源涵养林业生态工程体系是由多种工程(或林种)组成的，这里介绍的仅仅是生态保护型林业生态工程，即天然林保护、天然次生林改造、水源涵养林营造和自然保护区工程。

4.4.1.1 天然林保护工程

我国国有林区多分布大江大河的源头或上中游地区，经过几十年的采伐，为国家提供了$10\times10^8m^3$以上的木材。但成、过熟林已由50年代初期的$1\,200\times10^4hm^2$，减少到目前的$560\times10^4hm^2$，涵养水源、保持水土的功能大大减弱，给生态环境、工农业生产和人民生活造成巨大的损失。1999的1月6日，国务院公布实施《全国生态环境建设规划》，停止天然林采伐，保护天然林工程在我国正式启动，这不仅是我国履行国际环境保护义务和加强国土整治的具体行动，同时也是建设江河上中游水源涵养林业生态体系的一个契机。

天然林保护工程是一项复杂、庞大的系统工程，涉及面广，技术复杂，管理难度大。由于工程建设刚刚开始，国家有关的较为完善的方针政策尚未出台，其定义、内涵、外延、内容及任务尚不明确。根据国家林业局有关资料，工程建设总的思路是：保护、培育和恢复天然林，以最大限度地发挥其生态效益为中心，以森林的多功能为基础、以市场为导向，调整林区经济产业结构，培育新的经济增长点，促进林区资源环境与社会经济协调发展。工程以长江上游(三峡库区为界)、黄河中上游(以小浪底库区为界)为重点，在工程管理上实行管理、承包与经营一体化；业务上以科学技术为支撑。本着先易后难的建设原则，根据国家和林区的经济条件，分期分批逐步实施。

我国有25个天然林区。天然原始林主要分布在大小兴安岭与长白山一带，其次在四川、云南、新疆、青海、甘肃、湖北西部、海南、西藏和台湾等省(自治区)也有一定面积的原始林。按照建设的总思路和原则，将25个林区划分为3个大的保护类型：

①大江、大河源头山地、丘陵的原始林和天然次生林；

②内陆、沿海、江河中下游的山地、丘陵区的天然次生林；

③自然保护区、森林公园和风景名胜区的原始林和天然次生林。

我国的自然保护区、森林公园和风景名胜区，大部分分布在河流上游，其原始林和天然次生林的保护，是水源涵养林业生态工程建设与天然林保护工程的重要组成部分。

4.4.1.2 天然次生林改造

次生林是原始林受到外部作用的破坏后，经过一系列的植物群落交生演替而形成的森林。我国通过封山育林、天然更新形成的天然次生林面积约$2\,667\times10^4 hm^2$，占全国森林面积的1/3左右。山西、陕西、河北原有的森林，几乎都是天然次生林；南方仅马尾松次生林就达$1\,060\times10^4 hm^2$。天然次生林多分布在土石山区，有很大一部分是在江河上中游地区。如山西省的天然次生林分布在管涔山(汾河上游)、关帝山(汾河一级支流文峪河上游)、吕梁山中南段(三川河、昕水河上游)、五台山和恒山(滹沱河上游)；太岳山、中条山、太行山(泌河、漳河上游)均为水源涵养林区。对天然次生林进行经营管理，有效发挥其涵养水源、保持水土及其他生态功能，不仅是天然林保护的重要组成部分，也是水源涵养林业生态工程体系建设的重要组成部分。

4.4.1.3 水源涵养林营造

水源涵养林的营造包括3个方面，一是现有水源涵养林(天然林和人工林)的经营管理，主要是水源涵养林的最佳(理想的)林型及培育(或作业法)；二是水源涵养人工林的营造，主要是水源区内草坡、灌草坡和灌木林及其他宜林的人工造林；三是水源区内天然次生林，低价值(指涵养水源功能低)人工林、疏林的改造。

4.4.1.4 自然保护区

自然保护即保护人类赖以生存和生活的自然环境与自然资源，使之免遭破坏。自然保护区就是以自然保护为目的，把包含保护对象的一定面积的陆地或水体划出来，进行特殊的保护和管理的区域。保护的对象主要包括：有代表性的自然生态系统，珍稀濒危动植物的天然集中分布区、水源涵养区，有特殊意义的地质构造、地质剖面和化石产地等。自然保护区是自然保护的一项重要方法和手段。

我国的自然保护区建设开始于1956年，保护区的类型一般分为三类，即森林与其他植被自然保护区、野生动物自然保护区和自然历史遗迹保护区。名称上一般都冠自然保护区，少数有称森林公园的，如张家界国家森林公园。以森林、草地和野生动物保护为目的保护区占大多数。目前，已有11个林业自然保护区加入了国际人与生物圈保护网，7个列为国际重要湿地。但从国际上看，我国的自然保护区面积和数量还比较少，仅占陆地总面积的0.7%；而一些发达国家的自然保护区面积达到了国土总面积的5%~10%，一些发展中国家也在1%以上。扩展自然保护区的类型、数量、面积，提高其管理质量，仍是今后我国自然保护区建设的重要任务。

4.4.2 山丘区林业生态工程

水土流失是我国头号环境问题，我国山丘区面积大，生态环境比较脆弱，人类不合理的经济活动，致使水土流失严重，尤其是南方土石山区，降雨分布不均，地理条件特殊，林业生态工程措施对于防止水土流失更显重要，山丘区林业生态工程建设主要体现为水土保持林体系建设。在山区和丘陵区，不论从水土保持林占地面积和空间，从发挥其控制水土流失，调节河川径流，还是为开发山区，发展多种经营，形成林业产业进而提供经济发展的物质基础等方面，水土保持林均占有极其重要的地位。山丘区水土保持林体系的营造主要包括分水岭防护林、坡面水土保持林、梯田地埂防护林、沟道水土保持林和库岸(滩)水土保持林。

4.4.2.1 配置模式

在小流域范围内，水土保持林体系的合理配置，要体现各个林种具有生物学的稳定性，显示其最佳的生态经济效益，从而达到流域治理持续、稳定、高效人工生态系统建设目标的主要作用。

水土保持林体系配置的组成和内涵，其主要基础是作好各个林种在流域内的水平配置和立体配置。所谓“水平配置”是指水土保持林体系内各个林种在流域范围内的平面布局和合理规划。对具体的中、小流域应以其山系、水系、主要道路网的分布，以及土地利用规划为基础，根据当地发展林业产业和人民生活的需要，根据当地水土流失的特点，水源涵养、水土保持等防灾和改善各种生产用地水土条件的需要，进行各个水土保持林种合理布局和配置，在规划中要贯彻“因害设防，因地制宜”“生物措施和工程措施相结合”的原则，在林种配置的形式上，在与农田、牧场及其他水土保持设计的结合上，兼顾流域水系上、中、下游，流域山系的坡、沟、川，左、右岸之间的相互关系，同时，应考虑林种占地面积在流域范围内的均匀分布和达到一定林地覆盖率的问题。我国大部分山区、丘陵区土地利用中林业用地面积大致要占到流域总面积的30%~70%，因此，中小流域水土保持林体系的林地覆盖率可在30%~50%。

所谓林种的“立体配置”是指某一林种组成的树种或植物种的选择和林分立体结构的

配合形成。根据林种的经营目的，要确定林种内树种、其他植物种及其混交搭配，形成林分合理结构，以加强林分生物学稳定性和形成开发利用其短、中、长期经济效益的条件。根据防止水土流失和改善生产条件以及经济开发需要和土地质量、植物特性等，林种内植物种立体结构可考虑引入乔木、灌木、草类、药用植物、其他经济植物等，其中，要注意当地适生的植物种的多样性及其经济开发的价值。“立体配置”除了上述林种内的植物选择、立体配置之外，还应注意在水土保持与农牧用地，河川、道路、四旁、庭园、水利设施等结合中的植物种的立体配置。在水土保持体系中通过林种的“水平配置”与“立体配置”使林农、林牧、林草、林药的合理结合形成多功能、多效益的农林复合生态系统；形成林中有农、林中有牧、利用植物共生、时间生态位重叠，充分发挥土、水、肥、光、热等资源的生产潜力，不断培肥地力，以求达到最高的土地利用率和土地生产力。

总之，对一个完整的中、小流域水土保持林体系的配置，要考虑通过体系内各个林种的合理的水平配置和布局，达到与土地利用等的合理结合，分布均匀，有一定的林木覆盖率，各林种间生态效益互补，形成完整的防护林体系，充分发挥其改善生态环境和水土保持功能；同时，通过体系内各个林种的立体配置，形成良好的林分结构，具有生物学上的稳定性，达到加强水土保持林体系生态效益和充分发挥其生物群体的生产力，以创造持续、稳定、高效的林业生态经济功能。

4.4.2.2 分水岭防护林

山脊分水岭的利用方向如为牧业用地，防护林的任务则在于：为恢复植被并提高牧草产量及载畜量或为人工培育牧草创造必要的条件，利用林业本身的特点为牧畜直接提供饲料，并保障牧坡或草场免于水土流失和牧畜免受大风、寒冻之害。树种选择既要考虑适应性强，适口性好、营养价值高、生长迅速、萌蘖力强、除主要作为饲料树种外，同时考虑具有其他的经济效益。

北方山区有些地方是我国的畜牧业基地，南方山区也拥有发展畜牧业的巨大生产潜力。但是，由于自然历史条件等原因，山区草牧场无节制放牧的结果，草场载畜量低，牧草覆盖度小，可食性牧草种类日渐减少，不仅严重地限制了畜牧业(多为牛、羊)的发展，而且加剧了水土流失和所谓的“林牧矛盾”。正因为如此，畜牧业可提供给农业的有机肥料、牲畜的数量和质量远远不能满足需要，从而影响了山区经济的发展，因此，有计划地恢复和改善天然草场，积极发展和培育人工草场，改善牧场管理，充分满足饲草的需要，成为发展畜牧业的关键。

4.4.2.3 坡面水土保持林

人工营造坡面水土保持用材林。以培育小径材为主要目的的护坡用材林，应通过树种选择、混交配置或其他经营技术措施来达到经营目的。一是要保障和增加目的树种的生长速度和生长量；二是要力求长短结合。及早获得其他经济收益(薪炭、家具、纺织材料，或其他林粮间作收益)。这类造林地，一般造林地条件较差(如水土流失、干旱、风大、霜冻等)，应通过坡面林地上水土保持造林整地工程，如水平阶、反坡梯田或鱼鳞坑等整地形式，关键在于适当确定整地季节、时间和整地深度，以达到细致整地、人工改善幼树成活生长条件。

水源地区水源涵养用材林的封山育林。在这类山地依托残存的次生林，或草、灌等植物，模仿自然群落形成和发展的过程，采用封山育林以达到恢复水源涵养林并形成稳定林分的目的。

4.4.2.4 梯田地埂防护林

梯田地埂防护林主要是针对土埂和石埂梯田，为防治田坎或田埂侵蚀而设置的水土保持林体系。在梯田地埂上造林，既能延长工程寿命，还具有保水固埂提高产量的作用，提高拦泥蓄水能力，还能改善小气候，提高粮食产量和副业收入。在梯田地埂上造林，不但不占用农业耕地，而且能增加林地面积，实现梯田地埂林网化；既提升了生态景观，又增加了森林资源总量，是增加控制水土流失，实现村庄、梯田林网化的有效途径。

梯田地埂坡度陡，干土层厚，水肥条件差，选择梯田造林树种时，因各地情况有别，树种则不一，所以要掌握“适地适树，因地制宜”的原则。选择树种的一般标准为：适应性强，耐旱耐瘠薄，萌生能力强，速生能力好，耐平茬，根系发达，生物量大，热值高。梯田地埂的侧坡一般较陡，造林以插条、压条为主，不易插条和压条的树种可采用植苗或直播造林。新造地埂幼林地要封闭式保护管理，及时检查成活率，对缺株断行的应在下一季造林时及时补植。

4.4.2.5 沟道防护林

沟道水土保持林的建设目的在于充分发挥沟道地区水土资源的生态效益、经济效益和社会效益，改善当地农业生态环境，为发展山丘区、风沙区的生产和建设，整治国土，治理江河、减少水、旱、风沙灾害等服务。沟道水土保持林在改善生态环境的作用中处于重要的地位，具有很强的保水能力，它能促进天上水、地表水和地下水的正常循环，是天然的“绿色水库”。

南方土石山丘地区的沟道水土保持林根据地形、地貌、地质条件分为两类，分别为土质沟道和石质沟道，其水土保持林业生态工程体系主要是针对这两种沟道进行建设。土质沟道系统具有深厚“土层”的沿河阶地、山麓坡积或冲洪积扇等地貌上所冲刷形成的现代侵蚀沟系。土质沟道系统的水土保持林，其目的为：结合土质沟道、沟底、沟坡防蚀的需要。土质侵蚀沟道的水土保持林工程的目的和意义在于获得林业收益的同时发挥保障沟道生产持续、高效的利用；稳定沟坡，控制沟头前进、沟底下切和沟岸扩张的目的，从而为沟道全面合理的利用，提高土地生产力创造条件。石质沟道多处在海拔高、纬度相对较低的地区。降水量较大，自然植被覆盖度高，石质沟道具有坡度大，径流易集中；漏斗形集水区；沟道的底部为基岩，基岩呈风化状态、沟道有疏松堆积物时，易暴发泥石流；土层薄，水土流失的潜在危害性大；灾害性水土流失是洪水、泥石流的特点。石多土少，植被一旦遭到破坏，水土流失加剧，土壤冲刷严重，土地生产力减退迅速，甚至不可逆转的形成裸岩，完全失去了生产基础。

通过沟道防护林的配置，以控制水土流失，充分发挥生产潜力，防治滑坡泥石流，稳定治沟工程和保持沟道土地的持续利用。在发挥其防护作用的基础上争取获得一定量的经济收益。

4.4.2.6 水库、河岸(滩)水土保持林

水库运行中存在的最大问题是泥沙淤积、库岸坍塌、水面蒸发及坝下游低湿地。特别是泥沙淤积是影响水库使用价值和其寿命的主要因素。水库、河岸(滩)水土保持林包括水库防护林和护岸护滩林。水库防护林主要是在水库潜岸周围建造防护林是为了固定库岸、防止波浪冲淘破坏、拦截并减少进入库区的泥沙，使防护林起到过滤作用，减少水面蒸发，延长水库的使用寿命。另外，水库周围营造的多树种多层次的防护林，人们可利用其作为夏季游憩场所，同时还有美化景观的作用。

水库林业生态工程配置的原则以拦泥挂淤、护岸(库岸)护坡(库岸坡)、延长水库寿命为主要目的，把水库绿化与水上景观旅游建设结合起来。水库林业生态工程主要包括修筑水库形成的废弃地(弃土弃渣场、取土取石场、配料场等)、坝头两端及溢洪道周边的绿化；水库库岸及周边防护林；坝下游低湿地绿化、回水线上游沟道防护林；水库管理局绿化。

护岸护滩林生长在有水流动的河滩漫地与无水流动的广阔沿岸地带的植物群体，是组成沿岸群落的林分。护岸(堤、滩)林是沿江河岸边或河堤配置的绿化措施，用以调节地水流流向，抵御波浪、水流侵袭与淘刷的水土保持技术。其一般包括护岸林、护堤林和护滩林。护岸护滩一般是“护岸必先护滩”，当然，具体工作中，还应考虑具体河段的特点，确定治理顺序。为了防止河岸的破坏，护岸林必须和护滩林密切地结合起来，只有在河岸滩地营造起森林的条件下方能减弱水浪对河岸的冲淘和侵蚀。因为林木的强大根系，一方面能固持岸堤的土壤；另一方面根系本身就起减缓水浪的冲击作用。同时也应注意，森林固持河岸的作用是有限的，当洪水的冲淘作用特别大时，护岸应以水利工程为主，最好修筑永久性水利工程，如防堤、护岸、丁坝等水利工程。但是，绝不能忽视造林工作的重要性。在江河堤岸造林，尤其在堤外滩地造林有很大的意义，它不仅能护滩护堤岸，而且在成林后还能供应修筑堤坝和防洪抢险所需的木材，因此应尽可能的布设护岸护滩森林(生物)工程。

水库、河岸(滩)水土保持林的适用范围主要是水库周边，无堤防的河流，有堤防的河流，河漫滩发育较大的河流。

4.4.3 生态经济型林业生态工程

所谓生态经济型林业生态工程是指分布在各种地貌类型区的，具有确定的经济功能或明确的经济目标的，同时也具有一定生态防护功能的森林、树木、灌丛、草本以及它们的复合系统。如山区农林复合生态系统中，果树和农作物间作，其有着明确的经济目标，就是生产优质高产果品和农产品，同时，果树及其蓄水保土的整地和扩穴工程，又具有一定的水土保持功能。这种类型的林业生态工程主要有四种，即农林(牧、渔)复合生态工程(含庭院农林复合生态工程)、经济林、用材林(含竹林栽培)、薪炭林。

4.4.3.1　农林复合生态工程

农林复合生态工程又称复合农林业、农用林业或混农林业，是指在同一土地管理单元上，人为地将多年生木本植物(如乔木、灌木、竹类等)与其他栽培植物(如农作物、药用植物、经济植物以及真菌等)或动物，在空间上按一定的结构和时序结合，使土地生产力和生态环境都得以可持续提高的一种土地利用生态工程。

(1)农林复合生态工程特点

①复合性　农林复合生态工程改变了常规农业(或林业)生态工程对象单一的特点，它至少包括两种的成分。

②系统性　农林复合生态工程是在总结自然群落基本规律的基础上，按照一定的生态和经济目的人工设计而成的。

③集约性　农林复合生态工程是一种在组成、结构及产品等方面都很复杂的人工生态工程，在设计及经营管理上也要比单一组分的生态工程复杂，需要多方面的配套技术，同时为了取得较多的品种和较高产量，在投入上也有较高要求。

④等级性　农林复合生态工程的大小规模具有不同的等级和层次，可以从小到以庭院为一结构单元，大到田间生态系统。广义上可以扩展到以小流域或地区为单元，直到覆盖广大面积的农田防护林网。

(2)农林复合生态工程保持水土的效果

水土保持林农复合系统保持水土的效果在于3个方面：

①等高生物绿篱带的固土与减缓冲蚀作用。

②枯枝落叶与草被植物对地表的保护作用。草本植被较农荒地可减少径流量38%，减少冲刷量47%。在种植人工林的坡地上，人工除去地表枯枝落叶会使土壤侵蚀量增大近20倍。

③林冠对雨水的截留作用。但乔木的冠层较高时，不仅不减弱雨滴对地表的击溅，而且还会有所增强。所以，建立复合农林业时最好不要采用太高大的乔木，若要采用则应在这些大树下面再种植些矮林、灌丛或草本植被，形成多层配置，以便对雨水进行有效的二次拦截。

(3)农林复合生态工程的分类

根据农林复合生态工程组成、功能、经营目标不同，一般可分为四大类。

①林(果)农复合型　是在同一土地经营单元上，把林木和农作物组合种植，常见的有以下几种类型：林农间作型、农林轮作型。

②林牧(渔)复合经营　林牧(渔)复合型经营是指以林业、牧业为主的土地利用形式，其特征是以林业为框架，发展农牧业，有以下主要类型：林草间作型、林牧结合型、林(果)渔复合类型。

③林(果)农牧(渔)复合生态工程　主要有林—农—牧多层结构型、林—农—渔复合型和林—牧—渔复合型等主要类型。

④特种农林复合生态工程　在我国农林复合生态工程类型众多，有些是以林分为环境，生产特种产品为目的的生态工程形式，常见的有以下类型：林—果间作型、林—药

间作型、林—菌间作型、林—昆虫复合型。

(4)农林复合生态工程结构配置

系统的结构决定系统的功能，农林复合生态工程系统的结构配置是其稳定发展的关键问题，结构配置的内容有物种选择及配比、空间结构配置和时间结构设计。

①物种选择及配比　农林复合生态工程生物组合应掌握以下原则：a. 林农间作必须因地制宜；b. 间作的农作物选择；c. 间作树种的选择；d. 种群组合的原则；e. 要排除生物化学上相克的作物或树种组合在一起；f. 选择低耗、高产的优良品种和耐阴性强、需光量小、低呼吸低消耗并有经济价值的品种；g. 选择在生物生态学上有“共生互利”、偏利寄生作用(瘤根菌、菌根菌)的物种；h. 避免间作那些对树木生长不利的作物；i. 不要间种与林木有共同病虫害的作物；j. 轮作。

②空间结构配置

垂直结构：农林复合生态工程的主层次在系统中往往起着关键性的主导作用；副层次种群的搭配应遵循喜光性与耐阴性相结合、深根性与浅根性种群相结合、高秆与矮秆作物相搭配、乔灌草相结合、共生性病虫害无或少、根系分泌物和凋落物互无影响或有促进作用、要排除有毒他作用的种群；

水平结构：水平结构配置应注意：林木的密度和排列方式，要与模式的生态工程方针和产品结构相适应；并要处理好林和农内适当比例关系，使其相互促进；对树木的生长规律，特别是对树冠生长规律要有深入的了解，以便预测模式的水平结构变化规律，作为模式时间序列设计的依据；要根据树冠及其投影的变化规律和透光度，掌握林下光辐射的时空分布规律，结合不同植物对光的适应性，设计种群的水平排列；在设计间作型时，如果下层植物是喜光植物，上层林木一般呈南北向成行排列为好；并适当扩大行距，缩小株距。如下层为耐阴植物，则上层林木应以均匀分布为好，使林下光转射比较均匀；

基本农田上的农林间作：主要模式有：梯田地坎上栽植灌木。如杞柳、紫穗槐、柽柳等，可收获条材用于编织，其嫩枝、叶可就地压制绿肥；梯田地埂上栽植乔木或经济树种。结合水平梯田地埂栽培果树，其特点是在保证农田生产的前提下，采取果农间作的方式，果树或经济树种主要配置在梯田地埂；

坡耕地上的农林间作：坡耕地是水土流失的主要策源地，坡耕地在一些水土流失严重的小流域往往占到耕地总面积的20%~70%。采用坡耕地农林间作的形式是一项行之有效的过渡办法。常用的有等高生物篱埂梯地林农复合经营模式，生物篱就是在坡地上每隔一定的坡间距，沿等高线种植一行或数行灌木带，每年坡地径流或耕作使埂坎逐渐增高，最终形成生物篱梯地，达到控制或减缓水土流失的目的。

③时间结构设计　农林复合生态工程的时间结构设计，必须根据物种资源(农作物、树木、光、热、水、土、肥等)的日循环、年循环和农林时令节律，设计出能够有效地利用自然、生物和社会资源合理格局或机能节律，使这些资源转化效率较高。

(5)林牧(草)复合类型

是发展畜牧业的主要内容之一。主要模式有：

①以林为主的林草结合　包括：人工林内间作式、封山育林育草式和林区育草

区等。

②以牧草为主的林草结合 被称为“立体草场”的草、灌、乔结合配置形式受到了普遍重视。这种类型可根据不同生态工程目的、不同立地条件类型和植物种的不同生物学特性，采用不同的组合方式，建成草—灌式、草—乔式以及草—灌—乔等各种类型。建立多层次的立体草场为主。

③以燃料为主的林草结合 这种复合生态工程方式是解决三北农牧区农村生活用能源的重要途径之一。

(6)林渔农复合类型

林渔农复合类型是近河湖水网地区发展起来的一种复合类型，最有代表性的是江苏里下河地区建立的“沟—垛生态系统”，即在湖滩地上开沟作垛，垛面栽树，林下间作农作物，沟内养鱼和种植水生作物，形成了特殊的立体开发形式。树种主要有池杉和落羽杉等，尤其是池杉冠窄叶稀，遮光程度小，可延长林下间作年限，对鱼池内浮游生物及水生作物影响小，有利于提高水中溶氧量和增加饵料，为鱼类生长发育提供了良好条件。池杉和落羽杉耐湿性强、材质好、生长快，在长江中下游水网地区尤受欢迎。

(7)桑基鱼塘复合类型

桑基鱼塘在我国历史悠久，多见于珠江三角洲和太湖流域等地区，是林渔结合的一种特殊生态工程方式。是以桑叶养蚕、蚕沙喂鱼、再以塘泥肥桑的一种循环生产形式，既能提高经济收益，又有利于物流和能流的良性循环。除了桑基鱼塘以外，还有果(果树)基鱼塘等类型。

4.4.3.2 用材林

用材林可分为一般用材林和专用用材林。一般用材林生产大径材(如锯材、枕木)，也附带生产一些中小径材。专用用材林是专门生产某种特定的材种，如矿柱、造纸材、农具用材等。可分别称为坑木林、纤维造纸林、农具用材林(桑杈林、蜡杆林)等。专用用材林可在厂矿附近就地培育，就地取材，降低运输成本，应付突然急需。专用用材林还可按所用材种的工艺要求选用相应的树种及造林育林技术。由于具有这些优点，培育人工用材林已成为现在世界各国用材林培育的趋势。本节主要讨论人工速生丰产用材林。

(1)人工用材林的培育目标

人工用材林培育的主要目标就是培育干材，使之早成材、多成材、成好材，也就是我们通常所说的速生、丰产、优质。速生是提高用材林经济效益的重要途径，也是丰产的基础之一。速生的关键在于要选择具有速生性能的树种及其类型，选择适宜的造林地，控制好适当的密度。速生但不一定丰产，速生林是否能达到丰产，还要取决于树种能否有持续速生和密集生长的性能，土壤肥力能否长期维持在较高水平，以及经营密度是否有利于干材蓄积量的累积等因素。优质则与材种有关。如矿柱林要求木材耐腐，家具材则要求色泽纹理美观，但所有的用材林都要求干型通直、圆整、饱满、少节疤，这些质量要求能否达到不仅取决于树种的特性，也与林分的经营密度及混交、修枝等技术有关。

(2)人工速生丰产用材林栽培的特殊技术要求

人工速生丰产用材林的栽培技术与其他林种的栽培技术一样，也应把造林的6项技术措施(适地适树、良种壮苗、细致整地、适当密度、精心栽植、抚育保护)作为最基本的措施。但比一般用材林或防护林等林种要求更精细、更严格。

正确选择造林树种和造林地，是实现林木速生丰产的最基本条件之一。速生丰产林树种以短轮伐期(纸浆材、矿柱材)、中小径材为主，适当培育大径材和珍贵用材。树种必须符合速生、丰产、优质、抗性强4个方面，培育速生丰产的优良品种，对建设好人工速生丰产用材林至关重要。

要培育速生丰产用材林，必须选择良好的立地条件，水土流失轻微的造林地，如退耕地、弃耕地和坡度缓、土层厚、草被覆盖好的坡面。可选择耕地营造短轮伐期用材林，或进行农林间作。有好的速生树种，而没有好的立地条件，也是不能达到速生丰产效果。

此外，用材林要有合理的密度，一般大径材宜稀，小径材宜稠；轮伐期长宜稀，轮伐期短宜稠；进行中间利用宜稠，反之宜稀。用材林采取集约经营，一般不采用混交林，其他用材林应尽量采用混交林。用材林整地标准要高，苗木质量要好，栽植时应浇水以保证成活。培育大径材应采用大苗、大坑的整地和栽植技术。速生丰产林应特别注重抚育。实践证明，除采用普通的抚育措施外，加强除草、灌水和施肥，可以大大提高其生物产量。速生丰产用材林的采伐与培育目标有关，培育大径材可多次采用中间采伐利用；短轮伐期用材林则可一次性皆伐更新。

4.4.3.3 经济林

经济林是以生产果品、食用油料、饮料、调料、工业原料和药材等为主要目的的林木。经济林产品，包括果实、种子、花、叶、皮、根、树脂、树液、虫胶、虫蜡等。发展经济林生产，不仅可为工业、农业生产提供原料，为人民生活直接或间接地提供各种产品，发展区域经济；而且可以使丘陵、山区的土地资源和生物资源得到合理的利用，是促进农民脱贫致富和新农村建设的重要途径。营造经济林还兼有绿化荒山、美化国土、改善生态环境的作用。因此，经济林是生态经济型林业生态工程最主要的类型。

当前我国经济林平均单产偏低，或是高产低质，经济效益不高。甚至有些地方盲目发展，导致经济林产品滞销，给农民带来很大的经济损失。为此必须加强经济林生产的长远规划、方针政策、科学研究与技术推广，提高经济林生产技术，规范其经营管理，有计划、有步骤地发展高产优质高效经济林，以形成规模化商品生产，适应国家经济建设和人民生活不断增长的需求。

本章小结

本章在生态工程概念的基础上介绍了林业生态工程的概念。根据我国目前实施的十大林业生态工程，林业生态工程体系包括水源涵养林业生态工程、山丘区林业生态工程、生态经济型(复合农林业)林业生态工程和环境改良型林业生态工程，这四类林业生态工程体系分别包括不同的林种类型，承担不同的防护功能，并且在功能上相互补充。尽管不同林业生态工程体系的构建有其自身的特点，但从水平结构和垂直(立体)结构考虑林业生态工程林种的配置是林业生态工程构建的共同特征。在生态经济型林业生态工程建设中，为了解决水分短缺问题，提高其生产力水平，集水造林技术的应用体现了林业生态工程的最新研究动态，尤其微区域集水系统因其完善的结构不仅具有补充水分供应的作用，更重要的是具有很强的水土保持和水源涵养功能。

思考题

1. 什么是生态工程？什么是林业生态工程？
2. 森林具有哪些生态功能？
3. 我国现阶段林业生态工程体系包括哪些工程？各有哪些特点？
4. 林业生态工程包括哪些具体类型？各种类型的林业生态工程分别承担什么生态功能？
5. 什么叫水源涵养作用？
6. 应从哪些方面考虑山丘区林业生态工程的配置模式？
7. 森林培育应包括技术体系？
8. 干旱地区林业生态工程建设的限制性因素是什么？关键性解决技术有哪些？
9. 集水系统主要有哪些类型？微区域集水系统的结构和功能有什么特点？

本章推荐阅读书目

1. 王礼先，王斌瑞，朱金兆，等. 1998. 林业生态工程[M]. 北京：中国林业出版社.
2. 王治国. 1999. 林业生态工程[M]. 北京：中国林业出版社.

参考文献

Burdass W J. 1975. Water Harvesting for livestock in Western Australia. Proc [M]. Water Harvesting Symp., Phoenix, AZ, ARS W-22, UADA: 8-26.

Doty C W, Parsons J E, Skaaggs R W. 1987. Irrigation Water Supplied by Stream Water Level Control [J]. Transactions of the ASAE, Vol. 30(4): 1065-1070.

Evenari M, Shanan L, Tadmor N H. 1971. The Negen: The Challenge of a Detert [M]. Harvard University Press, Combridge, MA: 345.

Fink D H, Ehrler W L. 1979. Runoff farming for Jojoba. In: Arid Land Plant Resources, Proc [M]. Int. Arid Lands Conf. Plant Resources, Int. Center for Arid and Semi-Arid land Studies, Texas Technical University, Lubbock, TX: 212-224.

Frasier G W. 1980. Harvesting Water for agriculture, wildlife, and domestic uses [J]. J. Soil Water Cons, 35: 125-128.

Gardner J L. 1975. An analysis of the efficiency of microwatershed systems. Proc [M]. Water Harvesting Sump., Phoenix, AZ, ARS W-22, USDA: 244-250.

ICRISAT. 1978. Annual Report 1977/1978. International Crops Research Institute for the Semi-Arid Tropics, Patanchercc[M]. India: 295.

Jones O R, Hauser V L. 1975. Runoff utilization for grain production. Proc [M]. Water Harvesting Symp., Phoenix, AZ, ARS, W-22, USDA: 277-283.

Kolarkar A S, Murthy N N K, Singh N. 1983. Khadin A method of harvesting water for agriculture in the Thar Desert [J]. Journal of Arid Environments, 6: 59 – 66.

Lovenstein H, Berliner P, Keulen H , et al. 1991. Runoff agro – forestry in arid lands [J]. Forest Ecology and Management, 45: 1 – 4, 59 – 70.

Mehdezadeh P, Kowsar A, Vaziri E, et al. 1978. Water harvesting for afforestation. Ⅰ. Effeciency and life span of asphalt cover [J]. Soil Science. Soc. Am. J. , 42: 644 – 649.

Smith G L. 1978. Water Harvesting Technology Applicable to Semi – arid Subtropical Climates [M]. Colorado State University, Fort Collins, CO: 95.

Vittal K P R, Vijayalakshni K, Rao U M B. 1988. Interception and Storage of Surface Runoff in Ponds in Small Agricultural Watersheds, Andhra Pradesh, India [J]. Irrigation Science, 9: 69 – 75.

白清俊, 董树亭, 李天科, 等. 2004. 小流域集水效率的试验研究[J]. 水土保持学报, 18(5): 72 – 74, 150.

陈来生, 马进福. 2003. 山旱区径流集水温室蔬菜种植技术试验示范[J]. 陕西农业科学(5): 49 – 50.

丁圣彦, 梁国付, 曹新向. 2003. 集水背景下小流域综合治理的措施和管理形式[J]. 水土保持通报, 23(3): 50 – 52, 63.

高鹏, 刘作新. 2004. 小流域坡耕地集流梯田工程设计与应用[J]. 水利学报(8): 103 – 107.

贵州省农业科学院水资源课题组. 2004. 贵州旱坡地集雨节灌抗旱农业技术集成[J]. 贵州农业科学, 32(1): 43 – 45.

韩清芳, 李向托, 王俊鹏, 等. 2004. 微集水种植技术的农田水分调控效果模拟研究[J]. 农业工程学报, 20(2): 78 – 82.

刘亚传. 1984. 民勤绿洲生态环境演变的初步研究[J]. 生态学杂志(3): 1 – 4.

卢光辉. 2004 雨水贮集设施之减洪效益选址研究[J]. 资源科学, 26(增刊): 19 – 25.

马三保, 孙秋来, 杨秀英. 2004. 大型雨水集蓄工程的规划设计及应用[J]. 中国水土保持(5): 23 – 24.

马世骏. 1987. 中国的农业生态工程[M]. 北京: 科学出版社.

王斌瑞, 王百田, 张府娥, 等. 1996. 黄土高原径流林业[M]. 北京: 中国林业出版社.

王克勤, 孟菁玲. 1996. 国内外集水技术的研究进展[J]. 干旱地区农业研究, 14(4): 109 – 117.

王克勤, 王斌瑞. 1998. 集水造林防止人工林植被土壤干化的初步研究[J]. 林业科学, 34(4): 14 – 21.

王礼先, 王斌瑞, 朱金兆, 等. 1998. 林业生态工程[M]. 北京: 中国林业出版社.

王述华. 2003. 开发雨水资源大力发展集水高效农业[J]. 甘肃科技, 19(7): 134 – 135.

王治国. 1999. 林业生态工程[M]. 北京: 中国林业出版社.

杨荣慧, 王延平, 张海, 等. 2004. 山地集雨节灌系统的设计与利用[J]. 西北农业学报, 13(2): 138 – 143.

云正明, 毕绪岱. 1990. 中国林业生态工程[M]. 北京: 中国林业出版社.

云正明, 刘金铜. 1998. 生态工程[M]. 北京: 气象出版社.

第 5 章

水土保持工程措施

水土保持工程措施是水土保持综合治理中的一项重要措施，也是防治水土流失的重要措施之一。它对于水土流失地区的生产和建设，整治国土、治理江河，减少水旱灾害，防止土地退化，充分发挥水土资源的经济效益和社会效益，维持生态系统平衡，保障生态安全，建立良好生态环境具有重要意义。根据《中国水利百科全书·水土保持分册》有关水土保持工程措施的解释，“水土保持工程措施是应用工程学原理，为防治水土流失，保护、改良与合理利用山区、丘陵区和风沙区水土资源而修筑的各项设施。水土保持工程措施是小流域综合治理措施体系的组成部分，它与水土保持农业耕作措施及水土保持林草措施同等重要，不能互相代替”。水土保持工程的任务是进行各项水工建筑物的规划设计和施工指导，在水土保持工作中，从理论和实践上进一步研究水土保持工程措施的作用、施工方法及其效益，做到因地制宜、因害设防；其特点是见效快，拦蓄特大暴雨的作用比较显著。

5.1 概述

中国既是世界上水土流失严重的国家之一，又是世界上开展水土保持具有悠久历史并积累了丰富经验的国家，早在商代，即公元前 16—前 11 世纪的“区田”法。到公元前 956 年，西周《吕刑》一书中就有“平水土”“平治水土”的记载。公元前 776 年，《诗经》中小雅《正月》篇就有“瞻彼阪田，有苑其特”的诗句。明清之际，旅游家、地理学家徐霞客有诗：“山坞之中，居庐相望，沿流稻畦，高下枿次”，这是我国古代梯田建设写照。有文字记载的，山西在公元前汉武帝时即有“代田法”和引洪灌溉；14 世纪创造了银锭井，即现今的水窖；16 世纪开始打坝淤地；17 世纪即有沟头防护工程。可以说，山西是我国开展水土流失治理较早的省份之一。水土保持工程作为水土保持综合治理中的一项重要措施，在世界各国得到了应用，如奥地利的荒溪治理工程、日本的防沙工学相当于我国的水土保持工程；还有如巴西的梯坪、菲律宾的梯田、摩洛哥的防风固沙工程、莱索托的等高埂等都属于水土保持工程的内容。在中国，水土保持工程经过了几千年的应用发展，已经逐步形成了完善的工程措施体系，其措施包括坡面防治工程、沟道治理工程、山洪排导工程、小型蓄水用水工程、河流护岸工程等内容。

坡面防治工程措施包括梯田、拦水沟埂、水平沟、水平阶、水簸箕、鱼鳞坑、水窖(旱井)、蓄水池、稳定斜坡下部的挡土墙及护坡等。其作用在于改变小地形，防止坡地水土流失，将雨水及融雪水就地拦蓄，使其渗入农地、草地或林地，减少或防止形成坡面径流，增加农作物、牧草以及林木可利用的土壤水分；或在有发生重力侵蚀危险的坡地上，可以修筑排水工程或支撑建筑物，通过加固设施固定斜坡的作用，防止坡体产生滑塌，同时，将未能就地拦蓄的坡地径流引入小型蓄水工程。

沟道治理工程措施包括以抬高侵蚀基准、固定沟床，防止沟头前进、沟底下切、沟岸扩张的谷坊工程，以拦蓄调节泥沙为主要目的的各种拦砂坝，以拦泥淤地、建设基本农田、防洪保收为目的的淤地坝及沟头防护工程等。其作用在于防止沟头前进、沟床下切、沟岸扩张，调节山洪洪峰流量，沉沙落淤，减缓沟床纵坡，拦截山洪或泥石流的固体物质，使山洪及泥石流安全排泄，避免对沟口冲积锥及其下游造成危害。

山洪及泥石流防治工程包括排洪沟、导流堤、拦砂坝、沉沙场等。其作用在于防止山洪或泥石流危害沟口冲积锥上的建筑物、工矿企业、道路及农田等，保障人民的生命财产安全。

小型蓄水用水工程包括山坡截流沟、水窖、涝池、蓄水塘坝等。其作用在于拦蓄地表径流及地下潜流，进行雨水资源的重新分配，变水害为水利，减少水土流失危害，提高作物产量，促进农林业生产，体现水土保持的生态效益、经济效益和社会效益。

护岸与治河工程是在研究河流、河道特性的基础上，为保护河岸而采取的工程措施，包括治导线布设、工程设计(丁坝、顺坝)等内容。修筑护岸与治河工程的目的，就是为了抵抗水力冲刷，变水害为水利，为农业生产服务。

5.2　坡面防治工程

坡面是山区最为广泛的区域，在山区农林业生产中占有重要地位，又是泥沙和径流的策源地，因此，坡面治理是水土保持综合治理的基础。坡面治理核心内容是坡面稳定和基本农田的建设、特别是梯田建设，其设计合理与否，关系到水土流失的治理速度、人民生命财产的安全、粮食收益和经济收入的提高。坡面治理工程包括梯田、拦水沟埂、水平沟、水平阶、水簸箕、鱼鳞坑、山坡截流沟、水窖(旱井)、蓄水池、稳定斜坡下部的挡土墙及护坡等。

5.2.1　斜坡固定工程

斜坡的稳定性直接关系到斜坡上和斜坡附近的工矿、交通设施和房屋建筑等的安全。要保持斜坡处于稳定状态和治理不稳定斜坡，首先要了解影响斜坡稳定的因素，进行斜坡稳定性分析。土坡稳定是相对于其滑动而言的，凡不滑动的土坡即为稳定土坡。土坡的滑动一般是指天然或人工土坡由于某种原因(如地表水、地下水的活动，土坡上过大的荷载，干裂、冻胀和地震等)破坏了它的力学平衡条件，使土坡在一定范围内沿某一滑动面向下或向外移动，即所谓丧失其稳定性。

土坡失稳的内在因素是滑动面上的剪应力超过了土体的抗剪强度。滑动面上的剪应力超过抗剪强度的原因主要有三个方面：一是土体中水分增加，土体饱和，容重增加，渗透压力增大；二是干裂、冻胀产生破裂面；三是含水量增加等原因使土体抗剪强度降低。土坡失稳的内在因素是滑动面上的剪应力超过了土体的抗剪强度。因此，要保证土坡的稳定安全，就应从增加土体的抗剪强度、增大抗剪能力入手，排除不利因素，确定合理的土坡尺寸，以求得土坡的稳定、安全。土坡的稳定性一般用稳定安全系数 K 来衡量。K 是土坡抗滑力(或力矩)与滑动力(或力矩)的比值。当 $K>1.0$ 时，土坡处于稳定状态；当 $K<1.0$ 时，土坡处于不稳定状态；$K=1.0$ 时，土坡处于临界状态。工程设计上一般都要求 $K\geqslant 1.0$，至于大多少，要根据工程的等级按有关规范决定。土坡稳定分析计算的目的一般有三个方面：

①对已选定的人工边坡或天然土坡验算其稳定性(计算稳定安全系数)；

②已知土坡高度及要求的 K 值，确定土坡稳定的坡角(边坡系数)。或者已知 K 值和坡角，确定土坡稳定高度；

③根据已绘制的稳定土坡断面图，确定对天然土坡是否需要整平削坡。

梯田田坎、淤地坝坝坡、工矿周围及交通线两侧等都有类似的土坡，因此，斜坡稳定性分析对保障工程的正常使用和安全具有重要意义。

斜坡固定工程是指为防止斜坡岩土体的运动，保证斜坡稳定而布设的工程措施，包括挡墙、抗滑桩、削坡、反压填土、排水工程、护坡工程、滑动带加固措施和植物固坡措施等。

(1)挡墙

挡墙又称挡土墙，可防止崩塌、小规模滑坡及大规模滑坡前缘的再次滑动。用于防止滑坡的又称抗滑挡墙。

挡墙的构造有以下几类：重力式、半重力式、倒“T”形或“L”形、扶壁式、支垛式、棚架扶壁式和框架式等(图 5-1)。

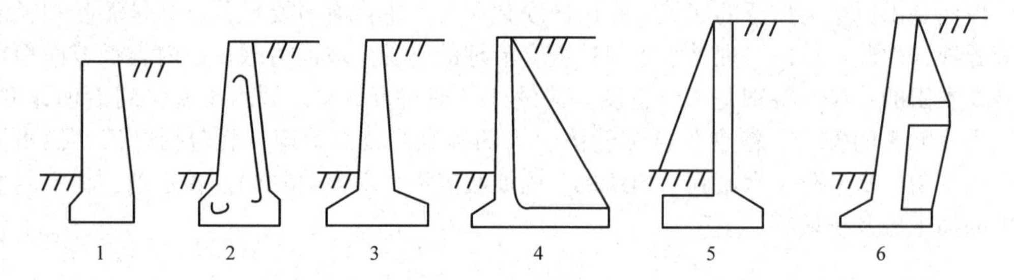

图 5-1 挡墙横断面图

1. 重力式；2. 半重力式；3. 倒“T”形；4. 扶壁式；5. 支垛式；6. 棚架扶壁式

(2)抗滑桩

抗滑桩是穿过滑坡体将其固定在滑床的桩柱。使用抗滑桩，土方量小，省工省料，施工方便，工期短，是广泛采用的一种抗滑措施。

根据滑坡体厚度、推力大小、防水要求和施工条件等，选用木桩、钢桩、混凝土桩或钢筋(钢轨)混凝土桩等。木桩可用于浅层小型土质滑坡或对土体临时拦挡，木桩可很容易地打入，但其强度低，抗水性差，所以滑坡防治中常用钢桩和钢筋混凝土桩。

抗滑桩的材料、规格和布置要能满足抗剪断、抗弯、抗倾斜、阻止土体从桩间或桩顶滑出的要求，这就要求抗滑桩有一定的强度和锚固深度。桩的设计和内力计算可参考有关文献。

(3)削坡和反压填土

削坡主要用于防止中小规模的土质滑坡和岩质斜坡崩塌。削坡可减缓坡度，减小滑坡体体积、重量，从而减少下滑力。滑坡可分为主滑部分和阻滑部分，主滑部分一般是滑坡体的后部，它产生下滑力；阻滑部分即滑坡前端的支撑部分，它产生抗滑阻力。所以削坡的对象是主滑部分，如果对阻滑部分进行削坡反而不利于土坡稳定，当高而陡的岩质斜坡受节理缝隙切割，比较破碎，有可能崩塌坠石时，可剥除危岩，削缓坡顶，阻止崩塌坠落的发生。

当斜坡高度较大时，削坡常分级留出平台。反压填土是在滑坡体前面的阻滑部分堆土加载，以增加抗滑力。填土可筑成抗滑土堤，土要分层夯实，外露坡面应干砌片石或种植草皮，堤内侧要修渗沟，土堤和老土间修隔渗层，填土时不能堵住原来的地下水出口，要先做好地下水引排工程。

(4)排水工程

排水工程可减免地表水和地下水对坡体稳定性的不利影响，一方面能提高现有条件下坡体的稳定性，另一方面允许坡度增加而不降低坡体稳定性。排水工程包括排除地表水工程和排除地下水工程。

①排除地表水工程　排除地表水工程的作用，一是拦截病害斜坡以外的地表水，二是防止病害斜坡内的地表水大量渗入，并尽快汇集排走。它包括防渗工程和水沟工程。

防渗工程包括整平夯实和铺盖阻水，可以防止雨水、泉水和池水的渗透。当斜坡上有松散的土体分布时，应填平坑洼和裂缝并整平夯实。铺盖阻水是一种大面积防止地表水渗入坡体的措施，铺盖材料有黏土、混凝土和水泥砂浆，黏土一般用于较缓的坡。

排水沟布置在病害斜坡上，一般呈树枝状，充分利用自然沟谷。在斜坡的湿地和泉水出露处，可设置明沟和渗沟等引水工程将水排走。当坡面较平整，或治理标准较高时，需要开挖集水沟和排水沟，形成排水沟系统。水沟工程可采用砌石、沥青铺面、半圆形钢筋混凝土槽、半圆形波纹管等形式，有时采用不铺砌的沟渠，其渗透和冲刷较强，效果较差。

②排除地下水工程　排除地下水工程的作用是排除和截断渗透。它包括渗沟、明暗沟、排水孔、排水洞和截水墙等。

渗沟的作用是排除土壤水和支撑局部土体，比如可在滑坡体前布设渗沟。有泉眼的斜坡上，渗沟应该布置在泉眼附近和潮湿的地方。渗沟深度一般大于2m，以便充分疏干土壤水，沟底应置于潮湿带以下较稳定的土层内，并应铺砌防渗。

排除浅层(约≤3.0m)的地下水可用暗沟和明暗沟。暗沟分为集水暗沟和排水暗沟。集水暗沟用来汇集浅层地下水，排水暗沟连接集水暗沟，把汇集的地下水以地表水的形式排走。其底部布设有孔的钢筋混凝土管或石笼，底部可铺设不透水的杉皮、聚乙烯布或沥青板，侧面和上部设置树枝及砂砾组成的过滤层，以防淤塞。

明暗沟即在暗沟上同时修明沟，可以排除滑坡区的浅层地下水和地表水。

排水洞的作用是拦截、储备、疏导深层地下水。排水洞分截水隧洞和排水隧洞。截水隧洞修筑在病害斜坡外围，用来拦截旁引补给水；排水隧洞布置在病害斜坡内，用于排泄地下水。滑坡的截水隧洞洞底应低于隔水层顶板，或在滑坡后部滑动面之下，开挖顶线必须切穿含水层，其衬砌拱顶又必须低于滑动面，截水隧洞的轴线应大致垂直于水流方向。排水隧洞洞底应布置在含水层以下，滑坡区应位于滑动面以下，平行于滑动方向，布置在滑坡前部，根据实际情况选择渗井、渗管、分支隧洞和仰斜排水孔等措施进行配合。排水隧洞边墙及拱圈应留泄水孔和填反滤层。

如果地下水含水层的水向滑坡区大量流入，可在滑坡区外布设截水墙，将地下水截断，再用仰斜孔排出。

(5)护坡工程

为防止崩塌，可在坡面修筑护坡工程进行加固，这比削坡节省投资，而且速度快。常见的护坡工程有：干砌片石和混凝土砌块护坡、浆砌片石和混凝土护坡、格状框条护坡、喷浆和混凝土护坡、锚固法护坡等。

干砌片石和混凝土砌块护坡用于坡面有涌水，边坡小于1:1，高度小于3m的情况，涌水较大时应设反滤层，涌水很大时最好采用盲沟。

防止没有涌水的软质岩石和密实土斜坡的岩石风化，可用浆砌片石和混凝土护坡。边坡小于1:1的用混凝土，边坡为1:0.5～1:1的用钢筋混凝土。浆砌片石护坡可以防止岩石风化和水流冲刷，适用于较缓的坡。

格状条护坡是用预制构件在现场直接浇制混凝土和钢筋混凝土，修成格式建筑物，格内可进行植被防护。有涌水的地方干砌片石。为防止滑动，应固定框格交叉点或深埋横向框条。

在基岩裂隙小，没有大崩塌发生的地方，为防止基岩风化剥落，进行喷浆或喷混凝土护坡，若能就地取材，用可塑胶泥喷涂则较为经济，可塑胶泥也可作喷浆的垫层。注意不要在有涌水和冻胀严重的坡面喷浆或喷混凝土。

在有裂隙的坚硬的岩质斜坡上，为了增大抗滑力或固定危岩，可用锚固法，所用材料为锚栓或顶应力钢筋。在危岩土钻孔直达基岩一定深度，将锚栓插入，打入楔子并浇水泥砂浆固定其末端，地面用螺母固定。采用顶应力钢筋，将钢筋末端固定后要施加顶应力，为了不把滑面以下的稳定岩体拉裂，事先要进行抗拔试验，使锚固末端达滑面以下一定深度，并且相邻锚固孔的深度不同。根据坡体稳定计算求得的所需克服的剩余下滑力来确定预应力大小和锚孔数量。

(6)滑动带加固措施

防治软弱夹层的滑坡，加固滑动带是一项有效措施。即采用机械的或物理化学的方法，提高滑动带强度，防止软弱夹层进一步恶化，加固方法有普通灌浆法、化学灌浆法和石灰加固法等。

普通灌浆法采用由水泥、黏土等普通材料制成的浆液，用机械方法灌浆。为较好地充填固结滑动带，对出露的软弱滑动带，可以撬挖掏空，并用高压气水冲洗清除，也可钻孔至滑动面，在孔内用炸药爆破，以增大滑动带和滑床岩土体的裂隙度，然后填入混凝土，或借助一定的压力把浆液灌入裂缝。这种方法可以增大坡体的抗滑能力，又可防渗阻水。

由于普通灌浆法需要爆破或开挖清除软弱滑动带，所以化学灌浆法比较省工。化学灌浆法采用由各种高分子化学材料配制的浆液，借助一定的压力把浆液灌入钻孔。浆液充满裂缝后不仅可增加滑动带强度，还可以防渗阻水。我国常采用的化学灌浆材料有水玻璃、铬木素、丙凝、氰凝、脲醛树脂、丙强等。

石灰加固法是根据阳离子的扩散效应，由溶液中的阳离子交换出土体中阴离子而使土体稳定。具体方法是在滑坡地区均匀布置一些钻孔，钻孔要达到滑动面下一定深度，将孔内水抽干，加入小块生石灰达滑动带以上，填实后加水，然后用土填满钻孔。

(7)植物固坡措施

植物能防止径流对坡面的冲刷，在坡度不太大(<50°)的斜坡上，能在一定程度上防止崩塌和小规模滑坡。

植树种草可以减缓地表径流，从而减轻地表侵蚀，保护坡脚。植物蒸腾和降雨截留作用能调节土壤水分，控制土壤水压力。植物根系可增加岩土体抗剪强度，增加斜坡稳定性。

植物固坡措施包括坡面防护林、坡面种草和坡面生物—工程综合措施。

坡面防护林对控制坡面面蚀、细沟状侵蚀及浅层块体运动起着重要作用。深根性和浅根性树种结合的乔灌木混交林，对防止浅层块体运动有一定效果。

坡面种草可提高坡面抗蚀能力，降低径流速度，增加入渗，防止面蚀和细沟状侵蚀，也有助于防止块体运动。选生长快的矮草种，并施用化肥，可使边坡迅速绿化。坡面种草方法有：播种法、覆盖垫法等。播种法即把草籽、肥料和土混合，满坡撒播。盖草垫法是把附有草籽和肥料的草垫覆盖在坡上，并用竹签钉牢草垫，以防滑走。植饼法是把草籽、肥料和土壤制成饼，在边坡上挖好水平沟，然后呈带状铺置。坑植法是在边坡上交错挖坑，然后填草籽、肥料和泥土，常用很密实的土质边坡。

坡面生物—工程综合措施，即在布置的拦挡工程的坡面或工程措施间隙种植植被，例如，在挡土石墙、木框墙、石笼墙、铁丝链墙、格栅和格式护墙上配以植物措施，可以增加这些挡墙的强度。

(8)落石防护工程

悬崖和陡坡上的危石对坡下的交通设施、房屋建筑及人身安全会有很大威胁，而落石预测很困难，所以要及早进行防护。常用的落石防治工程有：防落石棚、挡墙加拦石栅、囊式栅栏、利用树木的落石网和金属网覆盖等。

修建防落石棚，将铁路和公路旁的危石遮盖起来是最可靠的办法之一，防落石棚可用混凝土和钢材制成。

在挡墙上设置拦石栅是经常采用的一种方法。囊式栅栏即防止落石附近线路的金属网，在距落石发生源不远处，如果落石能量不大，可利用树木设置铁丝网，其效果很好，可拦截1t左右的岩石块。

在特殊需要的地方，可将坡面覆盖上金属网或合成纤维网，以防石块崩落。

斜坡上稳固的孤石有可能滚下时，应立即清除，如果清除有困难，可用混凝土固定或用粗螺栓锚固。

除了上述8种固坡工程之外，护岸工程、拦沙坝、淤地坝也能起到固定斜坡的作用，如在滑动区的下游沟道修拦沙坝，可以压埋坡脚。

防治各种块体运动要采用不同的措施。因此，首先要判明块体运动的类型，否则，治理不会切中要害，达不到预期的效果，有时还会促进块体运动。例如，大型滑坡在滑动前，滑坡体前部往往出现岩土体松弛滑塌，如果当作崩塌而进行削坡，削去部分抗滑体，减少了抗滑力，反而促进滑坡发育，但如果把崩塌当作滑坡，只在坡脚修挡墙，则墙体上的坡体仍继续崩塌。

5.2.2 梯田工程

梯田是山区、丘陵区常见的一种基本农田，它由于地块顺坡按等高线排列呈阶梯状而得名。在坡地上沿等高线修成水平台阶式或坡式断面的田地称为梯田。梯田可以改变地形坡度，拦蓄雨水，增加土壤水分，防治水土流失，达到保水、保土、保肥目的，同改进农业耕作技术结合，可大幅度地提高作物产量，从而为贫困山区退耕陡坡，种草种树，为促进农林牧副业全面发展创造前提条件，实现高产、稳产是的目的，陕西渭北高原有“一亩地，三道堰，该打八斗打一石”的民谚，说明山区群众充分认识了梯田保水保肥的作用。所以，梯田是改造坡地，保持水土，发展山区、丘陵区农业生产的一项重要措施。《中华人民共和国水土保持法》规定，25°以下的坡地一般可修成梯田种植农作物；25°以上的则应退耕植树种草。

5.2.2.1 梯田的作用和分类

(1)梯田的作用

梯田是基本的水土保持工程措施，对于改变地形、减沙、改良土壤、增加产量、改善生产条件和生态环境等都有很大作用。

根据以上实例分析，梯田的作用可以概括如下：

①改变山坡田面坡度，缩短坡长，拦截径流，控制泥沙。据测定，梯田一般可以拦截径流90%以上，泥沙87%~95%；

②减缓地表径流流速，增加水分入渗，提高土壤含水量，蓄水保墒。据测定，梯田土壤含水率比坡耕地高1.3%~3.3%；

③保土、保水、保肥，提高地力，增加粮食产量。据测定，梯田一般可增产达30%；

④有利于实现机械化和水利化。随着土地的平整，山、水、田、林、路的配套，可进行灌溉和机耕。

(2)梯田的分类

①按修筑的断面形式分类　可分为水平梯田、坡式梯田、反坡梯田、隔坡梯田和波浪式梯田等几种类型。

②按田坎建筑材料分类　可分为土坎梯田、石坎梯田、植物田坎梯田。黄土高原地区，土层深厚，年降水量少，主要修筑土坎梯田。土石山区，石多土薄，降水量多，主要修筑石坎梯田。陕北黄土丘陵地区，地面广阔平缓，人口稀少，则采用以灌木、牧草为田坎的植物田坎梯田。

③按利用方向分类　有农用梯田、果园梯田和林木梯田等。

④按施工方法分类　有人工梯田和机修梯田。

5.2.2.2 梯田的规划

(1)耕作区的规划

耕作区的规划，必须以一个经济单位(一个镇或一个乡)农业生产和水土保持全面规划为基础。根据农林牧全面发展，合理利用土地的要求，研究确定农林牧业生产的用地比例和具体位置，选出其中坡度较缓、土质较好、距村较近，水源及交通条件比较好，有利于实现机械化和水利化的地方，建设高产稳产基本农田，然后根据地形条件，划分耕作区。

在塬川缓坡地区，一般以道路、渠道为骨干划分耕作区；在丘陵陡坡地区，一般按自然地形，以一面坡或峁、梁为单位划分耕作区。每个耕作区面积，一般以 3 ~ 6hm^2 为宜。

如果耕作区划在坡地下部，其上部是林地、牧场或荒坡，有暴雨径流下泄时，应在耕作区上缘开挖截水沟，拦截上部来水，并引入蓄水池或在适当地方排入沟壑，保证耕作区不受冲刷。

(2)地块规划

在每个耕作区内，根据地面坡度、坡向等因素，进行具体的地块规划。一般应掌握以下几点要求：

①地块的平面形状，应基本上顺等高线呈长条形、带状布设。一般情况下，尽量避免梯田施工时远距离运送土方。

②当坡面有浅沟等复杂地形时，地块布设必须注意“大弯就势，小弯取直”，不强求一律顺等高线，以免把田面的纵向修成连续的“S”形，不利于机械耕作。

③如果梯田有自流灌溉条件，则应使田面纵向保留 1/300 ~ 1/500 的比例，以利行水，在某些特殊情况下，比降可适当加大，但不应大于 1/200。

④地块长度规划，有条件的地方可采用 300 ~ 400m，一般是 150 ~ 200m，在此范围内，地块越长，机耕时转弯掉头次数越少，工效越高，如有地形限制，地块长度最好不要小于 100m。

⑤在耕作区和地块规划中，如有不同镇乡的插花地，必须根据“自愿互利”和“等价交换”的原则，进行协商和调整，便于施工和耕作。

(3)附属建筑物规划

梯田规划过程中，要重视附属建筑物的规划。附属建筑物规划的合理与否，直接影响到梯田建设的速度、质量、安全和生产效益。梯田附属建筑物的规划内容，主要包括以下 3 个方面：

①坡面蓄水拦沙设施的规划　梯田区的坡面蓄水拦沙设施的规划内容，包括“引、蓄、灌、排”等缓流拦沙附属工程。规划时，既要做到各设施之间的紧密结合，又要做到与梯田建设的紧密结合。规划程序上可按“蓄引结合，蓄水为灌，灌余后排”的原则，根据各台梯田的布置情况，由高台到低台逐台规划，其拦蓄量，可按拦蓄区 5 ~ 10a 一遇一次最大降雨量的全部径流量与全年土壤可蚀总量为设计依据。

②梯田区的道路规划　山区道路规划总的要求，一是要保证今后机械化耕作的机具能顺利进入每一个耕作区和每一地块；二是必须有一定的防冲设施，以保证路面完整与

畅通，保证不因路面径流而冲毁农田。丘陵陡坡地区的道路规划，着重点在于解决机械上山问题。西北黄土丘陵沟壑区的地形特点是：上部多为15°~30°的坡耕地，下部多为40°~60°的荒陡坡，沟道底部比降较小。因此，机械上山的道路，也相应地分上、下两部分。下部一般顺流布设，道路比降大体接近和稍大于沟底比降；上部道路，一般应在坡面上呈"S"形盘旋而上。道路的宽度，主干线路基宽度不能小于4.5m，转角半径不小于15m，路面坡度不要大于11%。个别短距离的路面坡度亦不能超过15%。田间小道可结合梯田埂坎修建。塬、川缓坡地区的道路规划，由于塬、川地区地面广阔平缓，耕作区的划分主要以道路为骨干划定，通过道路布设划分耕作区时，应根据地面等高线的走向，每一耕作区的平面形状，可以是正方形或矩形，也可以是扇形。山地道路还应该考虑路面的防冲措施，根据晋西测定：5°~6°的山区道路，每100m^{2}上产生年径流量为6~8m^3，即每亩年径流量40~50m^3，如果路面没有防冲措施，那么只要有一两次暴雨就可以冲毁路面，切断通道。所以必须搞好路面的排水、分段引水进地或引进旱井、蓄水池。

③灌溉排水设施的规划 梯田建设不仅控制了坡面水土流失，而且为农业进一步发展创造了良好的生态环境，并促进农田熟制和宜种作物的改进，提高梯田效益。在梯田规划的同时必须结合进行梯田区的灌溉排水设施规划。

5.2.2.3 梯田的断面设计

梯田断面设计的基本任务，是确定在不同条件下梯田的最优断面。所谓"最优"断面，就是同时达到下述三点要求：一是要适应机耕和灌溉要求；二是要保证安全与稳定；三是要最大限度地省工。

最优断面的关键是确定适当的田面宽度和埂坎坡度，由于各地的具体条件不同，最优的田面宽度和埂坎坡度也不同，但是考虑"最优"的原则和原理，是相同的。

(1)梯田的断面要素

一般根据土质和地面坡度先选定田坎高和侧坡(田坎边坡)，然后计算田面宽度，也可根据地面坡度、机耕和灌溉需要先定田面宽，然后计算田埂高(图5-2)。

各要素之间具体计算方法(单位均为m)：

$$B_m = H \cdot \cot\theta \tag{5-1}$$

$$B_n = H \cdot \cot\alpha \tag{5-2}$$

$$B = B_m - B_n = H(\cot\theta - \cot\alpha) \tag{5-3}$$

$$H = \frac{B}{\cot\theta - \cot\alpha} \tag{5-4}$$

$$B_1 = \frac{H}{\sin\theta} \tag{5-5}$$

在挖、填方相等时，梯田挖(填)方的断面面积可由下式计算：

$$S = \frac{1}{2} \times \frac{H}{2} \times \frac{B}{2} = \frac{HB}{8}(\text{m}^2) \tag{5-6}$$

梯田地块挖(填)土方量为：

$$V = S \times L = \frac{1}{2}\left(\frac{B}{2} \times \frac{H}{2} \times L\right) = \frac{1}{8}BHL \tag{5-7}$$

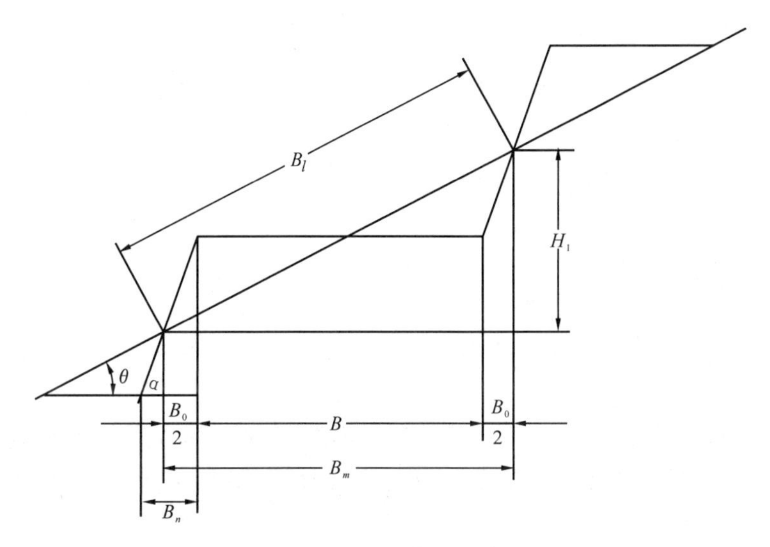

图 5-2　梯田断面要素

θ—地面坡度(°)；H—埂坎高度(m)，α　埂坎坡度(°)；

B—田面净宽(m)；B_n—埂坎占地(m)；B_m—田面毛宽(m)；B_l—田面斜宽(m)

单位面积土方量计算

当梯田面积按公顷计算时：

∵　每公顷田面长度　　$L = \frac{10\ 000}{B}(\mathrm{m})$

∴　每公顷土方量

$$V = \frac{1}{8} \times BLH = \frac{1}{8}BH \times \frac{10\ 000}{B} = 1\ 250H(\mathrm{m}^3) \tag{5-8}$$

当梯田面积按亩计算时：

∵　每亩田面长度　　$L = \frac{666.7}{B}(\mathrm{m})$

∴　每亩土方量

$$V = \frac{1}{8}BLH = \frac{HB}{8} \times \frac{666.7}{B} = 83.3H(\mathrm{m}^3) \tag{5-9}$$

根据上述公式可以计算出不同田坎高的每亩土方量(挖方)。

关于单位面积土方运移量的计算，可用土方量和运距来衡量。根据中华人民共和国《水土保持综合治理 技术规范》(GB/T 16453.1—2008)，土方运移量的单位为 $\mathrm{m}^3 \cdot \mathrm{m}$ 这样一个复合单位，他表示将若干立方米的土方运移若干米距离。因此，其计算公式为：

$$W = VS_0 \tag{5-10}$$

根据数学原理：

$$S_0 = \frac{2}{3}B$$

当梯田面积按公顷计算时：

$$W = V \times S_0 = 1\ 250H \times \frac{2}{3}B = 833.3BH(\mathrm{m}^3 \cdot \mathrm{m}) \tag{5-11}$$

当梯田面积按亩计算时：

$$W = V \times S_0 = 83.3H \times \frac{2}{3}B = 55.6BH(\mathrm{m}^3 \cdot \mathrm{m}) \tag{5-12}$$

式中 V——单位面积(公顷或亩)梯田土方量，m^3；

L——单位面积(公顷或亩)梯田长度，m；

H——田坎高度，m；

B——田面净宽，m；

S_0——修梯田时土方的平均运距，m；

W——单位面积(公顷或亩)梯田土方平均运移量，$\mathrm{m}^3 \cdot \mathrm{m}$。

(2)梯田田面宽度的设计

梯田最优断面的关键是最优的田面宽度，所谓“最优”田面宽度，就必须是保证适应机耕和灌溉的条件下，田面宽度为最小。根据不同地形和坡度条件，在不同地区，应分别采用不同的田面宽度。

①残塬、缓坡地区　农耕地一般坡度在5°以下。在实现梯田化以后，可以采用较大型拖拉机及其配套农具耕作。无论从机耕或灌溉的要求来看，太宽的田面没有必要，一般以30m左右为宜。

②丘陵陡坡地区　一般坡度10°~30°，目前很少实现机耕，根据实践经验，一般采用小型农机进行耕作，这种农具在8~10m宽的田面上就能自由地掉头转弯，这一宽度无论对于畦灌或喷灌都可以满足，因此，在陡坡地(25°)修梯田时，其田面宽度不应小于8m。

总之，田面宽度设计，既要有原则性，又要有灵活性。原则性就是必须在适应机耕和灌溉的同时，最大限度的省工。灵活性就是在保证这一原则的前提下，根据具体条件，确定适当的宽度，不能根据某一具体宽度，一成不变。

(3)埂坎外坡的设计

梯田埂坎外坡的基本要求是，在一定的土质和坎高条件下，要保证埂坎的安全稳定，并尽可能地少占农地、少用工。

5.2.3 崩岗治理工程

崩岗作为我国南方风化花岗岩地区一种严重的水土流失类型，破坏土地、耕地，影响粮食生产，恶化生态与环境，造成泥沙下泄，淤埋下游农田，淤塞河道水库，阻碍经济社会协调持续发展，被称为“生态溃疡”。采取水土流失综合治理的技术路线，加快崩岗治理，根治祸患，有利于保障土地安全、粮食安全和防洪安全，妥善解决生产、生活、生态问题，对于贯彻科学发展观、促进当地经济社会的协调发展具有重要意义。

崩岗是在水力和重力共同作用下产生的沟道下切，沟坡崩塌、滑塌的侵蚀形式。是我国南方风化花岗岩丘陵地区特有的水土流失现象；我国南方气候温和湿润，雨量充沛，使花岗岩地区的岩体形成了深厚的风化壳。在有植被保护的情况下，表层土壤具有较好的保水、保肥条件，植物生长良好，土壤侵蚀轻微。但是，当山地植被遭到破坏之后，尤其是当表层土壤由面蚀状态发展到沟蚀状态时，土壤侵蚀速度加快，甚至恶化形成崩岗侵蚀。

当坡面出现集流沟后，大量的降雨径流向集流沟汇集，冲刷能力增强，使沟床下切、沟头向上游延伸，沟岸更加陡峭。当降雨历时较长时，沟岸风化岩层的含水量增加，使土壤水分达到饱和状态。这时陡峭的沟岸岩体因吸水后重量增加，内部摩擦力减小而失去稳定，引起崩塌。崩岗一般从山坡的下部开始溯源向上发展，沟头前进速度极快，严重时一次降雨可前进几米。有时崩岗侵蚀往往会将一个山丘切割成几段。

崩岗是一种严重的土壤侵蚀现象，其危害极大，必须及时进行治理。崩岗侵蚀的治理是一项复杂的系统工程，要加大政府资金投入，要以崩岗集水区为单元，坡面、沟头、沟谷、沟壁、冲积扇整体规划，因地制宜、因害设防、科学布局、综合治理，尽量把治理与利用结合起来，变废地为宝地。崩岗治理时，一般根据崩岗形态而分别采用不同的整治方法。

5.2.3.1 崩岗的形态

由于山地地形条件的差异，造成在花岗岩风化壳的深度和坡面集流沟的形状也不相同。因此，在山地所发生的崩岗形态也有区别。一般根据形状可将崩岗分为三种类型。

(1)瓢形崩岗

其外形如瓢，它具有较大的弧形侵蚀前缘，沟道较短，面沟床深大，有一条狭长的出口通道。瓢形崩岗大都发生在有深厚风化层的山地凹谷部位。在降雨时，坡面径流多向凹谷汇集，首先是形成多沟头的掌状侵蚀沟谷，然后不断向上游扩大，形成一个有弧形侵蚀前缘的大肚子。另外，崩塌物在随水流向下游流动过程中，因下游坡度较平缓，水流速度降低，部分挟带的崩塌物质会沉积在狭长的出口通道区。这种崩岗常用工程措施上截、下堵，并配以植物措施进行绿化来整治。

(2)条形崩岗

其崩谷为条形，宽度一般变化不大，常发生在较陡的风化坡面上。在较大范围的平直坡面上发育的条形崩岗大多为平行排列，而在小丘上发育的多呈放射状。相邻两条崩沟还可能会发展成一条大崩沟。条形崩岗治理时可根据崩谷的宽度选择不同的方法。对较狭窄的崩谷，可以考虑用谷坊进行截堵治理。对崩谷宽阔，且谷底又陡的崩岗，用谷坊整治将耗费大量的土石料，效果并不明显。因此，对宽大的条形崩岗常采用沿沟谷横向种植截水带(林草带)以及绿化岸坡的办法治理。在沟头同样要做防护工程来防止水流汇集，制止沟头前进。

(3)弧形崩岗

弧形崩岗又称曲流崩岗，其形态特征为弯月形，常分布在有曲流的小溪(或渠道)凹岸。由于水流对溪岸坡面的沟蚀，使山坡成陡坎或悬坎，降雨时土壤含水量增加，部分坡面土体会因重力作用发生崩塌和滑坡。崩塌体的堆积物常会堵塞小溪并使其改道，冲毁良田、道路和桥梁。这种崩岗的治理除上截外，一般还在溪岸采取护岸保脚、固坡和绿化等方法。

5.2.3.2 崩岗的整治

崩岗是水土流失最严重的侵蚀类型之一。其特点是侵蚀速度快，危害性大，中后期治理较困难。目前我国南方在治理崩岗的实践中，已总结出一套上截、下堵与削坡相结合，以及护岸固坡和固脚护坡等工程措施，与内外绿化的生物措施相配合的综合治理方法。根据中华人民共和国《水土保持综合治理 技术规范 崩岗治理技术》(GB/T 16453.6—2008)的规定，崩岗治理中，各项措施采用的暴雨标准为：截水沟按5a一遇24h暴雨设计；土谷坊按10a一遇24h暴雨设计；拦沙坝按10a一遇24h暴雨设计；如崩口外附近有重要建筑物或经济设施，则按20a一遇24h暴雨设计。分述如下：

(1)上截

上截指在崩岗沟头的上沿坡面修筑沟头防护工程拦截上坡径流，使水流不进入沟谷内，阻止崩沟继续下切扩张和沟头向前发展。治理一般采用工程措施与植物措施相结合的方法进行。在沟头和崩岸上沿坡面修筑撇水沟或天沟工程，防止沟头以上坡面径流进入沟谷内，并引导径流流至蓄水工程或下游，保护沟头不继续崩塌，同时在崩沟上沿坡面种植草、灌及乔木林带滞蓄径流。

采用截水沟防止坡面径流时，截水沟应布设在崩口顶部外沿5m左右，从崩口顶部正中向两侧延伸。截水沟长度以能防止坡面径流进入崩口为准，一般10～20m。截水沟的布设应与集水区来水量的大小相适应，集水区来水量小，截水沟能全部拦蓄时，应沿等高线布设为蓄水型；当集水区来水量较大时，截水沟不能全部拦蓄所有径流，此时截水沟应布设为排水型或半蓄半排型，基本上沿等高线布设，并设适当的比降。截水沟断面一般采用半挖半填的沟埂式梯形断面，沟内底宽一般为0.4～0.5m，深0.6～0.8m，两侧边坡比1:1；埂顶宽0.4～0.5m；外坡比1:1。

(2)下堵

下堵指在崩谷内适当的部位修建谷坊，拦泥固沟，抬高侵蚀基点。在一个长条形崩谷内，可采取分段修建谷坊群的办法来蓄水拦沙。当集雨面积较小，只能修一座谷坊时，其位置应尽量靠近崩岗谷口的外缘，以求得到较大的库容，增大蓄水拦泥效能，谷坊淤满后继续加高谷坊也比较方便。当谷口太宽时，用谷坊堵口工程量太大，可以考虑建造若干条植物林草带滞水拦沙。当侵蚀沟由多支沟组成时，应避免只在总口搞单一的堵截工程。在各支沟分别修筑谷坊群，然后再建总口谷坊，以便分沟蓄水拦沙，形成多道防线。工程修建应遵循自上而下，先支后干、先易后难的原则，保护谷坊的安全。

(3)削坡

崩壁过陡时(>55°)，在重力作用下自身难以稳定，容易发生崩塌。此时，应对陡壁进行削坡处理。削坡处理的目的是消除陡壁崩塌的可能，增加其稳定性。另外，在沟坡进行围封，禁止滥伐和放牧，培植林草，改善其生长条件，对防止水土流失有明显辅助作用。

削坡处理常用削坡升级的办法。将陡峭的崩岸(壁)从岗顶向下逐步开挖修坡到坡脚，并筑成台阶。台阶面宽0.5～0.6m，从上到下逐步加宽，也可采用同一宽度。台高0.5～1.0m，从上到下缩小高差，使梯台成为上部较陡下部平缓的台阶。挖方土台边坡为1:0.5，松土修成的土台边坡夯实后应达到1:0.7～1:1，使土台逐台自身稳定。

削坡升级后的坡面须修筑纵横排水沟，台面应及时种植植物加以保护；沟底应栽种乔木和经济林木。另外，也可将沟岸过陡的崩壁上缘削去，成为安息坡度(一般削成

1:0.7)，但不开级，仅把削下的松土修成水平台阶。台阶的尺寸与削坡升级相同。这种方法简单，挖方工作量较小，但在斜坡面上难以使植物生长，故仅适宜于浅崩沟中使用。

(4)护岸固坡工程

在弧形崩岗内，因谷口开阔，不宜修建谷坊堵口时，可采用护岸固坡工程进行保护。护岸工程有干砌石护岸，木桩编篱填石护岸和丁坝护岸等三种，其主要作用是防止水流直接冲淘坡脚，稳定岸坡，防止崩塌。

对于小溪引起的弧形崩岗，水流速度不大时，还可用绿化岸坡的方法减缓流速，使之稳定。

在护岸固坡后，应合理地配置植物进行绿化，以保持坡面的稳定。

(5)固脚护坡工程

对某些新形成的崩岗，当崩谷不大而基岩又较坚实时，可以考虑采用挡土墙固脚，并辅以块石或草皮护坡。这种形式在铁路、公路沿线和重要工程的上、下坡较为多见。值得注意的是，这类工程技术性较强，需块石量大，造价亦相当高，但条件允许时是可以考虑运用的。这种工程稳定安全的关键是应有坚实的基础，使挡土墙稳定安全。

(6)内外绿化

内外绿化是指配合工程措施，在崩沟和沟头集雨区内，培植植物进行坡沟绿化。具体做法是：在上游坡面营造水土保持林。水土保持林以乔灌混交为好，还可以适当植草种树。乔木有黄檀、桉树、盐肤木、板栗和马尾松。灌木有胡枝子、黄荆和茅栗。草种可选用狗牙根、象草、芭茅、沙打旺和葛藤。

5.3 沟道治理工程

沟道治理工程是指固定沟床，拦蓄泥沙，防止或减轻山洪及泥石流灾害而在山区沟道中修筑的各种工程措施，沟头防护、谷坊、拦沙坝、淤地坝工程等，都属于沟道治理工程。沟床固定工程的主要作用则在于防止沟道底部下切，固定并抬高侵蚀基准面，减缓沟道纵坡，减小山洪流速。沟床的固定对于沟坡及山坡的稳定也具有重要意义。沟床固定工程还包括防冲槛、沟床铺砌、种草皮、沟底防冲林带等措施。

5.3.1 沟头防护工程

沟头前进主要是由串珠状陷穴和陷穴间的孔道塌陷引起的，沟谷扩张则是由于沟底的下切而引起的沟坡崩塌、滑塌和泻溜引起的。沟头侵蚀对工农业生产危害很大，主要表现为：①造成大量土壤流失；②毁坏农田；③切断交通。

沟头防护是沟壑治理的起点，其主要目的是防止坡面径流进入沟道而产生的沟头前进、沟底下切和沟岸扩张，此外，还可起到拦截坡面径流、泥沙的作用。根据沟头防护工程的作用，可将其分为蓄水式沟头防护工程和排水式沟头防护工程两类。

5.3.1.1 蓄水式沟头防护工程

当沟头上部集水区来水较少时，可采用蓄水式沟头防护工程，即沿沟边修筑一道或数道水平半圆环形沟埂，拦蓄上游坡面径流，防止径流排入沟道。沟埂的长度、高度和蓄水容量按设计来水量而定。蓄水式沟头防护工程又分为沟埂式与埂墙涝池式两种类型。

(1)沟埂式沟头防护

沟埂式沟头防护是在沟头以上的山坡上修筑与沟边大致平行的若干道封沟埂，同时在距封沟埂上方1.0～1.5m处开挖与封沟埂大致平行的蓄水沟，拦截与蓄存从山坡汇集而来的地表径流。

沟埂式沟头防护，在沟头坡地地形较完整时，可作成连续式沟埂；若沟头坡地地形较破碎时，可作成断续式沟埂。在其设计中，主要注意四个问题，即封沟埂位置的确定、封沟埂的高度、蓄水沟的深度、沟埂的长度及道数。

第一道封沟埂与沟顶的距离，一般等于2～3倍沟深，沟头深10m以内的，至少相距3～5m，以免引起沟壁崩塌。各沟间距与高度有关。沟埂长度、埂高和沟深等尺寸，视沟头地形坡度、所能获得的蓄水容积、设计来水量、土质等条件决定。

(2)埂墙涝池式沟头防护

当沟头以上汇水面积较大，并有较平缓的地段时，则可开挖涝池群。各个涝池应互相连通，组成连环涝池，最大限度地拦蓄地表径流，防止和控制沟头侵蚀作用。同时涝池之内存蓄的水也可加以利用。

涝池的尺寸与数量等应该与设计来水量相适应，以避免水少池干或水多涝池容纳不下的现象。一般可按10～20a一遇的暴雨来设计。

当在围埂以上开挖蓄水沟和涝池时，可根据来水量计算蓄水沟断面尺寸和涝池数量、尺寸，一般按10～20a一遇的暴雨来设计。另外，当上方封沟埂蓄满水后，水将溢出。可在埂顶每隔10～15m的距离挖深20～30cm，宽1～2m的溢流口，并以草皮铺盖或以石块铺砌，使多余的水通过溢流口流入下方蓄水沟埂内，确保封沟埂的安全。

5.3.1.2 泄水式沟头防护工程

沟头防护以蓄为主，作好坡面与沟头的蓄水工程，变害为利。但在下列情况下可考虑修建泄水式沟头防护工程：一是当沟头集水面积大且来水量多时，沟埂已不能有效地拦蓄径流；二是受侵蚀的沟头临近村镇，威胁交通，而又无条件或不允许采取蓄水式沟头防护时，必须把径流导致集中地点通过泄水建筑物排泄入沟，沟底还要有消能设施以免冲刷沟底。

设计排水量的计算必须根据沟头水文、地形条件精确计算，以选定泄水结构形式和工程设计。一般可按20～30a一遇暴雨洪水设计。沟头集水面积一般小于0.1km^2，形状近似于圆形和半圆形，应按全面汇流计算。可按《水土保持综合治理 技术规范 沟壑治理技术》(GB/T 16453.3—2008)推荐的公式计算。一般泄水式沟头防护工程有支撑式悬臂跌水、圬工式陡坡跌水和台阶式跌水3种类型。

(1)悬臂跌水式沟头防护

在沟头上方水流集中的跌水边缘，用木板、石板、混凝土或钢板等作成槽状，使水流通过水槽直接下泄到沟底，不让水流冲刷跌水壁，沟底应有消能措施，可用浆砌石作成消力池，或碎石堆于跌水基部，以防冲刷。

(2)陡坡式沟头防护

陡坡式沟头防护是用石料、混凝土或钢材等制成的急流槽，因槽的底坡大于水流临界坡度，所以一般发生急流。陡坡式沟头防护一般用于落差较小，地形降落线较长的地点。为了减少急流的冲刷作用，有时采用人工方法来增加急流槽的粗糙程度。

(3)台阶式沟头防护

台阶式沟头防护，按其形式不同可分为单级式和多级式。单级台阶式跌水多用于跌差不大(<1.5 ~2.5m)，而地形降落比较集中的地方。

台阶式跌水的断面可按下列公式计算，以使工程经济、安全可靠。

5.3.2 谷坊工程

谷坊是山区沟道内为防止沟床冲刷及泥沙灾害而修筑的横向挡拦建筑物，又名防冲坝、沙土坝、闸山沟等。谷坊高度一般小于3m，是水土流失地区沟道治理的一种主要工程措施。

5.3.2.1 谷坊的作用

①固定与抬高侵蚀基准面，防止沟床下切；

②抬高沟床，稳定山坡坡脚，防止沟岸扩张及滑坡；

③减缓沟道纵坡，减小山洪流速，减轻山洪或泥石流灾害；

④使沟道逐渐淤平，形成坝阶地，为发展农林业生产创造条件。

5.3.2.2 谷坊的分类

谷坊可按所使用的建筑材料、使用年限和透水性不同进行分类。根据不同的分类标准，可将谷坊分为不同的类型。根据《水土保持综合治理 技术规范 沟壑治理技术》，谷坊按建筑材料可以分为土谷坊、石谷坊、植物谷坊三类，如果详细地分，大致又可以分为土谷坊、干砌石谷坊、浆砌石谷坊、混凝土谷坊、钢筋混凝土谷坊、钢料谷坊、枝梢(梢柴)谷坊、插柳谷坊(柳桩编篱)、木料谷坊、竹笼装石谷坊等类型。依据使用年限不同，可分为永久性谷坊和临时性谷坊：浆砌石谷坊、混凝土谷坊和钢筋混凝土谷坊为永久性谷坊，其余基本上属于临时性谷坊。按谷坊的透水性质，又可分为透水性谷坊与不透水性谷坊：如土谷坊、浆砌石谷坊、混凝土谷坊、钢筋混凝土谷坊等属于不透水性谷坊；而只起拦沙挂淤作用的插柳谷坊、干砌石谷坊等皆为透水性谷坊。

5.3.2.3 谷坊高度与间距

谷坊高度的确定，一般应依据所采用的建筑材料来确定谷坊的高度，但主要以能承受水压力和土压力而不被破坏为原则。谷坊间距与谷坊高度及淤积泥沙表面的临界不冲坡度有关。目前常用下面方法来估算谷坊淤土表面的稳定坡度I_0的数值。根据坝后淤积土的土质来决定淤积物表面的稳定坡度：砂土为0.005，黏土壤为0.008，黏土为0.01，粗砂兼有卵石子为0.02。根据谷坊高度H、沟底天然坡度I以及谷坊坝后淤土表面稳定坡度I_0(表5-1)，可按下式计算谷坊水平间距L：

$$L = \frac{H}{I - I_0} \tag{5-13}$$

式中 L——相邻两座谷坊的水平距离，m；

H——谷坊高度，m；

I——沟底天然坡度,%；

I_0——於土表面坡度,%。

I_0值的大小参见表5-1。

表5-1 不同淤积物淤满后形成的不冲比降

淤积物	粗沙(夹石砾)	黏 土	黏壤土	沙 土
比降(%)	2.0	1.0	0.8	0.5

5.3.2.4 谷坊位置的选择

通过沟壑情况调查，选择沟底比降大于5%～10%的沟段，系统地布置谷坊群。谷坊的布设是根据沟道的比降，自下而上逐步拟定谷坊的位置，下一座谷坊顶部大致与上一座谷坊基部等高。在选择谷坊坝址时，应综合考虑以下几方面的条件：①谷口狭窄；②沟床基岩外露；③上游有宽阔平坦的贮砂区；④在有支流汇合的情形下，应在汇合点的下游修建谷坊；⑤谷坊不应设置在天然跌水附近的上下游，但可设在有崩塌危险的坡脚下。

5.3.3 淤地坝

淤地坝系指在沟道里为了拦泥、淤地所建的横向建筑物，坝内所淤成的土地称为坝地。淤地坝是在我国古代筑坝淤田经验的基础上逐步发展起来的。

5.3.3.1 淤地坝的组成、分类和作用

(1)淤地坝的组成

淤地坝主要目的在于拦泥淤地，一般不长期蓄水，其下游也无灌溉要求。一般淤地坝由坝体、溢洪道、放水建筑物三部分组成。

(2)淤地坝的分类和分级标准

①淤地坝的分类　按筑坝材料可分为土坝、石坝、土石混合坝等；按坝的用途可分为缓洪骨干坝、拦泥生产坝等；按建筑材料和施工方法可分为夯碾坝、水力冲镇坝、定向爆破坝、堆石坝、干砌石坝、浆砌石坝等。

②淤地坝分级标准　淤地坝一般根据库容、坝高、淤地面积、控制流域面积等因素分级。参考水库分级标准，并考虑群众习惯叫法，可分为大、中、小3级。可参考《水

土保持综合治理 技术规范 沟壑治理技术》分级标准。

(3)淤地坝设计洪水标准

淤地坝建设中存在的一个突出问题是容易被洪水冲毁。但是提高设计洪水标准，必然要加大淤地坝建筑费用，因此确定经济合理的淤地坝洪水设计标准是十分重要的。淤地坝设计洪水标准与淤积年限参阅《水土保持综合治理 技术规范 沟壑治理技术》提出的标准；骨干坝等别划分及设计标准采用《水土保持治沟骨干工程技术规范》(SL 289—2003)提出的标准。

(4)淤地坝的作用

淤地坝是小流域综合治理中一项重要的工程措施，也是最后一道防线，它在控制水土流失，发展农业生产等方面具有极大的优越性。现将淤地坝的具体作用归纳如下：

①稳定和抬高侵蚀基点，防止沟底下切和沟岸崩塌，控制沟头前进和沟壁扩张。

②蓄洪、拦泥、削峰，减少入河、入库泥沙，减轻下游洪沙灾害。

③拦泥、落淤、造地，使沟道川台化，变荒沟为良田，为山区农林牧业发展创造有利条件。

5.3.3.2 坝系规划

(1)坝系规划的原则

①坝系规划必须以小流域为单元，在流域综合治理规划的基础上，上下游、干支沟全面规划，统筹安排。要坚持沟坡兼治、生物措施与工程措施相结合和综合、集中、连续治理的原则，把植树种草、坡地修梯田和沟壑打坝淤地有机地结合起来，以利形成完整的水土保持体系。

②最大限度地发挥坝系调洪拦沙、淤地增产的作用，充分利用流域内的自然优势和水沙资源，满足生产上的需要。

③各级坝系，自成体系，相互配合，联合运用，调节蓄泄，确保坝系安全。

④坝系中必须布设一定数量的控制性的骨干坝作为安全生产的中坚工程。

⑤在流域内进行坝系规划的同时，要提出交通道路规划。对泉水、基流水源，应提出保泉、蓄水利用方案，勿使水资源埋废。坝地碱化影响产量，规划中拟就防治措施，以防后患。

(2)坝系布设

坝系布设由沟道地形、利用形式以及经济技术上的合理性与可能性等因素来确定，一般常见的有以下几种：①上淤下种，淤种结合布设方式；②上坝生产，下坝拦淤布设方式；③轮蓄轮种，蓄种结合布设方式；④支沟滞洪，干沟生产布设方式；⑤多漫少排，漫排兼顾布设方式；⑥以排为主，漫淤滩地布设方式；⑦高线排洪，保库灌田布设方式；⑧隔山凿洞，邻沟分洪布设方式；⑨坝库相间，清洪分治布设方法。

流域建坝密度应根据降雨情况，沟道比降，沟壑密度，建坝淤地条件，按梯级开发利用原则，因地制宜地规划确定。据各地经验，在沟壑密度 5 ~ 7km/km^2，沟道比降 2% ~ 3%，适宜建坝的黄土丘陵沟壑区，每平方千米可建坝 3 ~ 5 座；在沟壑密度 3 ~ 5km/km^2，适宜建坝的残垣沟壑区，每平方千米建坝 2 ~ 4 座；沟道比较大的土石山区，每平方千米建坝5~8座比较适宜。

5.3.3.3 淤地坝工程规划

工程规划应在小流域坝系规划的基础上，按照工程类型(拦洪坝、小水库等)分别进行工程规划。具体内容包括确定枢纽工程的具体位置，落实枢纽及结构物组成，确定工程规模，拟定工程运用规划，提出工程实施规划、工程枢纽平面布置及技术经济指标，并估算工程效益。

(1)坝址选择

一个好的坝址必须满足拦洪或淤地效益大、工程量小和工程安全三个基本要求。在选定坝址时，要提出坝型建议。坝址选择一般应考虑以下几点：①坝址在地形上要求河谷狭窄、坝轴线短，库区宽阔容量大，沟底比较平缓。坝址附近应有宜于开挖溢洪道的地形和地质条件。最好有鞍形岩石山凹或红黏土山坡。还应注意到大坝分期加高时，放、泄水建筑物的布设位置。②坝址附近应有良好的筑坝材料(土、砂、石料)，取用容易，施工方便，因为建筑材料的种类、储量、质量和分布情况，影响到坝的类型和造价。采用水坠坝时应有足够的水源，在施工期间所能提供的水源应大于坝体土方量。坝址应尽量向阳，以利延长施工期和蒸发脱水。③坝址地质构造稳定，两岸无疏松的坍土、滑坡体，断面完整，岸坡不大于60°。坝基应有较好的均匀性，其压缩性不宜过大。岩层要避免活断层和较大裂隙，尤其要避免有可能造成坝基滑动的软弱层。④坝址应避开沟岔、弯道、泉眼，遇有跌水应选在跌水上方。坝肩不能有冲沟，以免洪水冲刷坝身。⑤库区淹没损失要小，应尽量避免村庄、大片耕地、交通要道和矿井等被淹没。有些地形和地质条件都很好的坝址，就是因为淹没损失过大而被放弃，或者降低坝高，改变资源利用方式，这样的先例并不少见。⑥坝址还必须结合坝系规划统一考虑。有时单从坝址本身考虑比较优越，但从整体衔接、梯级开发上看不一定有利，这种情况需要注意。

(2)资料收集和地形测量

进行工程规划时，一般需要收集和实测如下资料：

①地形、地貌资料　包括所在流域位置、面积、水系、所属行政、水土保持类型区、地形和地貌特点。A. 坝系平面布置图：在1:10000地形图标出坝系位置；B. 库区地形图：一般采用1:500或1:2000的地形图。等高线间距用2~5m，测至淹没范围10m以上。它可以用来计算淤地面积、库容和淹没范围，绘制高程与淤地面积曲线和高程与库容曲线；C. 坝址地形图：一般采用1:1000或1:5000的实测现状地形图，等高线间距0.5~1m，测至坝顶以上10m。用此图规划坝体、溢洪道和泄水洞，估算大坝工程量，安排施工期土石场、施工导流、交通运输等；D. 溢洪道、泄水洞等建筑物所在位置的纵横断面图：横断面图用1:100~1:200比例尺；纵断面图可用不同比例尺。这两种图可用来设计建筑物和估算挖填土石方量。上述各图在特殊情况下，可以适当放大和缩小。规划设计所用图表，一般均应统一采用黄海高程系和国家颁布的标准图式。

②流域、库区和坝址地质及水文地质资料　包括：A. 区域或流域地质平面图；B. 坝址地质断面图；C. 坝址地质构造。包括河床覆盖层厚度及物质组成，有无形成地下水库

条件等；D. 沟道地下水，泉水逸出地段及其分布状况。

③流域内河、沟水化学测验分析资料以及在区域变化的主要特征　包括总离子含量、矿化度(g/mL)、总硬度、总碱度及 pH 值的区域变化规律，为预防坝地盐碱化提供资料。

④水文气象资料　包括降水、暴雨、洪水、径流、泥沙情况，气温变化和冻结深度等。

⑤天然建筑材料的调查　包括土、砂、石、砂砾料的分布，结构、性质和储量等。

⑥社会经济调查资料　包括流域内人口、劳力、家畜、土地利用现状、水土流失情况、治理现状及治理经验。

⑦其他条件　包括交通运输、电力、施工机械、居民点、淹没损失、当地建筑材料的单价等。

(3)集水面积测算及库容曲线绘制

①集水面积计算方法　计算集水面积的方法很多，一般淤地坝的控制集水面积可用求积仪法、几何法、经验公式法。A. 求积仪法：采用求积仪时，要注意校核仪器本身的精度和比例，一般将量出图上的面积乘以地形图比例尺的平方值，即得集水面积；B. 方格法：用透明的方格纸铺在划好的集水面积平面图上，数一下流域内有多少方格，根据每一个方格代表的实际面积，乘以总的方格数，就得出集水总面积；C. 梯形计算法：将集水面积划分成若干梯形，然后求各梯形面积之和。

经验公式法：

$$F = f L^2 \tag{5-14}$$

式中　F——集水面积，m^2；

L——流域长度，m；

f——流域形状系数。狭长者 0.25，条叶形 0.33，椭圆形 0.4，扇形 0.50。

②淤地坝坝高与库容、面积关系曲线绘制法　淤地面积和库容的大小是淤坝工程设计与方案选择的重要依据，而它又是随着坝高而变化的，确定其值时，一般采用绘制坝高与淤地面积和库容关系曲线，以备设计时用。绘制的方法有等高线法和横断面法。

等高线法　利用库区地形图，等高距按地形条件选择，一般为 2～5m。计算时首先量出各层等高线间的面积，再计算各层间库容及累计库容，然后绘出坝高——库容及坝高——淤地面积关系曲线。相邻两等高线间的体积为：

$$V_n = \frac{F_n + F_{n+1}}{2} \cdot H_n \tag{5-15}$$

式中　V_n——相邻两等高线之间的体积，m^3；

F_n，F_{n+1}——相邻两等高线对应的面积，m^2；

H_n——两相邻等高线的高差，m。

横断面积法　当没有库区地形图时，可用横断面法粗略计算。首先测出坝轴线处的横断面，然后在坝区内沿沟道的主槽中心线测出沟道的纵断面，再在有代表性的沟槽(或沟槽形状变化较大)处测出其横断面。计算库容时，在各横断面图上以不同高度线为顶线，求出其相应的横断面面积，由相邻的两横断面面积平均值乘以其间距，便得出此二横断面不同高程时的容积。最后把部分容积按不同高程相加，即为各种不同坝高时的库容。同理，在上述计算过程中，量得每个横断面在同一坝高上的横断面顶部宽度，根据相邻两断面的顶部距离，则可求得两个横断面之间的水面面积，然后把同一坝高时各个横断面之间的水面面积累加起来，即为该坝高相应的淤地面积。最后根据不同坝高计算求得的库容和淤地面积，绘出坝高—库容—淤地面积曲线(图5-3)。坝区内如有较大的支沟时，计算中应将相应水位以下支沟中的容积和面积加入。

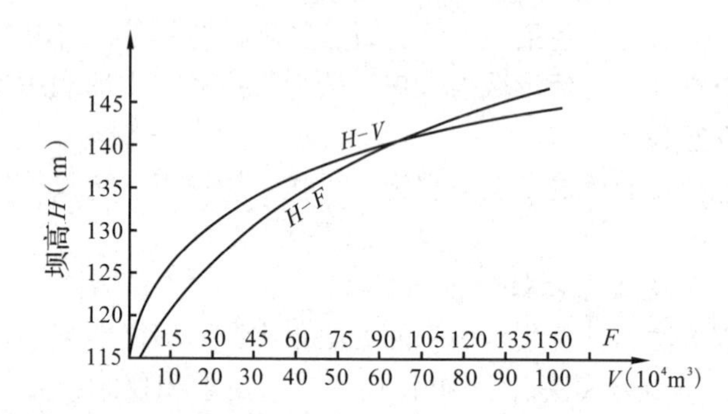

图5-3 淤地坝坝高(*H*)、淤地面积(*F*)、库容(*V*)关系曲线

(4)淤地坝水文计算

设计暴雨量、设计洪峰流量、设计洪水总量以及洪水过程线推算等淤地坝水文计算内容，参见《流域水文学原理》有关章节。

5.3.3.4 淤地坝坝高的确定

淤地坝除了拦泥淤地外，还有防洪的要求。所以，淤地坝的库容由两部分组成：一部分分为拦泥库容，另一部分为滞洪库容。而相应于该两部分库容的坝高，即为拦泥坝高和滞洪坝高。因此，淤地坝的总坝高等于拦泥坝高、滞洪坝高及安全超高之和。

(1)拦泥坝高

①影响拦泥坝高的因素 影响拦泥坝高的因素很多，主要有以下3点：淤地面积，淤地坝的淤地面积是随着坝高的增高而增大的，但当坝高达到一定高度后，增长速度逐渐趋于缓慢，甚至近于停止；淤满期限，它是确定拦泥坝高的重要参数，其值应在安全防洪的前提下，用尽早受益的原则来确定。例如，山西省根据群众筑坝经验，淤地坝淤平年限定为：大型淤地坝10~15a，中型淤地坝5~10a，小型淤地坝5a以下；工程量和施工方法，淤地坝一般在当年汛期后动工，次年汛期前达到防汛坝高。所以应根据设计洪水、施工方法和劳力等情况，估算可能完成的工程量，分析完成设计坝高的可能性。

②拦泥坝高的确定 设计时，首先分析该坝的坝高—淤地面积—库容关系曲线，初步选定经济合理的拦泥坝高，再由其关系曲线中查得相应坝高的拦泥库容，其次由初拟坝高加上滞洪坝高和安全超高的初估值，一般为3.0~4.0m，作为全坝高来估算其坝体的工程量。根据施工方法、工期和当地经济情况等，判断实现初选拦泥坝高的可能性。然后由该坝所控流域内的年平均输沙量求得淤满年限。

(2)安全超高的确定

淤地坝的安全超高主要取决于坝高的大小，根据各地经验可采用表5-2的数值。

表5-2 淤地坝安全超高表

坝高(m)	<10	10～20	>20
安全超高(m)	0.5～1.0	1.0～1.5	1.5～2.0

5.3.3.5 土坝设计

(1)土坝枢纽的布置及坝型选择

土坝枢纽布置是根据综合利用的要求，把各项建筑物有机地、互相关联地妥当安排，各得其所。既要安全可靠，又要经济合理，要尽可能避免施工干扰，还要考虑运行管理方便。

枢纽建筑物以坝为主体，并包括有泄洪建筑物、放水建筑物、灌溉引水建筑物等。在高山深谷地带，河谷窄山坡陡，建筑物不易分散布置，只能一起紧凑布置，如岸坡溢洪道常与土坝连接，丘陵地带河谷宽山坡平缓，而且常有垭口可布置溢洪道，建筑物可分散布置，施工方便。总之，应根据地形地质条件合理安排。

土坝是由土料填筑而成的挡水建筑物，它是淤地坝和小型水库采用最多的一种坝型。土坝按土料组合和防渗设备的位置等不同，可分均质土坝、心墙土坝、斜墙土坝和多种土质坝等；按施工方法的不同，又可分为碾压式土坝、水中填土坝以及水力冲填(水坠)坝等。

(2)土坝断面尺寸的拟定

拟定土坝断面尺寸，在土坝设计中是很重要的，它直接影响到土坝工程是否安全可靠、经济合理。淤地坝一般可根据各地的筑坝经验确定其断面尺寸，不需进行计算。

①坝顶宽度　坝顶的宽度与坝高有关，坝体愈高则坝顶宽也应愈大，当坝顶有交通要求时，应根据交通部门有关公路等级规定来确定其宽度，一般单车道为5m，双车道为7m。可参考《水土保持综合治理 技术规范 沟壑治理技术》。

②土坝坝坡　土坝坝坡的陡缓是决定坝体稳定的主要条件之一，可根据坝高、土料、施工方法和坝前是否经常蓄水等条件，参考已建成的同类土坝等拟定。水坠坝的坝坡还应考虑冲填泥浆浓度、冲填速度和围埂宽度等施工条件确定。水坠坝的坝坡应满足在施工期间的坝体稳定，不发生滑坡事故，其坝坡应比夯碾坝要缓些。对坝高超过15m的土坝，背水坡应加设马道，以增加坝身稳定和减少暴雨对坝坡的冲刷，马道宽为1.5～2.0m。一般在马道处变坡，上陡下缓。根据《水土保持综合治理 技术规范 沟壑治理技术》规定，可供选用坝坡时参考。

(3)土坝的排水

根据淤地坝的运用特点，淤地坝的排水设施分为两种类型。①坝趾排水：均质土坝的坝体渗透可分为稳定渗透和不稳定渗透。其在汛期的渗透属于不稳定渗透，坝内地下水渗透属于稳定渗透。②坝地排水：淤地坝与小型水库的运用情况不同，它无调蓄水量的作用，蓄水时间不长，就被排泄出坝，泥沙淤积坝前。坝内泥沙的淤积对坝基的防渗起着有利的作用，但对排除坝内下渗水是不利的。如果不给坝内地下水出路，任其在坝内积聚，当水位达到一定高度时，坝地土壤就会发生盐碱化，而愈来愈严重。所以淤地坝必须设置反滤排水设施，排泄坝内地下水，降低地下水水位，防止坝地土壤盐碱化。

(4)坝体土方量的计算

坝体土方量计算应根据设计总坝高和坝坡在坝址地形图上绘制坝坡线，再按等高线分层计算坝面面积和层间坝体的土方量，然后累加各层土方量即求得坝体的总土方量。

估算时，可按下式计算坝体土方量：

$$V = C \cdot H[3b(L + L') + H(m_1 + m_2)(L + 2L')] \tag{5-16}$$

式中 V——坝体总土方量，m^3；

H——设计总坝高，m；

b——坝顶宽，m；

L——坝顶长，m；

L'——坝底长，即坝址沟床平均宽，m；

m_1——上游坡比；

m_2——下游坡比；

C——沟谷断面类型系数，见表5-3。

表5-3 坝址处沟谷断面类型系数

沟谷断面类型	三角形	梯　形	U 形	锅底形
形状系数	0.17	0.18	0.20	0.22

5.3.3.6 溢洪道设计

淤地坝或小型水库采用的防洪建筑物多系溢洪道。其设计与施工等的好坏是确保淤地坝安全的主要环节，所以对溢洪道工程必须有足够的重视。

(1)溢洪道位置的选择

溢洪道位置决定于坝址的地形和地质条件等。溢洪道布置是否适当，将影响到淤地坝工程的安全和投资，应注意以下几方面。①要尽量利用天然的有利地形条件，如分水鞍(或山坳)。这样，就可以节省开挖土石方量，减少工程投资，缩短工期。②在地质条件上要求溢洪道两岸山坡比较稳定，防止泄洪时发生滑塌等事故。溢洪道位置最好选择在岩石和基岩上，以耐冲刷，可以降低工程造价。如果做在土基上，应选择坚实的地基，将溢洪道全部做在挖方的地基上，还必须用浆砌石和混凝土衬砌，防止泄洪时对土基的冲刷。③在平面布置上，溢洪道尽量做到直线布置，力求泄洪时水流顺畅。溢洪道进口离坝端应不小于10m，出口应远离下游坝脚至少20m以上。如果由于地形限制，可将进口引水渠采用圆弧形曲线布置，并在弯道凹岸做好护砌工程，而其他部分应尽量做到直线布置。④溢洪道布置尽可能不和泄水洞放在同一侧，以免互相造成水流干扰和影响卧管安全。

(2)溢洪道的形式和断面尺寸的确定

淤地坝溢洪道的形式，主要有两种：一种是明渠式溢洪道，另一种是溢流堰式溢洪道。

①明渠式溢洪道　在基岩或岩石上开挖明渠排洪，一般不做砌护工程，称为明渠式溢洪道。它适用于小型淤地坝和临时性溢洪道。

明渠式溢洪道的断面形状可视地基情况而定，一般在岩石上可采用矩形断面，非岩基上宜采用梯形断面，其边坡为1∶0.3～1∶1。断面尺寸可根据所选定的断面形状、设计最大泄洪流量(q_m)和设计的滞洪水深($H_{滞}$)，可按水力学明渠均匀流流量公式计算，明渠式溢洪道尺寸可采用试算法计算，根据已知的q_m和$H_{滞}$，假定一个宽度b值，计算出一个相应的流量$q_i=q_m$时的b值即为设计的明渠式溢洪道的底宽，求得断面尺寸后，应加超高0.5～1.0m。

②溢流堰式溢洪道　溢流堰式溢洪道的种类很多，可分为台阶式、跌水式和陡坡式等，而最常用的是陡坡式溢洪道。它的优点是：结构简单、水流平顺、施工方便、工程量小。所以在大中型淤地坝和小型水库工程中采用较多。

另外，陡坡式溢洪道通常由进口段、陡坡段和出口段3部分组成。

5.4 山洪及泥石流防治工程

在山洪或泥石流沟道的冲积扇上，为防止山洪和泥石流冲刷及淤积灾害而修筑的排洪沟或导洪堤、拦砂坝、沉沙场等建筑物属于山洪泥石流防治工程，其目的在于保护冲积扇上的房舍、农田、道路、工矿设施等建筑物免受山洪及泥石流危害，保证当地人民生命及财产的安全。

5.4.1 拦砂坝

拦砂坝(sediment storage dam)是以拦蓄山洪及泥石流沟道(荒溪)中固体物质为主要目的，防治泥沙灾害的挡拦建筑物。它是荒溪治理主要的沟道工程措施，坝高一般为3～15m，在黄土区亦称泥坝。在水土流失地区沟道内修筑拦砂坝，具有以下几个方面的功能：

(1)拦蓄泥沙(包括块石)以免除泥沙对下游的危害，便于下游对河道的整治。

(2)提高坝址处的侵蚀基准，减缓了坝上游淤积段河床比降，加宽了河床，并使流速和径流深减小，从而大大减小了水流的侵蚀能力。

(3)淤积物淤埋上游两岸坡脚，由于坡面比降低，坡长减小，使坡面冲刷作用和岸坡崩塌减弱，最终趋于稳定。因沟道流水侵蚀作用而引起的沟岸滑坡，其出口往往位于坡脚附近。拦砂坝的淤积物掩埋了滑坡体出口，对滑坡运动产生阻力，促使滑坡稳定。

(4)拦砂坝在减少泥沙来源和拦蓄泥沙方面能起重大作用。拦砂坝将泥石流中的固体物质堆积在库内，可以使下游免遭泥石流危害。如前苏联阿拉木图麦杰奥地区采用定向爆破修建了一座高达115m的拦砂坝，1973年7月15日在小阿拉木图河发生了一场特大泥石流，该坝拦蓄了$4.0\times10^6m^3$的固体物质，使阿拉木图市免除了一场泥石流灾祸。

5.4.1.1 坝址选择与坝高

(1)坝址选择

为了充分发挥拦砂坝控制泥沙灾害的作用，应将拦砂坝布置在以下的位置：

①小流域沟道内的泥沙形成区，沟道断面狭窄处；

②泥沙形成区与流过区交接段的狭窄处；

③荒溪泥沙流过区开阔段下游狭窄处；

④荒溪泥沙流过区与支沟汇合处下游的狭窄处；

⑤泥沙流过区与沉积区连接段的狭窄处。

(2)坝高

确定拦砂坝坝高应考虑的因素有：

①拦沙效益　拦砂坝是挡拦泥沙石块的建筑物。坝高愈高，拦沙愈多，并能更有效地用回淤来稳定上游滑坡崩塌体。因此，拦砂坝的拦淤效益是随着坝高的增加而增大的。每立方米坝体平均拦沙量是鉴别拦沙效益的重要指标。

②工程量和工期　在荒溪中修拦砂坝，一般在冬春进行，到翌年雨季前完工，不然就有冲毁的危险。应根据当地乡村劳力的条件和工期估算所能完成的工程量，并据此确定合理的坝高。

③坝下消能设施　过坝山洪及泥石流的坝下消能设施费用是随着坝高的增加而增加的，在确定坝高时应考虑这一因素。除地形地质条件好，施工机械化水平比较高，可以修筑较高的坝体外，一般以不超过15m为好。采用节节打坝的方法，在荒溪中修建坝群，不仅可以解决坝下游的消能防冲问题，同时可大大增加淤积库容。

④确定坝高要充分考虑坝址所处的地质条件与地形条件。

5.4.1.2　坝型选择

拦砂坝的坝型主要根据山洪或泥石流的规模和当地的建筑材料来选择。

石料丰富，采运条件又方便的地方，可采用砌石坝；在石料缺乏，发生泥石流的危险性大的沟道，可考虑选用混凝土坝或钢筋混凝土坝。

(1)砌石坝

砌石坝分为浆砌石坝、干砌石坝和砌石拱坝等。

①浆砌石坝　浆砌石坝属重力坝。它的作用原理是坝前作用的泥沙压力、冲击力、水压力等水平推力，通过坝体传递到坝的基础上；坝的稳定主要靠坝体的重量在坝基础面上产生的摩擦力维持。

②干砌石坝　干砌石坝只用于小型山洪荒溪，在石料丰富的地区，亦为群众常用的坝型。干砌石坝的断面为梯形，当坝高为3～5m时，坝顶宽1.5～2.0m，上游坡为1∶1，下游坡为1∶1～1∶1.2。

③砌石拱坝　在河谷狭窄、沟床及两岸山坡的岩石比较坚硬完整的条件下，可以采用砌石拱坝。拱坝的两端嵌固在基岩上，坝上游的泥沙压力和山洪的作用力均通过石拱传递到两岸岩石上。由于砌体受压强度高，受拉性能差，而拱坝承受的主要是压力，因此，拱坝能发挥砌体的抗压性能。与同规模的其他坝型相比，可以节省10%～30%的工程量。

(2)混合坝

根据取材不同，混合坝可分为土石混合坝和木石混合坝。

①土石混合坝　当坝址附近土料丰富而石料不足时，可选用土石混合坝型。土石混合坝的坝身用土填筑，而坝顶和下游坝面则用浆砌石砌筑。由于土坝渗水后将发生沉陷，因此，坝的上游坡必须设置黏土隔水斜墙；下游坡脚设置排水设施等，并在其进口处设置反滤层。这是无水地区群众常用的一种坝型。

②木石混合坝　在盛产木材的地区，可采用木石混合坝。木石混合坝的坝身由木框架填石构成。为了防止上游坝面及坝顶被冲坏，常加砌石防护。

(3)铁丝石笼坝

这种坝型适用于小型荒溪，在我国西南山区较为多见。它的优点是修建简易，施工迅速，造价低。不足之处是使用期短，坝的整体性也较差。坝身由铁丝石笼堆砌而成。铁丝石笼为箱形，尺寸一般为0.5m×1.0m×3.0m，棱角边采用直径12～14mm的钢筋焊制而成。编制网孔的铁丝常用10#铁丝。为了增强石笼的整体性，往往在石笼之间再用铁丝紧固。

(4)格栅坝

格栅坝是近年发展起来的挡拦泥石流的新坝型。它具有节省建筑材料(与整体坝比较能节省30%～50%)、坝型简单、施工进度快、使用期长等优点。格栅坝的种类很多，这里仅介绍钢筋混凝土格栅坝和金属格栅坝。

①钢筋混凝土格栅坝　当沟道中泥石流挟带的大石块比较多时，往往采用钢筋混凝土格栅坝。格栅坝的主要特点是顶留格栅孔。它的作用是让细粒物质及小石块泄入下游，而把泥石流挟带的大石块拦留在坝区。因此在设计时应对沟谷或堆积扇上的石块进行详尽的调查，以确定格栅尺寸。

②金属格栅坝　在基岩峡谷段，可修金属格栅坝。它具有结构简单、经济和施工快的特点。这种坝的构造、格栅孔径的确定与钢筋混凝土格栅坝相同。废旧的钢轨或钢管可作为格栅材料。为了增强格栅的强度，在沟谷比较宽的地方(例如大于8m)，应在沟中增设混凝土或钢筋支土墩。

5.4.1.3 重力坝的断面设计

(1)断面设计

拦沙坝断面设计的任务是：确定既符合经济要求又保证安全的断面尺寸。其内容包括：①断面轮廓尺寸的初步拟定；②坝的稳定计算和应力计算；③溢流口计算；④坝下冲刷深度估算；⑤坝下消能。

(2)坝的稳定与应力计算

一座拦沙坝在外力作用下遭破坏，有以下几种情况：①坝基摩擦力不足以抵抗水平推力，因而发生滑动破坏；②在水平推力和坝下渗透压力的作用下，坝体绕下游坝址的倾覆破坏；③坝体强度不足以抵抗相应的应力，发生拉裂或压碎。在设计时，由于不允许坝内产生拉应力，或者只允许产生极小的拉应力，因此，对于坝体的倾覆稳定，通常不必进行核算，一般所谓的坝体稳定计算，均指抗滑稳定而言。计算时，首先根据初步拟定的断面尺寸，进行作用力计算，然后进行稳定计算和应力计算，以保证坝体在外力作用下不至于遭到破坏。

5.4.1.4 溢流口设计

溢流口设计的目的在于确定溢流口尺寸，即溢流口宽度 B 和高度 H。

5.4.1.5 坝下消能与冲刷深度计算

(1)坝下消能

由于山洪及泥石流从坝顶下泄时具有很大能量，对坝下基础及下游沟床将产生冲刷和变形。因此，应设消能措施。拦沙坝坝下消能措施常见的有如下几种：

①子坝(副坝)消能 它适用于大中型山洪或泥石流荒溪。这种消能设施的构造是，在主坝的下游设置一座子坝，形成消力池，以削减过坝山洪或泥石流的能量。子坝的坝顶应高出原沟床0.5~1.0m，以保证子坝回淤线高于主坝基础顶面。子坝与主坝间的距离，可取2~3倍主坝坝高。

②护坦消能 这种消能措施仅适用于小型沟道。护坦多用浆砌块石砌筑，其长度为2~3倍主坝坝高。

(2)坝下游冲刷深度计算

坝下冲刷深度估算的目的在于合理确定坝基的埋设深度。决定冲刷深度需要考虑建筑物的形式、泄流状态以及河床的地形、地质等条件，是一个相当复杂的问题，通常只有采用模型试验以及对比实验工程资料，才能得到较为可靠的结果。

5.4.2 山洪及泥石流排导工程

5.4.2.1 山洪及泥石流排导沟

山洪及泥石流排导沟(或称排洪道或导流堤)是开发利用荒溪冲积扇，防止泥沙灾害，发展农业生产的重要工程措施之一。根据排导沟设计要求，这里着重介绍排导沟的平面布置、类型及断面设计等问题。

(1)排导沟的平面布置

排导沟在平面布置上有不同形式。设计时应针对荒溪的特点、类型和冲积扇的地形情况，因地制宜地选好排导沟的平面布置。根据甘肃、云南、四川等地的经验，排导沟的平面布置有如下几种形式。

①向中部排 向中部排是排导沟经冲积扇中部把山洪及泥石流直接排入大河的一种方式。排导沟的出口与河流基本上正交，居民区和农田分布在两侧。甘肃武都的火烧沟就采用了这种排导方式。采用这种方式的排导沟，有两种修筑方法：一是排导沟作成挖方渠道。此法适用于从沟口到大河间冲积扇高差比较大的情况；另一种是坡度较小的冲积扇，其排导沟用填方渠道。因为，当冲积扇坡度小的情况下，如果仍用挖方渠道，排导沟的出口可能比大河的水位低，影响排泄效果。

②向下游排 将排导沟修在冲积扇靠大河下游一侧，出口与大河呈斜交。这种排导方式在我国西南及西北应用较多，如云南东川蒋家沟的导流堤即为一例。

③向上游排 排导沟的位置在冲积扇靠大河上游一侧，其流向与大河的流向成钝角

相交。一般泥石流冲积扇是往河流下游方向发育的，因此其下游侧的坡度较缓，坡面长；而上游侧的坡面较陡，坡面短。根据这个特点，排导沟向上游排，既可以满足坡度大、排泄顺畅，又可以达到省工省料的要求。例如，甘肃武都的泥湾沟，在沟口修成的长500m的导流堤，就是沿着冲积扇的上游边缘把泥石流输入白龙江的。

④横向排　在沟口修横向排导沟，把两条或几条泥石流沟汇集到一条主干沟内，并选择适当的地方排入大河。兰州市的洪水沟就是用这种方式排泄泥石流的。

(2)排导沟的类型

根据挖填方式和建筑材料的不同，排导沟可分3种类型：挖填排导沟、三合土排导沟和浆砌块石排导沟。采用哪一种类型，应考虑荒溪的特性。

①挖填排导沟　挖填排导沟是在冲积扇上按设计断面开挖或填方修筑起来的排导沟，它具有结构简单、可就地取材、易于施工、节省投资等优点。在泥石流荒溪的冲积扇上可采用这种类型。挖填排导沟的断面形式有三种：梯形断面、复式断面和弧形断面。新开挖的排导沟，排泄流量不大者，多采用梯形断面；流量较大者则采用复式断面和弧形断面。

②三合土排导沟　排导沟的土堤系以土、沙和石灰(比例为6∶3∶1)的混合物，分层填筑，夯实而成。它适用于高含沙山洪荒溪。如甘肃武都的郭家门前沟三合土堤。三合土堤的内坡一般为1∶0.5～1∶1.0，外坡为1∶0.3～1∶0.75。堤顶宽度，没有行车要求时为1～1.5m，有行车要求时，根据通行车型确定。

③浆砌块石排导沟　适于排泄冲刷力强的山洪。浆砌石衬砌的方式主要有两种：一种是边坡衬砌；另一种是边坡与沟底均衬砌。浆砌块石衬砌多用于半挖半填的排导沟中。这样，既经济又安全，衬砌厚度一般为0.3～0.5m。

(3)排导沟的防淤措施和断面设计

①防淤措施　排导沟设计要保证排泄顺畅，既不淤积，又不冲刷，为了防治淤积应注意以下几点：

A. 修建沉沙场，泥石流进入排导沟后，往往由于沟内洪水很小，很容易将固体物质淤积在排导沟中，对于这种情况，最好的办法是在冲积扇上筑沉沙场；

B. 选择合适的纵坡，排导沟是否发生冲淤与其纵坡大小关系密切。根据各地经验，对一般高含沙山洪沟道，流体容重小于1.5t/m^{3}的情况下，纵坡为3.0%～4.0%。对于泥石流荒溪，流体容重大于1.5t/m^{3}时，纵坡为4.0%～15.0%，泥石流容重愈大，则纵坡愈大。在确定排导沟纵坡时，除了考虑流体容重以外，还应考虑固体物质尺寸。尺寸愈大，纵坡应愈大；

C. 合理选择沟底宽度，除纵坡外，底宽也是影响冲淤的因素之一。底宽过大，泥石流的流速就变小，固体物质容易在沟道中淤积；

D. 排导沟与大河衔接时，除了应注意平面布置外，应保证的是出口标高高于同频率的大河水位，至少也要高出20a一遇的大河洪水位。与低洼地衔接时，也应注意出口和低洼地之间的高差不能过小。

②排导沟的断面设计　排导沟的断面设计，分为横断面设计和纵断面设计。

A. 横断面设计：横断面设计的主要任务是确定过流断面的底宽b和深度h。根据荒溪的类型，计算山洪或泥石流的设计流量。排导沟的设计标准为：对于排导沟两侧均为农田而无居民点者，可按20a一遇标准设计，两侧有居民点和重要设施时，按50a一遇标准设计。根据冲积扇的特性选定排导沟的断面形式。一般情况下排导沟采用梯形断面，其内坡采用1∶1.5~1∶1.75，外坡为1∶1~1∶1.5。堤顶宽1.5~2.5m。初步确定底宽。根据山洪或泥石流流量公式试算水深或泥深。确定排导沟的深度。绘制横断面设计图；

B. 纵断面设计：排导沟的纵断面设计按如下步骤进行：根据高程测量数据绘出地面高程线；根据选定的纵坡，并考虑与大河的衔接，绘出排导沟的沟底线；根据横断面设计水(泥)深，绘出水(泥)位线，即水(泥)位高程＝沟底高程＋设计水(泥)深；根据水(泥)位高程和超高，绘出堤顶线，即堤顶高程为水(泥)位高程和超高之和；计算冲刷深度。

5.4.2.2 沉沙场

在荒溪内及冲积扇上拦蓄泥沙可有两种办法，一类是垂直方向的，如拦砂坝(或淤地坝)；另一类是水平方向，即沉沙场(又名停淤场)。沉沙场在日本称为“堆砂地”，在奥地利称为“Ablagerungsplatz”(沉积地)。沉沙场的作用主要是拦蓄沙石。在严重风化地区、严重地震地区以及坡面重力侵蚀发展严重的地区，当山洪中可能挟带沙石很多而又没有其他方法可用时，可在坡度较缓的冲积扇上修筑沉沙场，减少排导沟的淤积。

(1)沉沙场规划布置

在规划沉沙场时要考虑：①山坡陡峻，坡面侵蚀作用强烈的荒溪流域，山洪中可能挟带很多泥石，在这类沟道中除修筑拦砂坝外，还可修筑沉沙场；②沉沙场可选在坡度较小的沟段修筑，例如，可设在坡度变化点以下。当沟道宽度大时，流速减小，可减少山洪对沙石的推移力，从而促进沙石淤积下来。也可将沉沙场设在沟道出山谷后的冲积扇上；③在沉积区修建沉沙场时，由于淤积作用强烈，有些地段可能造成沟底高于两岸以外的田地、房舍等现象。因此，在淤积作用强烈而又可能危及农田、房舍的沟段不宜设置沉沙场；④在沉沙场被淤满沙石后，可以另选场地设置一个新的沉沙场。在缺乏新场地时。就必须清挖已淤积的沙石。因此，在选择沉沙场的位置时，应选择开挖沙石易于运出的地点。在不能与现有道路连接的地点修筑沉沙场时，则应规划运输道路。

(2)沉沙容量的确定

在确定沉沙场的容量时，要对流域的地质、地形、坡度、植被情况等进行充分的调查研究，并计算出山洪中所挟带的沙石数量，按每年1次或2次的挟沙量来决定沉沙场的容量(开挖运输容易的按每年1次挟沙量设计，否则按每年2次设计)。

5.5 小型蓄水用水工程

5.5.1 水窖

5.5.1.1 水窖的定义与功能

修建于地面以下并具有一定容积的蓄水建筑物叫水窖，水窖由水源、管道、沉沙池、过滤网、窖体等部分组成。水窖的功能作用有：①拦蓄雨水和地表径流；②提供人畜饮水和旱地灌溉的水源；③减轻水土流失。

5.5.1.2 水窖的类型

传统的水窖按其形式可分为井窖、窑窖两种基本的形式。随着材料和施工方法的发展，还有竖井式圆弧形混凝土水窖和隧洞形(或马鞍形)浆砌石水窖等形式。

水窖按形状分为圆柱形、球形、瓶形、烧杯形、窑形等，按防渗材料分为红黏土防渗及混凝土或水泥砂浆防渗。按被覆方式可分为硬被覆式和软被覆式蓄水工程。按建筑材料可分为砌砖(石)、现浇混凝土、水泥砂浆、塑料薄膜和二合泥(黏土与石灰加水拌和而成)等。水窖可根据实际情况采用修建单窖、多窖串联或并联运行使用，以发挥调节用水的功能。

(1)井窖

在黄河中游地区分布较广。主要由窖筒、旱窖、散盘、水窖、窖底等部分组成。

①窖筒　在黏土地区，窖筒直径可挖到0.8～1.0m，在较疏松的黄土上，一般为0.5～0.7m。窖筒深度，在坚硬的黏土上1～2m即可，在疏松黄土上需3m左右。

②旱窖　指窖筒下口到散盘这一段，一般不上胶泥，也不能存水，所以叫做旱窖。

③散盘　旱窖与水窖连接的地方叫散盘。

④水窖　四周窖壁捶有胶泥以防渗漏，主要用来蓄水。

⑤窖底　窖底直径随旱井的形式而定，一般为1.5～3.0m，最小0.7m左右。

(2)窑窖

窑窖与西北地区群众居住的窑洞相似，其特点是容积大，占地少，施工安全，取土方便，省工省料。窑窖容积一般为300～500m^3。窑高2m以上，窖长6～25m，上宽2.0～3.5m，底宽0.5～2.5m，根据其修筑方法不同又可分为挖窑式和屋顶式两种。

(3)混凝土拱底顶盖水泥砂浆抹面窖

该窖型是甘肃常见的一种形式。主要由混凝土现浇弧形顶盖、水泥砂浆抹面窖壁、三七灰土翻夯窖基、混凝土现浇拱形窖底、混凝土预制圆柱形窖颈、进水管6部分组成。

(4)混凝土球形窖

主要包括现浇混凝土上半球壳、水泥砂浆抹面的下半球壳、两半球壳接合部圈梁、窖颈、进水管等几部分。球形窖下部土基应进行翻夯，翻夯深度不小于30cm，夯实后干容重不低于1.5t/m^3。该窖型也是甘肃省常见的一种形式。

(5)塑料薄膜防渗旱井

塑料薄膜防渗旱井，用聚乙烯塑料薄膜加工制成防渗井体，主要在内蒙古。薄膜厚度为0.3～0.4mm，成井直径2.5m，深4.5～5.0m，蓄水量15～25m^3。

(6)水泥砂浆防渗旱井

水泥砂浆防渗旱井，用大穰泥做衬里，其上铺设水泥砂浆防渗层，井体结构与二合泥防渗式旱井相同，主要在内蒙古。

另外，云南省雨水集蓄利用工程还有相当一部分需要供解决人畜饮水。人畜饮水水窖建在房前屋后，以屋面作集雨坪；旱地浇水的水窖建在埂边地角，引地表径流沉淀过滤后入窖，窖形均为圆弧形。广西地区将集雨蓄水工程通称为水柜，水柜结构设计的内容包括：①水柜结构形式：为使水柜结构受力条件良好，提高水柜的经济性，规划采用圆形开敞式水柜。有条件的地方可以加盖，以减少蒸发。②建筑材料：水柜的建筑材料，根据因地制宜、就地取材的原则选用现浇 C15 混凝土或 M7.5 浆砌石。③水柜的容量：根据集雨场的大小、灌溉需水量等因素确定。贵州省雨水集蓄利用的"三小工程"包括小水窖、小水池、小山塘 3 种形式，它们主要依容积大小而划分，其外部形状有方形、椭圆形、圆坛形、半圆形、簸箕形等。四川省及重庆市的集雨工程模式主要包括水池、水窖和水井 4 种，其形状、容积等特点分别为：水池，开敞式蓄水工程，横断面以圆形为主，每池容积在 30～100m³之间；水窖，封闭式蓄水工程，容积在 30～150m³之间；水井，包括用于灌溉的大口井(沉井)和人工井。

5.5.1.3 水窖的规划与设计

修建水窖要根据年降水量、地形、集雨坪(径流场)面积等条件因地制宜地进行合理布局。规划要结合现有的水利设施，建设高效能的人畜饮水、旱地灌溉或两者兼顾的综合利用工程。

(1)水窖的规划原则

①在有水源保证的地方，修建以调节用水量为主，重新分配径流的水窖。可根据地形及用水地点，修建多个水窖，用输水管渠串联或并联运行供水；

②在无水源保证的干旱、半干旱地区，可修建容积较大的水窖，尽量蓄积较多的水。其调蓄能力一般应满足当地 3～4 个月的供水。

(2)水窖的设计

①设计原则　总体上，传统的水窖分为井式和窑式两类。来水量不大的路旁，可修建井式水窖，单窖容积 30～50m³；在路旁有土质坚实的崖坎且要求需水量较大的地方，可修建窑式水窖，单窖容积 100～200m³。水窖的数量应根据当地人口、每年人均需水量、总需水量，扣除其他水源(如可利用的泉水)可供水量，取当地有代表性的单窖容量，计算规划区需修水窖数量。一般供饮水的水窖，要求人均 3～5m³，兼有灌溉要求时，人均可达 5～7m³。在此基础上，水窖在规划设计时，还应考虑：A. 因地制宜，就地取材，技术可靠，保证水质、水量，节省投资；B. 充分开发利用各种水资源及水利设施，使灌溉与人畜饮水结合；C. 防止冲刷，确保工程安全；D. 为了调节水源，可将水窖串联或并联，联合运行。

②设计所需资料　包括：A. 气象资料：包括附近气象站(雨量站)的多年降雨量、年最大 24h 降雨量，年最低、最高气温，日照天数，最大蒸发量等；B. 水文资料：包括基流量、枯流量、丰水期流量及最大洪水流量，干旱期实测值和水质化验报告；C. 水源工程、输水工程及窖址的地址、地形图；D. 当地建筑材料分布调查；E. 当地社会经济情况调查；F. 区域 1:10000 或 1:50000 比例的地形图；G. 人畜饮水、灌溉用水需求及分布调查；H. 现有水利设施情况。

③工程布置原则　主要原则有：A. 水窖应远离污染源，尤其人畜饮用水的水窖，要保证水质达到卫生标准；B. 水源地应置于较高位置，以利于自流供水；但必须保证水

窖要有充分的集流；C. 应避开不良地质地段，以确保工程安全。

④水源工程　水窖的水源可以有雨水、山泉水、库坝水等。可根据当地情况，综合利用。雨水是水窖最主要的水源，尤其是干旱、半干旱地区。在没有地表水源直接利用的情况下，可拦截雨水。直接拦蓄雨水时，还需要有集雨坪、汇流沟等配套工程。传统的集雨设施可利用屋顶、院落及周围道路；在工程设计中，可设置集雨坪、拦水沟等工程拦截雨水，汇流入窖。集雨坪的设置应根据当地地形条件，选择适宜的位置，一般应高于水窖进水口 1m 以上。利用自然的山坡，开挖一定长度的拦水沟，将雨水拦截入窖。集雨坪也可以人工整平，并用水泥砂浆抹面防渗。各地可根据情况计算集雨坪面积；同时，利用自然山坡汇集雨水，必须经过沉沙过滤后方能进入水窖，所以，水窖应配置净化设施。沉沙过滤池的结构视集雨坪面积的大小而定。

(3) 水窖总容积的确定

水窖总容积是水窖群容积的总和，应与其控制面积相适应。如果来水量不大，可设 1~2 个水窖：如果来水量过大，则应修水窖群拦蓄来水，水窖群的布置形式有以下几种：

①梅花形　将若干水窖按梅花形布置成群，用暗管连通，从中心水窖提水灌溉；

②排子形水窖群　这种水窖群布置在窄长的水平梯田内，顺等高线方向筑成一排水窖群，窖底以暗管连通，在水窖群的下一台梯田地坎上设暗管直通窖内，窖水可自然灌溉下方农田。为了就地拦蓄坡面径流，减少流水的位能损失，增加自流灌溉的面积，应使窖群均匀地分布在坡面上，而不是使水窖集中在坡面下部。

(4) 窖址的选择

窖址的选择应考虑：①有充足的水源，一般布设在村旁、路旁有足够地表径流来源的地方；②有深厚而坚硬的土层；水窖一般应设在质地均匀的土层上，以黏性土壤最好，黄土次之。一般距沟头 20m 以上，距大树根 10m 以上；③在石质山区，多利用现有地形条件，在无泥石流危害的沟道两侧的不透水基岩上，加以修补，做成水窖；④窖址应便于人蓄用水和灌溉农田。

5.5.2　涝池

涝池又叫蓄水池或堰塘，可用以拦蓄地表径流，防止水土流失，也是山区抗旱和满足人蓄用水的一种有效措施。涝池一般为圆形和椭圆形。大的涝池可占几亩地，容积可达几百立方米，甚至几千立方米。山坡地上的涝池，因受地形条件限制要小一些，蓄水量一般为 10~80m^3。

修涝池的技术简单，容易掌握，而且修筑省工，但涝池的蒸发量大，占地也较多，在干旱而蒸发量太大的地区，不宜修筑涝池。

5.5.2.1　涝池位置的选择

涝池一般都修在村庄附近、路边、梁峁坡和沟头上部。池址土质应坚实，最好是黏土或黏壤土。沙性大的土壤容易渗水和造成陷穴，都不宜修涝池。此外，选择涝池的位置还应注意以下几点：

①有足够的来水量；

②涝池池底稍高于被灌溉的农田地面，以便自流灌溉；

③不能离沟头、沟边太近，以防渗水引起坍塌。

5.5.2.2 涝池的布置形式

(1)平地涝池

修在平地的低凹处，一般是把凹处再挖深些，将挖出的土培在周围。

(2)结合沟头防护

在沟头附近适当距离处挖捞池，拦蓄坡面汇集的地表径流，防止沟头前进。

(3)开挖小渠将地下水引入涝池

沟底坡脚常有地下水渗出，给很多地方造成泥流及滑塌。可在附近挖涝池，并开小渠使地下水引入涝池，用以灌溉或人畜饮用，也可避免塌岸。

(4)结合山地灌溉，开挖涝池

在山地渠道上，每隔适当的距离挖一个涝池，涝池与渠道连接处设立闸门，将多余的水蓄在池内，以备需水时灌溉。

(5)连环涝池

涝池与涝池之间用小水渠连接起来，多修在道路的一侧，以防止道路冲刷，有时也修在坡面上的浅凹地上，一般为方形或长方形，蓄水量可达10～15m^3。

5.5.2.3 涝池的修筑方法

(1)挖土培岸埂

将挖出的土培在池坑的周围，然后培岸埂。培埂前应先清基，以使岸埂与底土结合紧密。岸埂应分层填筑。其顶宽为1m左右。岸埂应高出蓄水面0.3～0.7m。

(2)设置溢水口

为了防止池水漫溢，冲毁岸埂，在岸埂的一端或两端修溢水口，溢水口最好用砖石砌护。蓄水较少的涝池，溢水口也可用草皮铺砌。

(3)附属工程

当涝池水面低于地面时，为了便于安装提水设备，可先在池边安设支架。若用池水自流灌溉，可在涝池岸下埋设管道或水槽等，并配上小闸门。

(4)防渗处理

为了防止池水渗漏，应夯实池底。如池底土质不好，必须做适当的防渗处理。具体方法有以下几种：①用含水量较大的红土在池底铺0.2～0.3m，并夯实。如再用碎铁片插入土中(铁片间距10～15cm)。使铁片与红土锈在一起，防渗效果将更好；②如果土质较好，渗水不严重，可在蓄水不太深时，将牲畜赶入池内踩踏，这样也可起到减少渗漏的作用；③用红胶泥、沙、石子配成三合土(比例为6:2:2)，掺水成浆，在池底铺0.2～0.3m后再夯实。

(5)池旁植树

在涝池周围植树也可减少水分蒸发损失，又可巩固岸埂。应注意不能栽植分泌过敏物质的植物。

5.6 河道治理工程

各种类型的河段，在自然情况或受人工控制的条件下，由于水流与河床的相互作用，常造成河岸崩塌而改变河势，危及农田及城镇、村庄的安全，破坏水利工程的正常运用，给国民经济带来不利影响。修筑护岸与治河工程的目的，就是为了抵抗水力冲刷，变水害为水利，为农业生产服务。

5.6.1 护岸工程的目的及种类

防治山洪的护岸工程与一般平原河流的护岸工程并不完全相同，主要区别在于横向侵蚀使沟岸破坏以后，由于山区较陡，还可能因下部沟岸崩塌而引起山崩。因此，护岸工程还必须起到防止山崩的作用。

(1)护岸工程的目的

沟道中设置护岸工程，主要用于下列情况：①由于山洪、泥石流冲击使山脚遭受冲刷后而有山坡崩坍危险的地方；②在有滑坡的山脚下，设置护岸工程兼起挡土墙的作用，以防止滑坡及横向侵蚀；③用于保护谷坊、拦沙坝等建筑物。谷坊或淤地坝拦沙后，多沉积于沟道中部，山洪遇到堆积物常向两侧冲刷，如果两岸岩石或者土质不佳，就需设置护岸工程，以防止冲塌沟岸而导致谷坊或拦沙坝失事，在沟道窄而溢洪道宽的情况下，如果过坝的山洪流向改变，也可能危及河岸，这时也需设置护岸工程；④沟道纵坡陡急，两岸土质不佳的地段，除修建谷坊防止下切外，还应修建护岸工程。

(2)护岸工程的种类

护岸工程一般可分为护坡与护基(或护脚)两种工程。枯水位以下称为护基工程。枯水位以上称为护坡工程。根据其所用材料的不同，又可分为干砌片石、浆砌片石、混凝土板、铁丝石笼、木桩排、木框架与生物护岸等。此外，还有混合型护岸工程。如木桩植树加抛石、抛石植树加梢捆护岸工程等。

5.6.2 河道整治工程

5.6.2.1 河道整治方法及工程类型

河道整治的目的是稳定河床保护岸坡。按河道变化规律和水利事业要求，应规划好治导线，布设好建筑物。

(1)整治方法

第一步，规划好治导线，布设好护岸工程。治导线是河道水面的轮廓线，它是河道整治时新河床断面设计的依据，也是护岸工程布设的依据。治导线的布置形式有3种：

①弯曲形　它是根据蜿蜒形河道特点——水流较平顺、河床演变规律比较明显的特点，根据实际河势、地形，将河道河段上下游用自由曲线平顺连接起来的一种形式。平原丘陵区中小型河道多为这种情况。

②直线形　它是将新河道设计为一条直线(成为渠化河道)。优点是水流顺畅，可多造地；缺点是工程量大，会出现水流冲顶。

③绕山转形　它是将新河道设在一边山坡下，沿导线环绕山坡坡脚自然布设，工程量小，河道占地少，但水流不畅，河床宽窄不一，拐弯山嘴处有挑流作用，威胁对岸整治工程。

第二步，疏浚河床，修建好护岸工程。河道的弯曲和断面的变化，常常是出现横向和纵向侵蚀的主要原因，因此对河道进行截弯取直，修建护岸工程和护底工程，用以改变水流方向防止侧蚀和底蚀，是稳定河床的主要措施。

一般河道护岸工程，主要是用来保护河岸，护底工程主要是保护河床底部免遭冲蚀。而整治建筑物，主要是改变河道流向。在实际工作中，多为二者结合。

(2)工程类型

主要有改河造地和改善河道水流整治建筑物。

①改河造地　对原河道不利段加以整治或改道，将废弃河槽、漫滩、汊道填土或淤积，成为农地或其他可用土地。根据整治对象不同，可分为裁弯取直造地工程、束河(或浅滩整治)造地工程和堵汊造地工程3种。

②整治建筑物　整治建筑物的目的，在于改善水流流态及流向，防止岸坡侵蚀。

整治建筑物有顺坝(与水流平行的纵向堤)和丁坝(与水流垂直或倾斜的横向堤)。前者用于改善水流流态，后者用于减少冲刷。须指出，整治建筑物应与一般护岸工程相结合方能发挥有效作用。同时要注意不是所有河段均需设计整治工程，只是在那些可能出现破坏性的河段上修建整治工程。

5.6.2.2　河道新断面设计

(1)设计洪水流量标准确定

一般设计洪水流量标准可按30a一遇洪水流量计算，当涉及河道两岸有重要工矿企业和村镇、重要交通道路时，标准可提高。①河道上游无水库时若有实测资料，可由经验频率公式计算洪水流量，在资料缺少时，可用地区经验公式计算；②河道上游有水库时由于水库的控制，通过调洪计算可求得水库最大泄洪流量，并结合区间洪水量一并考虑，推求出设计时的洪峰流量；③流域有良好水土保持措施时可在上述计算出的洪峰流量中乘以折减系数作为设计洪峰流量。

(2)新断面设计

在设计洪峰流量 Q_{mp} 确定之后，可按明渠均匀流公式确定河槽断面宽度及水深。

具体设计计算时，应通过现场调查，先假设一个合适的水位，再假定一个河宽 B，求出该水位时的过水断面面积 ω，由此得出平均水深 $H=\frac{\omega}{B}$，将 B、H、i 代入上式计算流量，并与 Q_{mp} 比较，若相等即可，否则改设 B 或 H 重新计算，直至相等为止。

5.6.2.3　整治工程设计

(1)丁坝设计

丁坝是坝根与河岸相连、坝头伸向河槽的横向整治建筑物，在平面上与河岸联结呈丁字形，故称丁坝。

①丁坝的类型及作用　丁坝根据坝身长短和影响水流的程度分为两类：

A. 长丁坝：长丁坝可堵塞一部分河槽，对河床起束窄作用，并能改变主流位置，保护下游河岸不受冲刷。长丁坝按作用大小不同，又分为挑流坝和勾头丁坝两种。挑流坝能将水流挑离岸边，可用以束窄河槽或护岸。勾头丁坝是在丁坝头部接上一段与河岸大致平行、平面呈钩形的坝叫勾头丁坝。其作用在于改善丁坝头部水流状况，并起导流作用。

B. 短丁坝：它是一种护岸护堤建筑物，起迎托水流作用，束窄河槽、挑流作用较小，可保护岸滩和顺河堤。特别短的丁坝又叫矶头或盘头，它的平面形状有雁翅形(雁翅坝)和磨盘形(磨盘坝)。

②丁坝布设　丁坝多以坝群形式布设，孤立丁坝对河岸防护作用不大，易受冲击而损坏。一组丁坝的数量应由保护河段长度确定。对蜿蜒形河道的顶部，在弯顶以上的保护长度和弯顶以下的保护长度，分别占保护总长度的40%和60%。丁坝间距在凹岸可为坝长的1.0~2.5倍，在凸岸为4~8倍，在顺直段为3~4倍。

③丁坝结构构造　丁坝按建造材料和施工方法不同，有下面几种构造类型：A. 土丁坝：为护岸非淹没建筑物，坝头用抛石或砌石护坡、护根，当有严重冲刷时应抛石护脚、护岸，无严重冲刷时可植树或草皮护坡；B. 抛石丁坝：用乱石抛堆、表面用砌石或较大块石抛护的丁坝叫抛石丁坝。坝顶宽1.5~2.0m，上下游边坡可用1:1.5，头部可做成盘头状，边坡系数可加大到3~5以上；C. 柳盘头：坝体以柳枝为主，中间填以黏土或淤泥，平面呈雁翅形和半圆形，抵御洪水能力较差，适用于流速小的(河道比降较小)河道整治。

(2)顺坝设计

顺坝坝身与水流平行，与河岸相连，或留缺口。由于它顺水流沿岸布置，故叫顺河坝或顺坝。

①顺坝的作用及布设　顺坝为常见河道整治工程，作用是形成河流边界、束窄河床、保护河岸及滩地，并能导向水流，故又叫导流坝。顺坝一般按规划的治导线位置布置。为防止水流绕过坝根，一种将坝根与河岸直接相连，将护坡护脚工程向下游作适当延伸；另一种在河岸开挖基槽，将坝根嵌入其中。

②顺坝结构构造类型　常见顺坝结构构造类型有下面几种：A. 土坝、砂土坝：用土料或砂土和卵石堆筑而成，一般坝顶宽3m左右，边坡≥2.0，坝顶超高1m左右。为抵御冲刷，迎水面可用砌石或混凝土板保护，坝脚用抛石或沉枕防护；B. 石坝：在盛产石料的山区河道多用石坝，石坝顶宽约1m，边坡系数0.3~0.5。石坝抗冲性能较好，但造价高；C. 混合坝：为节约投资、提高防冲能力，可采用迎水面用石料浆砌、背水面用砂土填筑的混合式坝。

(3)顺坝基础深度估算

当河道建造顺坝束窄原河槽宽度后，流速增大，产生纵向冲刷。为使顺坝建成后安全运行，需要根据冲刷深度设计基础埋深。对山区河道，可用下式估算冲刷深度H：

$$H \approx H_0 \left(\frac{B_0}{B}\right)^{0.7} \tag{5-17}$$

式中 H_0，B_0——河道治理前的平均水深和河宽，m；

H，B——河道治理后的平均水深和河宽，m。

另外，当在弯道位置时，由于横向环流作用，冲刷深度更大、对弯道凹岸处的冲刷深度 $H_{弯}$ 可用下式估算：

$$H_{弯} = KH \tag{5-18}$$

式中 K——经验系数，为弯道曲率半径 R 与顺直段河宽 B 的比值，查表5-4确定；

H——河道治理后顺直河段平均水深，m。

表5-4 系数 K 值表

R/B	6	5	4	3	2
K	1.48	1.84	2.20	2.57	2.6

本章小结

本章通过对水土保持工程措施的基本概念、基本原理、基础理论、基本方法的介绍，阐述了水土保持工程措施的主要内容、布置和设计原则，概括了水土保持工程的主要内容。其内容包括：以梯田、拦水沟埂、水平沟、水平阶、水簸箕、鱼鳞坑、水窖(旱井)、蓄水池、稳定斜坡下部的挡土墙及护坡等坡面防治工程；以谷坊工程、拦砂坝、淤地坝及沟头防护工程等沟道治理工程；以排洪沟、导流堤、拦砂坝、沉沙场等山洪及泥石流防治工程；以水窖、涝池、蓄水塘坝等小型蓄水用水工程以及以沿导线布设、工程设计(丁坝、顺坝)等护岸与治河工程。

思考题

1. 水土保持工程的内容与任务是什么？
2. 斜坡固定工程有哪些类型？
3. 梯田如何分类？有哪些类型？
4. 符合梯田优化断面的条件是什么？
5. 沟头防护工程的类型有哪些？
6. 谷坊有哪些类型？
7. 小型蓄水用水工程有哪些类型？

本章推荐阅读书目

1. 王礼先. 2000. 水土保持工程学[M]. 北京：中国林业出版社.
2. 崔云鹏，蒋定生. 1997. 水土保持工程学[M]. 西安：陕西人民出版社.
3. 1974. 水土保持工程学[M]. 李醒民，等译. 徐氏基金会.

参考文献

崔云鹏，蒋定生. 1997. 水土保持工程学[M]. 西安：陕西人民出版社.

方正三. 1958. 水土保持[M]. 北京：科学出版社.

关君蔚．1996. 水土保持原理[M]. 北京：中国林业出版社．

国家技术监督局．2008. GB/T 16453.1～6—2008 水土保持综合治理技术规范[S]. 北京：中国标准出版社．

华东水利学院．1984. 水工设计手册[M]. 北京：水利出版社．

1974. 水土保持工程学[M]. 李醒民，等译．徐氏基金会．

[日]驹村富士弥著．1986. 水土保持工程学[M]. 李一心，译．沈阳：辽宁科学技术出版社．

刘松林．1990. 水土保持工程[M]. 北京：水利电力出版社．

阮伏水．2003. 福建省崩岗侵蚀与治理模式探讨[J]. 山地学报，21(6)：675－680.

水利电力部第五工程局，水利电力部东北勘测设计院．1978. 土坝设计(上册)[M]. 北京：水利电力出版社．

王礼先，孙保平，余新晓．2004. 中国水利百科全书·水土保持分册[M]. 北京：中国水利水电出版社．

王礼先．1995. 水土保持学[M]. 北京：中国林业出版社．

王礼先．2000. 水土保持工程学[M]. 北京：中国林业出版社．

[英]R. P. C Morggn. 1987. 土壤侵蚀[M]. 王礼先，等译．北京：水利电力出版社．

吴积善，王成华．1997. 中国山地灾害防治工程[M]. 王礼先，等译．成都：四川科学技术出版社．

吴志峰，李定强，丘世钧．1999. 华南水土流失区崩岗侵蚀地貌系统分析[J]. 水土保持通报，19(5)：24－26.

辛树帜，蒋德麒．1982. 中国水土保持概论[M]. 北京：农业出版社．

张淑光，姚少雄，梁坚大，等．1999. 崩岗和人工土质陡壁快速绿化的研究[J]. 土壤侵蚀与水土保持学报，5(5)：67－71.

赵富德．1991. 美国水土保持科研发展历程及近期研究的主要内容[J]. 中国水土保持(5)：47－50.

中国科学院兰州冰川冻土研究所，甘肃省交通科学研究所．1982. 甘肃泥石流[M]. 北京：人民交通出版社．

中华人民共和国水利部．2003. SL 289—2003 水土保持治沟骨干工程技术规范[S]. 北京：中国水利水电出版社．

第6章

水土保持农业与草业措施

我国山区、丘陵区面积约占国土总面积的70%以上，其中坡耕地约占全国总耕地面积的一半左右。在坡耕地上，土壤遭受侵蚀的原因虽然很多，但最普遍的因素是由于水蚀产生径流，形成“三跑田”所引起。为了抑制径流的产生，在坡耕地上，兴修梯田是很有效的水土保持工程措施。但若能及时正确地采用水土保持农业和草业技术措施，同样可以达到增加降水入渗、制止径流产生、减少土壤冲蚀的目的，收到保水、保土和稳产增产的效益，而且要比兴修梯田简单易行、投资少，在贫困山区易被接受。

水土保持农业技术措施是在山区、丘陵区坡耕地上，结合农事耕作，采用保水、保土、保肥措施，培肥地力，提高生产效率，从而获得较高产量的技术措施。包括水土保持耕作技术、土壤培肥技术、旱作农业技术等。水土保持农业技术措施是坡耕地普遍应用的水土保持方法，功能在于局部改变微地形，消除坡面径流，增强水分渗入土壤的能力，尽可能地多蓄水；加强土壤抗蚀条件，防治土壤侵蚀，保持土壤肥力；改善光、热分布状况；为作物提供良好的生长条件，为获得高而稳定的粮食产量创造条件。方法上大多将传统的耕作方法和栽培方法进行整合，不需增加过多劳力或费用。有的虽费用有所增加，但功效上则不但保持了水土，改良了土壤，而且发挥了增产省工等多方面效益。

在水土流失区，种草也是一项时间短、见效快的水土保持措施。它常与林业措施、农业措施及工程措施结合配置，相互协调，相互补充，成为水土流失防治措施体系中的一项重要的技术措施。水土保持草业技术措施主要包括水土流失区人工种草技术、退化草地恢复技术及草田轮作技术等。虽然我国南北方自然条件差异较大，但草本植物强大的适应性为人所皆知，只要有生命的地方就有草本植物的存在。草本植物生活力强，一个生长季可刈割多次，并能充分利用光、热、水、气、养等条件。尤其是多年生草类，种植一次可持续利用多年，耕种管理简便，大大降低了劳动强度。草本植物多数抗逆性较强，病虫害少，能大幅度减少农药、杀虫剂的用量，减少环境污染，降低生产成本。在荒滩、荒坡、荒沙、退耕地、撂荒地、退化草地、沟道、坝坡、梯田田坎、河岸、水库周围、海滩、湖滨及工程建设区的弃土斜坡等地种植草本植物，既可充分利用闲置资源，提高土地利用率，又可发展当地经济。

6.1 水土保持农业技术措施

6.1.1 水土保持耕作技术

6.1.1.1 水土保持耕作技术措施的含义

水土保持耕作技术措施是在坡耕地上，结合每年农事耕作，采取各类改变微地形，或增加地面植物被覆，或增加土壤入渗，提高土壤抗蚀性能，以保水保土，减轻土壤侵蚀，提高作物产量的耕作措施。广义上讲，所有旱地农业耕作技术措施均属此类。从狭义上讲，水土保持耕作技术措施是专门用来防治坡耕地上水土流失的独特耕作措施，即保水保土耕作法。

6.1.1.2 水土保持耕作技术措施的任务

水土保持耕作技术的主要任务是：①根据天然降水的季节分布，最大限度地将天然降水，纳蓄于“土壤水库”之中，尽量减少农田内各种形式径流的产生；②根据水分在土壤中运动的规律，减少已纳蓄于“土壤水库”中水分的各种非生产性消耗，如土表蒸发、渗漏等。使土壤内所储蓄的水分，尽最大可能地及时地为农作物生长发育所利用，调节天然降水季节分配与作物生长季节不协调的矛盾；③应用耕作原理，促使土体的毛管孔隙和非毛管孔隙适宜，使土壤的通气性和透水性适中，促使地表水分能够迅速下渗，深层的水分通过毛细管作用及时补充到植物根系周围；④促进肥效的提高，消灭杂草及病害虫害，提高土壤水分的有效利用率。

6.1.1.3 水土保持耕作技术措施的种类

对现有水土保持耕作技术，按其作用的性质，分类如下：

第一，改变微地形的保水保土耕作法，主要有等高耕作、沟垄种植、掏钵(穴状)种植、抗旱丰产沟、休闲地水平犁沟等；

第二，增加地面植物被覆的保水保土耕作法，主要有草田轮作、间作、套种、带状间作、合理密植、休闲地上种绿肥等；

第三，增加土壤入渗、提高土壤抗蚀性能的保水保土耕作法，主要有深耕、深松、留茬播种、增施有机肥等。

1)改变微地形的水土保持耕作技术

(1)等高耕作

又称横坡耕作，是指在坡面上沿等高线方向所实施的耕犁、作畦及栽培等作业(图6-1)。横坡耕作可以拦蓄大量地表径流，控制水土流失发生并增加土壤蓄水量，它是坡耕地实施其他水土保持耕作措施的基础。在北方干旱少雨地区，耕作方向基本沿等高线，以利于保水保土；南方多雨且土质黏重地区，耕作方向应与等高线呈1%~2%的比降，以适应排水，防止冲刷；再有风蚀的缓坡地区，该顺坡耕作为横坡耕作时，应兼顾耕作方向与主风向正交，或呈45°。

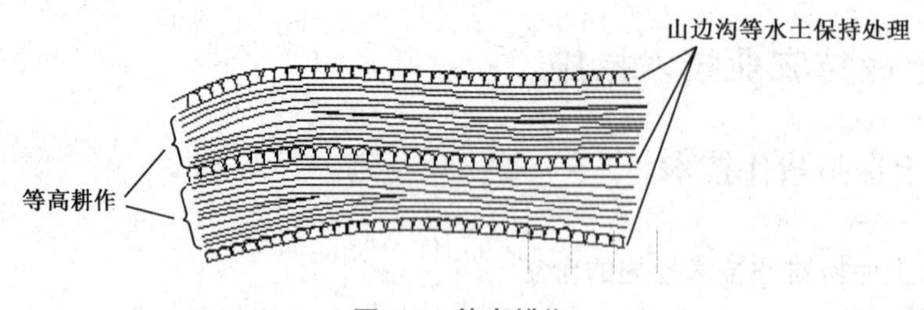

图 6-1 等高耕作

等高耕作的技术要点：

①适当的土地整平 当土地有局部的低洼时，等高行穿过时会发生急剧的弯曲，造成积水的危险地带，导致等高耕作失败。因此应提前予以适当的整平。

②测定等高基线 实施等高耕作前，首先要测定基线，根据基线来耕作、作畦和种植。

③等高畦的犁筑 当设定第一条基线，即犁筑与该线平行的畦，到坡度改变处，就停止犁筑，再在该处向上或向下与已经犁好的畦的等距离处，测出另一条等高基线，并根据此线，再分别向上或下继续筑畦。

④短行的排列 坡度不同的地块上，在沿第一条基线犁出的畦和沿第二条基线犁出的畦的连接处，将产生一块楔形地区，这种小地形的处理，是沿着上面第一线和下面第二线分别筑出平行的畦，一般叫做短行。短行是积水的地带，它的位置将影响等高耕作的成败，所以要小心排列，最简单的方法是将短行放在上下两基线的中间部位。

⑤等高畦的配合应用 畦沟的容水量是有限的，因作业等关系，也不容易保持整齐的断面。在土层较浅、坡度较大、土壤渗透性不良的土地，仅使用等高耕作法，往往不能达到保土蓄水的目的。在这种情形下，必须配合应用山边沟和梯田等方法。

(2)沟垄种植

这是在等高耕作的基础上进行的一种耕作措施，即在坡面上沿等高线开犁，形成沟垄相间的地面，在沟内或垄上种植作物或牧草，用以蓄水拦泥、减轻水土流失(图 6-2)。

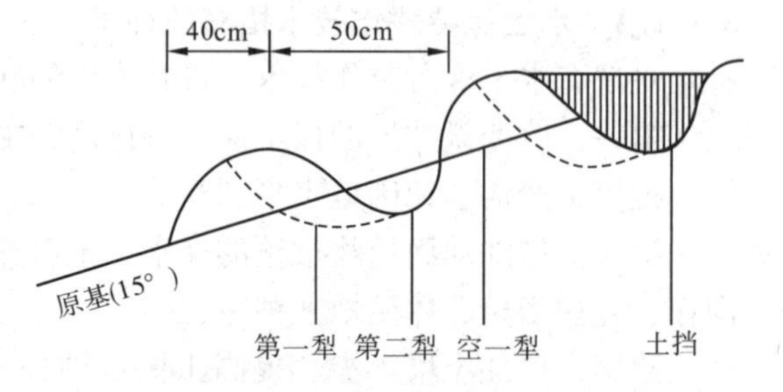

图 6-2 沟垄种植示意图

沟垄种植的种类：

①垄作区田 又称带状区田(图 6-3)，是一种有效的蓄水保土的坡地耕作方法，在西北地区水土保持耕作中常用。即在坡耕地上沿等高线犁成水平沟垄，作物种在垄的半坡上，在沟中每隔一定距离做一土挡，以蓄水留肥。因为垄作区田有耙耱不便和苗期蒸发量大的缺点，一般只适用于20°以下的坡地和年降水量在300mm 以上的地区，应特别注意保墒工作。

②山地水平沟种植法 即播种时沿等高线开沟，施入底肥，使土、肥拌匀；行距视坡度而定，一般陡坡地 50～60cm，缓坡地 40cm 左右；随开沟随播籽，然后覆土镇压。主要适用于25°以下的坡耕地。可以种植小麦、谷子、马铃薯、豆类等多种作物。

③平播起垄 又叫中耕培垄，它是采取等高条播的播种方法，出苗后结合中耕除草

在作物根部培土起垄，以拦水保土增加产量，适宜于20°以下的坡耕地。具体做法是：在播种时采取隔犁条播，行距视不同作物来定，一般为50～60cm，并进行镇压；在雨季来到前，结合中耕将行间的土培在作物根部，形成等高水平沟垄，并每隔1～2m做一土挡，以防止径流集中而形成冲刷。

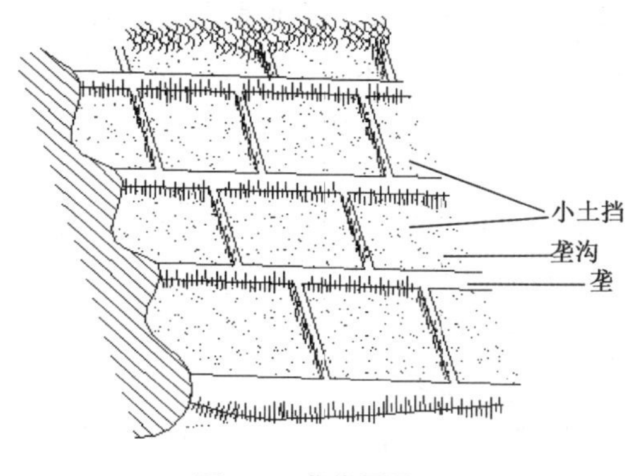

图6-3 垄作区田

④圳田 实质是宽约1m的水平梯田。做法是：沿等高线做成水平条带，每隔50cm挖宽、深各50cm的沟，并结合分层施肥将生土放在沟外做成垄，再将上方1m宽的表土填入下方沟内，由于沟垄相间，便自然形成了窄条台阶地。

⑤水平防冲沟种植 即在伏耕以前或伏耕的同时，每隔一定距离，犁成一道宽24～30cm，深15～18cm的水平截水防冲沟；沟内每隔1.5～2.0m留一处土挡，以便拦蓄径流与防止暴雨冲刷；水平防冲沟的间距一般以1～2m为宜，陡坡可窄些，缓坡可略宽些。一般应用于坡耕地或轮闲坡地上。⑥抽槽聚肥耕作。按作物的行距挖成一定宽度和深度的沟壕，然后回填肥土和肥料，再种植作物，这种方法是保持水土、促进作物生长、获得丰产的好方法。

(3)掏钵种植

适用于干旱半干旱地区，有较好的蓄水保土作用。有一钵一苗法和一钵数苗法两种种植方法。

①一钵一苗法 在坡耕地上沿等高线用锄挖穴(掏钵)，以作物株距为穴距，一般30～40cm；以作物行距为上下两行穴间距离，一般60～80cm；穴的直径一般20～25cm，深约20～25cm，上下两行穴的位置呈"品"字形错开；挖穴取出的生土在穴下方作成小土埂，再将穴底挖松，从第二穴位置上取10cm表土置于第一穴内，施入底肥，播下种子；以后各穴，采用同样方法处理，使每穴内均有表土。

②一钵数苗法 在坡耕地上沿等高线挖穴，穴间距离约50cm，以作物行距作为穴的行距；穴的直径约50cm，深约30～40cm，相邻两行穴的位置呈"品"字形错开；将穴底挖松，深约15～20cm，再将穴上方约50cm×50cm位置上的表土取起约10～15cm，均匀铺在穴底，施入底肥，播下种子，根据不同作物情况，每穴可种2～3株。

(4)抗旱丰产沟

适用于土层深厚的干旱、半干旱地区。其技术要点如下：从坡耕地下边开始，离地边约30cm，沿等高线开挖宽约30cm的沟，深20～25cm，将挖起的表土暂时堆放在沟的上方；将沟内生土挖出，堆在沟下方，形成第一条土埂；翻松沟底20～25cm深度土壤，把沟上方暂时堆放的表土填入沟中，同时从沟上方宽约60cm、深约20cm的原地面取表土把沟填满；在60cm宽去掉表土的地面上，将上半部30cm宽位置挖一条深20～25cm的沟，挖出的生土堆在下半部30cm宽的位置，作成第二条土埂，并将第二条沟底翻松20～25cm深；再将第二条沟底上方约60cm宽的表土取起约20cm深，填入第二条沟中。

按此过程继续操作，直到整个坡面都成生土作埂，表土入沟，沟中表土和松土层厚40～50cm，保水保土保肥，有利作物生长。

(5)休闲地水平犁沟

即在坡耕地内，从上到下，每隔2～3m，沿等高线或与等高线保持1%～2%比降，作一道水平犁沟，犁时向下方翻土，使犁沟下方形成一道土垄以拦蓄雨水。为了加大沟垄容蓄能力，可在同一位置翻犁两次，加大沟深和垄高。

2)增加地面植物被覆的水土保持耕作技术

(1)草田轮作

它是一类在轮作体系中含有草类的轮作，是根据各类草种和作物的茬口特性，将计划种植的不同草种和作物排成一定顺序，在同一地块上轮换种植的种植制度。适用于地多人少的农区或半农半牧区，特别是原来有轮歇、撂荒习惯的地区，应采用草田轮作而代替之。在农区，种2～3年农作物后，再种1～2年生草类，草种以毛叶苕子、箭筈豌豆等短期绿肥、牧草为主，实行短期轮作；在半农半牧区，种4～5年农作物后，再种5～6年草类，草种以苜蓿、沙打旺等多年生牧草为主，实行长期轮作。草田轮作技术可见6.3.4。

(2)间作与套种

间作是两种作物同时在一地块上间隔种植的一种栽培方法，如玉米间作大豆，玉米间作马铃薯等。套种是在同一地块内，前季作物生长的后期，在其行间或株间播种或移栽后季作物，如小麦套种黑豆。

间作与套种是增加土壤表层覆盖面积、提高单位面积作物产量、保持水土、改良土壤的一项有效的农业技术措施。它是我国农民在长期生产实践中，逐步认识并掌握各种农作物的特性和相互之间的关系，积极利用作物互利的条件，克服不利条件而发展起来的。采取这种农业技术措施，极为省工，简单易行，行之有效。

实行间作与套种能够减少水土流失，主要在于作物对地面增加了覆盖程度，并延长了对地面的覆盖时间，经常使地表面具有两层作物覆盖(图6-4)。间作与套种也使土壤中的根系增加，对网络固持土壤和改良土壤有重要作用。尤其是套种，可使地面长期有作物覆盖和保护土壤不被溅蚀。冬小麦套种早玉米，玉米地套种耐阴的豆类具有良好的水土保持作用。冬小麦套种早玉米或其他的春播作物，冬小麦收割之后，田地上仍有其他作物覆盖，使土壤得到保护，免遭暴雨的溅蚀和冲刷。而早玉米或春播作物收割之后，仍可赶上播种回茬的冬小麦。

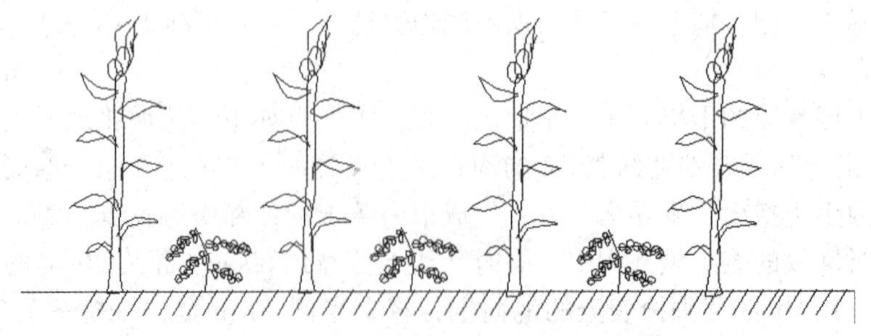

图6-4 作物间作与套种时地面有两层植被

在决定作物间作与套种形式和作物品种组成时，首先需要考虑的是，使田地上农作物的覆盖度增加和水土流失减少；其次要考虑农作物的生物学特性、它们相互间的关系，以及延长地面的覆盖时间等。间作与套种的两种作物应具备生态群落相互协调、生长环境互补的特点。所以，应该选择高秆与矮秆、疏松与密生、浅根与深根、早熟与晚熟、喜光与喜阴、禾本科与豆科等农作物相配合的组成。这样，既能充分利用阳光与地力，又能增加地面覆盖和防止水土流失。

应该指出，在进行农作物间作与套种的时候，必须结合其他水土保持耕作技术措施，如垄沟种植，水平犁沟、等高耕作等，使其发挥更大的蓄水保土和提高作物产量的作用。

(3)带状间作

就是沿着等高线将坡地划分成若干条地带，在各条带上交互或轮流地种植密生作物与疏松作物，或牧草与农作物的一种坡地保持水土的种植方法。它利用密生作物带覆盖地面、减缓径流、拦截泥沙来保护疏生作物生长，从而起到比一般间作更大的防蚀和增产作用；同时，等高带状间作也有利于改良土壤结构，提高土壤肥力和蓄水保土能力，便于确立合理的轮作制，促进坡地变梯田。带状间作可分为农作物带状间作和草田带状间作两种。

①作物带状间作　就是利用疏生作物(如玉米、高粱、棉花、土豆等)和密生作物(如小麦、莜麦、谷子、糜子等)成带状相间种植。

在采用作物带状间作时，条带的宽度，应依据当地的降水量、坡度大小和所种植的农作物品种而定。一般来说，在坡度大，降水量大而强度大和土壤透水性小的地区，作物条带应窄一些，相反条带可宽一些。例如，坡度为12°~15°时，可以设置10~20m宽的条带；坡度为15~20°时，条带宽可设置为5~10m。但是疏生作物的条带可比密生作物、早熟作物和牧草带宽一些，因为中耕作物的株行距大，如果条带太窄，种植的行数太少。在我国广大西北地区，尤其是在黄土地区，条带的宽度，一般为5~6m。可以依据当地土壤侵蚀程度适当加宽或缩小。这种方法最适宜在坡耕地上，在梯田上也可采用，但带宽可以适当缩小。在沟壑密度过大，坡度太陡的条件下，应与修地埂、挖截流沟和修坡式梯田结合起来。条带上的不同作物，每年或每2~3年互换一次，形成带状间作又兼轮作。

②草粮带状间作　就是利用牧草与农作物呈带状相间种植，这种方法对防止水土流失、增加农作物产量及改良土壤的效果都较好。这一方法在坡地上已广泛采用。在不十分破碎的坡地上，或沿着侵蚀沟岸边的坡地上，亦能采用。草粮带状间作时，由于草的密度大，增加了地面植被覆盖率，减低了降水时雨滴冲击地面的能力，同时牧草生长时间较长，从而延长了植被覆盖时间。牧草带不仅能防止本带水土流失，同时能拦住作物带流失的水土。下年牧草带和作物带倒茬种植后，作物因有良好的营养条件，生长茂盛，从而达到增产的目的。

草粮带状间作的设计和布置要根据当地的具体情况，因地制宜来确定。在选用牧草品种上和在确定草和作物种植宽度时，要根据不同的土壤、坡度、坡形和当地的雨量大小而定。若坡度陡，雨量多且强度大，又是黏重的土壤，草和作物种植宽度均要缩小，而且草的种植宽度一定要大于或等于作物的种植宽度。若雨量小且强度小，土质疏松，渗水性好的土壤种植宽度相应地增大些，作物的种植宽度要大于牧草的种植宽度。一般降水在400～500mm，坡度在15°以下，草粮比在3:7或3:8为宜。在设计草粮带时一定要在坡地上沿等高线进行。同时，每2～3年或5～6年将草带和作物带互换一次，形成草粮带状间作兼草粮轮作。

(4)休闲地上种绿肥

在干旱、半干旱地区，夏季作物收获后(此时正值暴雨季节)，地面有数十天休闲，可在休闲地上种绿肥。做法如下：作物未收获前10～15d，在作物行间顺等高线播种绿肥植物，作物收获后，绿肥植物加快生长，迅速覆盖地面，使整个暴雨季节地面均有草类覆盖；暴雨季节过后，将绿肥翻压土中，或收割作为牧草。若不便在作物收获前套种绿肥，应在作物收获后尽快播种，并配合做好水平犁沟。

(5)合理密植

在原来耕作粗放、作物植株密度偏低的地区，通过选用优良品种、增施肥料、精耕细作，实行集约经营，结合等高耕作，合理调整并增加作物的植株密度，以保水保土保肥，提高作物产量。不同的水肥条件下采取不同的作法：水肥条件较好的地方，较大幅度地提高作物的植株密度，可同时缩小株距与行距，或行(株)距不变只缩小株(行)距；水肥条件较差的地方，顺等高线实行宽行密植，适当加大行距而缩小株距，保持地中总的植株适量增加，以利于保水保土，同时适应较低的水肥条件。

3)增加土壤入渗、提高土壤抗蚀性能的水土保持耕作技术

在坡耕地上，结合农事耕作，采取改变土壤理化性质、增加土壤入渗、提高土壤抗蚀性能、减轻土壤冲刷的做法。

(1)深耕深松

可以加深土壤耕作深度，打破由传统耕作形成的犁底层，增加土壤透水性和持水能力，降低土壤容重，增加土壤孔隙度，改善土壤物理性状，为作物创造良好的土壤环境，促进根系和地上部分发育，增加作物产量，提高水分利用率。耕松的深度以打破犁底层，提高土壤入渗能力为原则，一般为25～30cm。

(2)留茬播种

是在半湿润偏旱的华北及关中地区，一年两熟的情况下，于冬小麦收获后复种夏玉米时所常采用的一种保墒耕作方式。冬麦收获后时值当地高温季节，土壤蒸发强烈，而且三夏期间农事季节紧张，此时如犁后整地再播种，不仅费工费时，土壤水分损失也较严重，往往招致出苗不齐，或需等再次下雨之后方能出苗，延误时日。因此，常采用留茬播种。即在冬麦收后的茬地，按照玉米行距，沿麦垄行间用冲沟器冲沟播种(近年已试制成功硬茬播种机)。待苗高15～20cm以后，再于行间进行浅耕或深中耕，以接纳伏雨并进入正常管理。这种耕作方式既可减少犁地时的土壤水分散失和土壤风蚀，又可保证早播及全苗，有利于夏玉米的生长及高产。适于同一地块中两种作物不能套种的坡耕地或缓坡风蚀地。

(3)增施有机肥

在坡耕地增施有机肥，有利于促进土壤团粒结构的形成，提高土壤田间持水能力，并增加土壤抗蚀性能。

6.1.2 土壤培肥技术

土壤培肥是一项综合性很强的工作。对于坡耕地，要围绕着水土流失区特点，从作物布局、耕作、轮作、施肥等方面防止土壤侵蚀，提高土壤蓄水保墒能力，改变掠夺式的经营方式，增加农田能量输入，把用地与养地结合起来，加速土壤的培肥过程，不断提高土壤肥力水平。在这些措施中，施肥是土壤培肥的一项十分有效的途径。

6.1.2.1 广开肥源

在水土流失地区，由于严重的水蚀、风蚀、干旱等原因，单位面积土地所产的生物量很低，加之三料(肥料、饲料、燃料)矛盾突出，所以有机肥源贫乏。在化学肥料方面，由于目前这类地区农民的经济文化技术水平较低，当前化肥的施用量也不高，从外系统增加农田物质基础的数量很有限，所以，解决肥料问题的重点是开辟肥源。这方面虽然有一定困难，但如果能充分挖掘各方面潜力，则有望逐步解决肥料不足的问题。

(1)开发利用优势能源，缓和燃料和肥料的矛盾，使更多的农副产品返回农田

水土流失区一般有丰富的风力资源和太阳能资源，要充分开发利用。有条件的地方还可以发展沼气。这些都可解决部分燃料不足的问题。这些地区土地资源比较丰富，可以大力发展薪炭林，不仅可以改善生态环境，而且是解决农村燃料不足问题的具有战略性的措施。有煤炭资源的地区，利用煤炭资源解决农民燃料问题。通过多种渠道解决农村的燃料问题，可以把大量用作燃料的秸秆转向农田，减少农田物质能源输出。

(2)充分利用土地资源优势，通过多种形式把非耕地的动植物产品向农田富集

在人均占地较多的地区，除耕地以外，还有大量非耕地，这些非耕地除直接用于生产以外(如林业、牧业)，还可以将其部分生物产品转向农田，增加农田输入。非耕地的产出愈多，转向农田投入的数量也愈大，要把非耕地与耕地紧密结合起来，不断扩大农田生态系统的物质循环。

(3)提高化肥施肥技术，增加化肥用量

增加化肥用量，必须解决两个问题：一是增加化肥供应量，降低化肥成本；二是提高化肥施肥水平，增加化肥的经济效益。目前水土流失区还无力大量施用化肥，需要国家作为一项农业基本建设给以扶植。同时还应提高施肥技术水平，增加化肥的经济效益，达到增产增收的目的。

6.1.2.2 使用有机肥料

有机肥料改土培肥的良好作用是大家所公认的，但是由于水土流失区的特殊性，在施肥技术上仍需要进一步研究。

(1)有机肥料的分配使用

水土流失区单位面积生物产量低，有机肥料不足，这不是短期内轻易能解决的问题。在有机肥料有限的条件下，怎样才能发挥有机肥料的最大效果，肥料的分配使用是关键。根据目前水土流失区先进施肥经验和有关研究结果，可采取集中施肥的办法来解决肥料不足的矛盾。

(2)有机肥料的腐熟

施用有机肥料基本上有3种方式：一是结合秋耕施肥；二是结合休闲耕作施肥；三是结合播种施肥。水土流失区土壤的共同特点是土壤有效养分含量低，土壤有效水分含量少，氮磷供应能力差，这种现象尤其在春季更为严重。因为北方春季气温低，养分转化慢，播种季节又是一年中土壤最干旱的春旱阶段，播种层的土壤水分往往都处于种子发芽的临界限左右，稍不注意就有出苗困难的危险。所以播种时施用的有机肥要充分腐熟，避免因施肥而失墒。这是由于微生物分解有机物的时候，自身要消耗一部分氮源和水分，经过充分腐熟的肥料就可以避免其在分解过程中与种子和幼苗争水夺氮等现象。

6.1.2.3 发展绿肥牧草

种植绿肥牧草，对于改善生态环境，防治土壤侵蚀，培肥地力，实现农牧结合都有显著效果，是水土流失区改善农业生态环境的一项重要措施。此处重点介绍绿肥的压青技术。

(1)绿肥的翻压时期

绿肥应掌握在鲜草产量最高和肥分含量最高时翻压。翻耕过早，虽然植株柔嫩多汁，容易腐烂，但鲜草产量低，肥分总含量也低。反之，翻耕过迟，植株趋于老化，木质素、纤维增加，腐烂分解困难。一般在初花至盛花期，如紫云英为盛花期，苕子为现蕾至初花期，黄花苜蓿为初花至盛荚期，田菁为现蕾至初花期，柽麻为初花至盛花期。

(2)绿肥的翻埋深度与分解速度

绿肥分解要靠微生物的活动，因此耕翻深度应考虑到微生物在土壤中旺盛活动的范围以及影响微生物活动的各种因素。微生物的活动一般以在10～15cm深处比较旺盛，故耕埋深度也应以此为准。但气候条件、土壤性质、绿肥种类及其老化程度等也会影响耕翻深度。凡绿肥幼嫩多汁易分解，土壤砂性强，土温较高的，耕翻宜深些，反之宜浅。

绿肥的翻压还要采取相应措施，力争与作物养分供求尽量协调，如在通透不良、土壤黏重的农田，施用较难分解的绿肥时，应防止前期缺肥；相反，在通透良好、土质轻松的农田，施用较易分解的绿肥时，应防止后期缺肥。

(3)绿肥的施用方式

①直接耕翻　耕翻绿肥要埋深、埋严，翻耕后随即耙地碎土，使土、草紧密结合，以利绿肥分解。耕翻时如土壤水分不足，可在耕翻前浅灌。

②沤制　为了提高绿肥的肥效，或因贮存的需要，可把紫云英以及各种水生绿肥与河泥等混合沤制(沤制时还可混入猪、牛粪等)。

绿肥的施用量因作物种类和品种、土壤肥瘦和质地，以及绿肥的种类、成分而有所不同，在与磷、钾肥料配合下，一般以15～22.5t/hm^2为宜。

6.1.2.4 秸秆直接还田

堆肥和沤肥都是先把秸秆运回堆沤，再送回地里施用，耗用劳力多，而且堆沤中释放出来的热量白白散失，为此，近年来各地推广应用了玉米秸秆、稻草、麦秸等直接还田的新技术，对培肥地力和提高单产有一定作用。在年降水500～600mm以上和一定灌溉条件下，秸秆还田试验研究和在大面积生产上多数都表现增产效果，并且还有培肥土壤的效果。秸秆还田技术如下：

(1)施用量和耕埋深度

一般是全部秸秆还田。作物收获后，切碎秸秆，然后耕埋，使秸秆全部翻入土中。秸秆耕埋后要及时耕地，既有利于保墒，又能使秸秆与土壤紧密结合，以利分解。在南方水稻区将稻草埋入土中，深度约为10～13cm，一般要做到泥、草相混。

(2)施用时期及方法

秸秆初收获时含水较多，及时耕埋有利于腐烂分解。一般为边收割边耕埋。若以玉米秆或麦秆做棉田基肥，宜在晚秋耕埋。麦草在夏闲地要尽早耕翻。

(3)加强水分管理

土壤中水分状况是决定秸秆腐烂分解速度的重要因素。若墒情太差，应及时灌水，或等冬春降雪。

(4)配合施用其他肥料

有关研究表明：施用750 kg/hm^{2}风干稻草(含氮0.52%～1.05%)，在开始腐解的一个月内，将从土壤中夺取4745～5700g氮。为了克服幼苗与微生物争氮现象，南方稻区在稻草还田时，应施150 kg/hm^{2}碳酸氢铵作耙面肥；北方地区以玉米秆等还田时，应施225kg/hm^{2}碳酸氢铵，也可配合施用过磷酸钙。

6.1.2.5 合理施用化肥

化肥施用是扩大农田物质循环的一个重要手段。从旱农地区的实际出发，合理施用化肥的意义在于：有利于提高水分利用效率，缓和土壤养分的供求矛盾，迅速提高产量，增加秸秆等有机质还田量；植物产品的增加，向畜牧业提供更多的饲草饲料，有利于促进畜牧业发展地增加优质厩肥向农田的投入；有利于培肥土壤；有利于减缓燃料、饲料、肥料之间的矛盾。做到合理施用化肥，必须遵守施肥的基本原理和掌握作物的营养需求规律，否则很难取得好的经济效果。

水土流失区供水不足依然是农业生产的主要限制因素，所以，化肥用量要适当，要与土壤水分墒情相适应，才能提高水分利用率，收到最大的经济效益。

6.1.2.6 改进施肥方法

我国提出了“以无机换有机，以少量无机换多量有机”和“以肥调水”的施肥方法，具体推行的主要措施是：

(1)有机无机肥料配合

我国在有条件的旱作区多将有机肥与化肥配合施用，有机肥以农家肥和绿肥或牧草青体和根茬翻压为主，配合氮肥和过磷酸钙，也有配合复合肥的，一起做基肥使用。

(2)氮磷配合

我国水土流失区土壤有机质、氮、磷含量都较低，普遍存在氮磷供应能力低的问题。因此，根据土壤肥力现状，还要特别注重氮磷肥的配合。

(3)施肥期

施肥时间强调早施，可作基肥或种肥。因为早期施肥能够深施，而且苗期土壤供肥条件好，苗壮则有利于提高作物的抗旱能力。特别是磷肥必须早施，作物生长初期对磷的吸收率要高于后期，如小麦所吸收的磷中，有75%是在生长期的前1/4时间内吸收的。

6.1.3 旱作农业技术

克服播种时期的干旱，保证适时获得足量的幼苗，是农地水土保持的重要目的。这里主要介绍国内外采用较为普遍的抗旱播种及保苗技术。

(1)顶凌播种

在冷凉而无霜期短的旱农区，春季土壤开始解冻，返浆期前，当表土解冻5～10mm时，即行顶凌播春小麦、豌豆、扁豆和糜谷等作物，能使种子抗旱吸水，当土温适宜时即可萌芽出苗。早播可以促进作物生长发育，根扎得深，待土壤化通嵌浆以后，幼苗已出土，幼根已下扎，土壤水分逐渐减少时，可以吸收较深层水分，增强作物抗旱能力和增加产量。

(2)抢墒早播

当地表干土层有寸左右厚、耕层土壤含水量在10%以上时，为了避免失墒，可在适期播种前10～15d趁墒早种。对种子、高粱等旱作物抗旱增产效果很好，一般年份较晚播者可增产10%以上。如果结合播前和播后镇压，效果更佳。

(3)浸种催芽趁雨抢种

在干旱年份，有的地区因旱失时下种或因遭受冻害等错过播种季节，此时遇雨可抓紧时间趁雨抢墒播种，播前将糜谷、荞麦等种子用30℃左右的温水浸种2～3h，待种子吸水膨胀后，即可播种。浸过种的种子不可用药剂拌种，以免发生药害。

(4)镇压保墒播种

作物播前镇压是旱农增产的综合措施之一，土壤经过冬春形成一干土层，早春表层土壤解冻，昼融夜冻，表土疏松，下层仍是冻层，此时用镇压器压地，可以压碎坷垃，为地表创造细碎的隔离层。利于抗旱保墒，提高作物出苗率，达到苗齐苗全苗壮，进而增产的目的，是一项投资少、见效快、简便易行和农民易于接受的增产措施。

(5)深种

当表层干土较厚、底墒尚足时，可深种。深种是一种古老的播种方式，现在仍然是国内外旱区广泛采用的一种较好的抗旱播种方法。深种主要是利用下层土壤水分，靠种沟两旁的厚土层减少播种部位的水分损失，同时垄沟背风，有利于保墒保苗。

(6)坐水添墒播种

春播时，如气候干旱，土壤严重缺墒。有不少地区利用一切可能的水源做水穴播种沟播。浇水数量以渗下后能与底墒相接为度。待灌水渗入后再施肥、下籽，先覆湿土，再盖干土。这样水肥集中，可保全苗。浇水时如能加入适量的粪水，或施用湿润的有机肥料，则效果更好。

(7)秸秆造墒播种

具体方法是将玉米秆或高粱秆碾压，并铡成10～13cm长的短节，捆成小把，浸泡在加水稀释的粪水中。浸泡10～20d，待秸秆发糟时即可使用。因其成把，所以又称为“把肥”造增墒播种。播种时，每穴放入一个“把肥”，盖一薄层湿土，然后再点上浸过种的湿种子，随即覆土。此法适用于大株作物，如玉米、棉花、高粱、薯类、瓜类等。

(8)打垄添墒、保墒播种

河北省唐山等地常用此法。在早春土壤刚解冻能耕地时就进行。先用耠子耠沟施肥，然后用犁从两边向沟内翻土并培成一个 10 ~ 15cm 高的土垄。至播种时除去垄台上的干土，露出湿土，然后开沟或挖穴播种浸种催芽后的种子，以缩短出土时间。

如春旱严重，垄下墒情不好，难以保证全苗时，亦可在播前进行洞灌蓄墒。即用直径 2 ~ 3cm 粗的尖头棍按穴距捅洞深 20 ~ 30cm，然后由洞口灌水。满后封口保墒，并如上法播种玉米大株作物。

(9)沟浇渗墒播种

在有一定水源，但因保墒工作不好或播种时天气干旱无雨，不能下种时，可采用此法。其方法是根据作物栽培的要求，先划好宽窄行，然后在窄行中间开沟浇水，待水渗入后，在沟的两边播种。或先按一定的宽窄行播种，然后在窄行中间开沟渗灌。此法省水、进度快、土壤不板结，能实现一播全苗。

(10)水耧播种

在距离水源较近，土壤又特别干燥的地区，可采用水耧播种。即在耧上安装水斗，通过橡皮管或塑料管使水由水斗经耧腿流到耧沟的土壤中，水量以能湿润干土并以接上湿土为度。在播种时把种子和水先后分别落入沟内。此法能减少土壤表面蒸发，节约用水，出苗也较好。但播种后不宜立即镇压，以防土壤板结，影响出苗。

(11)洞灌抗旱保苗法

作物出苗以后，在苗期如遇较长时期的干旱，有枯萎的危险或干旱严重将导致严重减产时，有灌溉条件的应及时进行沟灌、喷灌、滴灌或渗灌以抗旱保苗。当无这些灌溉条件时，应充分发挥当地水源潜力，进行人工洞灌抗旱保苗。具体做法是在幼苗根部附近用一根直径 2 ~ 3cm 的尖头木棒，由地面斜向根部插一个 20 ~ 30cm 深的洞穴，然后在洞内灌水 1 ~ 2kg。待水渗入后，用干土将洞口封闭，以减少蒸发。如每公顷以 45 000 穴，每穴灌水以 2kg 左右计，每亩灌水量约相当 10mm 的降水，即可耐旱 15 ~ 20d。

6.2 水土保持草业技术措施

草业技术措施在水土保持中的作用主要表现在以下 3 个方面：

首先，蓄水保土，减免侵蚀。草本植物生长迅速，枝繁叶茂，可避免雨滴直接击溅地表，减轻风蚀；其密集的株丛加大了地表的粗糙率，又可滞缓径流、拦截泥沙；而且，其发达的根系盘根错草木樨节，形成密集的网络，达到固持土体、增加土壤入渗量的目的；与此同时，草本植物的地面枯落物和地下根系有效地改善了土壤理化性状，从而增强了土壤的抗蚀力。据山西水土保持科学研究所测定，草木樨地较一般农地的容重平均减小 4.5%，孔隙度增大 3.3%，入渗量增加 51%。又据天水等水土保持站的多年观测，草本植被较农地和荒地减少径流 37.5% 和 47.2%。

与木本植物相比，草本植物具有生长快、见效快的特点，种植后当年或第二年即可获得蓄水保土之功效；而且，草本植物种植密度大、植株稠密，其播种密度可达 15 ×

10^4 ~ 1500 × 10^4株/hm^2，因此，在栽植初期，草地的裸露面积小，蓄水保土效益比林地大；另外，草本植物的根系集中分布于土壤表层，草被对于10~20cm以内表土的面蚀、细沟侵蚀及较浅的浅沟侵蚀的控制作用强于林木，但它对防止较深的浅沟侵蚀、切沟侵蚀、崩塌及滑坡的作用又逊于林木，从长期效益看，草被不及森林。所以，只种草，不造林，长期的蓄水保土效益不显著；而只造林，不种草，初期效益不明显。只有将二者结合起来，相互补充，才能更好地控制水土流失。

其次，改良土壤，提高地力。草本植物通过遗留在地上的枯茎败叶和地下的残根，给土壤带来丰富的有机物，有机物分解后形成腐殖质，腐殖质与土壤结合构成团粒结构，并且使植物所需的营养物质释放出来，有效地改善土壤的养分状况及其理化性状。特别是豆科类植物的根瘤固氮作用，使土壤中的氮素含量增加。据测定，1hm^2草木樨的根系每年能从空气中摄取282kg的氮素，它提供了豆科植物生长所需氮素的2/3。同时，根系使土壤疏松，增加土壤的渗透性，从而改善了土壤的通透性和水分状况，提高了地力。此外，有些草本植物还具有耐盐碱的特性，可用来改良盐碱地。例如，紫花苜蓿可以在可溶盐含量0.3%以下的土壤上生长。

最后，提供“三料”，促进多种经营。在我国山区，群众缺柴烧、牲口缺饲料、土地缺肥料的状况普遍存在，发展草业是解决群众“三料”俱缺的重要途径，通过人工种草、合理经营和改良天然草场，可以形成以草促牧、以牧促农、农牧共同发展的良性循环。另外，对草类可进行综合利用，发展农村副业，增加群众收入，达到以草促副、以副促农、脱贫致富的目的。例如，苜蓿、草木樨、沙打旺、毛叶苕子、红豆草等都是良好的蜜源植物，花期长、产蜜多、蜜质好；草木樨、沙打旺、芨芨草等可以剥麻、拧绳；芦苇、芨芨草等既可以编席，又是很好的造纸原料。牧草收割后可调制成干草，加工成草粉、草饼、草块等草产品。从草中可提取叶蛋白和草汁等，叶蛋白又可作食品和饲料添加剂，叶纤维还可加工成纤维饮料和保健品等功能性食品。

总之，发展草业无论是对控制水土流失、改善生态环境，还是对发展畜牧业、促进农村多种经营及增加农民收益都具有重要的意义。

6.2.1 水土保持人工种草技术

6.2.1.1 人工种草防治水土流失的重点位置

根据《水土保持综合治理技术规范》的规定，人工种草防治水土流失的重点位置包括以下几种地类：①陡坡退耕地，撂荒、轮荒地；②过度放牧引起草场退化的牧地；③沟头、沟边和沟坡；④土坝、土堤的背水坡、梯田田坎；⑤资源开发、基本建设工地的弃土斜坡；⑥河岸、渠岸、水库周围及海滩、湖滨等地。

6.2.1.2 草种选择

在水土流失地区，作为草业用地的立地条件一般都较差，当地经济条件也较差，因此，要求水土保持草种必须具有抗逆性强、保土性好、生长迅速、经济价值高的特点。同时，我国的水土流失面积大、分布广，草业用地在南北方的条件差异较大；即使在条件相似的地区，由于种种因素(如地形、土质、水土流失特点等)的差异会造成小气候、小地形等的差别，适宜种植的草种也应不同。所以，草种选择还应满足适地适草的要求，即根据种草地的立地条件来选择草种。具体要求如下：

(1)根据地面水分状况选择

①干旱、半干旱地区选种根系发达、抗寒耐旱的旱生草类，如草木樨、黄花菜、毛叶苕子、野豌豆、箭筈豌豆、冰草等；

②一般地区选种对水分要求中等、草质较好的中生草类，如苜蓿、鸭茅等；

③水域岸边、沟底等低湿地选种耐水渍、抗冲力强的湿生草类，如芦苇、芭茅、田菁等；

④水面、浅滩地选种能在静水中生长繁殖的水生草类，如水浮莲、茭白等；

⑤风沙区选种固沙能力强、根系发达、萌芽力强、耐沙埋、耐高温干旱的草种，如沙蒿、沙竹、沙打旺、沙米、油莎草、芨芨草等。

(2)根据地面温度状况选择

①低温地区选择喜温凉草类，如披碱草等。其特点是耐寒怕热，高温则停止生长，甚至死亡；

②高温地区选种喜温热草类，如象草等。其特点是在高温下能生长繁茂，低温下停止生长，甚至死亡。

(3)根据土壤酸碱度选择

①在 pH 为 6.5 以下的酸性土壤上，选种百喜草、糖蜜草等耐酸草类；

③在 pH 为 7.5 以上的碱性土壤上，选种芨芨草、芦苇等耐碱草类；

③在 pH 为 6.5 ~7.5 之间的中性土壤上，选种小冠花等中性草类。

不同气候带、不同生态环境的主要水土保持草种见表 6-1。

表 6-1 不同生态环境主要水土保持草种

气候带	荒山、牧坡	退耕地、轮歇地	堤防坝坡、梯田坎、路肩	低湿地、河滩、库区
热带 南亚热带	葛藤、毛花雀稗、剑麻、百喜草、知风草、山毛豆、糖蜜草、象草、坚尼草、芭茅、大结豆、桂花草	柱花草、香茅草、无刺含羞草、山毛豆、宽叶雀稗、印尼豇豆、紫花扁豆、百喜草、大翼豆	百喜草、香根草、凤梨、葛藤、柱花草、黄花菜、紫黍、非洲狗尾草、岸杂狗牙根	香根草、双穗雀稗、杂交狼尾草、小米草、稗草、毛花雀稗、非洲狗尾草
中亚热带 北亚热带	龙须草、弯叶画眉草、葛藤、坚尼草、知风草、菅草、芭茅、毛花雀稗	苇状羊茅、牛尾草、鸡脚草、象草、三叶草、无芒雀麦、印尼豇豆	岸杂狗牙根、串叶松香草、香根草、黄花菜、芒竹、弯叶画眉草、药菊、白三叶草、牛尾草、小冠花、细叶结缕草	小米草、稗草、五节芒、杂交狼尾草、双穗雀稗、香根草、水烛、芦竹、杂三叶草
南温带	菅草、芭茅、沙打旺、龙须草、半茎冰草、弯叶画眉草、葛藤、多年生黑麦草、狗牙根	草木樨、苇状羊茅、沙打旺、红豆草、苜蓿、红三叶草、杂三叶草、葛藤、冬棱草、牛尾草、无芒雀麦	小冠花、药菊、黄花菜、冰草、龙须草、结缕草、菅草、地毯草、狗牙根、早熟禾、小糠草	芦苇、荻草、田菁、黄花菜、小米草、芭茅、冬牧 70 黑麦、双穗雀稗

（续）

气候带	荒山、牧坡	退耕地、轮歇地	堤防坝坡、梯田坎、路肩	低湿地、河滩、库区
中温带	草木樨、沙打旺、苜蓿、野豌豆、羊草、红豆草、披碱草、野牛草、狗牙根、扁穗冰草、伏地肤、多年生黑麦草	苜蓿、白草、苏丹草、沙打旺、马兰、无芒雀麦、鹅观草、黄芪、披碱草	野牛草、鹅观草、紫羊草、马兰、白草、黄花、芨芨草、沙生冰草、草地早熟禾	芦苇、芭茅、黄花、扁穗冰草、水烛、马兰

注：引自《水土保持综合治理 技术规范》(GB/T 76453.1～6)，2008。

6.2.1.3 种草方法

(1)直播

这是种草的主要方法，又分为条播、穴播、撒播、飞播几种。

①条播　利用播种机或牲畜带犁沿等高线开沟播种。南方多雨地区，犁沟与等高线可呈1%左右的比降。适应地面比较完整、坡度在25°以下的种草地。根据不同的草冠情况和种草的目的确定行距，以最大草冠能全部覆盖地面为原则，一般行距为15～30cm，放牧草地应采取宽行距(1.0～1.5m)条播。在潮湿地区或有灌溉条件的干旱地区，通常采用小行距条播，行距一般为15cm，如果行距过宽，则达不到充分利用土壤水分、养分和控制杂草的目的；而在干旱条件下，行距一般为30cm，如果太窄，会因水肥条件不足，影响草类生长。条播深度均匀，出苗整齐，又便于中耕除草和施肥，有利于牧草生长和田间管理。条播深度均匀，出苗整齐，又便于中耕除草和施肥，有利于草类生长和田间管理。

②穴播　沿等高线人工开穴，行距与穴距大致相等，相邻两行穴位呈"品"字形排列。适应于地面比较破碎、坡度较陡的山坡荒地以及坝坡、堤坡、田坎等部位，或播种植株较大的草类时采用。穴播节省种子，出苗容易。

③撒播　是在整地后用人工或撒播机把种子播撒于地表，再轻耙覆土。在退化草场进行人工改良时采用。一般应选抗逆性较强的草种，特别要注重选用当地草场中的优良草种，并在雨季或土壤墒情好时播撒。撒播常因落种不匀和覆土深度不一，造成出苗不整齐现象，但在阴雨天出苗效果较好。

④飞播　是撒播的一种形式，利用飞机撒播草种，是大面积、快速绿化荒山、荒沙的重要途径。适应于地广人稀、种草面积较大的地区。其特点是种草速度快、节省劳力、效率高、效益好，能够深入到地广人稀、交通不便、群众力所不及的地方。在黄河中游黄土区和盖沙黄土区使用飞播种草的主要地区有：陕西榆林沙地、甘肃兰州南北山、白银、清水、通渭、内蒙古库布齐沙漠等地。黄土丘陵区的飞播草种有苜蓿、草木樨等，风沙区有白沙蒿、黑沙蒿、沙米、绵蓬等。飞播种草存在的主要问题是保存率低，风沙区更为突出。主要原因是风蚀使幼苗根系裸露，干枯而死；或沙埋使幼苗难以出土生长。其次是冬季的严寒和夏季的干旱也会造成幼苗的大量死亡。另外，鼠害和人畜破坏也是保存率低的重要原因。

⑤混播　是直播中的特殊形式，与单播相对应。指在同一块田地上，同一时期内，混合种植两个或两个以上草品种(或种)的种植方式。混播的目的是加速地面覆盖，增强

保土作用，促进草类生长，提高品质。它对于建立长期草地或放牧地意义重大，世界各国在建立人工草地时都很重视草地混播。

草地混播的优越性体现在：①提高和稳定了草地的产草量。混播后可以充分利用地上和地下营养空间，生产更多的有机物质；而且草类不同，其寿命不同，生长速度也不同，各年产草量比单播时稳定。②提高牧草品质并便于加工调制。豆科草类富含蛋白质、钙、磷，而禾本科草类富含碳水化合物，混播后，禾本科草类可利用豆科草类所固定的氮，使其蛋白质含量增加；豆科草类因含碳水化合物少，单独青贮易腐败变质，但与禾本科草类混播后青贮，可以制成优质的青贮料；另外，混播草地放牧家畜，还可以避免牲畜发生臌胀病。③提高土壤肥力。豆科草类与禾本科草类根系分布深浅不同，混播后可以给不同深度的土层遗留大量的残根，增加土壤有机质，改善土壤结构，增强土壤蓄水保肥能力。④抑制病、虫、草害。不同草种(品种)抗病性不同，合理混播后，通过抗病植株的空间阻隔作用，达到抑制专性寄生病原物为害的目的；不同害虫食性不同，合理混播可抑制单食性、寡食性害虫的危害；不同草种(品种)在地上和地下的空间的分布特征不同，合理混播后，可使目标草种充分地占据地上和地下空间，抑制杂草出苗和生长。⑤有利于草地建植，初期效益好。多年生草类寿命长，但一般出苗慢，苗期生长也慢，草地建植初期易受到杂草危害，抓苗困难。特别是在风蚀和水蚀地区，建植初期易发生水土流失，甚至发生种子、幼苗被风吹走、被水冲跑的现象。一、二年生草类虽然寿命短，但一般出苗快、苗期生长也快，在一定程度上减低了水土流失的发生，抑制了杂草的生长，当年的生物产量较高。两者混播后，则可取长补短。

草地混播除具有上述优势之外，还存在以下劣势：①适于不同立地条件、栽培管理措施、利用目的和方式的优良混播组合的筛选难度较单播时大；②发挥混播草地高产潜力的栽培管理措施的应用较为复杂、难度较大；③混播草地的适宜草种比例的维持难度较大；④混播草地杂草防除难度较单播草地大；⑤混播干草的市场需求不如单播豆科干草，而且，混播干草的草种(如禾本科种、豆科种)组成比例通常变异较大，也加大了进入市场的难度。

在选择混播的草种时，应根据适地适草的要求进行，并根据利用目的(刈割、放牧)、利用年限，选择2~3种或4~5种草类组成混播搭配。若为了恢复土壤肥力、生产饲草而进行大田轮作的，混播牧草通常利用2~3a，多用上繁的疏丛型禾本科牧草和豆科牧草，如苇状羊茅和紫花苜蓿；在饲料轮作中以刈割饲草为主的，利用期4~7年，如披碱草、老芒麦和紫花苜蓿等；以放牧为主的人工草地则包括上繁疏丛型禾本科牧草、根茎型禾本科牧草、下繁禾本科牧草、上繁豆科牧草和下繁豆科牧草，而以下繁禾本科和豆科牧草为主，如紫花苜蓿、百脉根、无芒雀麦和草地早熟禾等。北方农牧交错带试验成功的混播组合有：紫花苜蓿与无芒雀麦、紫花苜蓿与披碱草、杂花苜蓿与无芒雀麦、杂花苜蓿与披碱草、杂花苜蓿与新麦草、燕麦与箭筈豌豆、黑麦与箭筈豌豆等。一般而言，以禾本科草类与豆科草类混播、根茎型草类与疏丛型草类混播较好，其配合比例见表6-2。

表6-2 混播草地草种配合比例 单位:%

利用年限	第一类混播		第二类混播	
	禾本科草类	豆科草类	根茎型草类	疏丛型草类
短期(2~3a)	25~35	65~75	0	100
中期(4~5a)	75~80	20~25	10~25	75~90
长期(8~10a)	80~90	10~20	50~75	25~50

注：引自《水土保持综合治理 技术规范》(GB/T 76453.1~6)，2008。

(2)移栽

有些草种因受气候、土壤、水分等因素的影响，或因草种种粒较小，直播往往不易成功，可采用此法。有时为了促进草场发展，对某些草种进行移栽，如油莎草、沙打旺等。移栽主要用于草地补植。一般在定苗时分株移栽，有条件的可先覆膜育苗，然后移栽。移栽时最好根系带土，减少伤根，即使灌水，促进扎根生长。

(3)埋植

有些草类需采取地上茎或地下茎埋压繁殖，如芦苇、芭茅、象草、小冠花等。

(4)插条

用于某些草类的繁殖，如葛藤、小冠花等。

6.2.1.4 播前整地

草类的生长发育离不开光、热、空气、水分和养分。其中水分和养分主要是通过土壤供给的，土壤的通气与土壤温度的变化也直接影响着牧草的生长。牧草只有生长在松紧度和孔隙度适宜、水分和养分充足、没有杂草和病虫害、物理化学性状良好的土壤上才能充分发挥其高产优质的性能。由于草种细小，苗期生长缓慢，容易受到杂草的危害，只有进行合理的土壤耕作，才能为草类的播种、出苗、生长发育创造良好的土壤条件。所以，土壤耕作是一项重要的草类栽培技术措施。整地程序如下：

(1)耕地

耕地是苗床准备的基本措施，应遵循"熟土在上，生土在下，不乱土层"的原则。耕地最好用复式犁耕翻，前面的小铧犁可以把板结的、残茬较多的表层土壤翻到犁沟底部，主犁再把结构已恢复的下层土壤翻上来覆盖在上层，一般耕地深度为20~25cm。耕地应在适宜的条件下尽量早耕，保证不误种草时节，并利于蓄水保墒。

(2)耙地

在刚耕过的土地上，用钉耙耙平地面，耙碎土块，耙出杂草根茎，以便保墒，为播种创造良好的地面条件。前作收获后播种时，为了抢墒抢时播种，有时来不及耕翻，可以用圆盘耙进行耙地，耙后即种。

(3)耱地

常在犁地耙地之后进行，用以平整地面、耱实土壤、耱碎土块，为播种提供良好的条件。在质地疏松、杂草少的土地上，有时在耕地后，以耱地代替耙地。有时在镇压过的土壤上进行耱地，以利保墒。播种后耱地，有覆土和轻微镇压作用。

(4)镇压

镇压可使表土变紧、压碎大土块，并使土壤平整。在气候干旱的地区和季节，愈是疏松的土壤，水分损失越快，镇压可以减少土壤中的大孔隙，从而减少气态水的扩散，起到保墒作用。在耕翻后的土地上，若要立即种草，必须先进行镇压，以免播种过深而不能出苗，或因种子发芽生根后发生“吊根”现象，致使种苗枯死。播后镇压，则可使种子与土壤紧密接触，起到保墒的作用，有利于种子吸取发芽所需水分。镇压的工具主要有石磙、V形镇压器、机引平滑镇压器和铁制局部镇压器等。

6.2.1.5 播前种子处理

有的草种具有休眠性，给予适宜的发芽条件，也需经数日、数月甚至数年才能萌发。种子休眠是草类在长期历史发展过程中形成的一种适应性，可以使草类抵抗不良的环境条件，保证其种的延续性。一般禾本科草种收获后，贮藏一段时间，发生一系列生理生化变化，也就完成了后熟，就可萌发，所以禾本科草种一般播前不需处理。而豆科草种普遍硬实率较高，在播种前，常进行必要的种子处理，目的在于提高种子的萌发能力，保证播种质量，为草类的茁壮成长创造良好的条件。播种前除豆科草类的硬实种子需处理之外，还需要作豆科草类根瘤菌的接种，禾本科草类的去芒等。

(1)硬实种子的处理

很多豆科草种的种皮具有一层排列紧密的长柱状大石细胞，水分不易渗入，种子不能吸水膨胀萌发，这些种子统称为硬实种子。常见豆科草种的硬实率为：紫花苜蓿为10%，白三叶为14%，红三叶为35%，杂种紫花苜蓿为20%，红豆草为10%，草木樨为39%。因此，播种豆科草种，必须进行硬实种子处理，处理方法如下：

①擦破种皮　擦破种皮是一种最常用的方法，特别适用于小粒种子的处理。可以用石碾碾压或用除去谷子皮壳的碾米机进行处理，也可以将豆科牧草种子掺入一定数量的碎石、沙砾，用搅拌器搅拌、震荡，或在砖地轻轻摩擦，使种皮粗糙发毛，以达到擦破种皮的目的。处理时间的长短，以种皮表面粗糙、起毛，不致压碎种子为原则。

②变温浸种　对于颗粒较大的种子，通常采用热水浸泡处理的方法。将硬实种子放人温水中浸泡，水温视种类不同而异，以不太烫手为宜，浸泡一昼夜后捞出，白天放到阳光下曝晒，夜间转至凉处，并经常加一些水使种子保持湿润，经2~3d后，种皮开裂，当大部分种子略有膨胀时，即可趁墒播种。此法适用于土壤湿润的或有灌溉条件的土地上。当水温较高时，浸泡时间可适当缩短。紫花苜蓿种子在50~60℃热水中浸泡半小时即可。变温浸泡可以加速种子在萌发前的代谢过程，通过热、冷更迭，促进种皮破裂，改变其透性，促进其吸水、膨胀和萌发。

③浓硫酸处理　把浓硫酸加入种子中拌匀，约20~30min后，直到种皮出现孔纹，将种子放人流水中冲洗干净，稍加晾干即可播种。

(2)豆科草种接种根瘤菌

豆科草种能与根瘤菌共生固氮，当豆科草类生长在原产地及良好的土壤条件下，在其根上生有一种瘤状物，称之为根瘤。只有土壤中存在某一豆科草种所专有的细菌并达一定数量时，这种根瘤才能形成。这种能使豆科草类根上形成根瘤的细菌，称为根瘤菌。根瘤菌生长、繁殖依靠从根中吸收碳水化合物等营养物质，同时，根瘤菌能从空气中固定游离的氮，转变成豆科草类便于吸收利用的含氮化合物，供豆科草类生长之需。豆科草类能凭借根瘤菌固定大量氮素(表6-3)。因此，在播种前对豆科草种进行根瘤菌接种，能提高牧草产量和品质。

表6-3 豆科草种的固氮量 单位：kg/hm^2

豆科草种	紫花苜蓿	草木樨	金花菜	毛羽扁豆	胡枝子	胡卢巴	毛叶苕子
固氮量	214.80	139.05	121.35	169.20	94.50	92.25	93.00

注：引自韩建国、马春晖《优质牧草的栽培与加工贮藏》，1998。

大多数的土地都需要进行接种，特别在下述情况下更为必要：某一豆科草种首次种植时，特别是种植在新垦的土地上；同一豆科草种经4～5年后再次种植于同一土地上时；当不良环境已改善而再次种植豆科草类时(如土壤酸度高、缺乏牧草所需的营养物质、土壤过于干旱等)。进行根瘤菌接种时，要正确选择根瘤菌的种类。

根瘤菌接种方法有干瘤法、鲜瘤法和根瘤菌剂拌种等。

(3)种子的去芒

一些禾本科草种，带有芒、髯毛或颖片等附属物。这些附属物在收获及脱粒时不易除掉。为了增加种子的流动性，保证播种质量以及干燥、清选等作业的顺利进行，必须预先进行去芒处理。种子去芒处理可用去芒机，如缺少去芒专用的机具时，也可将种子铺于晒场上，厚度5～7cm，用压器进行压切，然后过筛筛除，也可收到去芒的效果。

6.2.1.6 播种技术

(1)播种时期

适宜播种时期的确定，应考虑以下因素：水热条件有利于种子的迅速萌发及定植，确保苗全苗壮；杂草病害较轻，或在播种前有充足的时间消除杂草，减少杂草的侵袭与危害；有利于植株安全越冬；符合各种草类的生物学要求。不同草类在不同的立地条件下，各有不同的最佳播种期，可根据当地实践经验确定。

①春播 春播需在地面温度回升到12℃以上，土壤墒情较好时进行。因此春播适于春季气温条件较稳定、水分条件较好、风害小而田间杂草较少的地区。春性草类及一年生草类由于播种当年收获，必须实行春播。

②夏播或夏秋播 在我国北方的一些地区，春播时由于气温较低而不稳定，降水量少，蒸发量大，风大且刮风天数多，不利于牧草的成苗和保苗。在春季风大而干旱的情况下，春播失败的可能性较大。但是这些地区夏季或夏秋季气温较高而稳定，降水较多，形成水热同期的有利条件，这对多年生草类的萌发和生长极为有利，在这些地区适合夏播或夏秋播。夏播可选在雨季来临和透雨后进行。地下根茎插播应在抽穗以前进行。内蒙古豆科牧草进行夏播的适当时间为6月份，7月底播种越冬不良；禾本科草类夏播的适宜时间是6月中、下旬至7月底；当地羊草在8月底播种也能安全越冬。

(2)播种深度

草类播种深度是种植成败的关键因素之一，影响草类播种深度的因素主要有：种子大小、土壤含水量、土壤类型等。一般而言，牧草以浅播为宜，宁浅勿深。草种细小，一般播深2～3cm为宜，豆科草类宜浅，因其是双子叶植物，顶土困难，而禾本科草类可稍深。大粒种子可深，小粒种子宜浅。土壤干燥可稍深，潮湿则宜浅。土壤疏松可稍深，黏重土壤则宜浅。

(3)播种量

播种量主要根据草类的生物学特性、种子的大小、种子的品质、土壤肥力、整地质量、播种方法、播种时期及播种时气候条件等因素决定，几种常见草种播种量见表6-4。此外，还要根据种子净度和种子发芽率即种子用价的高低来决定。计算实际播种量的公式如下：

$$实际播种量(kg/hm^2) = 种子用价为100\%时播种量 \div 种子用价(\%) \tag{6-1}$$

$$种子用价(\%) = 种子发芽率(\%) \times 种子净度(\%) \tag{6-2}$$

例如，紫花苜蓿的净度为95%，发芽率为90%，种子用价为85.5%，紫花苜蓿在种子用价为100%时的播种量为11.25～15.00kg/hm²，按上述公式计算，则紫花苜蓿实际播种量应为13.125～17.55kg/hm²。

表6-4 几种常见草种的播种量 单位：kg/hm²

牧 草	播种量	牧 草	播种量
紫花苜蓿	7.5～15.0	无芒雀麦	22.5～30.0
沙打旺	3.75～7.5	羊草	60.0～75.0
草木樨	15.0～18.0	披碱草	22.5～30.0
红豆草	45.0～60.0	冰草	15.0～18.0

注：引自陈宝书《牧草饲料作物栽培学》，2001。

6.2.1.7 草地管理

(1)田间管理

播种后和幼苗期间以及二龄以上草地，需要进行以下田间管理工作：

①松土和补播 播种后地面有板结现象的，应及时松土，以利出苗。齐苗后，对缺苗断垄的地方应及时补种或移栽。

②中耕除草 齐苗后一月左右，中耕松土，抗旱保墒，并结合除去杂草，尤其在苗期更要注意杂草的防除，以利主苗生长。

③草地保墒 二龄以上草地，每年春季萌发前，要清理田间留茬，进行耙地保墒；秋季最后一次性茬割后，要进行中耕松土。

④灌水和施肥 对于种子田或经济价值较高的草类，有条件的应尽可能灌水和施肥，促进其生长。

⑤防治病虫兽害 草地应有专人管理，发现病虫兽害，要及时防治。还要防止人畜践踏。

⑥草地更新 根据各种不同的多年生草类的特点，每4～5年或7～8年，需进行草地更新，重新翻耕、整地和播种。

(2)收割

①收割时间　一般应根据不同草类的生长特点和经济目的，分别确定其合适的收割时间，划分收割区，各区分期进行轮收。立地条件较好、管理水平较高、草类再生能力较强的草地，每年可收割2~3次，反之，则每年只收割1~2次；豆科牧草应在开花期收割，禾本科牧草应在抽穗期收割，最晚也应在初霜来临之前25~30d收割，但雨后不宜收割；若以收籽为目的的草地，应在种子成熟后收割，而以收草为目的的应在秋后收割。

②留茬高度　留茬高度依草类和条件的不同有所差异。一般草类的留茬高5~6cm，高大型草类留茬高10~15cm，稠密低草留茬高3~4cm；第二次刈割留茬高度应比第一次高1~2cm。

(3)种子采收

①采收时间　采种应在种子蜡熟期和完熟期进行，不得在乳熟期采青。一年生草类应在当年秋末种子成熟后采收，二年生草类在次年种子成熟后采收，多年生草类可在2~5年内随不同结子期在种子成熟后采收，草籽成熟后容易脱落的应及时采收。对于豆荚易爆裂的豆科草类，应避开在雨天采收。

②采后工作　种子采回后，要及时脱粒、晒干，含水量应小于13%。同时，还应清选、分级和贮藏，严防种子混杂，确保种子的纯度和质量。

(4)适度放牧

应以不破坏牧草的再生能力为原则，确定合理的放牧强度，实行划区轮牧。放牧的时间，以秋冬季为宜。

6.2.1.8　固沙种草

(1)固沙种草方式

在风蚀和流沙移动的地方，应种植防风固沙草带；在林带与沙障以基本控制风蚀和流沙移动的沙地上，应及时进行大面积人工种草，进一步改造并利用沙地；对地广人稀、固沙种草任务较大的地方，采用飞播种草。

(2)固沙草带设计

草带方向应与主害风方向垂直。草带宽度和间距依地面坡度而定，地面坡度6°~8°时，草带宽度应为6~8m，间距为30~40m；地面坡度10°~20°时，草带宽度为8~12m，间距20~30m。

(3)固沙种草技术

①整地　为了减少风蚀，整地方式一般采用带状整地；在有中度以上风蚀和流沙移动的地方，严禁全面耕翻整地；整地时间宜选在春季或秋季，干旱地区可在雨季前进行。

②播种和管理　参照6.2.1.6和6.2.1.7的相关内容。

6.2.2　退化草地恢复技术

在我国的水土流失区和风沙区，由于过牧超载形成了面积广大的退化草地，草地功能遭到严重破坏。加之，现今存在的大面积退耕还草地及撂荒地。这些土地若只靠自然的力量来恢复草地植被的应有功能，在北方至少需要10~15年，而且自然恢复的植被产草量较低，资源潜力未得到充分发挥。因此，对这些土地进行人工干预，重新加入物质和能量，采取促使草地植被恢复和改良的措施，再建高效的、良性循环的草地生态系统，既是防治水土流失的需要，也是实现草地资源可持续发展的需要。为此，应采取草地封育、草地松土及草地补播措施。

6.2.2.1 草地封育

草地封育后，防止了随意抢牧、滥牧的无计划放牧，使草类生长茂盛，盖度增大，草地环境条件发生了较大变化。一方面，植被盖度和土壤表面有机物的增加，可以减少水分的蒸发，使土壤免遭风蚀和水蚀；另一方面，改善了土壤结构和土壤透水能力。草地封育后，由于消除了家畜过牧的不利因素，减少了人为破坏，使其休养生息，进行正常的生长发育和繁殖，草地退化的趋势得以遏制；一些优势植物开始形成种子，群落的有性繁殖功能增强。特别是优良草种，在有利的环境条件下，恢复生长迅速，增加了与杂草竞争的能力，不但能提高草地产草量，还能改善草地的质量。在水土流失区，主要的草地封育方式是封坡育草。

(1)封坡育草技术

①封育区划分　根据草地的条件及所处的位置，一般作如下划分：

封育割草区　在立地条件较好、草类生长较快、距村较近的地方，作为封育割草区。只许定期割草，不许放牧牲畜。

轮封轮放区　在立地条件较差、草类生长较慢、距村较远的地方，作为轮封轮放区。根据封育面积、牲畜数量、草被再生能力与恢复情况，将轮封轮放区分为几个小区。草被再生能力强的小区，可以半年封半年放，或一年封一年放；草被再生能力差的小区，应每封禁2~3a开放一年，并规定放牧强度，以不破坏草被再生能力为原则，纠正过牧、滥牧现象。

②封育期内应采取的其他培育措施　单纯的封育措施只是保证了植物正常生长发育的机会，而植物的生长发育会受到土壤透气性、供肥能力、供水能力等因素的限制。因此，结合封育，还需要采取松耙、补播、施肥及灌溉等培育措施，以促进草类的生长。另外，草地封育后，草类生长势得到一定程度的恢复，生长加快，应及时利用，避免草类营养价值的降低。

③天然草场改良　对于退化严重、产草量低、品质差的天然草场，在封禁的基础上，需采取以下改良措施：对5°左右大面积缓坡天然草场，用拖拉机带缺口圆盘耙将草地普遍耙松一次，撒播营养丰富、适口性较好的牧草种子，更新草种。有条件的可引水灌溉，促进生长。在草场四周，密植灌木护牧林，防止破坏；对15°以上的陡坡，应沿等高线分成条带，带宽10m左右，再耙松地面，撒播更新草种。更新时应隔带进行，以免加剧水土流失。与此同时，在每条带下部，做成水平犁沟，蓄水保土。当第一批条带草类生长到10~20cm能覆盖地面时，再隔带进行第二批条带的更新；对陡坡草场更新，可在上述措施基础上，每隔2~3条带，增设一条灌木饲料林带，以提高载畜量和保水保土能力。

(2)封育草地的组织和管理措施

①设立封育范围标志或保护围栏　在封育区四周，就地取材，因地制宜地设置封育范围标志或保护围栏，提醒或防止人畜任意进入，可用铅丝网围栏、草绳树枝围栏、垒石墙等。

②成立护草组织，固定专人看管　护草人员应由群众推选，要求办事公道、责任心强、身体健康、能胜任工作的人；根据工作量大小和完成任务情况，对护草人员定期付给适当报酬；封育地点距村较远的，应就近修建护草哨房，以利工作。

③制定护草的乡规民约　根据国家和地方政府的有关法规，制定乡规民约，主要内容包括：封禁制度、开放条件、护草人员和村民的责、权、利，奖励、处罚办法等，特别要严禁毁林、毁草、陡坡开荒等违法行为；乡规民约的制定，必须依靠群众，充分听取群众意见，并加强宣传教育，做到家喻户晓；乡规民约制定后，必须严格执行，纳入乡村行政管理职责范围，维护乡规民约的权威性，保证起到护草作用；积极发展沼气池、节柴灶等，协助群众解决烧柴困难，促进乡规民约的顺利实施。

6.2.2.2　草地松土

对于土壤紧实、通气性和透水作用较弱的草地，其微生物活动性和生物化学过程减弱，直接影响草类水分和养分的供应，应适时对草地进行松土改良。方法如下：

(1)划破草皮

划破草皮是指在不破坏天然草地植被的情况下，对草皮进行划缝的一种草地培育措施。

①划破草皮类型　应根据草地的具体条件决定是否需要采取划破草皮的措施。对于寒冷潮湿的山区草地和下湿草地，地面往往形成坚实的生草土，可采取划破草皮的方法。对于干热地区的草地则不宜，因为在这种条件下，划破草皮会增加土壤水分蒸发，不利保墒。在缓坡草地上，应沿等高线进行，防止水土流失。

②划破草皮的方法　在小面积草地上，一般用畜力机具划破。在大面积的草地上，应用拖拉机牵引的特殊机具(如无壁犁、燕尾犁)进行。划破草皮的深度，一般以10～20cm为宜，行距以30～60cm为宜。划破的适宜时间，一般在早春或晚秋。

(2)耙地

耙地是改善草地表层土壤空气状况进行营养更新的常用措施，一般应与其他改良措施如施肥、补播结合进行，才能获得较好的效果。耙地有正、负两种作用，其正向作用是：清除草地上的枯枝残株，以利于新的嫩枝生长；松耙表层土壤，有利于水分和空气进入；消灭匍匐性和寄生杂草，有利于草地植物天然下种和人工补播的种子入土出苗。耙地也有负向作用：能直接将植物拔出，切断或拉断植物的根系；将牧草株丛中覆盖的枯枝落叶耙去后，易使这些牧草的分蘖节和根系暴露出来，导致旱死或冻死；耙地只能疏松土表以下3～5cm的土壤，不能根本改变土壤的通气状况。

①适宜耙地的草地类型　一般认为，以根茎状或根茎疏丛状草类为主的草地，耙地能获得较好的改良效果。但以丛生禾草和豆科草为主的草地，耙地对这些草损伤较大，往往得不到好的效果。匍匐性草类、一年生草类及浅根的幼株可因耙地而死亡。密丛型

禾本科草类和莎草科苔草为主的草地，耙地通常没有效果或效果不好。

②耙地的时间 最好在早春土壤解冻2～3cm时进行，秋季虽然也可耙地，但改良效果不如春耙明显。割草地的耙地时间依割草次数而定，通常一年割一次的草地，耙地必须在割草后或放牧再生草被后进行。割两次的草地，耙地应在第一次或第二次刈割之后立刻进行。在有积雪的干旱草地上秋耙有利于蓄渗雪水。

③耙地的工具 常用的耙地工具有钉齿耙和圆盘耙。在土质较为疏松的草地上应采用钉齿耙；圆盘耙能切碎生草土块及草类的地下部分，在土壤紧实而深厚的生草地上，使用缺口圆盘耙的效果更好。

6.2.2.3 草地补播

草地补播是在尽量不破坏原有植被的情况下，在草群中播种一些既适应当地自然条件经济价值又较高的优良草种，达到改善草群结构和提高草地盖度的目的。故补播是提高退化草地生产力、促进其优质高产的一项重要措施。

(1)补播地段的选择与处理

选择补播地段应考虑当地降水量、地形、土壤、植被类型和草地退化的程度。在北方应选地势平坦、土层较厚的地方，水分和养分条件较好，如沟谷地、缓坡、河漫滩、盆地等。在多沙地区，宜选择风蚀作用小的平缓沙地。还可选择退耕还草地，以加速植被的恢复。

为了减少补播草类的幼苗与原有植物竞争，在补播前需采取除草措施消灭杂草，并对补播地段进行耕翻和松土，保证补播的成功。

(2)补播草种的选择

①较强的适应性 选择适应当地的野生草种或经驯化栽培的优良草种，干旱区应选择具有抗旱、抗寒和深根特点的草类，沙区选择超旱生的防风固沙草类，盐渍化地区选耐盐碱的草种。

②较高的利用价值 根据草类的利用目的选择草种，如作为饲草利用时，宜选择适口性好、营养价值高、产量高的草种。

③依据草地的利用方式 割草地选上繁草类，放牧地选下繁草类。

(3)补播时期

根据草地原有植被的发育状况和土壤水分条件确定，原则上应选择原有植被生长发育最弱的时期进行补播，以减少原有植被对补播草类幼苗的抑制作用。草类一般在春、秋季生长较弱，应在春、秋季补播。对多数干旱地区，冬季降雪少，春季又干旱少雨、风沙大，春季补播影响成苗率。从草地植被生长状况和土壤水分状况出发，初夏补播容易成功。

6.2.3 草田轮作技术

6.2.3.1 草田轮作的概念和意义

(1)草田轮作的概念

草田轮作是一类在轮作体系中含有草类的轮作，是根据各类草种和作物的茬口特性，将计划种植的不同草种和作物排成一定顺序，在同一地块上轮换种植的种植制度。

(2)草田轮作的意义

草类拥有显著区别于其他农作物的特征，草田轮作的意义在于：有利于农牧结合，提高农业系统的生产效率；有利于充分利用光、热、水和土地资源，提高农田系统的生产力；有利于减轻水土流失；有利于退化土壤的改良；有利于提高种植系统的经济效益。

6.2.3.2 草田轮作的设计

(1)草田轮作设计的基本原则

①生态适应性原则 选择适应当地生态环境条件的草种和农作物。

②茬口适宜性原则 茬口特性是轮作设计的前提，不同作物的茬口适合接茬种植不同的作物。茬口适宜，后作病虫草害少，水、肥管理容易，产量高。

③经济效益原则 整个系统经济效益是轮作组合的设计目标，应尽量选择经济效益高的草种和农作物，并科学合理地进行搭配。

④主栽作物原则 轮作体系中要有明确的主栽作物，主栽作物可以不止一种，其他草种和农作物为辅栽作物，辅栽作物应依据主栽作物的生物生态学特性及生产计划选定。

⑤充分利用自然资源原则 力求充分利用当地的光、热、水和土地等自然资源，使系统的生产潜力最大限度地得以实现。

⑥简单化原则 在满足草田轮作目标的前提下，轮作组合越简单越好。

(2)草田轮作的设计方法

筛选主栽作物和辅栽作物种类，确定轮作组合及轮作方式以备选主栽作物为核心，结合备选辅栽作物，设计出若干种轮作组合及轮作方式，依据草田轮作设计的基本原则，进行综合比较分析，选定最优轮作组合及轮作方式，并确定主栽作物和辅栽作物种类。

①轮作分区 主栽作物的种植面积通常要显著高于辅栽作物，各种辅栽作物的种植面积也存在差异；而且轮作组合中的部分草种或饲料作物的生长年限超过一季或一年，即存在多年生长的情形。因此，为了满足种植计划和市场的要求，需要进行轮作分区。轮作分区的数量依据轮作体系中作物和草的种数、各种作物和草的种植比例来确定。若某轮作体系含有甲、乙和丙3种作物和草，种植比例为甲:乙:丙=5:2:1，则轮作分区的数量应为3+2+1=8。

②制作轮作周期表 一个轮作体系在一个完整的轮作周期中，各个轮作分区、各年(或茬)种植的作物或草种，按照一定格式制成汇总表，即为轮作周期表。轮作周期表可使整个轮作体系，包括参与轮作的作物和草种、各种作物和草的种植比例、轮作方式、轮作分区和轮作周期等均可一目了然。假定某轮作体系含有甲、乙和丙三种作物和草，种植比例为甲:乙:丙=5:2:1，轮作方式为：甲→甲→乙→乙→甲→甲→甲→丙，则其轮作周期见表6-5。

表 6-5　假设某轮作体系轮作周期

分　区	作物和草的种类							
	一	二	三	四	五	六	七	八
第 1 年(或茬)	甲	甲	乙	乙	甲	甲	甲	丙
第 2 年(或茬)	甲	乙	乙	甲	甲	甲	丙	甲
第 3 年(或茬)	乙	乙	甲	甲	甲	丙	甲	甲
第 4 年(或茬)	乙	甲	甲	甲	丙	甲	甲	乙
第 5 年(或茬)	甲	甲	甲	丙	甲	甲	乙	乙
第 6 年(或茬)	甲	甲	丙	甲	甲	乙	乙	甲
第 7 年(或茬)	甲	丙	甲	甲	乙	乙	甲	甲
第 8 年(或茬)	丙	甲	甲	乙	乙	甲	甲	甲

注：引自周禾等《农区种草与草田轮作技术》，2004。

③编写轮作计划书　轮作计划书是草田轮作设计的成果性文件，也是执行文件。一般包括如下内容：生产单位的基本情况、经营方向，轮作组合中作物和草的种类、各种作物和草的种植面积和预计产量、轮作分区数目和面积、轮作方式、轮作周期、轮作周期表和轮作区分布图，劳动力、农机、水、电、肥、农药和种子的使用计划及经济效益估算等。

6.2.3.3　几种重要的草田轮作模式

目前，在我国成熟完善的草田轮作模式并不是很多，现选择应用较为广泛或应用前景较好的几种重要模式分述如下。

(1)农牧交错带草田轮作

相对于纯农区而言，农牧交错带人均耕地较多，可以拿出部分耕地进行草田轮作。

内蒙古科尔沁左翼后旗谢建华等人于 1985—1991 年试验研究了紫花苜蓿—玉米系统。结果表明，糜子 + 紫花苜蓿→紫花苜蓿→紫花苜蓿→紫花苜蓿→玉米→玉米→玉米轮作模式效果很好。

内蒙古磴口市采用草木樨→玉米→籽瓜模式进行草田轮作，效果良好。

山西晋中和晋北地区常采用以下 4 种模式进行草田轮作。①绿肥牧草→马铃薯→大秋作物，轮作周期 3 年；②春小麦→绿肥牧草→大秋作物，轮作周期 3 年；③绿肥牧草→绿肥牧草→大秋作物→大秋作物，轮作周期 4 年；④油料作物→绿肥牧草→大秋作物→绿肥牧草→大秋作物，轮作周期 5 年。其中绿肥牧草以雁右一号野豌豆、草木樨和柽麻为主；大秋作物以谷子、玉米为主。

宁夏农林科学院惠开基先生认为，宁夏南部山区采用紫花苜蓿(5 ~ 6 年)→粮食作物(3 ~ 4 年)、草木樨(2 年)→粮食作物(3 年)和红豆草(3 ~ 5 年)→粮食作物(3 年)等模式进行草田轮作，较为适宜。

甘肃平凉地区的常见草田轮作系统为紫花苜蓿→小麦系统和红豆草→小麦系统，前者的轮作周期通常为 8 ~ 10 年，后者则为 2 ~ 3 年。

(2)北方地区填闲轮作

北方地区存在一部分对于粮食生产而言“两季不足，一季有余”的区域。秋收作物种植前和夏收作物收获后，土地闲置1～3个月。这些闲田大多可以用来种植牧草，实行草田轮作。

甘肃临夏州草原监理站鲁鸿佩先生等，于1999—2001年在甘肃临夏县，试验研究了春小麦—牧草、牧草—玉米和牧草—马铃薯系统。结果表明，春小麦收获后复种箭筈豌豆，鲜草产量18～27t/hm^2，后作春小麦、玉米、马铃薯产量较对照分别提高11.96%、14.49%、15.74%。

甘肃河西地区在小麦田中套作箭筈豌豆、毛叶苕子、草木樨、箭筈豌豆+毛叶苕子+谷子和草木樨+毛叶苕子+谷子，鲜草产量20～40t/hm^2；在小麦、玉米带状套作田中，小麦收获前，于小麦带中播下箭筈豌豆、毛叶苕子，鲜草产量15t/hm^2。

宁夏草原工作站吴素琴认为，在当地，小麦复种紫云英、毛叶苕子，可产鲜草3.0～4.5t/hm^2；在小麦、玉米套作田中，利用小麦带，玉米套作苏丹草、湖南稷子，可产鲜草2.25～4.50t/hm^2；水稻栽植前，春播紫云英、毛叶苕子、草木樨和一年生黑麦草，也会收到较好效果。

内蒙古河套次生盐碱化地区，采用大麦—草木樨套种轮作模式改良利用盐碱地，改土效果良好，同时可收获草木樨鲜草9.00～11.25t/hm^2。

(3)北方纯农区草田轮作

北方纯农区部分地区有草田轮作的传统，而其他大部分地区的草田轮作都是在我国粮食问题基本解决之后的近几年才开始起步。

中国科学院黑龙江农业现代化研究所王建国等于1990—1994年在黑龙江松嫩平原的研究表明，小麦→玉米2/3+草木樨1/3→大豆和小麦→草木樨→玉米是两个较好的草田轮作模式。

山西晋南地区常用如下模式进行草田轮作：①冬小麦—绿肥牧草，轮作周期1年；②冬小麦—绿肥牧草→棉花(或玉米)，轮作周期2年；③冬小麦—玉米(或谷子、糜子、大豆)→冬小麦—绿肥牧草，轮作周期2年。其中绿肥草类以毛叶苕子、草木樨和柽麻为主。

(4)绿洲农区草田轮作

绿洲农区种植业的存在与发展主要依赖于灌溉，灌区土地次生盐渍化问题严重，避免土地次生盐渍化和改良盐渍化土地成为人们关心的重大课题。牧草因其所具有的一系列特征，如根系深、根量大、覆盖度大、覆盖时间长、共生固氮能力强和利用光、热、水的效率高等，在绿洲农区种植系统中颇具价值。

在新疆天山北麓，最常用的草田轮作模式为冬小麦—紫花苜蓿→紫花苜蓿→紫花苜蓿→棉花→棉花→玉米→甜菜→青贮玉米—冬小麦。

(5)南方旱作区冬季填闲轮作

南方旱作区也存在较大一部分对于粮食生产而言“三季不足，两季有余”和“两季不足，一季有余”的区域。玉米、小麦、棉花等收获后，土地冬闲时间长达4～6个月。这些冬闲田大多也可利用起来种植牧草，实行草田轮作。

四川农业大学周寿荣教授，于1991—1994年在四川盆地低山丘陵区，试验研究了玉米—混播牧草系统。获得以下三种复种轮作模式，即玉米——一年生黑麦草20%+紫云英80%、玉米——一年生黑麦草25%+毛叶苕子75%和玉米——一年生黑麦草30%+金花菜70%。混播牧草干物质产量为5.31~5.77t/hm^2。

四川宜宾地区采用玉米—光叶苕子、玉米—箭筈豌豆和玉米—豆科牧草2/3+禾本科牧草1/3等模式进行轮作，鲜草产量45~67.5t/hm^2，后作玉米产量较对照提高15%以上。

湖南农业大学朱成校教授于1992—1993年在湖南桂东县，试验研究了玉米—混播牧草系统，获得的轮作模式为玉米——一年生黑麦草50%+红三叶50%，混播牧草鲜草产量108t/hm^2。

贵州广泛采用小麦—箭筈豌豆、小麦—光叶苕子等模式进行套种轮作，效果良好。

云南洱源县采用玉米—箭筈豌豆、烤烟—箭筈豌豆等模式进行套种轮作，效果较好。

另外，云南楚雄地区采用烤烟或苕子—小麦、烤烟或苕子—油菜等模式进行夏季填闲轮作，效果良好。

(6)南方水稻种植区冬季填闲轮作

南方水稻种植区较为成熟的冬季填闲轮作系统有两个，即水稻—绿肥系统和水稻—黑麦草系统。

①水稻—绿肥系统　它历史悠久，轮作模式可依据复种次数归结为两类，即早稻—晚稻—绿肥模式(两季有余地区)和水稻—绿肥(两季不足地区)模式。其中的绿肥主要包括紫云英、毛叶苕子、光叶苕子、箭筈豌豆、金花菜、豌豆和蚕豆等。鲜草产量一般为15~60t/hm^2。

②水稻—黑麦草系统　在我国是由中山大学杨中艺教授等自1989年开始系统研究并大力推广的。轮作模式可依据复种次数归结为两种，即早稻—晚稻——一年生黑麦草模式(两季有余地区)和水稻——一年生黑麦草(两季不足地区)模式。一年生黑麦草生长迅速，再生性好，在4~6个月生长期内可刈割4~6次，产鲜草60~100t/hm^2。一年生黑麦草不仅饲喂畜禽效果好，而且是养鱼生产的优质饲料。

本章小结

本章主要介绍了在水土流失区，为了达到控制水土流失，发展农业生产的目的，而普遍采取的传统农业技术措施和草业技术措施。着重阐述了水土保持耕作技术、土壤培肥技术、旱作农业技术、水土保持人工种草技术、退化草地恢复技术、草田轮作技术等措施的作用、技术要点及其适用条件。它们是水土流失综合治理措施的组成部分，需与其他措施配合协调，才能起到有效防治水土流失、发展当地生产、实现资源环境可持续发展的目的。

思考题

1. 简述水土保持农业技术措施的作用。

2. 说明水土保持耕作技术措施的含义和主要任务。
3. 简述水土保持耕作技术措施的种类及其技术要点。
4. 常用的抗旱播种及保苗技术有哪些?
5. 简述土壤培肥的主要途径。
6. 如何才能做到适地适草?
7. 说明各种人工种草方法及其适用条件。
8. 不同草类混播的优越性。
9. 如何做好草地封育工作,使退化草地尽快恢复。
10. 简述草地管理的具体方法。
11. 简述草田轮作的涵义、意义、设计原则及设计方法。
12. 举出几种南北方旱作区有代表性的草田轮作模式。

本章推荐阅读书目

1. 王冬梅.2002. 农地水土保持[M]. 北京:中国林业出版社.
2. 王堃,张英俊,戎郁萍.2002. 草地植被恢复技术[M]. 北京:中国农业科技出版社.
3. 韩建国,马春晖.1998. 优质牧草的栽培与加工贮藏[M]. 北京:中国农业出版社.

参考文献

Urbanska K M, Webb N R, Edwards P J. 1997. Restoration Ecology and Sustainable Development [M]. Cambridge: Cambridge University Press.
陈宝书. 2001. 牧草饲料作物栽培学[M]. 北京:中国农业出版社.
国家技术监督局. 1996. GB/T 16453. 1~6 水土保持综合治理技术规范[S]. 北京:中国标准出版社.
韩建国,马春晖. 1998. 优质牧草的栽培与加工贮藏[M]. 北京:中国农业出版社.
韩建国,孙启忠,等. 2004. 农牧交错带农牧业可持续发展技术[M]. 北京:化学工业出版社.
惠开基. 1997. 宁南山区旱地土壤肥力及增肥技术体系效益评价[J]. 干旱区资源与环境,11(4):82-84.
鲁鸿佩,孙爱华. 2003. 草田轮作对粮食作物的增产效应[J]. 草业科学,20(4):10-13.
任继周. 1995. 草地农业生态系统[M]. 北京:中国农业出版社.
容维中,吴国芝. 1997. 旱农区草田轮作研究报告[J]. 甘肃畜牧兽医,27(2):14-17.
陕西省农林学校. 1987. 土地肥料学[M]. 北京:农业出版社.
陕西省水土保持局,西北水土保持生物土壤研究所. 1979. 水土保持林草措施[M]. 北京:农业出版社.
王冬梅. 2002. 农地水土保持[M]. 北京:中国林业出版社.
王建国,刘文雄,等. 1995. 松嫩平原粮草轮作定位实验研究[J]. 黑龙江农业科学(6):25-28.
王堃,吕进英. 2000. 退耕地的自然演替与人工恢复[J]. 农业区划研究(3):41-45.
王堃,张英俊,戎郁萍. 2002. 草地植被恢复技术[M]. 北京:中国农业科技出版社.
王礼先. 2005. 水土保持学[M]. 2版. 北京:中国林业出版社.
吴素琴,杨瑞全. 2001. 草地农业在宁夏农业种植结构调整中的切入点[J]. 宁夏农学院学报,22(4):15-17.
西北农业大学. 1991. 旱农学[M]. 北京:农业出版社.

谢建华，玉兰．2000. 人工种草与科尔沁沙地农业发展前景[J]. 内蒙古草业（3）：25－28.
辛树帜，蒋德麟．1982. 中国水土保持概论[M]. 北京：农业出版社．
徐有学，盛国太．2001. 乐都县川水地复种饲草试验初报[J]. 青海草业，10(4)：10－11.
周　禾，董宽虎，孙洪仁．2004. 农区种草与草田轮作技术[M]. 北京：化学工业出版社．
朱成校，陈祖铭．1997. 建立人工草地粮草轮作解决冬春饲草[J]. 草与畜杂志(2)：34－35.

第7章

生态清洁小流域建设

水是生命之源，土是生存之本，水土资源是人类赖以生存的基础性资源。水土流失问题是当前全球三大环境问题之一的世界性问题，世界各国在预防和治理水土流失方面一直在不懈的努力。在经过长期探索实践后，大多数国家普遍形成较为一致的观点：一是以流域为水土流失治理工作的基本单位，将大面积水土流失区的治理划分为若干小流域，分而治之；二是在水土流失防治的体制设置上，体现出向一个核心部门聚集的现象，以加强对资源与环境的系统性和综合性管理，减少部门间权限的重复，提高流域综合治理的效率；三是十分重视水土保持法律的制定和研究，并制定了相应的法律、法规，运用法律手段来调整、规范这方面的关系和行为(联合国环境与发展大会，1993)。从某种程度上讲，这比某些具体的治理措施更重要。小流域治理目前也已经成为我国在水土流失防治和生态建设的长期实践中形成并确立的一条具有中国特色、符合自然与经济规律的成功技术路线。经过近十年的试验研究和实践的基础上，我国已逐步形成一套较为完整的生态清洁小流域治理技术体系。

7.1 概述

流域治理一般称为流域管理(watershed management)，而“流域管理”这一概念是从“河流管理”或“流域水资源管理”等概念发展起来的。根据人们对小流域的认识过程及小流域治理思想的发展，国外小流域治理分为三个阶段(刘信儒，2005)，分别为：第一个阶段为山洪泥石流防治阶段。这一阶段山区小流域治理，主要以防治山洪和泥石流为目的，以工程措施和造林措施为主。第二阶段为水土保持综合治理阶段。在这一阶段山洪和泥石流防治方面的研究开始走向定量化，从水文学、地质学、水利工程学等不同角度进行了细致入微的研究。第三阶段为山区小流域治理的持续发展阶段。人们认识到了小流域的诸多资源特性，要承载一定的人口，可持续利用山区小流域资源，保持人—小流域生态经济系统的稳定和协调，成为这一阶段小流域治理的新目标。

我国是世界上水土流失最为严重的国家之一，在防治水土流失的长期实践中创造了丰富的经验。在这些经验中，一条非常宝贵的经验是20世纪80年代提出的小流域综合治理。小流域综合治理是指以小流域为单元，在全面规划的基础上，预防、治理和开发相结合，合理安排农林牧等各业用地，因地制宜，因害设防，优化配置工程、生物和农业耕作等各项措施，形成有效的水土流失综合防护体系，达到保护、改良和合理利用水土资源，实现生态效益、经济效益和社会效益协调统一的水土流失防治活动。为探索水土保持快速治理的途径和不同类型区综合治理的模式、推动面上工作，水利部、财政部安排在黄河、长江等六大流域开展了小流域综合治理试点工作。通过试点，在小流域治理的选点、规划、措施布置、治理标准、经费使用、检查验收、试验示范和组织领导等方面积累了经验，这为后来开展大规模的生态建设奠定了坚实的基础。在小流域综合治理的基础上，北京市根据水资源面临的“水少、水脏”的问题，在2003年提出了生态清洁小流域治理的概念，经过十多年的研究和实践，形成了一套较为完整生态清洁小流域治理技术体系。

我国地域辽阔，各地的自然地理和经济发展条件千差万别。多年来，各地在治理水土流失的实践中，遵循以小流域为单元综合治理的技术路线，因地制宜，不断创新，综合分析每个流域自然资源的有利因素、制约因素和开发潜力，结合当地实际情况和经济发展要求，科学确定每个流域的措施配置模式及发展方向和开发利用途径。随着经济社会的快速发展，人们关注的重心开始逐渐向改善人居环境、提高生活质量和充分发掘休闲娱乐功能等方面转变，以小流域为单元综合治理的技术路线也在不断完善和发展。

7.1.1 生态清洁小流域的基本概念

根据我国水利行业标准《生态清洁小流域建设技术导则》(SL 534—2013)的定义，生态清洁小流域(ecological and clean small-watershed)是在传统小流域综合治理基础上，将水资源保护、面源污染防治、农村垃圾及污水处理等结合到一起的一种新型综合治理模式。其建设目标是沟道侵蚀得到控制、坡面侵蚀强度在轻度(含轻度)以下、水体清洁且非富营养化、行洪安全，生态系统良性循环的小流域。其主旨主要表现在以下几个方面。

(1)人水和谐

生态清洁小流域是要达到根据水的循环规律，保护水的循环，促进水的微循环。小流域作为基本的集水单元，是水在陆地运动的基本单元，表现为降雨、入渗、径流等水的运动过程。生态清洁小流域本身是以水源保护为核心，防治水在循环和利用过程中的污染以及危害，约束和避免人类活动对水自然循环的侵害和破坏，维护水的自然循环，实现人水和谐。

(2)人地和谐

生态清洁小流域要实现流域内土地资源的合理利用，因地制宜，根据土地资源的承载力，以提高土地资源质量为出发点，使土地能够持久地发挥其生产力，土壤肥力得到不断提高，人与自然和谐。

(3)生态系统良性循环

良性循环的本质是生态系统内部能量转化、物质循环和信息传递的有机结合。人类对自然的改造扰动限制在能为生态系统所承受、吸收、降解和恢复范围之内。

(4)环境清洁

流域环境清洁，垃圾废弃物得到有效的处理和控制，生活污水的排放达到国家允许的范围内。

7.1.2 生态清洁小流域建设的基本理论

生态清洁小流域建设是为实现生态清洁小流域的各项目标而采取各种措施、手段及方法的活动。生态清洁小流域建设的理论基础有系统科学理论、综合集成理论、可持续发展理论、生态学理论和水土保持学理论等。

系统科学理论是以系统及其机理为研究对象，研究系统的类型、一般性质和运动规律的科学。以小流域为单元的水土保持综合治理是一项包含了自然环境、社会环境及生态经济关系的复杂系统工程，系统论在生态清洁小流域建设中的应用主要是对流域生态经济系统分析以及对流域生态经济活动的目标、实施方案、综合效益进行分析、评价和决策。综合集成理论其核心是将专家群体、数据和各种信息与计算机仿真有机地结合起来，将有关学科的科学理论和人的经验与知识结合起来，发挥综合系统的整体优势去解决实际问题。人类历史发展到今天，已经达到了与自然资源和环境难于维持平衡的关键阶段。我们只有一个地球，而地球上的自然资源是有限的，地球上的自然环境也正向不利于人类生存的方向演变。现代人类活动规模的性质已经对人类后代的生存构成了威胁。在这个背景下，可持续性(sustainability)就成为对所有自然资源开发利用及一切人类经济活动的准则，当然也是生态清洁小流域建设活动的准则。

人类为满足自身的需要，不断改造环境，环境反过来又影响人类。随着人类活动范围的扩大与多样化，人类与环境的关系问题越来越突出。因此，近代生态学研究的范围，除生物个体、种群和生物群落外，已扩大到包括人类社会在内的多种类型生态系统的复合系统。人类面临的人口、资源、环境等几大问题都是生态学的研究内容。此外，小流域治理本身就是水土保持的核心技术，水土保持学是小流域治理的技术支撑和基础理论。生态清洁小流域治理是应用性的基础理论研究，具有保护、改良与合理利用水土资源的明确目的。

7.2 生态清洁小流域建设特点

生态清洁小流域建设是从实践中总结、提炼出来的，与传统小流域综合治理对比有着极其丰富的内涵特点和差异，它既继承了传统小流域综合治理的精髓，又与时俱进、因地制宜地对传统小流域综合治理进行了充实与扩展，为水源保护、生态建设提供了强有力的理论支撑，为解决流域内各种发展难题提供了理论依据。

7.2.1 生态清洁小流域建设的内涵

(1)以水源保护为中心，突出面源污染防控，实现人水和谐

水是人与社会生存发展不可或缺的资源。小流域是水在陆地运动的基本单元，表现为降雨、入渗、径流等水的运动过程。上游流域生态与环境的好坏直接影响到下游的水资源、水环境及水安全。生态清洁小流域建设突出源头治理，溯源、治污，点、面污染源综合防控，上、中、下游科学统筹，污水、垃圾、厕所、环境、河道同步治理，其实质是突出以水源保护为中心。水源区保护的前提是控制水土流失与面源污染，同时也是生态清洁小流域建设的核心，是有效保护水源、改善流域生态的关键。水源保护的主要内容是有效控制和管理流域内各种污染物的流失对下游水体的影响。目前，水源保护区的面源污染已成为小流域水体污染的主要因素，水土流失是面源污染的主要途径和载体，污染物流失量随着水土流失量的加大而加剧。因地制宜实施污染物源头减量、过程阻截、末端治理措施，可减少流域内面源污染，有效地保护水源和流域水生态环境。

生态清洁小流域建设是要根据水的循环规律，保护水的自然循环，促进水的微循环，防治水在循环和利用过程中的污染及危害，约束和避免人类活动对水自然循环的侵害和破坏，实现行洪安全，人水和谐。

(2)将农村污水、垃圾纳入生态清洁小流域建设，改善农村人居环境

伴随郊区城镇化及休闲旅游业的发展，农村生活污水排放和垃圾产生量等不断增加，村庄周边、河(沟)道内外污染日趋严重。小型分散点源污染是当前小流域污染源的重要组成部分，越是经济发展快、开发利用强度大的小流域，分散点源污染问题越突出。要处理好小流域经济发展与环境保护的关系，就要在经济发展中促进保护，在保护环境中求得发展，实现经济发展与环境保护“双赢”。建设和完善小流域分散点源污染处理处置设施，加强分散点源污染管理是生态清洁小流域建设的重点。农村生活污水单点排放量小且分散、排水不稳定、排水系统不完善，可对农村垃圾进行分类和收集，实现减量化、无害化、资源化。农村环境与城市环境是有机整体，结合新农村建设，以人为本，加强农村基础设施建设，着力改善农村人居环境，形成山川秀美、空气清新、环境优美、生态良好的新农村是生态清洁小流域建设的重要内涵。

(3)治理措施生态化

生态清洁小流域建设要充分考虑人类、自然和环境保护的关系，在尊重生态环境并降低人类开发对环境冲击的前提下进行，保证生态系统和经济系统的良性循环，以求得社会经济的持续发展。各项治理措施应遵循生态经济学的基本原理，充分体现生态优先，从过去考虑

工程经济效益转变为寻求经济效益、社会效益与生态效益的最优组合。采用各种生态手段、方法和工程，协调周边环境，因地制宜、就地取材，综合布设各项措施。护岸、护坡采用植物或多孔性和透水性材料等生态护坡形式；生活污水处理因地制宜、充分利用土地处理或自然及人工湿地系统；河岸(库滨)带治理和湿地恢复，选择本土湿生、水生、旱生植物，形成多生境生态系统。

小流域是水在陆地运动的基本单元，表现为降雨、入渗、径流等水的运动过程。生态清洁小流域建设是要根据水的循环规律，保护水的自然循环，促进水的微循环，防治水在循环和利用过程中的污染及危害，约束和避免人类活动对水自然循环的侵害和破坏，实现行洪安全，人水和谐。

7.2.2 生态清洁小流域建设与传统小流域综合治理的区别

生态清洁小流域建设是传统小流域综合治理的创新模式，归根结底是结合区域实际情况开展的小流域综合治理，但在思路、理念、目标、措施等各方面与传统小流域都有

所不同，生态清洁小流域建设与传统小流域综合治理的主要联系与区别主要表现见表7-1。

表7-1 生态清洁小流域建设与传统小流域综合治理的比较

类　别	传统小流域综合治理	生态清洁小流域建设
目标取向	以保水保土、维护和提高土地生产力、增加土地产出为主要目标，强调对资源的开发利用，以服务农业生产为主	以水源保护为主要目标，强调对资源的合理利用与保护；以服务新农村建设和区域经济社会可持续发展为主
防治重点	以坡面和沟道为防治重点	以坡面、沟道和村庄为防治重点，并且突出村庄及周边的环境综合整治
规划布局与工程设计理念	以安全、耐久、经济发展为优先考虑，缺少考虑与环境的协调	以融合周边地形及自然景观，减少对生态环境的冲击为设计理念，构筑多样性的生物栖息空间；一方面考虑结构的安全性，另一方面兼顾当地自然生态系统的维护，充分考虑并利用自然的自我设计与恢复的能力
主要措施	坚持山、水、林、田、路统一规划，拦、蓄、灌、排、节综合治理；强调人改造和征服自然能动性	突出农村生活污水处理、垃圾处置和面源污染控制措施，更加注重工程的生态化；强调尊重自然、人水和谐，遵循自然规律和经济规律
工程施工材料	多强调材料坚固、施工便利，多以砌石、钢筋、水泥为主	强调自然界就地取材为主，包括各种物种的本地化

①在防治目标上　传统小流域治理以服务农业为主，维护土地生产力，提高土地产量为目标治理水土流失。生态清洁小流域建设以水源保护为中心，改善生态环境，促进人水和谐、服务新农村建设为目标治理水土流失和面源污染。

②在防治对象上　传统小流域治理，以坡面和沟道为防治重点。生态清洁小流域以坡面、沟道和村庄为防治重点。

③在防治措施上　传统小流域治理山、水、林、田、路统一规划，拦、蓄、灌、排、节综合治理。生态清洁小流域建设防治并重，突出生态修复、污水处理、垃圾处置和水系的保护。

生态清洁小流域建设强调做到五性：科学性、系统性、生态性、实用性、艺术性。同时要求正确认识并处理好四个关系：水土保持与水资源的关系、开发建设与生态平衡的关系、人工治理与近自然治理的关系、工程治理与保护原生态的关系。与水土保持小流域综合治理一样，生态清洁小流域建设也是一项地域性很强的工作。不同区域、不同区位的小流域，其达到生态清洁小流域的途径和方式，以及需要采取的措施不尽相同，因此要统筹规划，因地制宜，分类指导，处理好整体推进与重点推进的关系。

7.3 生态清洁小流域建设技术

7.3.1 基本原则

生态清洁小流域建设坚持以科学发展观为指导，认真贯彻落实从传统水利向现代水利、可持续发展水利转变的治水新思路，以水源保护为中心，以生态修复、生态治理、生态保护为治理核心，促进人与自然和谐相处。建设生态清洁型小流域的最终目标是促进人与自然和谐相处，实现流域水土资源可持续利用、生态环境可持续维护和经济社会可持续发展。

7.3.2 小流域调查方法

小流域调查是生态清洁小流域建设的基础工作。小流域调查包括基本情况调查、坡面调查、沟道调查、村庄调查和水质水量监测调查。小流域基本情况调查是为了了解小流域自然条件、社会经济和水土保持等方面的基本信息；坡面调查突出对水土流失和面源污染现状与问题的识别；沟道调查突出对水环境与河流健康状况的认识；村庄调查突出对污水、生活垃圾排放现状与村庄防洪安全的了解；水质水量监测调查主要为了摸清小流域水土流失和面源污染等情况。其中，小流域基本情况调查、社会经济调查和坡面调查方法与本书第4章水土保持规划章节内的相关方法相同，固不再重复论述，此节主要对面源污染调查、水质水量调查和生态清洁小流域综合评价指标体系进行介绍。

7.3.2.1 面源污染调查

面源污染主要由农业、林业生产等活动造成。除水土流失外，农业生产中施用化肥、农药是最受关注的引发面源污染的因素之一。因此面源污染的调查首先要查清水土流失的状况，另外要重点查清各农用地块上化肥、农药的施用情况。化肥调查主要是调查其施用强度即一年内单位地块面积平均化肥施用量。化肥施用量按折纯量计算（折纯量是指将氨肥、磷肥、化肥分别氨氮、五氧化二磷、氧化钾的量进行折算后的数量。复合肥按其所含的主要成分折算）。农药主要参照《农药合理使用准则》（GB/T 8321）中的项目，调查地块上农作物的施药种类、方法、时间及次数等。

（1）沟道调查

沟道调查是对流域面积大于0.05km^{2}的主沟道、各级子沟道进行调查，并绘制小流域沟道分布图。

①沟道基本情况调查　通过读取地形图和实地量测等手段，获取沟道的基本要素，包括控制流域面积、地理位置、海拔、沟长、沟宽、平均纵坡等。

沟道分为主沟、一级支沟、二级支沟、三级支沟、四级支沟等。沟道编号用“沟道分类码R+5位阿拉伯数字”表示。阿拉伯数字按从主沟到第四级支沟依次排列，数字大小为每一级支沟的条数序号。支沟排号不到四级的，用0表示。如某沟道为第一条主沟第三条一级支沟第二条二级支沟下的第一条三级支沟，则编号为R13210。

其中，海拔指对应于调查沟道的沟口海拔高度，可直接从地图上查得；汇流面积指对应于调查沟道的汇流面积，可直接从地图上勾绘量算；沟长指从沟口沿沟道向上至上游坡脚或沟道分级处的长度，可直接从地图上勾绘量算；沟宽包括基流沟宽及过洪沟宽两部分，可通过实地调查和计算；沟道平均纵坡指沟道平均单位沟长的落差，可根据地形图计算。

②沟道水文和水质调查 水文调查主要调查年平均径流量、长流水持续时间等，可通过查阅水文年鉴和实地调查获得。水质调查是沟道调查最基本也是最重要的项目，因为水质的达标和健康是生物生存的基本需要，是社会公众的关注对象。水质调查要求对有水的主沟道采集水样进行水质调查。采样点应设在沟口与其他有代表性的典型断面，对采集的水样检测pH值、溶解氧、生化需氧量、化学需氧量(锚法)、氨氮、总氮、总磷、含沙量等，对照国家地表水环境标准判断水质优劣。

③沟道形态特征调查 沟道形态是沟道自然演变和人类改造的结果，受沟道地质构造、岩性、气候条件和人类活动的共同影响。沟道形态包括平面和断面，形态特征的调查是沟道调查的重要内容。沟道平面形态可分为蜿蜒形、波曲形、自然顺直形和人工顺直形等，通过现场调查或读取遥感影像等手段确定。沟道断面形态主要是选择典型断面，调查量测沟宽、沟深等多个参数。

④人工改造沟道情况调查 随着现代人类活动的频繁化，对沟道采取了一些改造措施，包括护岸固床和在沟道内建设拦水建筑物等。沟道改造活动在满足人类生产、生活的同时，也给自然造成了一定影响。沟道的人工改造情况调查以实地调查、量测为主要手段，对沟道内的人工改造措施包括沟道渠道化、沟道护岸、沟底清淤、沟底衬砌、拦水坝、水池、拦砂坝及谷坊坝、砂石坑数量以及体积等情况进行调查，确定各种措施工程的数量、规模、工艺和材料等。

⑤沟道内水生植物及河岸带调查 沟道内水生植物主要调查水生植物主要种类。岸边带是沟道生物栖息地的重要组成部分，在沟道生态系统中发挥重要功能。调查时可根据沟道面积与空间差异性，选择样方或样带及典型断面开展调查，调查内容包括河岸带的土地利用、植被宽度、种类、植被覆盖度和岸坡结构等。

⑥沟道污染情况调查 沟道在缺乏有效管理的情况下，往往成为农村污水、垃圾的排放区域。沟道受污染状况调查，主要通过实地量测和访问调查等手段，查清沟道内的排污口数量、分布、排污量及垃圾堆放的数量、地点等。

(2)村庄调查

村庄是流域内人类活动最集中的地方，随着社会和经济发展，村庄生活污染成为流域的重要污染源之一。由于基础设施不完善，污染物大量累积，对流域生态环境产生很大影响。基于对污染控制措施的规划和设计需要，应对村庄生活污染状况进行调查。调查内容应包括村庄污水、生活垃圾的来源、排放量和处理方式等，调查方法包括实地访问和量测等。

同时，村庄是流域内人口和各种经济活动集中之地，是预防洪水灾害的主体对象，因此需要对村庄的防洪安全现状进行调查。调查内容包括村庄人口、房屋、农地的分布状况和防洪措施的建设标准及保存现状等，调查方法包括查阅统计资料、实地访问和量测等。

7.3.2.2 水质水量监测

(1)监测目的

小流域水质水量监测主要针对流域水环境的监测，包括地表水、地下水和污水的水质和水量。小流域水质水量的变化与水土流失和面源污染关系密切。观测小流域水质水量的动态变化，分析其现状及变化趋势，有利于摸清小流域水土流失和面源污染情况，为全面开展小流域生态建设和水源保护工作提供参考数据和资料，对生态清洁小流域水土保持效益评价和小流域水资源承载力研究都有着重要意义。

(2)监测流程

了解小流域基本情况，采取实地考察和向村民询问的方式，对小流域可能形成污染的各点源包括家畜养殖、生活污水与垃圾、民俗旅游、采矿点、施用化肥农药等进行详细调查，以定量了解这些污染源的分布地点、污染程度、污染方式、污染影响范围等内容。监测流程包括：A. 根据小流域监测点布设原则布设监测网点；B. 确定采样方法、频率、监测项目；C. 评估监测结果。

①监测网点布设原则

全流域监测原则　即监测点应分布到整个流域，充分考虑在上、中、下游，支、主沟道，流域出口布设。

多污染源监测原则　即应充分考虑受养殖污水、生活污水、旅游景点及饭店、水土流失、污染严重影响区域的上下游情况。

地表水和地下水监测原则　即应将流域水体分为地表水、地下水、塘坝(截流)水等进行监测。必要时可对水体生物进行监测。

②监测网点布设方法　监测点应在沟口和沟口以上沿程布设，在空间上覆盖流域全范围。监测点应具有典型性和代表性，可综合反映流域中自然区域和纳污区域的水质及其变化情况。监测点应涵盖多种水体，对流域自然地表水、地下水、点源排放污水、污水处理厂出水和水库(塘坝)等均应设点。对重点污染源影响区的上下游应布设监测点，以反映污染源的影响范围和程度。监测点应避开死水及回水区，应选择水流平缓无急流地段。监测点应为交通便利之处。监测点位置确定后，应用全球定位系统(GPS)定位，有条件地方设置固定标志，监测点不得任意变更。

③监测项目　物理化学指标包括流量、含沙量、水温、pH 值、溶解氧、五日生化需氧量、化学需氧量、氨氮、总氮和总磷等。生物指标包括透明度、叶绿素和浮游动物和浮游植物等项目，对水库、塘坝等加测生物指标。

④监测频率　化学指标汛期(6～9 月)每月中旬采样 1 次，大雨(日降水 25mm 以上)后加采样 1 次；非汛期于 5 月中旬和 10 月中旬各采样 1 次。生物指标一年两次，枯水期(4 月或 5 月)和丰水期(8 月或 9 月)各 1 次。

⑤监测方法　流量观测采用断面测流法或测流设施法，应符合《河流流量测验规范》(GB 50179—2015)的规定。

水质采样、监测应符合《水环境监测规范》(SL 219—2013)的规定。

如果采样点沟床上有水，采样时直接取水样；如果监测点沟床上没有水，在沟床附近适宜地点挖坑，挖到水后取样。

(3)水样处理及化验

水样取样后，应在 24h 内送检。承担水质化验的检测机构应具有相应资质。

7.3.2.3 生态清洁小流域综合评价指标体系

小流域综合评价包括总体评价、坡面评价、沟道评价和村庄评价四部分。小流域综合评价指标体系如图 7-1 所示。

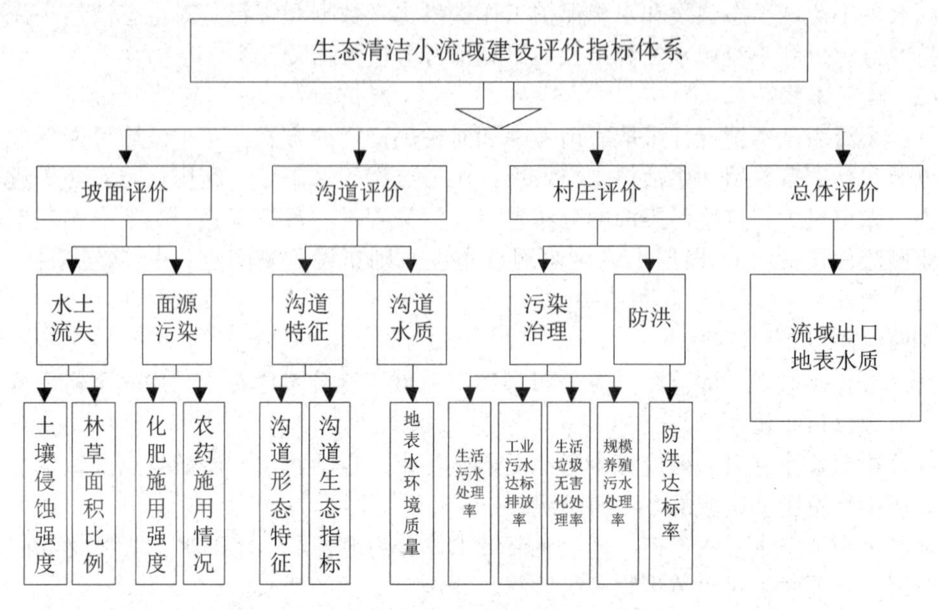

图 7-1 生态清洁小流域综合评价指标体系

1) 总体评价

①关键指标　流域出口处的地表水环境质量是小流域总体评价的关键性指标。小流域出口水质主要指标包括 pH 值、溶解氧、五日生化需氧量、化学需氧量、氨氮、总氮和总磷等。

②评价标准　应根据《地表水环境质量标准》(GB 3838—2002)进行评价。小流域出口位于饮用水源一级、二级保护区内的，其出口水质应满足地表水环境质量 E 级标准，三级水源保护区及其他区域小流域出口水质应达到 E 级标准。

2) 坡面评价

(1) 水土流失

①水土流失评价指标

土壤侵蚀强度　水土流失状况是反映流域生态环境的主要方面，土壤侵蚀强度作为衡量水土流失的主要指标，是流域综合评价和规划治理的基本依据。

林草植被覆盖率　植被覆盖情况是考察流域生物资源和生态环境的基本项目，也是水土保持规划和验收的依据之一。林草覆盖面积占宜林宜草面积的比例被广泛用于区域和流域的生态评价中，是一个具有普遍意义和操作性强的指标。

②水土流失评价标准

土壤侵蚀强度　为控制好人库泥沙量和由此带来的面源污染，在一级、二级保护区内的生态清洁小流域土壤侵蚀强度应在容许土壤流失量范围之内，即低于 200t/(km^2 · a)；三级保护区的小流域土壤侵蚀强度应控制在微度侵蚀级别范围内，低于 500t/(km^2 · a)。

林草植被覆盖率　参考《水土保持综合治理验收规范》(GB/T 15773—2008)中对造林种草面积的要求，结合生态清洁小流域的建设目标，限定在一级、二级、三级保护区内生态清洁小流域林草面积占宜林宜草面积比例应分别达到90%、80%和70%。

(2)面源污染

①面源污染评价指标

化肥施用量　化肥施用是引发面源污染的重要因素，化肥施用强度是判断是否发生污染及其程度的基本指标。

农药施用　农药是农业面源污染的重要发生因子。农药作为农业辅助手段之一，若不合理施用，不仅损害空气和土壤环境，同时也对下游水体造成影响。因此，保证流域农药施用的健康安全是生态清洁小流域的基本要求之一。

②面源污染评价标准

化肥施用量　生态清洁小流域规定在一级保护区内应禁用化肥，施肥所可能带来的氮、磷等营养污染以地表径流和泥沙为载体进人水库，这种面源污染所呈现的分散性和随机性使其难以控制，并且一级保护区内农地与水库的近距离更是增强了这种污染的危险性。为了安全预防施肥所导致的面源污染和控制水库富营养化，应对一级保护区实行禁用化肥的政策。对于二级、三级保护区，参照国家环保部印发的《生态县、生态市、生态省建设指标(修订稿)》(环发[2007]195 号)中对化肥施用强度的规定，限定其不得超过 250 kg/hm^2。

农药施用　基于规章条例和山区环境保护的要求，限定在各级保护区内的生态清洁小流域必须严格执行《农药合理使用准则》(GB/T 8321.1～10)，并在一级、二级保护区内禁施高毒、高残留的农药。

(3)沟道评价

①沟道评价指标

沟道形态特征　沟道形态多样性是流域生物群落多样性的基础，人类活动(如建设水利工程等)可能引起沟道形态的均一化及不连续性，从而降低生物群落多样性的水平，造成对河流生态系统的一种胁迫。因此，保护沟道形态多样性是流域生态系统可持续发展的保障。

生态环境　生物多样性与生物群落的连续性是沟道生态环境的重要特征。自然状态下的沟道有自然植物的覆盖，有与生态环境相适应的灌木和乔木群落，并有草本层的存在；生物群落在沟道上、中、下游多样而有序的分布，包括一些连续的水陆交错带的植被、自河口至上游的鱼类及沿沟连续分布的水禽和两栖动物等。一些不合理的人为改造工程往往会阻断沟道这种自然的连续性，从而引起对生态环境的破坏。

地表水环境质量　生态清洁小流域内，每条沟道的地表水环境质量都是十分重要的。小流域出口处的环境质量主要反映了小流域的地表水环境质量对小流域下游的影响；每一条沟道的地表水环境质量除影响出口处的环境质量外，对小流域内的供水、沟道的水生态环境和河道两岸的生态环境等均具有十分重要的影响。

②沟道评价标准

沟道形态特征　为了恢复山川秀美、拥有健康的生态环境并可切实有效地保护水源，对流域沟道自然形态特征的保护是其基础条件之一。一条沟道拥有健康的形态特征，则其平面形态、断面形态应保护自然多样性，水流速度、沟床与两岸几乎未扰动或扰动不明显，若经人为治理，则采用的应是近自然沟道治理方法。这些条件均构成沟道形态特征健康的判断标准。

生态环境评价　通过考察沟床及两岸的动植物群落是否保持了自然或近自然状态，物种的丰富程度及沟道顺水流方向和侧向的连续性，可以评价沟道是否健康。

地表水环境质量　根据国家《地表水环境质量标准》(GB 3838—2002)，沟道位于饮用水师、一级、二级保护区内的，其地表水水质应满足地表水环境质量E级标准；位于三级水源保护区级其他区域的，其地表水水质应达到E级标准。

3)村庄评价

(1)水污染治理

①水污染治理评价指标

村庄生活污水处理率　农村生活污水的排放较为分散，其处理方式应视不同地区和不同经济水平来确定，其原则应为以分散处理为主，分散处理与集中处理相结合。为控制好村庄生活污水的污染，对以下三类村户或单位要求必须采取适宜方式进行污水处理：A. 居住相对集中的自然村或行政村，常年居住人口超过100人；B. 开展民俗旅游的村庄或散户；C. 宾馆、饭店、度假村等餐饮住宿服务场所。

工业污水达标排放率　由于工业污水多集中排放，且量大、污染物浓度高，若直接排放可造成严重的环境污染。工业污水应全部处理，处理后排放应遵循《污水综合排放标准》(GB 8978—1996)的规定。工业污水达标排放率指的是达标排放的工业污水占工业污水总量的比例，该指标是考察流域水污染控制水平的重要依据。

村庄生活垃圾无害化处理率　生活垃圾是流域内人类活动产生的主要污染物之一。生活垃圾的随意丢弃和堆放可侵占土地、堵塞河道、妨碍卫生和影响景观，给人体和环境均带来有害的影响。从卫生和环境保护的角度出发，应对生活垃圾进行合理的收集、处置与资源化利用。村庄生活垃圾无害化处理率指的是经过收集并采取无害化方式处置的生活垃圾占流域内生活垃圾总量的比例，是反映农村控制污染和改善村容村貌的一个重要指标。

规模化畜禽养殖污水处理率　畜禽养殖已成为农村的重要污染源，其对流域污染负荷的贡献率不容忽视。对各级保护区内已有单位的排污必须执行《污水综合排放标准》(GB 8978—1996)中的一级标准。为控制好水源保护区内的养殖污染，采用规模化畜禽养殖污水处理率(规模化畜禽养殖经处理的污水占畜禽养殖污水产生总量的比例)来反映流域对养殖污染的治理水平。

②水污染治理评价标准

村庄生活污水处理率　采用村庄生活污水处理率来反映对农村地区生活污水的治理程度，它指村庄处理的生活污水量占应处理的生活污水总量的比例，其中应处理的生活污水量是上述三类村户和单位产生的生活污水。基于不同级别水源保护区对于水质要求的差异，同时限于目前山区环境保护的进程和经济发展水平，要求在一级、二级、三级保护区内的村庄生活污水处理率应分别达到100%、90%和80%。

工业污水达标排放率　一级保护区内禁排工业污水，二级、三级保护区内的工业污水排放应全部达标，即工业污水达标排放率均应为100%。

村庄生活垃圾无害化处理率　基于技术和经济发展水平，一级、二级、三级保护区内村庄生活垃圾处理率应分别达到90%、80%和70%。

规模化畜禽养殖污水处理率　基于相关规定，要求饮用水源一级保护区内禁养畜禽，二级、三级保护区内畜禽养殖污水处理率均应达100%。

4)防洪标准

按照我国国家标准《防洪标准》(GB 50201—2014)中的乡村防护区执行。应根据人口或耕地面积分为4个防护等级，其防护等级和防洪标准按表7-2确定。其中，人口密集、乡镇企业较发达或农作物高产的乡村防护区，其防洪标准可提高。地广人稀或淹没损失较小的乡村防护区，其防洪标准可降低。蓄、滞洪区的分洪运用标准和区内安全设施的建设标准，应根据批准的江河流域防洪规划的要求分析确定。

表7-2　乡村防护区的防护等级和防洪标准

防护等级	人口(万人)	耕地面积(万亩)	防洪标准[重现期(a)]
Ⅰ	≥150	≥300	100～50
Ⅱ	<150，≥150	<300，≥100	50～30
Ⅲ	<50，≥20	<100，≥30	30～20
Ⅳ	<20	<30	20～10

5)生态清洁小流域评价标准

根据生态清洁小流域建设的总体目标，按照小流域所处区位的不同，建立由上述指标构成的评价标准来判定小流域是否达到生态清洁的目标(表7-3)，综合判断和评价小流域生态环境现状和主要存在问题，为下一步的小流域规划与措施布局提供依据。

表7-3　生态清洁小流域评价指标表

<table>
<tr><th rowspan="2">序号</th><th rowspan="2" colspan="2">评价指标</th><th colspan="3">小流域出口所处位置</th></tr>
<tr><th>一级水源保护区</th><th>二级水源保护区</th><th>三级水源保护区及其他区域</th></tr>
<tr><td>1</td><td colspan="2">小流域出口地表水环境质量</td><td>Ⅱ级</td><td>Ⅱ级</td><td>Ⅲ级</td></tr>
<tr><td>2</td><td rowspan="4">坡面</td><td>土壤侵蚀强度②[t/(km^2·a)]</td><td>≤200</td><td>≤200</td><td>≤500</td></tr>
<tr><td>3</td><td>林草面积占宜林宜草面积比例(%)</td><td>≥90</td><td>≥80</td><td>≥70</td></tr>
<tr><td>4</td><td>化肥施用强度④(kg/hm^2)</td><td>禁用</td><td>≤250</td><td>≤250</td></tr>
<tr><td>5</td><td>农药施用⑤</td><td>禁用高毒、高残留农药，并符合《农药合理使用准则》(GB/T 8321)的规定</td><td>禁用高毒、高残留农药，并符合《农药合理使用准则》(GB/T 8321)的规定</td><td>符合《农药合理使用准则》(GB/T 8321)的规定</td></tr>
<tr><td>6</td><td>沟道</td><td>形态特征</td><td colspan="3">沟(河)道形式、宽度和深度保持自然多样性，水流速度、沟(河)道底层及两岸几乎未扰动或扰动不明显，扰动沟(河)道已按照近自然的方法进行了治理</td></tr>
</table>

（续）

<table>
<tr><td rowspan="2">序号</td><td colspan="2" rowspan="2">评价指标</td><td colspan="3">小流域出口所处位置</td></tr>
<tr><td>一级水源保护区</td><td>二级水源保护区</td><td>三级水源保护区及其他区域</td></tr>
<tr><td>7</td><td rowspan="2">沟道</td><td>生态指标</td><td colspan="3">沟(河)道及两岸动植物群落基本保持自然状态，物种丰富，并具有连续性；沿沟分布有湿地、滩地</td></tr>
<tr><td>8</td><td>地表水环境质量①</td><td>Ⅱ级</td><td>Ⅱ级</td><td>Ⅲ级</td></tr>
<tr><td>9</td><td rowspan="5">村庄</td><td>生活污水处理率⑥(%)</td><td>≥90</td><td>≥80</td><td>≥70</td></tr>
<tr><td>10</td><td>工业污水达标排放率(%)</td><td>禁止排放</td><td>100</td><td>100</td></tr>
<tr><td>11</td><td>生活垃圾无害化处理⑦(%)</td><td>≥90</td><td>≥80</td><td>≥70</td></tr>
<tr><td>12</td><td>规模养殖污水处理率(%)</td><td>禁止养殖</td><td>100</td><td>100</td></tr>
<tr><td>13</td><td>防洪达标率(%)</td><td>100</td><td>100</td><td>100</td></tr>
</table>

注：①按照《地表水环境质量标准》(GB 3838—2002)评价；②流域坡面地块平均单位面积的年土壤侵蚀量；③通过调查得到的流域林、池、草等植被覆盖面积与流域宜林宜草面积之比；④一年内单位耕地面积的化肥施用量。化肥施用按折纯量计算，折纯量是指将氮肥、磷肥、钾肥分别按氮、五氧化二磷、氧化钾量进行折算后的数量；⑤包括农地、果园等施用农药的种类、强度和方法等；⑥村庄处理生活污水量占应处理的生活污水总量的比例；⑦经过收集并采取无害化方式处理的生活垃圾量占村庄生活垃圾总量的比例。

7.3.3 分类分级

(1)生态清洁小流域应根据其所处区域功能定位，分为城郊生态清洁小流域和水源区生态清洁小流域两类。城郊生态清洁小流域是指为城市居民提供休闲，山清水秀、环境优美的小流域，很多地方在开展小流域综合治理的同时，结合建造“农家乐”等设施，吸引市民休闲度假，取得了很好的经济效益和社会效益。水源区生态清洁小流域则以保护水源、水质达标为主要目的，在一定的保护范围内，要封山育林，涵养水源。

(2)水源区生态清洁小流域可根据水源保护区的类型、范围和水质保护级别进行分级。

生态清洁小流域的等级综合反映该小流域内生态系统的运行状况，也表征该小流域的植被建设、水土流失、面源污染防治、人居环境改善等方面的情况。所以，小流域出口水清洁度是衡量清洁小流域的综合指标。

(3)水源区生态清洁小流域等级应与其所属的当地水源保护区等级相一致，按照小流域出口的水质等级和流域土壤侵蚀强度、化肥使用强度等指标判别，可分为Ⅰ、Ⅱ、Ⅲ三级。

(4)不同等级水源区生态清洁小流域各项指标见表7-4。

表7-4 水源区生态清洁小流域分级指标表

序 号	分级指标	Ⅰ	Ⅱ级	Ⅲ级
1	小流域出口水质	二类	三类	四类
2	土壤侵蚀强度	微度	轻度	轻度
3	林草面积占宜林草面积(%)	≥90	≥80	≥70

（续）

序　号	分级指标	I	Ⅱ级	Ⅲ级
4	化肥使用强度[$t/(hm^2 \cdot a)$]	禁用	≤250	≤250
5	农药使用	符合《农药合理使用准则》(GB/T 8321)规定		

根据《地表水环境质量标准》(GB 3838—2002)，水质分类说明如下：

Ⅰ类水质：水质良好。地下水只需消毒处理，地表水经简易净化处理(如过滤)、消毒后即可供生活饮用。

Ⅱ类水质：水质受轻度污染。经常规净化处理(如絮凝、沉淀、过滤、消毒等)，其水质即可供生活饮用。

Ⅲ类水质：适用于集中式生活饮用水源地二级保护区、一般鱼类保护区及游泳区。

Ⅳ类水质：适用于一般工业保护区及人体非直接接触的娱乐用水区。

Ⅴ类水质：适用于农业用水区及一般景观要求水域。超过Ⅴ类水质标准的水体基本上已无使用功能。

7.3.4　措施布局及配置

生态清洁小流域建设的目标是促进人与自然和谐相处，实现流域水土资源可持续利用、生态环境可持续维护、经济社会可持续发展。因此生态清洁小流域的规划布局要紧紧围绕保护水源的目标，结合自然环境及人类活动情况，通过各种安排布置各种措施，逐步构筑适宜小流域发展的“生态修复、生态治理、生态保护”三道防线，达到减少污染、改善环境、促进民生、保护水源的目的。通过规划的实施，初步构建小流域的水源保护、水资源优化配置、水安全保障“三大体系”使小流域河(沟)道变成生态的河、有水的河、安全的河，促进小流域人口、资源、环境的协调发展。

7.3.4.1　规划布局的原则

生态清洁小流域规划应以“生态优先，治污为本，保护水源，促进发展”为总原则，以小流域村庄(点)、沟道(线)、坡面(面)为治理对象，针对“生态修复区、生态治理区、生态保护区”内水土流失、水环境、水土资源开发利用、人类活动不同的特点，结合生态清洁小流域建设目标，因地制宜、因害设防，分区布设工程、生物、农业等各种防治措施。在实际规划编制中应遵循以下基本原则：

①应以小流域为单元，以水源保护为中心，以控制水土流失和面源污染为重点，山、水、林、田、路、村综合治理。

②应以小流域内污染总控为原则，综合治污，科学布设流域内污水、垃圾、化肥、农药等各类污染源防治措施，实现小流域出口水质达到地表水Ⅱ～Ⅲ类标准以上。

③应以预防保护与综合治理并重，各项防治措施的布局要做到因地制宜、因害设防，充分考虑减少环境负面影响。

④各项措施应与当地景观相协调，体现人水和谐和生态优先。

⑤规划要把小流域综合治理与当地农民经济发展要求结合起来，规划内容既要满足

生态环境建设要求，也要充分体现群众意愿，注重群众的参与性。

⑥应服务于山区生态涵养发展区的功能定位。

7.3.4.2 措施总体布局规划

总结近年来部分地区开展水资源保护、进行小流域综合治理的实践与经验，按分区布局、分区治理的原则，对生态清洁小流域建设措施进行布局规划。

(1)生态修复区

以减少人为活动，充分利用自然的自我设计与恢复的能力，达到“养山保水”为目的。在坡面坡度大于25°或土层厚度小于25cm的区域，宜进行封育保护，可布设封禁标牌、拦护设施等。

(2)生态治理区

以加强水利水保基础设施建设，控制点面源污染，调整产业结构，改善生产条件和人居环境为目的，主要采取布设梯田、树盘、经济林、水土保持林、水保种草、土地整治、节水灌溉、谷坊、拦砂坝、挡土墙、护坡、村庄排洪沟(渠)、村庄美化、生活垃圾处置、污水处理、田间生产道路等措施。

①坡度15°以下，土质较好、距村庄较近、交通便利的坡耕地、经济林用地或已破损的梯田和坝阶地地块，宜修筑梯田。15°以上的坡耕地不宜修筑梯田，宜改为林草用地。

②坡度为5°~15°、地形较为破碎的经济林地，可布设树盘措施。坡度小于8°的经济林地上可修筑土树盘。

③土层厚度大于30cm、坡度小于15°的退耕地及荒坡地宜营造经济林。

④土层厚度大于25cm、坡度小于25°的坡地及沟(河)道两岸、湖泊水库四周、渠道沿线宜营造水土保持林。

⑤退耕地、撂荒地、沟头、沟边、沟坡、梯田田坎、废弃地及村头空地等可选择乡土草种和耐旱草种进行绿化。

⑥废弃的开发建设用地及砂石坑地区可根据土地的利用方向进行土地整治，不应开山造地或围垦河滩造地。

⑦有灌溉条件的农地可采取节水灌溉措施。灌溉水源宜优先考虑使用集蓄雨水和再生水。

⑧土石山区的支毛沟，坡度为3°~6°、沟底下切侵蚀剧烈发展的沟段，可布设谷坊措施。

⑨流域上游存在弃渣及植被破坏严重等情形、下游为水库等水源的沟道，可布设拦砂坝。

⑩风化、碎石崩落、坍塌严重的坡脚及边域，应修建挡土墙。

⑪破坏严重、土层裸露、稳定性差的边坡，可布设植物护坡、工程护坡、综合护坡等措施。

⑫根据流域内村镇建设规划、经济发展现状和污水排放数量，合理规划布局污水处理设施。

⑬路面不平整、径流冲刷严重的田间生产道路和人行步道应进行整修。

⑭泥石流一般发生在20a一遇以上降水条件下，灾害一般为毁灭性的，治理难度大，标准高，投资大。因此，泥石流的防治应以防为主。一般小流域治理工程标准为5～10a一遇洪水，在泥石流沟内不宜布设一般小流域治理工程。此外，在沟道治理中不宜在沟道建设影响连续性的建筑物。

(3) 生态保护区

以确保河(沟)道清洁，控制侵蚀，改善水质，美化环境，维护湖库及河流健康安全为目的，主要布设防护坝、河岸(库滨)带治理、湿地恢复、沟(河)道清理4项措施。

①村庄、道路和农田河(沟)道受洪水威胁区域，可以村庄、道路和农田等作为防护对象，根据防护标准，修建护村坝、护地坝和护路坝等。

②河沟两侧及湖库周边缓冲带内，自然植被遭受人为破坏的地段宜进行河岸(库滨)带治理。

③受到破坏的湿地，可结合砂石坑治理，通过恢复改善其立地条件、栽植水生植物、投放鱼苗等恢复湿地生态系统。

④影响沟(河)道行洪安全的淤积物、违章设施、堆放物和垃圾等应进行清理。

以上措施可根据不同类型小流域特点进行选择与规划。各措施特点及要求见水利行业标准《生态清洁小流域建设技术导则》(SL 534—2013)。

7.3.4.3 措施配置

(1) 坡面治理措施配置

坡地水土流失及面源污染防治可根据坡地地块的地貌部位、坡度、土层厚度和土地利用现状等，进行各个地块适宜的土地利用分析，配置各类地块的水土流失防治措施。坡面地块的防治措施可参照表7-5进行配置。

(2) 村庄治理措施配置

①村庄污染防治措施主要有：村庄污水能够接入市政污水管集中处理时，应接入市政污水管集中处理。

规模较大(常住人口不小于100人)、居住相对集中、经济较发达的村，宜建设污水排水管网和集中污水处理设施，污水通过处理达标后排放或回用。

规模较小(常住人口小于100人)、居住分散、地形条件较复杂的村及分散的农户和旅游点等，宜采用分散处理技术，达标排放或回用。

应按照减量化、资源化和再利用的原则推行垃圾的分类收集及处置。

②防洪减灾措施主要有：分布在洪水淹没危险区的住户，应尽快搬迁。限于条件不能搬迁的住户，应根据防洪标准，采取护村坝等措施，保护住户的安全。

(3) 沟道措施配置

①生态自然、功能完好的沟(河)道，应以保护为主，不宜采取工程治理措施。

②破坏严重的沟(河)道，应从保护生态的角度进行近自然治理，并应符合以下要求：

A. 清除河道垃圾及障碍物。

B. 采取的治理措施与周围景观协调一致。

C. 沟(河)道两侧，因地制宜营造由乔灌草配置而成的植被过滤带，过滤进入河道的泥沙杂物，减少污染物对水质的影响。

D. 沟(河)道和水库水位变化的水陆交错带，因地制宜栽植水生植物，保护或恢复人工湿地。

表7-5 坡面地块的防治措施配置

立地条件			土地利用	适宜的防治措施
地貌部位	坡度(°)	土层厚度(cm)		
坡 脚	≤5	≥30	农地	等高耕作、水平梯田
		≥30	经济林地	水平梯田
		≥25	林地	林地保护
		<25	荒地	土地整治、水土保持林草
坡 下	5~8	≥30	农地	等高耕作、梯田
		≥30	经济林、果园	梯田
		≥25	乔、灌、草地	林地保护、近自然造林
		<25	乔、灌、草地	封育
坡 中	8~15	≥30	经济林	梯田、大水平条田、树盘
		≥25	乔、灌、草地	林地保护、近自然造林
		<25	乔、灌、草地	封育
坡 上	15~25	<25	散生果树地	树盘
		≥25	乔、灌、草地	现有林草地的保护，近自然造林
		<25	乔、灌、草地	封育

7.3.5 主要治理措施

生态清洁小流域治理措施主要包括21项，其中，生态修复区主要措施1项，即进行封育保护；生态治理区主要措施16项，即梯田、树盘、经济林、水土保持林、水土保持种草、土地整治、节水灌溉、谷坊、拦砂坝、挡土墙、护坡、村庄排洪沟(渠)、村庄美化、生活垃圾处置、污水处理、田间生产道路；生态保护区主要措施4项，即防护坝、河岸(库滨)带治理、湿地恢复和沟(河)道清理整治。其中，梯田、水土保持造林和种草、谷坊、拦砂坝和挡土墙、护坡工程、河岸(库滨)带建设、节水灌溉、沟(河)道清理整治等治理措施设计详见本书第4章、第5章和第6章的主要内容。

7.3.5.1 湿地恢复与重建

湿地恢复与重建应在不影响行洪安全前提下进行，应注重河流生态系统建设，将景观生态学、河床演变学原理应用到受损湿地生态修复工程中，通过生态设计与调控，对现状破损、单调、不连续的生境进行改造，与周边景观相融合；同时提供一定亲水空间，促进湿地的持续发展。实际工作中，湿地恢复与重建应考虑结合砂石坑治理，恢复河滩湿地；植物选择应以乡土种为主，河道主河床不宜栽植水生植物。

河床整治及湿地微地形重建：以现状河道地形为基础，结合河床整治，重构河道微地形，展现多样自然形态。天然河床在水流的长期冲刷下，在横、纵、垂三维空间上形成其特有的深槽、浅滩、江心洲、水湾等多种形态。根据河床演变规律，结合现状河道地形，融合景观效果，对河道进行微地形改造，在宽阔水域设置江心洲，在深槽、水坑内设置多孔隙石岛，以利于水生动物的栖息、繁衍；同时根据水位条件、水生植物适水深度构建以水面为主的深水区和适于沉水植物生长的浅水区，以及适于挺水植物生长的滨水区。通过河床上中下游、表中底、点线面立体空间的全面塑造，重新展现工程区自然河床的形态多样性。特别强调的是，现状河道中心水面、小岛、植物已经形成相对稳定的结构形态，景观优美，应充分保留。

河道湿地植被恢复：在生态修复工程规划设计中，设计在不同水深处，种植适宜的水生植物，以本土植物为主，适当引种本地区其他植物，达到生物多样，并兼顾景观效果。设计在保留现状芦苇、香蒲、富蒲等水生植物基础上，注重生物群落发展稳定，提高系统生物多样性，增加千屈菜、鸢尾、水葱、芦竹、睡莲、荷花、雨九花等水生、湿生植物种植形成种群多样、不同植物形成各自优势群落、具一定规模的河滩湿生植物群，丰富河道湿地内涵及水生动物栖息环境。

在河道常水位以上河滩地，适当保留现状景观效果较好的卵石滩地，其余滩地在现状植被条件下，适当播撒含草种、野花的当地表土，促进植被恢复。

7.3.5.2 农村生活垃圾处置

生活垃圾是流域内人类活动产生的主要污染物之一。生活垃圾的随意丢弃和堆放可侵占土地、堵塞河道、妨碍卫生和影响景观，给人体和环境均带来有害的影响。从卫生和环境保护的角度出发，应对生活垃圾进行合理的收集、处置与资源化利用。

农村垃圾处置遵循的基本原则是减量化、无害化、资源化。农村生活垃圾按废品、危险品、包装物、有机垃圾、渣土垃圾等类别进行分类收集；根据村镇距离城镇集中式垃圾处理场的远近、人口分布、自然地理条件和村镇的经济发展水平等特征，灵活运用集中与分散相结合的垃圾管理模式。对农户布局分散的村庄，以就地为主，采取“村管理，户处置”的防治对策；废渣土宜就地填埋或硬化路面，可利用的有机废物宜就地堆肥处置；鼓励村或乡、镇对废渣土和可农用的有机废物自行处理处置。农户分布相对集中，距离县(或乡、镇)集中处理处置设施较近的村庄，可采取“村收集、乡(或村)运输、县(或乡、镇)集中处理”的处置方式；尤其是包装类等垃圾，应实行“村收集转运、乡处置”的废物集中处理方式。集中处理处置时必须考虑垃圾转运的经济性。有毒有害废物(危险废物)采取村、乡(镇)、县统一收集，由县统一处理的处置方式。

生态清洁小流域建设中，生活垃圾处理实行区域责任制，根据流域所在地区生活垃圾收集、运输和处理工艺路线，结合当地生活垃圾成分、现有设施设备状况、经济条件和垃圾转运站、处理厂(场)工艺，合理确定垃圾收集运输方式。依据垃圾收集运输方式配置垃圾收集点容器，并根据需要确定建设村级垃圾收集站。

适用性：适用于垃圾任意堆放、无垃圾收集及处置装置或收集装置较少的居民点及村庄。

技术要点：垃圾收集点的建设应符合下列规定。

①应设置在便于居民投放和垃圾车收集清运的公共用地及道路两侧，与周边建筑物间隔原则上不少于5m，服务半径不宜超过70m。

②收集容器应按服务人口、产生垃圾最大月日均产生量及方便使用、满足密闭化和分类要求的原则配置。

村级垃圾收集站的建设应符合下列规定：

①应满足当地环境卫生管理部门确定的垃圾收集运输方式，符合地区环境卫生基础设施建设总体规划要求。

②收集站的设置应满足垃圾收集车、垃圾运输车的通行，方便、安全作业和密闭化的要求；服务半径不宜超过0.8km，规模应根据服务人口产生垃圾最大月日均产生量确定。

7.3.5.3　农村污水处理

(1)农村污水的特点

①规模小且分散　农村一般人口较少，居住分散，受自来水普及率和工农业发展结构与水平的影响，远离城区和新城的村庄的污水量大部分集中在$50m^3/d$以内，即使部分经济条件好的村庄和城乡结合部村庄污水量也在$200m^3/d$以内。与城市和小城镇相比，农村不仅居住密度小，而且户与户之间居住较分散，村与村间距也相对较远。

②水量、水质变化大　总体上从农村地区来看，山区农村排污口较多，污水排放量较大，但一般山区尤其是水源保护地污水量较小。

水量变化每天的不同时段排放比较集中，特别是早、中、晚集中做饭时间，污水量达到高峰，约为其他时段污水排放量的2～3倍；而夜间排水量很小，甚至可能断流。另外，有些农村排水系统很不完善，更没有经过合理规划，雨污混排，受雨季影响，水量变化大。一般情况下，日变化系数和时变化系数均呈现：城乡结合部＜平原区村庄＜山区村庄。

农村生活污水的来源主要是厨房、洗澡、冲厕和洗涤用水。由于各村经济结构、生活水平等不同，水质存在地区差异，由于农村没有完善的排水系统，渗漏严重，农村生活污水的化学需氧量、五日生化需氧量普遍高于城镇生活污水。

③缺乏完善的排水系统　农村居住地分散，占地面积大，农村排水系统没有经过合理科学的规划，雨污混排，缺乏有针对性的治理技术及工程设计参数。

④缺乏工艺设计参数　农村污水处理的规模比较小，进行污水处理工程设计时如果沿用或照搬城市和小城镇污水处理工艺的设计参数，势必造成工程投资和运行费用过高，其结果是建不起也用不起。可见，缺乏有针对性的治理技术及工程设计参数制约了农村污水治理工作的开展。

⑤运行管理水平低　污水处理工程是一个由不同功能单元组成的系统，运行管理者需要一定的水力学、环境工程微生物学和机械设备等专业知识背景。目前我国农村污水处理站主要由村民管理，维护管理技术人员及运行管理经验均严重缺乏。

⑥资金短缺　农村供排水设施建设与运营缺乏可靠的资金来源，是阻碍农村水污染

治理的一大难题。实践证明，工艺再简单、操作管理再简便的污水处理站，也需要动力消耗，需要一定的运行管护经费和定期大修资金。以一个处理规模为200m^3/d的污水处理站为例，采用常规工艺，日常运行费用以0.5元/m^3计，则运行费用为3.60万元/a，对农村是一个沉重的负担。

(2)农村污水处理模式

农村污水治理包括分散处理、集中处理、接入市政管网3种模式。

①分散处理模式　包括分散改厕和分散处理两种。分散改厕指改造旱厕为生态厕所或三格化粪池厕所，平时无外排，定期清理，直接供农田使用，实现粪污无害化与资源化。分散处理主要是分区收集农村生活污水，每个区域污水单独处理，可采用小型污水处理设备处理、自然处理等工艺形式。适用于规模小、布局分散、地形条件复杂、污水不易集中收集的村庄污水处理。

②集中处理模式　将农村生活污水通过污水管网收集后集中处理，可采用自然处理、常规生物处理等工艺形式。本模式具有占地面积小、抗冲击能力强、运行安全可靠、出水水质好等特点。适用于规模大、经济条件好、村镇企业或旅游业发达、处于水源保护区内的单村或联村污水处理。

③接入市政管网模式　将农村生活污水通过污水管线收集后输送至附近市政污水管网就近接入市政污水处理厂进行集中处理。本模式具有投资省、施工周期短，见效快，管理方便等特点。适用于距离卫星城、建制镇的市政污水管网较近、符合高程接入要求的农村污水处理。

对于经济条件相对较差、出水排放标准要求不高、场地开阔、可用面积大的农村地区，可考虑人工湿地工艺的应用；而对于出水排放标准要求相对较高、可用面积大的地区，可考虑采用土地渗滤、A/O土地渗滤系统；若占地资源紧张、进水污染物浓度较低、地势存在较大落差的山区，可考虑采用低能耗厌氧处理技术。

对于经济条件良好的农村地区，当进水污染物浓度较低时，厌氧生物滤池、A/O土地渗滤组合工艺、生物接触氧化、MBR等技术都可满足出水水质标准，选用某项处理工艺时应重点考虑经济效益、占地面积等其他条件。值得注意的是，当处理污染物浓度较高的农村生活污水时，单独采用人工湿地很难使处理出水水质达标。

借鉴国外村镇生活污水处理工艺的选择经验，农村地区应优先考虑人工湿地/土地渗滤等自然生物处理技术和投资运行费用较低的厌氧生物处理技术，甚至可进行以上述技术体系为主的微型或小型家庭生活污水处理设备的开发和研制；而对位于水源保护区内、经济状况较好、排水水质标准较高的村镇地区，可考虑采用MBR工艺及一些高效组合工艺。

7.3.5.4 其他措施

生态清洁小流域建设的许多措施突出了特点和水源保护与生态治理的目标取向，而与传统的水土保持措施要求不同。

(1)封禁标牌

①适用性　坡面坡度大于药。或土层厚度小于25cm的地块，宜设置封禁标牌进行

封禁治理。

②技术要点

A. 宜在封禁区域的出入口、路旁等人类活动比较频繁的位置。

B. 封禁标牌应明确封禁范围、封禁管理规定或管护公约等。

C. 每个封禁区域应至少设置封禁标牌一处。封禁标牌的形状、规格与材料应与当地景观相协调。

(2)护栏

①适用性　封禁治理区内林草破坏严重，植被状况较差，恢复比较困难的区域应设置护栏、围网等拦护设施。塘坝、水池、污水处理设施等周围，可根据实际情况，设立拦护设施。

②技术要点　拦护设施高度宜为1.0~1.5m，形状、材料等应与当地景观协调一致。

(3)树盘

①适用性　坡度为5°~15°、地形较为破碎的经济林果园地块宜修建树盘。

②技术要点

A. 防御暴雨标准宜采用10a一遇3~6 h最大降雨。

B. 石材较为丰富的地区，宜采用干砌石树盘，一般为半圆形，半径为0.5~1.0m。

C. 在坡度小于80°的经济林地上宜修筑土树盘，树盘半径宜为0.5~1.25m。

(4)土地整治

①适用性　应对废弃的开发建设用地及砂石坑进行土地整治，不应开山造地或围垦河滩造地。

②技术要点

A. 根据周边土地利用方向，确定整治措施。

B. 宜结合雨洪利用进行土地整治。

C. 经过整治的土地，宜根据用途完善配套措施。

(5)村庄排洪沟(渠)

①适用性　适用于村庄和工矿企业的洪水排放。

②技术要点

A. 应符合村镇整体规划的要求。

B. 宜采用明渠形式，断面尺寸根据相关公式计算确定。

C. 应与自然沟系相连接。有条件的地方，应与村庄附近的坑、塘等连接，进行雨洪利用。

D. 宜采取生态岸坡形式。

(6)村庄美化

①适用性　适合用于村庄环境脏、乱、差，对水源保护有直接影响的村庄。

②技术要点

A. 村镇道路两侧、场院等地的“五堆”(柴、土、粪、垃圾、建筑弃渣)应进行清理整治。

B. 村庄美化应包括废弃物清理、植树、种草、铺设步道等措施。

C. 植物种应以乡土种为主，人工营造景观应与周围环境协调一致，村庄美化宜与村庄排水、农路、土地整治、水土保持林等措施。

(7) 农路

①适用性 路面不平整、径流冲刷严重的田间生产道路和人行小道。

②技术要点

A. 田间生产道路宽不宜超过3m，坡度不宜超过8°。地面坡度超过8°的地方，道路应随山就势，盘绕而上。宜采用土质、渣石或砂砾石路面。

B. 小型村庄道路宽不宜超过2m，可为土道、铺石路或石板路等。铺石路或石板路的石块应互相咬合，路面平整。

C. 路面两侧宜布置排水沟并进行植被绿化。

(8) 防护坝

①适用性 受河(沟)道洪水威胁的村庄、道路和农田，应根据防护标准，修建护村坝、护地坝和护路坝等。护村坝和护路坝主要修建在容易遭受洪水危害的地方；护地坝主要修建在农田地坎边坡不稳定的地方。

②技术要点

A. 护村坝防护标准宜为10a一遇洪水。

B. 防护坝应与周边景观相协调。

7.3.6 关键技术

生态清洁小流域建设是在新时期、新形势下开展的一项改善生态环境、保护水源的工作，是传统小流域综合治理的创新模式。在生态清洁小流域建设的实践中，流域内污水垃圾治理、水土流失与面源污染控制、村庄环境与水生态环境改善、流域科学管理等方面的新问题、新矛盾不断出现。生态清洁小流域建设过程中，以山区小流域划分、小流域水环境承载能力、土壤侵蚀调查、农村污水处理技术、库滨带生态防护技术等尤其关键和重要。

7.3.6.1 山区小流域划分

(1) 技术方法

利用地理信息系统软件，如ArcGIS软件等，将1∶10 000等高线图、高程点图制作成DEM图，在DEM图上分析提取闭合的微小流域，微小流域大小约为0.1km^2在微小流域的基础上，结合水土保持专业知识及小流域现状，人工对微小流域进行合并，划分成便于管理的小流域。

(2) 划分原则

①保留已治理并通过鉴定验收的小流域。

②小流域划分尽量根据封闭的原则进行划分。

③小流域的大小一般为10～30km^2左右。

④小流域划分遵循不跨县，尽量不跨乡的原则。

⑤小流域划分结合实际，进行有效验证、核查。

(3)所需软硬件及数据

①底图　1∶10 000等高线电子地形图及高程点图、1∶25 000河系图、区县行政图，同时参照各区县已有的小流域图纸、1∶50 000地形图等资料。

②软件　ArcGIS、MapGIS等地理信息系统软件。

③工作设备及环境　设备有工作站、高档微机、绘图仪，以及为划分工作临时组建的局域网。

(4)划分方法

①地形图制成DEM图。利用地理信息系统软件，赋予计算机指令，并且结合一定的参数，计算机自动将等高线及高程点制作成DEM图。

②在DEM图上计算机自动生成0.1km^2微小流域图。

③根据治理及管理的需要将微小流域合并成小流域。

7.3.6.2　土壤侵蚀调查方法

土壤侵蚀监测可采取遥感与地面监测相结合的方法，通过遥感监测的方法，利用小卫星影像数据，对影响土壤侵蚀的主要因子进行监测，并利用水土保持地面观测站的监测信息，参考水利部发布的行业标准《土壤侵蚀分类分级标准》(SL 190—2007)，同时结合地面观测站的监测信息，全面地了解土壤侵蚀发生状况，可以采用土地利用、植被覆盖、坡度3个因子，对土壤侵蚀情况进行遥感调查。通过遥感解译知识库的建立，土壤侵蚀遥感调查，土地利用遥感监测，坡度信息的提取选用地形图，利用等高线制作数字高程模型(DEM)，并应用SLOPE空间分析模块提取坡度信息，按照土壤侵蚀强度分级表中的坡度级别，对坡度数据进行分级，获取相应的信息。同时为确保遥感对土地利用和植被覆盖监测的准确性，通过外业调查对遥感提取的结果进行验证，并在此基础上修订土地利用数据，并完善植被覆盖遥感监测模型。利用以上遥感监测和地面调查相结合的手段，对土壤侵蚀状况进行调查，得到土壤侵蚀分级图。

7.3.6.3　小流域水环境承载能力

水环境承载力是指在某一时期，某种状态或条件下，某地区的水环境所能承受的人类活动作用的阈值。水环境承载力是以水环境容量为基础，用经济社会的尺度来表征水环境与人类经济活动的关系，它侧重于对发展的支撑能力。小流域水环境承载力分析计算方法可通过在大量野外调查、监测的基础上，综合采用数学模型、原型观测及现场采样等多种技术手段，建立主要污染源(常住人口、旅游人次及渔场规模)与排污负荷量关系，同时利用流域水文、水动力及水质综合模型，计算得到水功能区水质达标的流域水体纳污能力。

(1)技术方案

通过对流域概况、开发利用现状、现场调研、调查与试验，在确保满足地表水功能区要求的基础上，合理确定该流域水质保护目标，分析该流域常住人口、旅游人次及渔场规模与排污负荷量关系，建立流域水文、水动力及水质模型，计算流域水体纳污能力，推求满足河流水质目标要求的适宜承载的外来旅游人口规模。其实现方式是以流域水域纳污能力为约束条件，考虑不同污染源控制方案条件下的流域水环境承载能力与规模，并分析在满足流域水质保护目标条件下的流域适宜承载度及其关键制约因子。可通过主要污染源(常住人口、旅游人次及渔场规模)与排污负荷量关系确定、流域水体纳污能力计算、流域水体纳污能力约束下的多情景人口承载规模确定。

(2)技术实现

①确定污染源调查及污染负荷产生量与入河(沟道)量关系　通过水质控制指标，针对流域内的主要污染源，如：可能存在的渔场、旅游餐饮企业和村庄等，选取典型对象，在其污染入河(沟道)的上下游分别布设监测点，同步测量河道水量、水质。通过人口规模，估算污染负荷产生量。将调查数据与监测数据相结合，得出人口规模与排污负荷量关系或与入河污染负荷关系。

②确定污染源负荷与流域出口水质之间的响应关系　在确定水质目标(出口断面水质或/及小流域内饮用水源地水质目标)的情况下，通过流域水文、物质循环模型及河流水力学水环境数值模型的构建与率定，进行多情景分析，量化典型小流域污染负荷与出口断面水质关系，并以出口断面水质为约束，逆推确定小流域最大容许纳污量。

③分析水环境承载能力　通过模型反推的流域最大容许纳污量，基于人口规模与排污负荷量关系或与入河污染负荷关系，并结合可能存在的污染源的空间布局，提出在水质目标约束条件下的流域最大人口承载规模。

7.3.6.4　农村污水处理技术

农村污水现状调查评价：针对农村地区不同的生活方式、经济水平、农村污水排放特点及排放规律。

(1)研究方法

①现状调研　包括村庄基本情况、污水排放、收集、处理情况，统计全村用水量等，并监测全村的污水排放量。

②典型村调查　统计各时段的用水量、监测各时段的污水排水量。

③典型户调查　选择具有代表性的家庭，进行家庭日用水量、污水排放量(分时段监测)的统计，包括污水的种类(厨余污水、洗浴污水、冲厕污水等)及水量。

④现有处理设施调查　选择典型的并已运行正常的污水处理工艺，分别对其进水口水量、出水口水量、水质进行监测，监测指标包括 pH 值、悬浮物、化学需氧量、五日生化需氧量、总磷、总氮、大肠菌群等。

(2)典型村庄和典型户的选择原则

①从调查面上，尽量覆盖全部范围，考虑经济水平不同的地区。

②从调查点上，按照地理位置调查城乡结合部、平原和山区农村。

③注意村庄人口规模，尽量在选择中包含不同规模的典型点。

④在不同村庄中要兼顾不同经济水平的农户，排水设施完善程度不同的农户、不同生活习惯等情况。

典型村庄和典型户的选择，从区县分布看，包括城中心区周边、近郊区和远郊区；从村庄类型看，有城乡结合部、平原、山区、半山区村庄，以及有民俗旅游的村庄。

(3)农村污水排放和治理现状

通过对村庄污水排放量、排放方式进行了调查，对污水处理设施建设和运行情况进行了实地考察，并跟踪监测，摸清了农村污水排放、污水处理设施、处理设施运行现状和治理现状。对农村污水综合治理规划进行长期监测研究，根据课题研究成果，综合农村污水治理工程建设需要和运行管理经验，兼顾城乡统筹、集约发展的思路，制订了近期与远期发展关系，科学划定了农村污水治理单元，合理布设了污水处理设施，规划了农村污水处理工程、方案和任务。

农村污水处理具有“点多、面广、量小、分散”等特点，存在缺乏市政管网配套设施、管理水平低、建站和运行资金短缺等实际问题。广大农村由于其社会组织结构、经济发展状况和生活水平及生活习惯等方面与城镇相比有较大的差异，决定了农村污水处理与城镇生活污水处理相比，不仅在水质、水量及建设规模上有所不同，而且在污水处理技术选择、工程建设与投资、运行管理的模式等方面也有较大的区别，所以不能沿用和照搬城市和中小城镇污水处理工程建设的模式和思路，以免因工程投资和运行费用高、管理复杂，造成“建不起、用不起、管不好”的不良后果，必须结合其特点和规律，研发相应的实用性技术。

7.3.6.5 监测与评价

生态清洁小流域监测除常规的水土流失监测外，还包括污染源监测、水质水量监测和治理效果监测等。

(1)污染源监测

包括对治理前后应对小流域污染源的种类、数量进行调查监测；对经过治理的污染源，还应进行污染负荷削减量调查。

(2)水质水量监测

一般在治理前一年、治理中及治理完成后第一年，应对小流域出口水质水量实施监测。有条件的小流域可在出口建设卡口站实施监测。主要监测小流域径流、泥沙和水质等变化情况。

(3)治理效果监测

一般在治理后2a内，应对生态清洁小流域建设效益实施监测。监测内容应包括水土保持效益(蓄水保土效益)、经济效益、社会效益、生态效益和综合减污效益等，计算方法应符合《水土保持综合治理 效益计算方法》(GB/T 15774—2008)规定。

(4)指标体系

生态清洁小流域评价指标应根据不同类型区的建设目标和重点确定。判定指标体系可以分为生态清洁小流域综合评价指标体系、分区指标体系和单项措施指标体系3个层次。

(5)综合评价指标

综合评价应从水土流失综合治理、面源污染防治、村庄人居环境整治、小流域出口水质等方面进行评价。指标可选择水土流失综合治理程度，林草保存面积占宜林宜草面积比，土壤侵蚀强度，生活污水处理率，工业废水达标排放率，养殖污水处理率，生活垃圾无公害处理率，流域出口水质等。

(6)分区评价指标

①生态自然修复区　林草覆盖率，坡耕地面积率，封禁面积率，土壤侵蚀量，载畜量等。

②综合治理区评价指标　水质污染指标如总磷，总氮，氨氮，溶解氧，化学需氧量，总大肠菌群；面源污染指标包括耕地、果园施肥量(氮肥、磷肥)、农药施用残留量、径流量、土壤侵蚀量、农用薄膜回收率；垃圾、污水指标包括垃圾回收率、污水处理率以及节水灌溉率等。

③沟(河)道及湖库周边整治区评价指标　包括沟道的水文水质状况，断面形态、河(沟)道连续性，岸坡、土壤、植被状况等。

(7)评价方法

可采用定性分析和定量分析相结合的方法。生态清洁小流域综合判定时可以选择一些主要指标进行判定，如流域出口水质、输沙量、流域植被状况、河道整治状况等。定性分析法是以评价的目的和所选择的技术、经济、环境、社会评价指标为依据，进行对比分析评价。定量分析法有综合评分法、模糊综合评价法、层次分析法、价值系数评价等。

7.3.7 建设基本指标参考标准及管理

7.3.7.1 参考标准

根据《生态清洁小流域建设技术导则》(SL 534—2013)，水利部提出了不同等级水源区生态清洁小流域的三级分级指标，见表7-6。同时，提出了我国生态清洁小流域建设的推荐标准，见表7-7。

表7-6 生态清洁型小流域分级指标表

序号	分级指标	Ⅰ级	Ⅱ级	Ⅲ级
1	小流域出口水质	二类	三类	四类
2	土壤侵蚀强度	微度	轻度	轻度
3	林草面积占宜林草面积(%)	≥90	≥80	≥70
4	化肥使用强度[t/(hm^2·a)]	禁用	≤250	≤250
5	农药使用	符合《农药合理使用准则》(GB/T 8321)规定		

表7-7 生态清洁型小流域建设标准

序号	指标	标准
1	土壤侵蚀强度[t/(km^2·a)]	≤2500
2	水土流失综合治理程度(%)	≥70
3	林草面积占宜林宜草面积(%)	≥70
4	年均化肥施用量(kg/hm^2)	≤250
5	生活污水处理率(%)	>80
6	工业废水达标排放率(%)	100

（续）

序号	指标	标准
7	农药种类和用量	符合《农药合理使用准则》(GB/T 8321)规定
8	小流域出口水质	所处水源保护地等级标准
9	生活垃圾无公害化处理率(%)	>80
10	养殖污水处理率(%)	100

7.3.7.2 管理

生态清洁小流域管理是指在清洁小流域建设完成后，如何进行日常的管理，需要明确一系列责、权、利的问题，以充分保护生态清洁小流域建设的成果。

(1)组织管理

因为生态清洁小流域建设工作是一个涉及多部门的工作，单由水利系统的水土保持部门来完成是非常困难的。因此需要建立一个规范合理的组织机构和形式，便于各部门之间相互协调，取长补短，有利于管理的顺利实施。流域管理涉及范围广、内容多，要有许多部门的技术人员参加以及流域内的农民参加，建立一种参与式的组织管理形式。生态清洁小流域内各项防护工程管理应按“谁受益、谁管理”的原则，明确管理责任；单位和个人应签订管护协议，明确责任主体、管护标准、管护内容，落实管护责任。

(2)运行技术管理

技术管理的内容主要包括在生态清洁小流域建设完成后，各项措施的维护、保养，日常运行等方面的技术管理，如污水处理设备、垃圾处理及水保工程的日常管理运行中的技术问题等。

①污水处理　应保证污水处理设施及其相关配套设施完好，设备正常运行，出水水质达到排放标准。污水处理工程应在显著位置悬挂公示牌，并标明：污水处理工艺、处理能力、服务对象、出水水质、管理责任人等。应建立工程运行日志，记录污水处理设备运行情况。应做好日常维护管理，出现故障应及时报相关部门维修。

②生活垃圾处置　建立运行管理机制，明确收集、运输和处理方式。保持河道清洁、街道干净整洁，村庄周边无乱堆乱放、无渣土、粪堆、无卫生死角，主街道两侧应植树绿化，无杂草。做好日常维护，对垃圾处置设施定期进行检查维护，保证正常使用。

③沟(河)道管理　应保护沟，沟道的自然水文形态、水利设施、河岸(库滨)带人工和天然植被，沟道不受人为破坏。建立日常巡视制度，发现水工设施损坏应及时报主管部门维修，及时制止破坏水利、水土保持设施、非法侵占河道、盗采沙石、向河(沟)道、小溪排污与倾倒垃圾等行为。

我国的生态清洁小流域建设一般适用于经济发达地区、城镇周边和水源保护区，符合我国生态文明建设的要求，也是我国未来小流域综合治理的一个发展方向。

本章小结

本章在生态清洁小流域概念、小流域建设基本理论和特点的基础上系统地介绍了生态清洁小流域建设技术。包括：生态清洁小流域建设的基本原则、小流域调查方法、分类分级、措施布局及配置、主要治理措施、关键技术体系及管理。从当前的发展来看，我国的生态清洁小流域建设一般适用于经济发达地区、城镇周边和水源保护区，符合我国生态文明建设的要求，也是我国未来小流域综合治理的一个发展方向。目前我国的生态清洁小流域建设仍然处于一个试点阶段，其建设内容、标准体系等有待于进一步的深化和研究。

思考题

1. 生态清洁小流域的概念是什么？
2. 生态清洁小流域建设与传统小流域综合治理有什么区别？
3. 生态清洁小流域建设的特点是什么？
4. 生态清洁小流域建设中体现的主要措施是什么？其中，有哪些关键技术要点？
5. 生态清洁小流域治理时，进行流域调查需要关注哪些方面？
6. 生态清洁小流域如何实施管理？

本章推荐阅读书目

1. 中华人民共和国水利部 . 2013. 生态清洁小流域建设技术导则(SL 534—2013)[S]. 北京：中国水利水电出版社 .

2. 北京市质量技术监督局 . 2008. 生态清洁小流域技术规范(DB111T 548—2008)[S]. 北京：中国水利水电出版社 .

3. 毕小刚 . 2011. 生态清洁小流域理论与实践[M]. 北京：中国水利水电出版社 .

4. 余新晓，等 . 2015. 水土保持学前沿[M]. 北京：中国林业出版社 .

参考文献

中华人民共和国水利部 . 2013. 生态清洁小流域建设技术导则 SL 534—2013[S]. 北京：中国水利水电出版社 .

毕小刚 . 2011. 生态清洁小流域理论与实践[M]. 北京：中国水利水电出版社 .

余新晓，等 . 2015. 水土保持学前沿[M]. 北京：中国林业出版社 .

水利部，中国科学院，中国工程院 . 2010. 中国水土流失防治与生态安全(总卷上)[M]. 北京：科学出版社 .

北京市水土保持工作总站，中国水利水电科学研究院水环境所 . 2008. 北台上雁栖河小流域水环境承载力研究[R].

北京市水土保持工作总站，等 . 2010. 新农村污水综合治理示范工程技术报告[R].

北京市水土保持工作总站 . 2004. 构筑水土保持三道防线建设生态清洁型小流域[J]. 北京水利(4)：49－51.

毕小刚，杨进怀，李永贵，等 . 2005. 北京市建设生态清洁型小流域的思路与实践[J]. 中国水土保持(1)：18－20.

毕小刚 . 2009. 以创新为动力开创生态清洁小流域建设新局面[J]. 北京水务(Z2)：3－5.

程静 . 2009. 建设生态清洁流域促进首都生态文明[J]. 北京水务 (Z2)：1－2.

段淑怀，路炳军，王晓燕 . 2007. 浅谈北京市山区水土流失与非点源污染[J]. 中国水土保持(9)：10

–11.
段淑怀 . 2009. 生态清洁小流域建设技术体系研究[J]. 北京水务(Z2)：14 – 16.
关君蔚 . 1996. 水土保持原理[M]. 北京：中国林业出版社 .
李其军，刘培斌 . 2009. 官厅水库流域水生态环境综合治理关键技术研究与示范[M]. 北京：中国水利水电出版社 .
李世荣，段淑怀，刘大根 . 2007. 北京市小流域水质水量监测现状与建议[J]. 中国水土保持(9)：17 – 18.
刘大根，段淑怀，李永贵，等 . 2008. 北京《生态清洁小流域技术规范》的编制[J]. 中国水土保持(7)：24 – 26.
刘大根，姚羽中，李世荣 . 2008. 北京市生态清洁小流域建设与管理[J]. 中国水土保持(8)：15 – 17.
刘大根 . 2008. 对推进生态清洁小流域建设的几点认识[J]. 北京水务(5)：55 – 56.
刘震 . 2007. 适应经济社会发展要求积极推进生态清洁型小流域建设[J]. 中国水土保持(11)：7 – 9.
孙立达，孙保平，齐实 . 1992. 小流域综合治理理论与实践[M]. 北京：中国科学技术出版社 .
王礼先，朱金兆 . 2005. 水土保持学[M]. 北京：中国林业出版社 .
王礼先 . 1999. 流域管理学[M]. 北京：中国林业出版社 .
王守中，张统 . 2000. 我国农村水污染特征及防治对策[J]. 中国给水排水 (18)：1 – 4.
王晓燕，王响，蔡新广，等 . 2002. 北京密云水库流域非点源污染现状研究[J]. 环境科学与技术，25(4)：1 – 4.
吴敬东，梁延丽 . 2007. 生态清洁小流域水生态环境监测指标体系初探[J]. 中国水土保持 (9)：8 – 9.
杨进怀，吴敬东，祁生林，等 . 2007. 北京市生态清洁小流域建设技术措施研究[J]. 中国水土保持科学(8)：18 – 21.
杨坤 . 2008. 北京市村镇污水处理设施运行管护现状及对策[J]. 北京水务 (5)：46 – 48.
张寿全 . 2007. 总结经验不断创新扎实推进生态清洁小流域建设[J]. 中国水土保持 (9)：2 – 4.
朱铭捷 . 2007. 北京市生态清洁小流域建设中的污水治理[J]. 中国水土保持 (9)：26 – 28.

第8章 沙化土地与石漠化土地防治

沙化土地是风蚀荒漠化的主要结果，主要出现在我国西北气候干旱、半干旱区及亚湿润干旱区，其外营力是风；而石漠化土地的外营力是水，主要发生在我国西南气候湿润的喀斯特地貌(由碳酸盐类岩石发育而成)分布地区，是脆弱环境遭到破坏而产生的严重程度的水土流失形式。沙化土地在中国荒漠化土地面积中占的比例最大，据国家林业局全国荒漠化监测报告，截至2014年全国沙化土地总面积为$172.12 \times 10^4 km^2$，占国土总面积的17.93%，占荒漠化土地总面积的65.91%，分布在除上海市、台湾省及香港和澳门特别行政区外的30个省(自治区、直辖市)的920个县(市、区、旗)。我国石漠化主要发生在以云贵高原为中心，北起秦岭山脉南麓，南至广西盆地，西至横断山脉，东抵罗霄山脉西侧的岩溶地区。涉及贵州、云南、广西、湖南、湖北、重庆、四川和广东等省(自治区、直辖市)463个县(市、区、旗)，截至2011年，石漠化面积$107.10 \times 10^4 km^2$，占国土总面积的11.16%。土地的沙化和石漠化使当地的自然环境与社会经济活动之间处于严重不协调状态，对当地经济发展、社会进步和人民生存造成了严重的影响。

8.1 概述

8.1.1 荒漠化概念

8.1.1.1 荒漠化

根据《联合国关于在发生严重干旱和/或荒漠化的国家特别是在非洲防治荒漠化的公约》中关于“荒漠化”的界定，荒漠化是指包括气候变异和人类活动在内的种种因素造成的干旱、半干旱和干燥的亚湿润地区的土地退化。荒漠化包括沙化、水土流失、盐渍化与土地生产力衰退。土地退化是荒漠化的核心问题，是指由于使用土地或由于一种营力或数种营力结合致使干旱、半干旱和干燥的亚湿润区的雨浇地、水浇地或草原、牧场、森林和林地的生物或经济生产力和复杂性下降或丧失。土地退化包括3种类型：①风蚀和水蚀致使土壤物质流失；②土壤的物理、化学和生物特性或经济特性退化；③自然植被长期丧失。

根据我国第二次全国荒漠化监测报告，将荒漠化土地类型主要划分为风蚀荒漠化、水蚀荒漠化、土地盐渍化、冻融荒漠化及植被长期衰退。沙化土地是风蚀荒漠化的主要结果。但荒漠化中并不包括石漠化，石漠化是发生在喀斯特地区的一种特殊土地退化类型。

8.1.1.2 沙化土地

沙化土地是由于气候变化及人类不合理利用土地致使农田、草场、森林、林地等生物生产力或经济生产力下降，自然植被长期丧失，裸地率增加，地表面覆盖沙物质的土地。沙化土地不同于沙地，其形成历史、环境和空间面积都不相同。沙化土地主要是近代由于人类生产活动对自然生态系统的巨大压力破坏了系统平衡而形成的。过度放牧和不合理的土地利用耗尽了土壤、植被的潜力，使过去不是沙漠和沙地的土地由于植被受到破坏，土壤被吹蚀和冲刷，地表出现了不同程度的风蚀和积沙，随着时间的延续，形成大面积起伏的沙丘和平坦沙地。

沙漠化与沙漠二者属于完全不同的概念和范畴，沙漠化不是沙漠的延伸和发展，是沙地由于风蚀荒漠化形成的土地退化，其表现形式为沙化土地。所以，一般把沙化土地理解为由于沙漠化形成的退化土地。本章讨论的沙漠化及其防治也是指沙化土地及其防治。

8.1.2 沙漠化的概念及其特征

讨论沙漠化概念，可使沙漠化防治工作更有针对性，符合客观实际，也使沙漠化防治工作更好地纳入到国土整治的全国荒漠化治理统一安排之中。为避免混淆，这里使用中英文各自的原词来讨论，即中文的沙漠化和英文的 desertification。

8.1.2.1 沙漠化的概念

为了探讨中文沙漠化的概念，我们把它与英文 desertification 的定义进行比较来讨论。根据中国学者对中文的沙漠化含义的解释和联合国环境规划署文件及一些具有代表性的外国科学家对 desertification 的见解，其各自的含义可以归纳为：

①土地沙漠化是特定的生态系统在自然条件因素、人为因素作用下，在或长或短的时间内退化和最终变成不毛之地的破坏过程(陈隆亨，1980)。

②沙漠化指在干旱、半干旱(包括部分半湿润)地区，脆弱的生态条件下，由于人为过度的经济活动，破坏了生态平衡，使原非沙漠地区出现了以风沙活动为主要特征的类似沙质荒漠环境的退化(朱震达，1984)。所谓类似沙质荒漠环境系指在地带性上并不局限于干旱荒漠地带，但在景观上却具有与沙质荒漠中风沙地貌相同的特点，在生态环境上也与荒漠环境相近似。

③"所谓 desertification，是指土地滋生生物潜力下降或受到破坏，导致类似荒漠情况的出现"(U. N. Secretariat of Conferences on Desertification，UNCOD，1977)。

④"Desertification 乃是干旱、半干旱及半湿润地区生态退化过程，包括土地生产力完全丧失或大幅度下降，牧场停止适口牧草生长，旱作农业歉收，由于盐渍化和其他原因，使水浇地弃耕"(M. K. Tolba，1978)。

⑤"Desertification 是指包括气候变化和人类活动在内的多种因素造成的干旱、半干旱及亚湿润干旱区的土地退化"(《联合国防治荒漠化公约》，1994)。

从以上国内外学者的定义可以看出，中文沙漠化强调风沙活动为主要特征，在景观上具有与沙质荒漠中风沙地貌相同的特点，而英文的 desertification 强调生产力下降，土地退化，类似荒漠情况的出现。因此，沙漠化应属于 desertification 范畴，即属于土地荒漠化的一种形式。由此可以认为，desertification 乃系环境趋向于类似荒漠条件的退化过程，其含义较为广泛；而沙漠化较 desertification 内容单一，范围具体，有明显的专属特征。对于沙漠化，我们既把它看成土地退化、环境退化过程，又强调它退化的终点是出现类似沙质荒漠的景观。

综上所述，我们把沙漠化的概念解释为："在干旱、半干旱及亚湿润干旱地区，由于人为过度的经济活动，破坏了生态平衡，在原来非沙漠化地区产生了类似沙漠景观的环境变化"。据此，沙漠化的内容可以概括为：

①在时间上，沙漠化是发生在人类历史时期。

②在空间分布上，凡是具有疏松沙质沉积物(细沙颗粒成分占 70% 以上，沉积物厚度不小于 1m)的地表和干旱季节(月雨量小于 20mm 的干旱月数达 6 个月以上)与大风季节(出现 8 级以上大风月数达 4 个月以上，大风日数达 50d 以上)相一致的干旱、半干旱及部分半湿润地区都是沙漠化可能发生的地区。

③在成因上，沙漠化是在上述潜在自然因素的基础上，而以人为过度的经济活动为主要因素形成的。人既是沙漠化的导致者，也是沙漠化的受害者。

④在景观上，这一过渡是渐变的。在人为强度活动破坏脆弱平衡之后，风力是塑造沙漠化地表景观的主要动力。因此可以认为，沙漠化的过程是以风沙活动及其所造成的地表形态特征作为沙漠化变化过程的景观标志和发展程度的一个示量指征。

⑤在发展趋势上，沙漠化强度及其在空间的扩展是同干旱程度(以雨量的年变率为标志)及人、畜对土地压力强度的大小有关。在它们相互影响及风力作用下，沙漠化土地会自行扩大蔓延。

⑥沙漠化的结果导致地表逐渐为沙丘所侵占，造成土地生物产量的急剧降低，土地滋生潜力的衰退和可利用土地资源的丧失。然而，它也存在着逆转自我恢复的可能性。这种可能性程度的大小及其时间进程的长短，则受不同自然条件(特别是水分条件)、沙漠化土地本身地表景观复杂程度及人为活动强度大小而有不同的逆转程度。

综上分析，可以看出我国所指的沙漠化，实质上是土地的一种荒漠化。而判断其程度的基本指征则是，以地表出现风沙活动及所造成的风蚀、片状流沙、吹扬灌丛沙堆及流动沙丘所占该地区面积的比例和年扩展率的数值，作为判断一个地区环境是否趋向沙漠化以及沙漠化程度的基本指征。必须指出，在采用基本指征的同时，还要和该地区整个环境中与此有关的其他指征相互联系起来考虑。如植被覆盖度和植被组成成分的变化，土壤质地与肥力的变化，水分条件的变化，特别是生产潜力变化等。所以，衡量一个地区是否已经沙漠化了，除了风沙活动这一最活动和最基本的指征外，还要和整个环境是否已发生变化密切联系起来，才能做出全面判断。

8.1.2.2 沙漠化的特征

在探讨沙漠化概念的同时，对于与沙漠化有关的一些概念也有必要进一步加以讨论。例如："沙漠"与沙漠化的概念和含义就有必要进行探讨。首先，沙漠是指沙质荒漠，它是一种土地类型，是干旱气候的产物。而沙漠化则指土地退化过程，如发生在干旱地带，土地最终可退化成沙漠，如发生在半干旱和亚湿润干旱地区，土地最终可退化成沙地。其次，在成因上原生沙漠为自然因素所形成，发生在第四纪时期，而沙漠化成因则是在潜在自然因素的基础上，以人为因素为主。其三，沙漠难于在没有人为措施帮助下自然逆转和恢复，只有采取措施，防止沙丘前移和侵袭；而沙漠化土地一般在消除人为干扰破坏因素以后，有自我恢复的可能性。沙漠和沙漠化土地共同之处则都表现为有相似的风沙地貌景观和同样低下的生产力。因此，凡有沙漠化过程的土地均称之沙漠化土地，但在非专业人群中常把沙漠化土地称为沙漠化。“沙化”常常作为沙漠化的同义词出现。但实际上“沙化”仅在某种意义上是沙漠化的一个阶段，而不是沙漠化的同义词。因为土地沙化不只是发生在潜在沙漠化地区，也不仅是人为破坏与风沙力作用下的产物。它可以是流水侵蚀作用和人为破坏植被共同影响下的产物。特别是在风化作用强烈的花岗岩丘陵区这一过程表现得更为明显。“风沙化”是指地表具有风沙活动并形成风沙地貌景观的过程。这一过程不受地域性限制，它不仅出现在干旱、半干旱地区，也可出现在半湿润、湿润地区河流下游沙质干河床、决口扇地段和海滨沙地等(如北京的大兴、豫北、豫东的黄河泛淤沙地；广东、福建、台湾等省沿海地段)，均有风沙活动及沙丘分布。它们虽属风沙问题性质，但区别于“沙漠化”的发展概念。

8.1.2.3 沙漠化的程度指标

沙漠化研究的最终目的：一是为了整治已经发生的沙化土地；二是为预防具有潜在沙化危险的地区向着沙漠化方向发展。从这一目的出发，沙漠化防治的重要参数是沙漠化危机的评价。所谓“沙漠化危机”是指在人为活动开发过程中，超过了生态系统的负荷能力，破坏了原来相对稳定的动态平衡时的沙漠化发展程度。沙漠化程度的判断可采用下列指标：

①沙化土地每年扩展率大小。可以利用不同时期航、卫片计量分析所得数值，按下列公式计算出年增率(以百分比表示)。

$$R = (\sqrt[n]{Q_2/Q_1} - 1) \times 100\% \tag{8-1}$$

式中 R——增长率；

n——相隔年数(第一次航摄时间至第二次航摄相片时间)；

Q_1——第一次航摄时沙漠化土地占该地面积的百分率；

Q_2——第二次航摄时沙漠化土地占该地面积的百分率。

②以沙化土地景观中最显著而最活跃的特征——流沙所占该地区面积的大小，作为可利用土地资源丧失的一个主要指征。

③沙漠化土地景观的形态组合特征及配置比例

这三个指征都可以通过不同时期航、卫片计量分析获得动态的定量数据，也可以通过对典型地区不同时期实地调查得到相应的数据。上述数据实质上也是人为活动作用于具有沙漠化发生自然因素地区的结果。根据上述原则制定了适合我国实际情况的判断沙漠化程度的指征(表8-1)。

表 8-1 沙漠化程度指征

沙漠化程度类型	沙漠化土地每年扩大面积占该地区的百分率	流沙面积占该地区土地面积的百分率	形态组合特征
潜在的	0.25 以下	5 以上	大部分土地尚未出现沙漠化，仅有偶见流沙点
正在发展中	0.26～1.0	6～25	片状流沙，吹扬灌丛沙堆与风蚀相结合
强烈发展中	1.1～2.0	26～50	流动呈大面积区域分布，灌丛沙堆密集，吹扬强烈
严重的	2.1 以上	50 以上	密集的流动沙丘占绝对优势

注：据朱震达、刘恕《关于沙漠化的概念及其发展程度的判断》，1984。

在沙漠化过程中随着沙漠化程度的进展，土地滋生潜力、生物生产量(含植被结构及覆盖度的变化)以及生态系统能转化效率等都有较明显的变化。这些变化是随沙漠化进程而产生和发展。因此，可以用其与上述沙漠化程度指征一起共同成为判定沙漠化程度的定量化标志，或称其为沙漠化程度的辅助指征(表 8-2)。

表 8-2 沙漠化程度的辅助指征

沙漠化程度类型	植被覆盖度(%)	土地滋生地(%)	农田系统的能量产投比(%)	生物生产量[$(t/hm^2 \cdot a)$]
潜在的	60 以上	80 以上	80 以上	3～4.5
正在发展中的	59～30	79～50	79～60	2.9～1.5
强烈发展中的	29～10	49～20	59～30	1.4～1.0
严重的	9～0	19～0	29～0	0.9～0

掌握沙漠化程度指征，目的在于使沙漠化治理内容清晰具体。既便于开展有针对性的沙漠化土地整治恢复工作，又便于结合我国实际对已出现的大面积不同程度沙漠化土地开展科学研究工作。

8.1.3 石漠化的概念及其特征

8.1.3.1 石漠化的概念

石漠化概念是 20 世纪 90 年代提出的，亦称“石化”“石山化”“岩漠化”，是目前较被认同的名词，对其概念也有较一致的理解。石漠化是指在湿润地区，碳酸盐岩发育的喀斯特(Karst)脆弱生态环境下，由于人为干扰造成植被持续退化乃至丧失，导致水土资源流失、土地生产力下降、基岩大面积裸露于地表(或砾石堆积)而呈现类似荒漠景观的土地退化过程。石漠化为我国西南地区特有，是在脆弱的喀斯特地貌基础上形成的一种生态退化现象。我国西南岩溶石山区生态环境十分脆弱，极易被人类活动破坏。不合理的人为活动参与岩溶自然过程，造成植被退化、水土资源流失，导致岩石大面积裸露或堆积地表，而呈现出类似荒漠景观的土地退化现象。严重的地方只见一片白花花的石头，不见片土，有的地方甚至连沙漠都不如。沙漠里很多地方还能有些耐旱植物生长，石漠化严重地区寸草不生，此现象典型高发于贵州省。

石漠化在内涵上人们有着不同的认识，以区域和岩性来界定可分为广义石漠化和狭义石漠化。广义石漠化是指以流水侵蚀作用为主的、包括多种地表物质组成的以类似荒漠化景观为标志的土地退化过程。有以下几种类型：①主要发生在闽、粤、湘、桂东南和赣南一带花岗岩风化壳、水土流失严重地区，在重力作用下，以崩岗方式发展形成的"白沙岗"和"红沙岗"石漠化；②发生在赣、湘、鄂西及浙、桂、闽等地红壤和第四纪红色岩系地区的"红色石漠化"；③主要发生在云贵高原和桂北地区丘陵的碳酸盐岩地区，因植被破坏，流水冲刷，形成的"石山石漠化"；④主要发生在四川紫色砂页岩地区，因岩性构造疏松，地表侵蚀严重，形成基岩裸露的"石质坡地"；⑤发生在泥石流、滑坡等活动频繁的陡坡峡谷地区，形成以沙石堆积为主的"砾质石漠"；⑥发生在矿藏丰富地区，以采矿采石采砂为主形成的碎石覆盖地；⑦发生在河流下游的冲积平原以及中游的河谷平原的沙质阶地和沙质河漫滩，海成阶地或海成沙堤。由于地质条件、气候因素以及社会环境的差异，这些类型的石漠化有着不同的成因和形成过程，本质上有一定的差异。

狭义石漠化即通常所称的石漠化，它不同于水蚀荒漠化，水蚀荒漠化是指干旱、半干旱和干燥的亚湿润区范围内的水土流失，主要分布在黄土高原北部河流中、上游和一些山麓地带。而石漠化特指在南方(特别是滇、黔、桂)湿润地区碳酸盐岩(石灰岩、白云岩等)形成的喀斯特地貌上，由于植被破坏而引起水土流失导致的土地退化。不同学者给予了不同的描述。最初较为普遍的表述是：由于喀斯特地区生态环境脆弱，森林植被的破坏，水土流失的加剧，导致了土地严重退化，形成基岩大面积裸露的现象称石漠化。

屠玉麟(2000)认为，石漠化是指在喀斯特的自然背景下，受人为活动干扰破坏造成土壤严重侵蚀、基岩大面积裸露、生产力下降的土地退化过程。这一定义指明了石漠化的成因和实质，但忽略了气候环境的界定。喀斯特地貌在世界范围和我国均有广泛分布，因地理位置不同，气候条件有较大差异。在干旱地区，主要是由于降水稀少、气候干旱形成的一种自然地理景观，是一种自然结果，与南方湿润气候区类似景观在成因上有本质区别。土壤严重侵蚀在喀斯特背景下固然是基岩裸露的原因，而碳酸盐岩本身风化特性亦导致了较高的基岩裸露率。由此可见，大面积基岩裸露于地表是石漠化的主要标志之一，但仅用基岩裸露作为石漠化的标志是不全面的，而能表征土地生产力的植被特征亦应占有相当重要的地位。

周政贤(2002)对此作了详尽表述，认为石漠化主要是喀斯特地形区石漠化，它是以化学风化为主的各种形态岩层大面积裸露，其中纯质灰岩区形成仅有稀疏的藤刺灌丛覆盖的石海，白云质灰岩区形成稀疏植被覆盖的坟丘式荒原，相似于干旱少雨地区荒漠化景观的一种退化土地。这种表述将石漠化形成的区域与岩性及植被景观特征融为一体进行了界定。

可以看出，不同学者的描述具有共识，即石漠化的形成是在喀斯特地区，它是由于人为活动的干扰造成植被破坏、导致水土流失、基岩裸露的一种土地退化。随着对石漠化研究的深入开展，石漠化的定义逐步趋于完善。

8.1.3.2 石漠化的特征

据粗略统计，全球碳酸盐岩出露面积约 $2200\times10^4\,km^2$，占全球陆地总面积的15%。中国的喀斯特地貌按可溶性岩地层分布面积达 $344\times10^4\,km^2$，其中碳酸盐岩出露面积达

$90.7\times10^4km^2$，全国大部分省(自治区、直辖市)都有分布。截至2011年年底，石漠化全国发生区域总面积为$107.10\times10^4km^2$，主要集中在以贵州为中心的桂、滇、川、渝、鄂、湘、粤8个省(自治区、直辖市)。贵州石漠化面积达$3.02\times10^4km^2$，占石漠化总面积的25.2%，其后依次为云南$2.84\times10^4km^2$、广西$1.93\times10^4km^2$、湖南$1.43\times10^4km^2$、湖北$1.09\times10^4km^2$、重庆$0.90\times10^4km^2$、四川$0.73\times10^4km^2$和广东$0.06\times10^4km^2$，分别占石漠化总面积的23.7%、16.0%、11.9%、9.1%、7.5%、6.1%和0.5%。

按流域分布状况，石漠化主要分布于长江流域和珠江流域，其中长江流域面积最大，为$6.96\times10^4km^2$，占石漠化总面积的58.0%；珠江流域次之，为$4.26\times10^4km^2$，占35.5%；其他依次为红河流域$0.57\times10^4km^2$，占4.8%；怒江流域$0.15\times10^4km^2$，占1.2%；澜沧江流域$0.07\times10^4km^2$，占0.5%。

按程度分布，轻度石漠化$4.315\times10^4km^2$，占石漠化总面积的36.0%；中度石漠化$5.189\times10^4km^2$，占43.1%；重度石漠化$2.177\times10^4km^2$，占18.2%；极重度石漠化$0.320\times10^4km^2$，占2.7%。长期以来，我国西南喀斯特山区的自然环境与社会经济活动之间处于严重不协调状态，在西南地区形成的石质荒漠(简称石漠)，对当地经济发展、社会进步和人民生活造成了严重的影响。

西南岩溶石山地区石漠化主要分布在较适宜人类活动的峰丛洼地、峰林洼地和岩溶丘陵中。在西南岩溶石山地区8省(自治区、直辖市)中，石漠化主要发生在滇、黔、桂3省(自治区)。石漠化的发展形势已较严峻。如20世纪80~90年代的石漠化现状比较显示，从20世纪80年代末到90年代末，西南岩溶石山地区的石漠化面积从82 942.65km^2增加到105 063.20km^2，净增22 120.56km^2，平均每年净增1 650.26km^2，年平均增长率为2%。石漠化加剧面积为24 958.81km^2，石漠化改善的面积为4 869.07km^2，石漠化加剧和改善面积之比为5.13∶1。石漠化主要分布在纯碳酸盐岩中，面积为73 972.87km^2，占总石漠化面积的70.4%。石漠化在灰岩与白云岩互层、碎屑岩夹碳酸盐岩和纯灰岩中较易发生，发生率分别为31.71%、28.98%和25.46%。

石漠化发展程度，按照土壤侵蚀状况、植被覆盖度和植物种类、地形等因子，西南岩溶石山地区可分为不同石漠化等级：

①无明显石漠化等级　无土壤侵蚀或者土壤流失不明显，具有连片的林、灌、草植被或土被(>70%)，较低的基岩裸露率，较厚的土层厚度(>20cm)和较缓的坡度(<15°)。一般包括成片的负地形、平地、缓坡梯田和梯土、覆盖度高的林地以及特殊的地类如水体、城镇，以地形较为平缓或土层较厚的地区，如黔中，黔北。在半喀斯特地区，由于土层普遍相对深厚，植被较好，坡度平缓，这类地区生态环境不属脆弱型，人地矛盾不突出。

这类地区虽然土地的下伏基岩是碳酸盐岩，但或因是负地形，处于固体物质的搬运堆积环境；或因坡度平缓，或因属不纯碳酸盐岩坡地，土层深厚；或因人为保护好植被覆盖度高，一般均无喀斯特石漠化的症状，除非强烈、极不合理的破坏性人类活动，否则潜在石漠化威胁也不很明显。

②潜在石漠化等级　土壤流失不太明显，植被、土被覆盖度较大，可达50%~70%。分布有两种情况：在纯碳酸盐岩石分布区这种等级一般植被覆盖度较大，但平均土层厚

度薄，在20cm以下，坡度一般大于20°，并受到人为破坏的威胁；不纯碳酸盐岩石分布区则往往有着较低的植被覆盖度和较高的土被覆盖度，水土流失威胁大。纯碳酸盐岩石分布区由于植被尚有较大覆盖度，景观外貌不具“石漠”的特征。但由于植被以下基岩裸露率达50%以上，且土层平均厚度薄，往往在20cm以下。坡度大(20°以上)，生境干燥、缺水、易旱，植被以岩生性、旱生性的藤刺灌丛类植被为主。

这类土地具有潜在生境脆弱性，人地矛盾突出，土地农业利用价值受到限制，具有生态环境甚为脆弱的特征。森林植被一旦破坏恢复起来极为困难，故从其本质上应归为潜在的石漠化等级。在不纯碳酸盐岩石组成的“半喀斯特”区，潜在石漠化土地多出现在植被覆盖度较低的情形，由于岩石中非可溶物质较多，风化后残留形成的上层比纯碳酸盐岩石区要厚，所以陡坡开垦和过度砍伐、樵采的人类活动比较频繁，从而导致水土流失比较严重，后果是使土层冲刷较快，容易发展为石漠化强度更高的等级。

③轻度石漠化等级　坡度在15°以上，土壤侵蚀较明显，植被结构简单，以稀疏的灌草丛为主，覆盖度在35%~50%之间；土被覆盖率低，一般在30%以下。纯碳酸盐岩石分布区一般植被覆盖度高于土被覆盖度，按其成因可分为开垦成因的和非开垦成因的(如乱砍滥伐、毁林毁草等)。前者曾经土层稍厚，但坡度陡、水土侵蚀动力强，开垦后演化为石质山地速度快。

这类土地生态环境具有轻微脆弱性，坡改梯难度大、投资投劳高、效果差。非开垦型的轻度石漠化土地主要是由于人为活动反复破坏植被而引起水土流失形成的，土被分布零星，平均厚度小，不宜耕作。封山育林恢复植被周期长，难度大。在半喀斯特区，由于开垦和植被毁坏导致土被丧失和基岩裸露，从而形成这类石漠化。

④中度石漠化等级　石漠化特征明显，土壤侵蚀明显，基岩裸露率高达70%以上，土被覆盖度在20%以下。植被覆盖度(或植被加土被覆盖度在20%~35%之间)，平均土层厚度不足10cm。这种等级大部分产生于纯碳酸盐岩石峰丛洼地或峰林地貌上。通常，在离村寨较近的山头最容易受到过分樵采而演化为这类土地。

这类土地的喀斯特生态环境为中度脆弱型，不适宜农耕也基本上不能农耕，生长植被的条件较为恶劣，低结构、低覆盖度、低生物量的植物群落相对稳定。小部分这类土地等级起因于陡坡开垦引起的水土流失。

⑤强度石漠化等级　它是几个等级中石漠化强度最高的部分。石质荒漠化表现明显，土壤侵蚀强烈，甚至无土可流。基岩裸露面积大，在80%~90%以上，土被覆盖度在20%~10%以下，坡度陡，以低结构灌草丛为主的植被覆盖度也低于20%，是石漠化过程接近顶级的等级，农用价值丧失。

这类土地的生态环境属严重脆弱型，人地关系严重失调，多发生在高纯度石质岩峰丛、峰林喀斯特山地丘陵上。地貌坡度陡，原生土层薄，大部分不经开垦而是经人为反复的植被破坏就可形成；少部分是由于陡坡开垦形成，原生土壤也全部流失或接近全部流失掉，生态环境恶劣。当土壤侵蚀破坏极为强烈，已导致无土可流，植被或土被或植被+土被覆盖度<5%时，可称为极强度(顶级)石漠化。

8.2 沙漠化的防治措施

防治沙漠化是指通过人工措施消除沙漠化危害，重建适于人类生存的生态环境，恢复和发展生产力，实现社会、经济的可持续发展。沙漠化土地主要分布在我国北方特定的气候、土质、经济条件下，而农牧交错区和绿洲边缘区是我国沙漠化发展最快、危害最严重的两类地区，也是防沙治沙工程的重点治理区。我国四大沙地即科尔沁沙地、毛乌素沙地、呼伦贝尔沙地和浑善达克沙地，主要分布在农牧交错区。许多地方出现了大面积退化土地乃至流动沙丘。由于人类长期的掠夺性经营(乱砍、滥伐、乱樵、乱垦，草场长期过牧、农牧业粗放经营，不注意植被保护)，使脆弱的“系统”日趋退化，失去平衡，成为无生产力的流沙或基本无生产力的沙荒地。在农牧交错区和绿洲边缘区，具有一定的降雨量，水分条件相对较好，能够满足一定植被生长发育需要。因此，通过人工措施，保护、恢复、改造、建设植被就成为防治土地沙漠化最有效、最经济、最持久、最稳定的生物技术措施，因而也是根本性措施。具体来说，主要有营造防风固沙和农田防护林以及退化植被的保护和恢复3种方式，可人工造林、飞播造林和封沙育林育草。此外，还应以机械措施和化学措施作为生物措施的辅助措施。

8.2.1 沙漠化防治生物措施

所谓沙漠化防治的生物措施是把生态学的生态系统高效能结构原理应用于沙漠化防治过程，营造人工植被和保护恢复天然植被，建立人工生态系统，即建成适应沙漠化特殊环境的各类生产性防治体系。一方面起到治理沙漠化的作用，另一方面把沙漠化土地利用发展生产相结合，最终达到防止风沙危害，治理和开发利用沙漠化土地的目的。其主要优点有：①植被覆盖度的增加可增加地表粗糙度，降低近地面风速，减少风沙流对地表的吹蚀；②建成的植被可以改善植被覆盖地段地上、地下的生态环境条件，有利于多种生物的活动和繁衍，从而促进土壤的形成，增加有机质含量，增加地表物质的胶结性，增强地表抗风蚀能力；③植被具有自行繁殖和再生能力，通过演替，能够形成适应当地环境的、具有自我调节能力的稳定的生态系统，因而能够长久固定流沙，防止风沙危害，大大减少了养护和管理费用；④通过人工措施形成的人工或半人工植被，一般可以适度放牧，并能提供一定数量的薪柴和建筑用材，可以在一定程度上减少滥樵柴现象。

8.2.1.1 人工造林

(1)沙地农田防护林

沙漠化土地上的农田土地大都风蚀沙化，即使有灌溉条件，也难以获得高产。营造沙地农田防护林对制止风蚀、保护农业生产具有重要意义，是沙区农田基本建设内容。

沙地农田防护林最重要的任务是控制土壤风蚀，保证地表不起沙。这主要取决于主林带间距即有效防护距离，使该范围内大风时风速应减到起沙风速以下。根据不起沙的要求和实际观测，主带距大致为15～20H(H为成年树高)。林带结构不同对防护作用有重要影响。乔灌混交或密度大时，透风系数小，林网中农田会积沙，形成驴槽地，极不便耕作。而没有下木和灌木，透风系数0.6~0.7的透风结构林带却无风蚀和积沙，为最适结构。

林带宽度影响林带结构，过宽必紧密，按透风结构要求不须过宽，小网格窄林带防护效果好。有3~6行乔木，5~15m宽即可。常说的"一路两沟四行树"就是常用格式。

林带的间距取决于乔灌木树种，在半湿润地区，因降雨较多，条件较好，可以乔木为主，主带距300m左右。在半干旱地区，因条件差，林带建设要困难得多。东部乔木尚能生长，高可达10m，主带距150~200m；西部广大旱作区除条件较好地段可造乔木林，其他地区以耐旱灌木为主，主带距可50m左右。在干旱地区，因条件更严酷，成为灌溉农区。因有灌溉条件，林带营造技术较容易。但因风沙危害多，采用小网格窄林带。如新疆北疆主带距170~250m，副带距1000m；南疆风沙大，用250m×500m网格；风沙前沿用120m×500m~150m×500m的网格，可选树种较多，以乔木为主。

(2)沙区牧场防护林

我国沙区草原广阔，因气候干旱，条件恶劣加上长期草场过牧，草地滥垦，乱挖药材，多年来缺乏有效的投入，以致草地沙漠化最为严重。草地沙漠化的主要表现是：

①地表形态的变化　由平坦草原逐步变为灌丛沙堆以及斑、片，带状流沙，最终成为沙丘地貌。

②植被的变化　由原来的草原植被变为沙生植被，中生不耐旱优良植物种减少以至丧失。旱生沙生耐瘠薄而低质甚至有害植物种增加，逐渐成为优势种。植物高度、密度降低，盖度减小，生物量、质量下降。

③地表机械组成和理化性质变化　地表失去植被保护，裸露面积增加，土壤水分蒸发加剧，盐分上升，坡地草场造成水土流失，旱情加重，土壤、气候更加干燥，草场严重退化、沙化、干旱化、盐渍化。草场无林带保护又饲草不足，抗灾能力差，每遇灾害必损失惨重，建设草场防护林是绝对必要的。

牧场防护林树种选择可与农田防护林网一致，但要注意其饲用价值，东部以乔为主，西部以灌为主。主带距取决于风沙危害程度。不严重者可以25H为最大防护距离。严重者主带距可为15H，病幼母畜放牧地可为10H。副带距根据实际情况而定，一般400~800m，割草地不设副带。灌木带主带距50m左右。林带宽，主带10~20m，副带7~10m，考虑草原地广林少，干旱多风，为形成森林环境，林带可宽些，东部林带6~8行，乔木4~6行，每边一行灌木。呈疏透结构，或无灌木的透风结构。生物围栏要用紧密结构。造林密度取决于水分条件，条件好可密些，否则要稀些。西部干旱区林带不能郁闭。

为根治草场沙化还应采取其他措施，如封育沙化草场，补播优良牧草，建设饲料基地。转变落后经营思想，确定合理载畜量，缩短存栏周期，提高商品率，实行划区轮牧等都是同样重要的。

(3)流动沙地造林治沙措施

在沙漠化土地比较严重的流动沙地，严重地限制了农林牧业生产发展。各地区在长期的治沙造林实践中，因地制宜地创造出许多固、撵、拉、挡等固沙治沙措施。即根据沙丘的大小、分布密度、丘间低地可利用程度和沙地立地条件，本着先易后难，省钱有效的原则，首先选择沙丘部位和丘间低地作为“突破点”进行造林，然后再在固定或削平的沙(丘)地上大面积种草种树，最后达到完全治理的目的。

①沙湾造林　沙湾即流动沙丘的丘间低地。一般水分和土壤条件比较好，风蚀轻，可直接造林固沙。在沙丘不过于高大，丘间低地较大的地段，可利用这一方法。沙湾造林是利用丘间低地人工林促进风力拉削沙丘，导沙入林，在退出来的退沙畔，逐年追击造林，使流动沙丘逐渐消灭在林内。

②前挡后拉　前挡是在沙丘背风坡后的丘间低地栽植乔木或灌木，以阻挡沙丘前移；后拉是在沙丘迎风坡下部栽植灌木，固住迎风坡下部沙面，并在灌木作用下造成不饱和气流，拉削掉丘顶。典型的前挡后拉，是高(乔木)前挡，低(灌木)后拉。前挡后拉，可以削掉沙丘顶，沙丘迎风坡形成梯状地形，趋向平缓和固定，但不能彻底消除沙丘地形。

③迎风坡固沙，逐步推进，拉平沙丘　是利用流动沙丘迎风坡基部水分条件优越的特点，不设机械沙障，直接进行造林治沙的办法。我国东部沙区降雨较多，可以用灌木在沙丘上直接造林，要用大行距，小株距；在西部沙区降雨少，基部需设沙障栽植灌木，前移后又设沙障造林，把沙丘分期固定。各地的应用方法很多，如：密集式造林，宽行密植与平铺沙障相结合逐步推进，固身削顶、截腰分段、逐年推进、分期造林。

④撵沙腾地，又固又放，开发利用沙荒地　撵沙腾地是内蒙古杭锦后旗创造的用来清除沙丘，扩大经营用材或经济林的覆沙滩地的造林方法。撵沙腾地造林是促进沙丘迎风坡前移，腾出丘间低地后造林。采取固阻与输导流沙相结合的原则，欲固先撵，撵固结合。其措施是：第一，在沙丘迎风坡基部犁耕，人工促进风蚀。第二，在丘间地造林和引水灌沙、封沙育草，加大低地的地表粗糙度，促进迎风坡风蚀。用这种方法治沙，可以把沙丘地变成以林为主农牧副相结合的新型基地。又固又放是固定一部分流动沙丘，让另外一部分沙丘继续流动。在被固定沙丘上用固沙阻沙措施使沙丘加高变大，在另一部分沙丘上用输沙措施，使沙丘移走，逐步扩大丘间低地面积，便于开发利用。又固又放是陕北沙区创造的用以扩大丘间低地面积，从事农牧业利用的治沙造林方法。

⑤环丘造林　在年降水量只有数十毫米的沙区，流动沙丘上几乎无湿沙层，流沙上造林很困难，只能采用机械措施和造林防沙相结合的办法治沙。对零星散布的流动沙丘，先采用土埋沙丘办法完全固住，然后紧靠丘脚周围密植 1 ~ 2 圈沙拐枣、骆驼刺等灌木，外围采用生长迅速的沙枣、杨树等乔木，或采用柽柳、沙柳、花棒、柠条等灌木，与沙枣、杨树等乔木营造混交林，沙丘包围在树林里，即使沙障失效后，流沙也只能散布积聚在林地内，而不会外移危害。对小片分散的起伏沙地，固沙或造林都不易实施时，采用“聚而歼之”的办法。选定适当地势，插设积沙性能强的高立式柴草沙障，把分散的沙堆或流沙逐渐积聚成大沙丘，再用土埋沙丘，使之全部固定，然后逐步进行环丘造林，效果很好。

8.2.1.2　飞播造林种草固沙

飞机播种速度快，节约劳力，在地广人稀的沙区是一项有发展前途的植物治沙措施。但由于流沙上种子或幼苗易遭受风蚀，沙埋或者由于干旱而死亡。因此，在干旱半干旱地带流沙地飞机播种造林，首先要选择适应流沙、生长迅速的植物种，正确地选择播期，适当提高播量和幼苗密度，使产生群体抗风蚀的作用，采用种子抗风蚀的处理技术，防止鼠、兔、虫三害。严格封禁，加强管护，就可以取得较好的结果。

在陕西榆林沙区试播过的植物种有杨柴、花棒、籽蒿、油蒿、小叶锦鸡儿、沙打旺、酸刺、沙枣、紫穗槐、绵蓬、沙米 11 种，其中一年生草本沙米作为保护其他主要植物种，在混播时使用，通过 5a 试验选出杨柴和花棒两种固沙灌木。

播种期的确择与成苗的关系十分密切，在考虑播后种子发芽条件的前提下，尽量要躲过鼠、虫危害的盛期，更好地利用生长季，培植健壮的植株。从我国几年的试验实践，干草原沙区飞机播种期应选在夏秋雨季来临前，当季风换向期间播种较为适宜。

不同飞播植物种应采用不同播种量的试验。据飞播调查结果，飞播杨柴13. 35kg/hm^{2}的得苗面积保存率最高，幼苗密度较大，吹蚀深度也小。播种当年花棒每平方米需要 20～25 株的密度才能有效地抵抗风蚀。考虑到影响播种出苗的其他因素，应按下式计算播种量：

$$N = ng/(10^6 P_1 P_2 P_3 P_4) \tag{8-2}$$

式中 N——单位面积用种量 kg/hm^2；

n——10 000m^2 ×每平方米计划有苗数；

g——种子千粒重 g；

P_1——种子纯度；

P_2——种子发芽率；

P_3——种子被鼠害后保存的百分数；

P_4——苗木当年保存率。

为解决飞播种子的位移问题，在种子外面裹上黄土，制成比种子重 4～5 倍的大粒化种子丸保证飞插种子分布的均匀度，提高飞播得苗的面积率。飞播花棒、杨柴等豆科种子，播后极易遭鼠害，应采取防治措施。飞播后，播区要严加封禁管理，禁止牲畜放牧践踏，防止啃食飞播发生的幼苗和天然植被，杜绝樵采、割草、挖根等破坏沙地植被现象，专设管护人员经常巡查。

8. 2. 2 沙漠化防治机械固沙措施

当沙漠化已发展为严重阶段，仅靠林业生态工程已难奏效，故需配合其他措施。为了达到理想的防治效果，一般是由多种单一措施相结合构成效能高的体系。例如，使用机械固沙、植物固沙和封育多项措施相结合，形成沙丘地治理工程体系。机械固沙是该体系的重要组成部分。选择适宜地段，采用机械沙障、封育、促进天然草类恢复或人工造林、种草等办法，构成镶嵌分布、结构多样的绿地。

8. 2. 2. 1 机械沙障固沙

机械沙障是采用柴、草、黏土、树枝、板条、卵石等在沙面上做成障蔽物，这些障蔽物都能起机械的防风阻沙作用，所以叫做机械沙障，简称为沙障或风障，也称为障蔽或风墙。

(1)机械沙障的类型和作用原理

机械沙障按照所用材料、设置方法、配置形式以及沙障的高低、结构、性能等的不同，名称很多，叫法不一。为了便于应用，根据防沙原理和设置类型，大致可概括为平铺式和直立式两大类。

风沙的危害，主要是风作用于沙子的结果。采用柴、草，卵、石、泥土或沥青乳剂、聚丙烯酰胺等高分子化学聚合物铺盖或喷洒在沙面上，用以遮盖和隔绝沙面，达到风虽过而沙不起，就能起到保护作用，采用这些材料和方法设置的沙障，都叫作平铺式沙障。平铺式沙障是固沙型的沙障，主要用以固定就地流沙，但对过境风沙流中沙粒的截阻作用不大。根据铺设情况又有全面平铺和带状平铺之别，带状平铺可在带间进行造林。

另一种办法是设置障碍物，在风沙流运行过程中，碰到任何障碍物的阻挡，风速就会降低，挟带的部分沙粒就会沉积在障碍物的周围，大大减少了风沙流的输沙量。由于风沙流中的沙粒80%~90%是在近地表20~30cm气流中，而大部又集中在贴近地表10cm的高度内，只要设置30~50cm或1m左右的障碍物，就可把流沙拦截下来，障碍物周围就可固定积聚流沙而不至流动危害。因此，采用柴、草、枝条、板条等直插在沙面上，或用黏土等在沙面上堆成土埂，都能起到降低风速以阻挡和固结流沙的作用，采用这些材料和方法设置的沙障，都叫作直立式沙障。直立式沙障大多是积沙型沙障，根据沙障高出沙面的高矮，有高立式，低立式或隐蔽式之分。高出沙面50~100cm的叫高立式沙障；还有制作的木板防沙栅栏、筑打的防沙土墙等，也都是高立式沙障。高出沙面20~50cm的叫做低立式或半隐蔽式沙障；沙障埋设与沙面平或高出沙面10cm以下的，叫做隐蔽式沙障。

(2)平铺式和直立式沙障设置方法

①平铺式沙障的设置方法　平铺式沙障通常采用柴、草、土、卵石等铺设。在柴草较多的沙区，采用草类或枝条紧密地铺盖在沙面上借以固沙，可分全面平铺式和带状平铺式两种。全两平铺式是将芦苇、麦草、茅草或柳条等在沙丘上铺上紧密的一层，厚度3~5cm，完全盖住沙面，并在上面压一层薄沙，或用枝条横压，再用小木桩固定，以防止柴草被吹散。带状平铺式是沿垂直主风方向带状铺设，一般约为60~100cm，带间宽度约4~5m。铺设的柴、枝条、梢端朝向主风。在降雨稀少的河西走廊，沙丘上栽植植物困难，急需治理的重点沙地，常用土埋沙丘和泥墁沙丘固沙固定流沙，消除危害。在缺乏柴、草、黏土而有砾石或白礓土、石膏、盐结皮等的地方，可用这些材料铺设沙障。

②直立式沙障的设置方法　直立式柴草沙障在农田、渠道等防沙上的应用很普遍，在铁路、公路及重点工程建设防沙上的防沙栅栏，在村庄、农田边缘的防沙土墙，都属直立式沙障。沙障的设置应与主风方向垂直。沙障的配置形式一般有行列式、格状、“一字形”“非”字形、“人”字形、雁翅形、鱼刺形等，但归纳起来主要是行列式和格状式两种。在单向起沙风为主的地区，多用行列式沙障。在风向不稳定，除主风外尚有侧向风较强的沙区或地段，多采用格状式沙障。其与主风垂直的沙障间距较小，而与主风

平行的沙障间距较大，一般相当于主风向沙障间距的1.5～2倍，使沙障构成长方形格状。

沙障间距距离过大，沙障容易被风掏蚀损坏，间距过小，则浪费工料。因此，在设置沙障前必须合理确定沙障的行间距离、计算单位面积上沙障的长度和所需材料及用工等。与主风方向垂直的沙障，障间距离与地形坡度及沙障高低关系较大，同时还要考虑风力的强弱。设置时沙障高的间距大，低矮的间距小；沙面坡度平缓的间距大，坡度陡处间距小；风力弱处间距大，风力强处间距小。通常在坡度4°以下的平缓沙地上设置时，行间距离一般为障高的15～20倍，在迎风坡坡面上插设时，要使下一列沙障的顶端与上一列沙障的基部等高。因此，在地势不平坦的沙丘坡面上确定沙障间距时，要根据障高和坡度进行计算。

高立式柴草沙障　采用芦苇、芨芨草、柳条等秆高质韧的草类或枝条，长度为70～80cm以上，在规划好的线道上，挖探20～30cm的沟，把材料均匀地插放沟中，梢端朝上，基部在沟底，草秆密接，下部比上部稍密，在沙障基部用麦草等填缝，两侧培沙，扶正踏实，培沙要稍高出沙面10cm以上，使沙障稳固。

低立式柴草沙障　用白刺、沙蒿、骆驼刺等硬杆草类，插时先挖深约20cm的沟，然后将材料在沟内插放，梢端向下，根部向上，使冠部互相重叠一部分，以透风20%～30%为宜，沙障露出沙面30cm以上，一束束紧靠着插排埋插成行。

半隐蔽、隐蔽式沙障　采用麦草等软秆草类，设置时可不必开沟，把草沿着划好的行线，均匀地铺成一条宽50cm左右的草带，草秆方向与线道垂直，用锹插在草带的中部，使劲下踩，压草入沙内10cm左右，使草两端翘起，然后用锹刮些干沙扶正合拢。

黏土沙障　一般设置在沙丘迎风坡2/3以下的坡面上，就地在丘间低地上挖土，顺规划好的沙障线道上堆成一道道土埂，埂高15～25cm，障埂的行间距离2～4m，要求埂的大小高低匀整，防止出现缺口断条，不要拍打土块，保持埂面粗糙。

立杆串草把和编柳条的沙障　用茅草、芦苇以及柳条等，在插设的柳干上串草束或编枝条，使插植的柳杆、柳枝成活，并在障间造林固沙。这类沙障在降雨较多的地区有所应用。

立埋草把沙障　用茅草或芦苇等做成长70～80cm，粗10～15cm的草把，然后在规划好的沙丘迎风坡沙障行线上插设，草把间距离25～30cm，行距30cm，成三角形配置2～3行，草把露出沙面约40cm，埋入沙内30～40cm。

为了使沙丘长期固定，沙障必须结合植物固沙措施，才能取得较长远的固沙效果。

8.2.2.2　化学固沙措施

沙漠化防治的工程措施中，除机械沙障固沙外，近些年来用化学固沙受到一些国家和地区的重视，并取得了一定的效果。化学固沙其作用和机械沙障一样，是个治标措施，也是植物治沙的辅助、过渡和补充措施。

(1)化学固沙的作用原理

化学固沙的原理是利用稀释了的具有一定胶结性的化学物质喷洒于松散的流沙沙地表面，水分迅速渗入到沙层以下，而那些化学胶结物质则滞留于一定厚度(1～5mm)的沙层间隙中，将单粒的沙子胶结成一层保护壳，以此来隔开气流与松散沙面的直接接触，从而起到防止风蚀的作用。这种作用是属于固沙型的，只能将沙地就地固定不动，而对过境风沙流中所携带的沙粒却没有防治效能。

(2)化学固沙物质的种类和组成

①沥青乳液固沙　沥青乳液固沙主要是用HD—200/300和HD—130/200沥青制成的慢性裂型沥青乳液，作为临时固定沙面的黏结剂。沥青乳液形成的沙面保护层能保持在2～3年内有防止风蚀的作用。喷洒前应先将乳化厂制成的50%沥青乳液用2～6份水进行稀释，而且喷洒前预先在沙面上先喷水浇灌沙面，还可以增加乳液的渗透深度。乳液渗入干沙层和湿沙层的深度分别是10～15mm和20～30mm，可在沙面留下一层多孔性薄膜(厚2～3mm)。沥青乳液喷洒后在其薄壳边缘易形成卷曲现象而破裂，因此，在用水稀释乳液时，沥青乳液含量不宜过多，一般不超过10%～15%。

另外，沥青乳液在贮存时应注意不要失水和不应低于0℃，可以使用各种能防止水分蒸发的贮藏罐贮存。在长途运输中为防止沥青乳液发生分解，可在每10t乳液中加入0.5kg烧碱。

沥青乳液是由石油沥青、乳化剂和水组成。其中乳化剂的材料可用硫酸处理过的造纸废液或油酸钠($C_{17}H_{35}COONa$)，均是较好的乳化剂。为了增加其稳定性和分散度还可适当加些玻璃或烧碱(每10kg可加入0.5kg)。

②沥青化合物固沙　沥青化合物是一种含有沥青或黏油、水和矿物粉末(黄土、壤土、水泥或石灰)的暗棕色黏性物质。它是在灰浆搅拌机中经强力搅拌制成的。可用泥浆泵喷洒在流沙表面。如前苏联道路研究所哈萨克分所研制成了一种固定流沙的化合物，其组成成分为：沥青MG—70/30或黏油30%～50%；矿物粉30%～40%；水30%～35%。

此化合物在喷洒前须用水(1∶1～1∶10)稀释。沙面喷洒沥青或黏油0.25～0.38kg/m^2(即6～8/m^{2}稀释化合物)。渗入沙层深度为10～30mm，用量不可太大，喷洒速度不可太快，否则容易造成渗透不及而淌到低洼处积聚。造成沙面沥青沉淀不均匀。而且最好采取分次喷洒，即第一次喷洒后1.5～2个月再喷1次，以达到使所有沙面都能喷洒到。

③涅罗森(Nerosine)固沙　涅罗森是石油页岩中提取的，其化学成分包括一系列含氮物质、苯酚和酸类化合物、烃类和大量所谓中性氧化物(酮、醚、醇等)。其组成为：含氮物质0.3%；苯酚0.3%；酚类化合物21.4%；沥青质酸0.7%；中性沥青质13.3%；中性油、烃、和中性氧化物64%。

涅罗森有工厂制成品可以直接使用，温度不能低于15℃。用量在300g/m^{2}以上，可以在沙面形成一层连续的固定壳，厚度为3～6mm。此种保护壳有弹性，抗裂强度为1.24kg/cm^2。在保护壳局部破坏的情况下，也能保持1a以上的保护能力。涅罗森保护壳在未破坏的情况下，会妨碍植物种子发芽，并会明显地阻止水分渗透，使50cm厚度上部沙层比较干燥，喷洒2～3周后，会产生裂隙，这样会有些好转。

④油—胶乳固沙　采用油—胶乳(OLE)固沙，是以简单的方法使少量的橡胶乳分布在大面积的沙面上，同时还能得到弹性较高的膜。另外，将胶乳加入泊乳液中，还能改善胶乳的工艺特性，提高喷洒时抗硬水稀释性质和防止通过细小喷嘴时发生凝聚作用。

要使流沙在6m/s风速下不发生移动现象，胶乳用量应为17.5g/m^2，风速较高时（10～12m/s），胶乳用量应增加到26.0～28.5g/m^2。

(3)化学物质固沙效果评价

目前，国际上已经提出的用于固沙的化学胶结材料种类很多。初步统计100多种，但有90%以上的材料由于价格昂贵、材料来源有限、喷洒工艺复杂或对其性质研究得不够等原因而不能采用，一般常用的胶结材料有沥青乳液、高树脂石油、橡胶乳液和油—橡胶乳液的混合物等。现以沥青乳液固沙试验取得的效果给予评价。

①透气性　喷洒沥青乳液后，对沙子的透气性影响不大，即使沥青用量高些，也没有明显差异。根据前苏联在东里海附近铁路沿线进行的沥青乳液固沙试验，乳液中含沥青18%～23%，渗透深度为1.5cm，结果是，覆沥青层与未覆沥青的沙层中CO_2和O_2的量基本相同。

②保水性与透水性　在沥青保护层下沙层的含水量比天然条件下沙层中的含水量高，说明其保水性好，这与降低土壤蒸发量有关。覆有沥青的下层土壤日蒸发量仅为裸沙地的14.7%。透水性则由于沙面沥青覆盖后，尤其是沥青保护层比较完整的情况下，其透水性则大为减弱，甚至基本不透水，也有人试验结论认为透水性不受什么影响，这一问题尚需进一步探讨。

③蒸发量　蒸发量很小时，铺沥青的容器的蒸发量几乎同未铺沥青的容器内沙表蒸发量相同，这主要是生成的水汽很少，而且通过覆盖层跑掉了。在蒸发量最强时间内则又是另一种情况，因这时未铺沥青的容器沙面，沙中水汽可以畅通无阻的蒸发掉，而铺沥青的容器内沙表总还有一层沥青覆盖着，多少要受到一些阻挡，于是这两者间就出现较显著的差别，特别是在铺有沥青量最大的(100g/m^2)容器内，这一差别就更显得突出。

④温度　沙面铺沥青后，从一般情况看，暗色覆盖层能提高土壤的温度，但也并非全部如此，通过各地的试验观测结果来看，是有季节性的变化的。

在春秋两季，有沥青防护层下的沙层温度均有提高，据中滩站附近4月下旬至5月初观测，沥青层下表层地温平均提高1.5℃，从25～100cm范围内，提高0.5～0.8℃，9月下旬，沥青下地温从地表至200cm深处，白天温度均比对照区提高1.3～3.0℃。在夏季，温度差别不大。

⑤对植物生长的影响　通过沙表喷洒沥青以后，形成一层保护壳首先能固定沙粒的流动，使植物有稳定发芽生根和生长的条件，免除遭受风蚀沙埋、沙打、沙割幼苗的威胁。另外，由于沥青层的存在，使沥青层下的沙地的水文条件，土温条件均得到改善，而且是朝着有利于植物生长发育的条件转化。春秋两季沥青层下温度增加，无疑能使种子及植物提早萌动，延长了植物的生长期，夏季地表及沥青层沙层都比对照区温度低，又可使植物免遭日灼的危害。

8.3 石漠化的防治措施

石漠化形成的根本原因就是由于植被遭到破坏，产生水土流失，造成岩石裸露。因此，石漠化防治的根本措施就是植被的恢复技术措施。恢复植被是石漠化治理的关键环节，同时，植被覆盖率的高低也直观地反映了石漠化治理的成效。大部分石漠化地区应以人工恢复植被为主。通过重点发展生态经济型林、草业(如竹林、香椿、酸枣、桃、李、板栗、金钱草、板蓝根等)，即通过人工种树、种草进行植被恢复。这样可以提高植被覆盖率，防治石漠化扩大，改善和重建石漠化地区的良性生态系统。同时，还可以增加农民的收入，调动农民治理石漠化的积极性。由于存在不同程度类型的石漠化，以植被恢复为主要内容的石漠化治理措施应各有不同。造林方式可采用：封山育林、人工造林、人工促进封山育林。

石漠化防治措施还应该结合不同地区的各种农、林业生态工程建设，并与政府有计划地控制人口增长、生态移民和政策扶持等相结合，才能有效地防治石漠化的发生。

(1)封山育林

封山育林是石漠化地区生态重建最直接和省费又成效大的措施。石漠化地区生态环境严酷，采用大面积人工造林的方式来恢复植被，往往事倍功半，成效不佳。封山育林能使不同植物充分发挥天然更新能力，最大限度地利用喀斯特地区特有的小生境，自然更新演替，从而形成具有较高生物多样性的植物群落。在喀斯特石漠化山区，实行严格的封山育林，并辅以人促更新，一般在封山1～2a后可见草坡，5a左右可见灌木，15～30a可形成喀斯特森林植被。

广西马山县弄拉村属岩溶峰丛地区，经历大规模砍伐后，经过30a的封山育林，目前森林覆盖率已达90%以上。贵州石漠化地区实行全面封山后，从裸地→灌草丛→藤刺草灌→疏林→喀斯特森林植物群落，经过大约40～50a的进展演替，可以形成生物多样、结构合理、稳定的喀斯特森林生态系统。封山育林虽然需要的时间较长，但极有利于喀斯特区的植被恢复。因此，在石山、半石山和白云质砂石山等人工造林困难的地段，应大规模采取封山育林措施。根据现有母树、根桩、幼树数量及分布等植被基础情况，结合立地条件和社会经济条件，确定正确的培育方向，采取合理的封育类型、封育方式和封育年限，是能否取得成效的关键。

(2)人工造林

喀斯特地区独特的自然环境和立地条件，决定了石漠化地区的人工造林有别于常规造林。要大力推广先进适用的科技成果，因地制宜、适地适树，选择适应性强、生长较快的优良乡土树种造林。应用切根苗、容器苗造林，可以克服干旱、贫瘠、土少、石砾含量多的不利因素，采用生根粉、抗旱保水剂等提高造林成活率和保存率，造林整地不全面砍山、不炼山，尽可能保留原生植被，避免引起新的水土流失加剧石漠化。在裸石率较大的地段应局部整地，见缝插针，汇集表土，加厚土层，充分利用石沟、石缝、石槽和石坑中残存的土壤密植，造林地穴面覆盖，以及“护草留阔植乔抚灌”、客土造林等，裸石率相对较小的地段则应该将造林密度控制在900～1 050株/hm^2，以便形成林窗，实现乔、灌、草三层的立体配置，充分利用自然力形成针阔复层混交林，加快森林植被的恢复。

在喀斯特石漠化地区，落叶树纯林在秋冬季节由于树叶凋落，大面积岩石失去掩蔽而裸露，造成季节性石漠化；常绿树种纯林对土壤的索取大于返还，不利于土壤理化性质的改良。因此，该地区应遵循植物互补性原理，落叶树种与常绿树种混交，在已有的落叶阔叶林中补植或直播常绿树种。混交林树种搭配原则是选择喜光和耐阴、速生与慢生、针叶与阔叶、常绿与落叶、深根与浅根、吸收根密集型与吸收根分散型，以及冠型不同的树种相互搭配，并且伴生树种与主要树种矛盾小，且无共同病虫害，以株间、行状混交效果最佳。

(3)人工促进封山育林

在石漠化较严重、造林立地条件较差、造林困难地域可采用人工促进封山育林的石漠化治理措施。人工促进封山育林(含育灌)，是指对石漠化山地，水土流失严重的荒山荒地造林困难地段，使用常规封山育林措施成效不大，或需时较长，而投入一定的人力、物力，采用人工补植、补播的方式和封禁措施，使其较快形成森林或灌木植被的一项技术措施。人工促进封山育林不仅可以最大限度地保留原生植被，减少人工造林整地带来的水土流失，还可以降低营造林成本，达到以较少的投资获得较大效益的目的。

喀斯特地区植被恢复须经历石漠化阶段、草丛阶段、藤刺灌丛阶段、乔灌林阶段、顶级群落阶段。自然恢复到顶级群落或功能相当的阶段是一个漫长的过程，少则几十年，多则上百年。这期间还要没有人为的破坏及火灾等自然灾害的影响。这就需要采取人为的措施，缩短恢复的时间。

在石漠化阶段应该引进优良的草种如三叶草、百喜草等来改善水热条件，为构树、盐肤木等灌木树种的入侵创造条件。草丛阶段提供的荫蔽条件和土壤条件已能满足灌木树种和部分乔木树种的生长，应及时封育，人工种植优良的草种，补植喜光速生树种，如任豆、银合欢等。藤刺灌丛阶段土壤和水热条件都已经适合乔木的生长，但土壤中的种子主要还是草本植物的种子，灌木的很少，乔木的就更少。乔木自然恢复的速度仍然很慢，这一阶段应适当栽植生长较快的先锋树种，如桂西可补植任豆、南酸枣、香椿等，滇东地区则直播麻栎、滇石栎、云南松等。乔灌阶段零星生长的乔木多为落叶阔叶树种，如桂西的任豆，滇东的麻栎、滇石栎，贵州的窄叶青冈、披针叶杜英、凤凰润楠等。此阶段应该选择常绿树种如青冈栎、滇柏、云南松、华山松等栽植，通过人工构建起常绿落叶针阔混交林的喀斯特植被。

8.3.1 强度石漠化区的治理

强度石漠化区以贵州省喀斯特发育的强度石漠化区为比较典型，其面积达2 669km²，占贵州省面积的1.52%。主要分布在黔南、黔西南、部分黔西北和少数黔东北的峰丛洼地和峰丛峡谷地区，石漠化已发展到相当严重的程度。石山多坝子少、水土流失严重，环境退化极为突出。人与环境的关系严重失调，形成了“贫困—掠夺资源—环境退化与恶化—进一步贫困”的恶性循环，成为喀斯特脆弱生态环境条件下区域极端贫困的典型代表。这样的生境缺乏人类生存的基本条件，一方水土养活不了一方人。为了解决强度石漠化地区的人与环境这个主要矛盾，首先是对环境减压。因为本身已脆弱的生态系统现已不堪重压，才出现了濒于崩溃或已经崩溃的局面。要恢复它，就要首先减轻人口对这个地区的压力，减轻对这片资源的继续夺取，使它有办法喘息和恢复生机。因此，强度石漠化地区主要通过环境移民、封山育林、自然恢复和生态保护区建设等治理措施，才能根本摆脱环境恶化和经济贫困的现状。

(1)环境移民

环境移民是指由于资源匮乏、生存环境恶劣、生活贫困，不具备现有生产力诸要素的合理结合，无法吸收大量剩余劳动力而引发的人口迁移。例如，贵州喀斯特地区1998年共有农村贫困人口270多万，人口大多数属人均收入400元(1997年价)以下的极贫困人口，主要分布在少数民族聚居的喀斯特深山区、石山区和高寒山区，其中约有20万人缺乏基本的生存条件。

消除贫困是实现区域可持续发展的基本前提，2015年11月，党中央、国务院向全国人民发出号召，打响全国脱贫攻坚战，定于2020年终结贫困，使余下的7000万贫困人口全部脱贫！西南喀斯特地区与中东部地区相比，大多数居民仍处于相对贫困状态，同时发展条件好、资源禀赋好、具有明显区位优势的中东部地区，已经在中国工业化的前期和中期阶段基本完成了绝对贫困问题的治理任务，而西南喀斯特地区，却由于其独特的地质地貌特征成为全国深度贫困地区，还有大量的绝对贫困人口存在，通过环境移民脱贫已刻不容缓。从贵州省“九五”初期开始，在喀斯特发育的强度石漠化生态环境的紫云麻山等地进行了试点阶段的环境移民工作，对居住在不具备基本生产、生活条件地域的贫困户，有计划、有步骤地帮助他们搬迁、转移出来。使土地不再继续承受过度的人为干扰得以休息，喀斯特生态环境通过自然恢复和人工保护明显改善。

(2)封山育林

在喀斯特强度石漠化地区由于基岩裸露大于80%，几乎无土无草，或有也是薄层的贫瘠土壤和稀疏的植被。所以必须封禁，进行有效的封山育林，防止人为活动和牲畜破坏，促进生物积累，促进森林植被的自然恢复，以扩大植被覆盖面积，阻止生态环境继续向不良方向发展。封山育林，以造为主，封、管、育相结合，可使植被演替速度快、质量高。培草可先于种树，使石山地的禾本科草坡植被类型或萌生灌丛植被类型直接向森林植被类型演替。在人为调控下形成适于人们所需要的各种植物群落，这是恢复石灰岩山森林植被的一个迅速、有效的根本措施。

①规划和设计　首先，要对封山育林区进行全面的规划和设计，制定出具体的封山措施、封山育林公约、成立管护组织和明确各自责任，制定相应的乡规民约和管理规章制度。通过设立封山育林区，进行有效的管理，在可能的条件下辅以人工辅助补偿措施，促使生态环境自然恢复和植被进展演替加快进行。采取切实、有效、可行的封禁措施，如禁止割草、放牧、采伐、砍柴及其他一切不利于植物生长恢复的各种形式的人畜活动，来尽量减少人为活动的不良影响和干扰破坏，促进植被的自然恢复。

②划分封育类型　根据喀斯特环境特点、人为干扰方式、立地条件和繁殖体有无，要划分出主要封育类型，如稀疏灌丛草坡型、矮灌丛型、退耕还林类型(乔灌草立体型)等。采取自然恢复与人工促进恢复相结合的治理措施，注重林灌草的立体配置及混交林的营建，引入人工促进植被恢复技术。采取播(撒)种、造林、补植、植草等措施，对植被组成和结构进行改造，增加治理区域内的植物多样性或生物多样性，提高植被覆盖率和植被群落的生态功能，促使石漠化生态环境恢复的良性发展。

③林种和树种配置　喀斯特地区石多土壤少、水肥条件差、热量变幅大，可根据喀斯特岩山的发育特征、类型、气候、土壤、植被、高程、坡向等条件，从营造防护林

(水源涵养林、水土保持林)出发，结合社会经济发展要求和局部小地形特点，进行林种和树种配置。遵循“适地适树”原则，选择耐干旱瘠薄、喜钙、岩生、速生、适应范围广、经济价值较高的树种、灌木和草本，如棕榈、杜仲、构树、鹅耳枥、慈竹、核桃、云南樟、响叶杨、桦木、刺槐、麻栎、侧柏、柏木、楸树、梓树、酸枣、任豆、香椿、花椒、桉树、印楝、川楝、乌桕、喜树、板栗、竹类、甜柿、金银花、葡萄、桔黄草、皇竹草、黄花蒿、葛藤等。

④因地制宜，育草育灌 喀斯特石山土壤极少，土层极薄，对直接栽种林木很困难，而种草却容易成功。只要选择适应的优良草种，按一定的技术种植，无论是何种土壤，还是裸露山地，坡度陡缓都能获得满意效果。所以，应先培育草类，进而培育灌木，通过较长时间的培育，自然能形成乔、灌、草相结合的植物群落。可采取增加封育年限(10～15a)的办法，先在坑洼缝隙残土中种植草灌，保护枯枝落叶层，待成活后再小规模的种植，以形成乔灌草结合的植物群落，达到循序渐进地恢复植被。陡坡开垦的石坑石窝中，存在少量的土壤，可直接栽种幼树苗。在一定时期辅以病虫害防治和抚育措施，保证植物的正常生长发育。一般在植树植草的当年或第二年不动土抚育，以后则根据植物的生长状况进行连续2～4a的抚育管理。抚育以扩穴抚育为主。

喀斯特石山植被封育还要考虑到水源涵养、水土保持的目的，在树种配置选择上要求乔、灌混生，根系发达、主根穿透力强、根系能直插岩石缝隙，能盘结土壤，能阻挡与吸收地表径流，达到固定土壤免遭各种侵蚀的目的。对种子和苗木要处理，在局部还应采用一些高新技术，如容器育苗、吸水剂、生根粉等。采用局部整地或穴状整地方式，“见缝插针”，局部地点可采用爆破法填土造林。对株行距及整地规格不要求一致，密度依各区域的土壤状况而定。任何林种强调集中连片或造林目的单一化，都达不到石山造林治理的预期效果。一个地块的树种在不偏离总的经营方向前提下都可以“你中有我，我中有你”，以达到地尽其力、树尽其能的目的。

喀斯特地区由于土壤多存于岩隙、小凹地和小台地之中，零星分布，少有成片或断续片状分布。因此，整地不能强求统一，采用鱼鳞坑和保留的块状整地方式，石头露头多的地方应见缝插针的进行整地。但地要保存原生植被，有时往往在造林的同时原生植被任意破坏，带状整地与全垦整地几乎将植被全部除掉，就连块状整地也以不让杂草、灌木与幼树争夺养分、水分为理由，将其铲净杀绝，这对植被的恢复非常不利。

在封山育林区要有专人守山看护，尤其对离村寨较近的地方，人类活动频繁，破坏作用较大，防止治理后遭破坏。避免“只治不防，等于白忙”，造成重复浪费。在过去行人容易看到的地方，树立封山育林牌，具体在每个小班入口或路边修建。

(3)“国家公园”式的生态保护区建设

国家公园(National Park)是国际上常采用的生态环境保护主要类型。在生态环境保护、旅游业发展和科学研究方面具有重要作用，并取得了显著的生态、经济和社会效益。1969年，联合国在印度举行的第十届国际自然及自然资源保护联盟大会上把国家公园定义为：一种相对较大的区域，在这个区内，一个或几个生态系统上不受人类开发和定居的影响；动植物种类和地貌景点必须有特殊的科研、教育和旅游价值，或者具有极其漂亮的景观；国家最高当局已着手最大限度地防止和减少人类在整个区内的开发和定居，有效地促进生态、地貌或漂亮景观的保护和建立；在特殊情况下允许旅游者进入这个区域，以达到教育、文化及娱乐目的(IUCH，1985)。

喀斯特发育的强度石漠化景观仍然具有许多开发利用价值。科学价值指喀斯特研究的重要性，这是喀斯特地区“国家公园”选定的先决条件和重要成分。教育价值取决于景观的可接近程度，具有科技教学、地理实习、学术考察和探测技术训练等方面的意义。实际上也属科学价值的组成部分。探险价值包括在洞穴探测、攀缘陡崖、徒步旅行和登山活动等方面的重要性。美学价值主要是山奇、水秀、石美、洞异方面的观光意义。如奇形怪状的岩洞等都有观赏价值。土地利用价值主要是指农牧业方面的利用，如水田、旱地、草地、荒野区等。按照国家公园定义和评价指标：典型性或代表性、稀有性、脆弱性、多样性、天然性、感染力、潜在的保护价值以及科研的基地等，结合喀斯特石漠化地区的实际，在有条件的强度石漠化地区可建立多功能的“国家公园”式生态保护区。

“国家公园”式生态保护区是把喀斯特景观价值与自然保护、科研教育、旅游、农牧业生产融为一体，相互交替、叠置，相互促进、制约，形成多目的、多层次、多级别的特殊的土地资源开发利用和环境保护形式，使保护、管理、开发、利用等问题一并考虑。要对这种庞大而复杂的国家公园进行长期有效的保护管理，就必须充分考虑因开发利用产生的潜在问题和矛盾，根据形态及其景观组合的差异，制定切实有效的方针、政策和措施，通过“国家公园”体制进行严格实施。

①设施配置　任何喀斯特形态若不易接近，其价值便不能充分表现出来。配置造价低和独特的设施既有助于提高利用，也有利于保护。例如，通向峰丛山顶的小道明显会改变人们对全区喀斯特森林景观的整体印象，设立适当的信息中心，为游客提供各种资料，有利于人们了解喀斯特地区自然资源，环境脆弱状况，懂得如何自觉珍惜爱护。

②进出控制　除自然保护区外，实际上进出控制在地表是很难的，这与地下不同，最好是使行人较多的道路布局远离科研价值高的地段，以避免行人践踏。洞穴的进出控制可通过各种探洞俱乐部与土地拥有者的协调实施，最有效的控制是天然屏障如险急峡道、沉积堵塞或崩塌巨石。

③管理分区　保护与管理的好坏取决于能否处理好各种利用、外部影响和环境之间的矛盾。不同喀斯特环境的科研、文化、旅游及其他价值是不尽相同的。为此，按景观的不同属性及利用价值，在保护与管理中采用分级分区处理的措施。在科研价值不要求特别保护的地方可满足开发利用，以传统的种植业为主，如洼地和坡立谷低部，可结合适当的旅游和探险活动；风景好、交通方便、科研价值不大或已做过全面深入研究工作的地区划为旅游区，人们对这个区域的进出受到管理诸如门票及导游的控制，优先权是旅游和探险娱乐，结合适当的农牧业发展，但必须与保护相适应；若交通条件差，地形复杂，不便于旅游，但是野外娱乐生活诸如探洞、登山、滑雪、攀崖等的好地方，可升级为开放区，人们对这个区域的进出是自由的；对那些有科研价值或研究工作做得不深入的地方，其他条件再好，也只能为限制区，对这个区域的出入必须经有关部门批准，主要为科研开放，结合适当的教学考察；在这种限制区，若科研价值极高，生态意义极大，具有较多的省级或国家级珍稀动植物，可视为禁止区，对这种区域的进出必须经特别批准，包括现在自然保护区的核心区。

8.3.2 中度石漠化区的治理

中度石漠化地区一方面喀斯特发育典型，形成峡谷、山沟、陡坡，造成自然冲刷强度大，成为天然的脆弱环境；另一方面目前仍在开发利用中，人们向林灌山地放火来开垦土地，荒地上失去地表植物的根固，引起水土流失，土壤贫瘠、产量不高。以贵州喀斯特发育的中度石漠化区为例，其面积达10 518km^2，占全省面积的5.97%。主要分布在黔南、黔西南、部分黔西北和少数黔东北的峰丛山地、峰林谷地和高原分水岭地区。坡耕地数量的增加，对解决山区群众的温饱发挥了重要作用。但过度垦殖确实是加剧水土流失和石漠化的重要原因之一。如陡坡开垦和顺坡开垦，多数时间没有农作物遮挡、截留降水，一旦下雨就会冲刷流失，造成水土流失、形成石漠化，甚至导致泥石流、山体滑坡等。本着“治灾在于治水，治水在于治源，治源在于治山，治山在于育林”的原则。治山治水并重，以治山为本。因此，中度石漠化区要通过控制人口数量、加大劳务输出减小人口压力，加大坡改梯工程、改善农业生产条件等措施；在满足群众温饱的基础上，确保退耕还林还草“退得下、还得上、保得住、管得好、效益高”，达到生态环境的改善，实现石漠化的逆转。

(1)劳务输出

喀斯特地区随着人口的增长，生存压力增大，人口剧增引起的人口压力是喀斯特生态环境恶化的根本原因。在中度石漠化地区大都人口过多，人类活动频繁是造成中度石漠化的主要原因。根据目前土地承载力超负荷运行的现实，有效控制人口增长，避免人口过多超过环境承载力，是首先要采取的措施之一。

开拓境外劳务市场，有组织地搞好劳务培训和输出，努力推动剩余劳动力向非农产业转移，在沿海用工需求量大的城市设立窗口，为外出务工的农民提供准确的就业用工信息，进一步加大农村剩余劳动力的转移力度，提高劳务输出规模。结合小城镇建设，引导农民进城发展第二产业和第三产业。这一方面可以较大地减轻喀斯特地区人口对环境的压力，缓解人地矛盾、人粮矛盾；另一方面劳务输出可以较快地增加当地人的收入，为农业生产和生态环境建设提供资金积蓄。利用外界寄回的“资金”搞多种经营，促使经济快速发展；第三，“入乡随俗”，与外界进行直接的交流便于强化农民的商品意识，增强环境保护与开发意识。

开展转岗就业培训，尽量让每个人都有一技之长，从事第三产业，提高劳务输出规模。只有适时地实施“培训—输出—脱贫—致富”一体化计划，有效地进行劳务输出，让输出人员带领未输出人员，发展全区经济，鼓励农村劳动力进入当地乡镇谋职定居，寻求致富门路，这是石漠化区域生态环境治理、经济脱贫致富的战略新举措。

(2)坡改梯工程

在喀斯特发育的中度石漠化区，坡耕地的人地矛盾更为突出。人多耕地少、坡地多平地少、旱土多稻田少、中低产田(土)多稳产高产基本农田少，水土流失和石漠化日趋严重。坡改梯是治理水土流失和基本农田建设的一项有效工程措施。据贵州省1990年的耕地调查，在254×10^4hm^2旱耕地中，坡度在15°以下较为平整的耕地只有62×10^4hm^2，仅占旱耕地面积的24.3%；坡度在15°～25°的缓坡耕地有94.3×10^4hm^2，占37.1%；

未梯化的坡耕地比重高达82.1%，面积近$150\times10^4 hm^2$。

1991年贵州省开始有计划、有组织、大规模地实施以工代赈坡改梯(坡土改梯土)工程建设。累计完成坡改梯面积超过$47\times10^4 hm^2$，其中坡土改梯土$35.8\times10^4 hm^2$，坡土改梯田$3\times10^4 hm^2$，恢复水毁农田$6\times10^4 hm^2$，荒坡梯化后建成经济林果园及治理冷、烂、锈田$2.3\times10^4 hm^2$。通过坡改梯，把原来的坡耕地特别是乱石旮旯地改成了水平梯土或缓坡梯土，使长期跑土、跑水、跑肥的“三跑地”变成了保土、保水、保肥的“三保地”，为逐步建成旱涝保收、稳产高产的基本农田，实施退耕还林(草)奠定了基础。进行坡改梯时要有科技指导、统一规划，因地制宜地把宜耕坡地有计划地进行坡改梯，不宜耕坡地则要坚决退耕还林(草)。改变顺坡开垦的做法，沿等高线搞石埂坡改梯或土坎坡改梯，集中连片等高步埂，把工程措施与生物措施有机地结合起来，抠土炸石、埋石造地、砌埂保土。在卧牛石多的平坝地区，主要通过炸取卧牛石，扩大耕地面积，进行田园化建设。对十年九不收的涝洼地，则要通过打洞、开沟、引洪、排涝等措施加以治理。在建设规模上，宜大则大、宜小则小，大弯就势、小弯取直，打破地界，将田、路、沟、池水系配套，高标准、高质量地建造石坎梯田。

喀斯特石漠化地区单纯用工程措施搞坡改梯，投资大投劳多，初期效益差，对生态、植被的保护也带来一些不易解决的问题。因此，可采用石埂梯化与生物梯化相结合，即用条带种植的办法，在坡地上每隔一定间距，沿等高线石埂梯化后，种植一带由灌木或多年生草本植物组成的栅篱生物墙，栽种茶叶、花椒等地埂植物，带间种植粮油作物，利用树林涵养水源、保持水土。

生物梯化技术进行坡改梯有以下优点：通过栅篱作物带拦截冲刷的土壤，加上逐年沿水平线耕翻土地，上切下垫，可使坡地逐步变成梯土，成本只有工程措施的1/5～1/10，费省效宏，易为农民所接受。栅篱作物带可减缓径流速度与冲刷力，土壤与养分流失量明显减少。据在罗甸测定(杜齐鸣、旷宗仁，1998)，在试验开始设置的第一年，条带种植较农民传统种植法土壤侵蚀量减少19.3%；第二年随着栅篱作物的旺盛生长，土壤侵蚀量减少82.2%；第三年后基本上没有土壤侵蚀发生。生物梯化有利于土壤水分和养分的保蓄，且不打乱土层。即使在栅篱作物占去土地面积10%的情况下，其产量仍与传统种植相当。用作栅篱的植物香根草、紫穗槐、桑树、茶树等，本身具有很高的经济价值和生态价值。

(3)退耕还林还草

国家把生态建设定位为实施西部大开发战略的根本性措施，对陡坡耕地实施退耕还林还草是恢复生态环境的关键措施和突破口。据监测结果，在相同条件下耕地的坡度越陡，水土流失越严重，11°的坡耕地水土流失量是6°缓坡的2.47倍，全裸地的水土流失量是人工草地的1 143倍、林地的506倍。喀斯特发育的中度石漠化区多属旱坡耕地，还没有完全石漠化，保持有部分林灌，如不及时防治将演化为强度石漠化，必须坚决执行退耕还林，把25°以上的坡耕地坚决退下来还林还草，恢复植被十分重要。

在退耕还林还草时，应坚持梯级化整地，沿等高线种植，切忌顺坡开畦种植。退耕还林初期，可在陡坡上搞林粮间作，即幼林时间作粮食，成林后退耕。林木选择要根据不同的立地条件，在交通不便、相对贫困地区的坡耕地上，发展杜仲、漆树、蚕桑等经济林，作为带动地方经济发展的一部分；在立地条件较好，离村寨近、交通方便，便于管理的坡耕地上发展苹果、核桃等经济林，使收获后的果实能及时运出。造林中，可采取人工补植、补播，通过局部整地，每公顷补植(播)450～750株(穴)。补植(播)树种可考虑滇柏、华山松、马桑、火棘、白花刺等。

喀斯特石漠化山地土壤具有土层浅薄疏松，水土极易流失，蓄水保肥力差，有机质含量少的特点，一旦原生植被遭到破坏，土壤裸露，就给水土流失创造了条件。一遇暴雨，土壤大量流失，土表腐殖质随即冲走，造成土层更加浅薄。天气晴朗烈日当空时，土温增加，又容易造成日灼危害，甚至使树苗死亡。因此，保存原生植被就能起到同森林的防护效能几乎相同的效果。如减少地表径流，降低蒸腾作用。夏季能降低土温，减少日灼，降低蒸腾作用；冬季能增高土温，减免冻害。同时枯枝落叶还给土壤积累了大量的有机质，给幼树苗的生长提供了较为优良的水肥条件。造林的抚育管理，要有意识地在坑周围留有原生植被，种植坑内在造林的第一年不会有多少杂草，因此第一年可以不抚育；第二、三年则可进行松土、除草抚育2～3次，连续5a。

(4)草地畜牧业

中度石漠化地区退耕必须还草，实行林草结合，发展草地畜牧业。植草比种树见效快，草的适宜性强，容易取得成功。例如，9月份播种的黑麦草，12月初就能全部覆盖地面，翌年雨季到来时，覆盖度达到100%，能有效地控制水土和肥力流失，并涵养水分。同时又是发展畜牧业的经济原料，要在治理上加以利用。据贵州独山县土地综合利用项目研究，用马尾松、杉木、杜仲、油桐和豆科牧草进行间作，与无草间作的树为对照，种植后3年测定结果是：松—草间作马尾松幼林与对照幼林相比，树高是对照组的1.7倍，地径是1.58倍；杉—草间作幼杉林是对照组的4.12倍和5.6倍；杜仲—草间作是对照组的1.27倍和1.54倍；桐—草间作是对照组1.97倍和2倍，桐草间作油桐结实量为对照组的3.2倍。即无论哪种树种，林草间作比单植树的树高、地径和结实都有显著的提高。

选苗要尽量选用适宜喀斯特环境的速生草(树)种，栽种高产豆科饲料来养兔等食豆草动物。对草坡可进行更新，引进培养新种牧草。白三叶草在正常生长情况下，每公顷可固氮660g，相当于1350kg优质尿素。其他种类的豆科牧草也可以通过自身的根瘤菌对土壤产生固氮增肥的作用。据1996年西南农学院土壤肥料系教授对贵州牧草种子繁殖场的考察结果，发现以白三叶草和黑麦草为主的混播人工草地，通过7年的围栏放牧家畜，壤土层增厚了12cm，如靠自然演替要70年以上才能达到这样的结果。

8.3.3 轻度石漠化区的治理

喀斯特发育的轻度石漠化区仍属落后的传统农业地区，目前人口密集，人类经济活动频繁，农民的温饱主要依赖于对土地的开发利用，对环境的压力大，人地矛盾非常突出。以贵州省为例，喀斯特发育的轻度石漠化区面积达22 733km^2，占全省面积的12.90%，主要分布在黔南、黔西南、部分黔西北和少数黔东北的峰林谷地和峰林溶原地区。这些地区由于农业生产活动的不合理性和未能采取有效的水土保持措施，轻度石漠化且呈进一步发展的趋势。一些地方的农民为填饱肚子，无休止地毁林(草)开荒，甚至还保持有刀耕火种的原始陋习，陡坡开垦直接种植，不采取任何梯化保土保水保肥措施。在耕作时，为省力方便，往往顺坡种植，使降水径流流速加快，土壤冲刷力度增大。在交通条件差的地方，为解决能源无节制地砍伐林灌，自然植被遭到严重破坏，水土流失加剧。同时，由于开矿、修路、城乡建设等掠夺式地利用土地资源，使森林、草地进一步减少，恶化了生态环境，更加快了石漠化发展的速度。由于乱开荒地还处于初期，破坏还不足够强，自然生态系统功能尚存。如果继续乱开荒和乱砍滥伐及不合理利用就会导致严重石漠化。因此，轻度石漠化区要治理、预防并重，主要通过加大农田基本建设，主攻中产田土壤改造，合理开发非耕地资源，发展生态农业，并建立资源节约型经济体系，改变高消耗资源粗放型发展生产模式。

(1)退耕还林，加强中低产田改造

由于喀斯特山地居民生存条件和生产方式的特殊性，形成了独具特色的山地农业类型。几千年沿袭下来的刀耕火种与粗放耕作、重农轻商、自给自足的小农经济仍然是贫困山区的重要生产方式。“靠天吃饭”现象严重，促使山区不断以扩大坡耕地、实行广种薄收来增加粮食，其结果是加速了生态环境的退化，促使了石漠化的发展。首先要采取的措施是，在不宜作为耕地的土地必须退耕还林还草。为弥补耕地不足粮食生产面积减少，要加大农田基本建设，主攻中产田土改造，提高巩固高产田土，有计划地改造低产田土。因为中产田土增产潜力大，所占耕地比重高，投资回报综合效益好。高产田土因占耕地比重小，在现有的经济投入和科技投入情况下将很快达到上限，对喀斯特地区总产量增加的潜力有限，而且还可能出现回报递减。低产田土因“先天性的缺陷”(坡大、土薄、低质、易旱、水利条件差等)，生产潜力也是有限的，且投入大，回报率低，经济效益差，不宜作为重点投入改造的对象，应有计划地改造，一些生产力极低不宜耕种低产田，应为退耕还林的对象。

其次，实施以改土为龙头的配水、配肥、良种、良法栽培系列组装配套技术，包括中低产田土改良、培肥的科技措施及种植配套技术示范推广。坡改梯工程与生物措施；梯化土的培肥如绿肥及有机肥培肥技术示范，包括土壤中现有微生物种群及其物理化学性质，以及在土壤中的作用；良种选育与引进技术，包括水稻良种良法栽培高产技术示范推广，玉米良种良法栽培丰产技术示范推广，饲料用粮品种选择及丰产技术示范推广等。提高粮食、经济作物产量，解决吃饭问题。

(2)合理开发非耕地资源

喀斯特地区耕地稀缺、破碎、瘠薄，但非耕地资源却相对丰富。合理开发利用部分非耕地资源，可缓解喀斯特地区耕地过度利用、土壤瘠薄，水土流失加剧的不利局面。据贵州省农业区划数据，全省喀斯特地区人均耕地只有0.053hm^2，而可开发利用的非耕地资源约有1 200×10^4hm^2，为现有耕地的3.2倍。对于贵州这样一个喀斯特山区来说，这些都是丰富的资源优势，开发潜力很大。开发非耕地资源是传统农业的拓展和延伸，是外延式扩大再生产，既可以容纳大量农村劳动力，对农民又有着强大的吸引力，农民能广泛参与，致富覆盖面是很大的。荒山还有种茶，栽桑，建果园，发展草场畜牧业，建成了一批具有一定规模的“四园三场”(即茶园、桑园、果园、药园和林场、牧场、渔场)。开发产品兴办加工业、运销业、发展中介服务，可以加速农村分工分业的进程。

在开发利用非耕地资源中，应注意过度垦殖的问题，保护好已有植被，避免由于过度开发利用而造成新的水土流失和石漠化的发生。

(3)加强生态农业建设

喀斯特地区是以坡地为主的山区，在发展农、林、牧各业生产中，应注重安排农、林、牧业用地比例并选择对控制水土流失、防止石漠化发生、保护生态环境作用大的一些生产模式。因此，在进行水土保持与石漠化治理的过程中应走生态农业的道路，建立组分多样、结构合理、功能齐全、优势明显的农林复合经营生态经济系统。把发展山区特色农业生态经济与控制山区水土流失和治理石漠化有机地结合起来，达到农业经济发展和生态环境保护平衡发展。

对本区的轻度石漠化治理应大力推行混农林业复合型综合治理模式，主要包括立体农林复合型、林果药为主的林业先导型、林牧结合型、农林牧结合型、农林牧渔结合型等模式。构成“林以山为本，山以林为依，水以林为源，粮以水为本”的农业生态系统。把农、林、牧业生产纳入到区域生态系统建设的整体中来考虑，着眼于发挥农业生态系统保护环境的整体功能。

结合流域治理重点和区域的经济效益，在流域下游以旱作及果树(桃、李、梨)、药材为主，中游速生林或薪炭林或果药林及经济林为主，上游山顶分水岭地带以水源涵养林为主。利用树冠截流降水，使水分下渗，表层带蓄水，延长汇流时间，庇护林地减少坡面土壤冲刷，并合理配置小型水利水保工程。实施坡改梯工程和配套拦山排洪沟及蓄水、灌溉工程。在沟谷配套谷坊、沉沙地、护提等工程。按照“山上山下相结合”的原则，从山顶至山脚，从沟头到沟尾，从上游到下游，自上而下，因害设防。把山地作为一个整体实施“五子登科”(山上植树造林戴帽子，山腰种经济林、地埂种草拴带子，陡坡地种植牧草或绿肥铺毯子，山下庭院经济多种经营抓票子，基本农田集约经营收谷子)式的立体生态农业建设措施。

同时充分利用和改造谷地、洼地和山坡下部质量较高的耕地，搞好坡改梯、砌墙保土为主的农田基本建设，宜以粮或经济作物的耕作业为主，但要合理开发水资源，兴修水利工程。在农田较集中的山脚“椅子”处修建塘堰和家庭水池，形成小水窖网。选址要高于农田，利用降水时积蓄雨水，干旱时灌溉农田，增加保收耕地，提高粮食自给水平。在塘堰中喂养鱼、鸭，这样既能调蓄灌溉，又有明显经济效益，提高农户对塘堰的管理、维护。塘堰下方梯田的灌排渠要合理修建，一般由上田向下田灌排。单独的梯田应修水泥沟，减少灌排过程中水渗漏等的流失。坝子中的水田可相互灌排，要考虑灌排中带走肥力、田埂漏水等问题。从而形成一个山体之中农—林—牧紧密结合，互相支持和保护，具有良好的生态、经济和社会效益的景观生态系统。

(4)建立资源节约型经济体系

喀斯特石漠化地区自然资源破坏重、水土资源尤为宝贵。在石漠化治理中对所建立的各种农林复合经营模式必须采用高新科学技术，依靠科学技术进步，走“高产、优质、高效、低耗”的道路，促进资源节约型农林复合经营治理模式的发展。建立节地、节水为中心的集约化农业生产体系和建立节能、节材为中心的节约型生产、生活体系。尽可能地开发利用有限的水土资源，以提高资源利用效率，促进能量转化和物质循环。

①土地资源开发利用与配套节土耕作　改变传统落后的耕作方式，结合科教兴农，引入农业高新技术，大力提高科技含量，全面推广优良品种、绿肥免耕、横坡聚垄、合理密植、地膜覆盖、营养坨移栽和套种轮作等技术措施，以增强地表覆盖、土壤肥力和保水能力。采用宽窄行为主规范化种植，采用两段育秧、地膜育秧和温室育秧等实用技术。旱地耕作采用地膜玉米营养袋育苗定向移栽，实行小麦、烤烟、土豆、玉米等套种轮作。

②水资源开发利用与配套节水农业　根据表层喀斯特水贮存特性，按水资源特点，因地制宜，修建水窖、水池蓄积雨水；修建水库和提水工程开发利用地表水；设法开发利用喀斯特地下水和上层滞水，解决人畜饮水问题。可实施旱坡地林、灌、草及农作物丰产配水水源工程和采取配套的节水灌溉技术。如贵州恒德绿色工程有限责任公司研究开发的“爆破植树法与吊袋引滴灌溉”技术，设计简单、农民易用，在喀斯特山地的节水技术达到很高程度。可试验推广浅灌节水农业技术，如水稻浅灌，旱地窝灌、滴灌等。如花江地区分别采取房顶集雨—水窖蓄水、坡面集雨—水池(窖)蓄水、喀斯特暂时性管道型泉口建水池蓄水，以及虹吸抽取喀斯特表层管道水等工程措施，充分开发利用了水资源，对控制水土流失，防止石漠化发生起到了积极辅助作用。

③节柴与能源开发利用　喀斯特地区农村“柴杆型”单一生活能源结构，也是该地区石漠化发生的一个诱因。解决农村燃料问题，减少用柴，保护森林植被，确保退耕还林还草还得上，是水土保持、防治石漠化的一个重要措施。应在喀斯特地区大力发展沼气，加大沼气池建设的力度，发展农村沼气解决农民烧柴问题，应推广以煤代柴、以电代柴和使用节柴、节能灶。在居住地集中地区可发展专业化的集体大沼气池，改变以往烧毁农作物秸秆的做法。用沼气取代柴草，结合改厕、改圈，粪肥入池，既解决农村的燃料问题，又改善环境卫生。沼气加上柴油还可以用于发电，可增加农村电力能源，减轻为了获得能源而对植被的破坏。

截至 2011 年年底，我国岩溶地区石漠化土地 $1\,200.2\times10^4 hm^2$，与 2005 年相比，石漠化土地面积减少了 $96.0\times10^4 hm^2$，减少了 7.4%，年均减少面积 $16.0\times10^4 hm^2$，年均缩减率为 1.27%。其中轻度石漠化土地面积增加了 $75.2\times10^4 hm^2$，增加了 21.1%；中度石漠化面积减少 $73.0\times10^4 hm^2$，减少了 12.3%；重度石漠化面积减少 $75.7\times10^4 hm^2$，减少了 25.8%；极重度石漠化土地面积减少 $22.5\times10^4 hm^2$，减少了 41.3%。岩溶地区植被状况好转，植被盖度增加 4.4%，植被结构在改善，乔木型和灌木型的比例增加，无植被类型的比例减少。石漠化动态变化原因主要如下：

第一，林草植被保护政策的实施，促进了石漠化地区的植被恢复。1999 年以来，国家相继出台了天然林资源保护、生态公益林补偿、草原生态补偿政策，大幅度增加了对林草植被保护的投入，抑制了不合理的人为活动，调动了广大群众保护林草植被的积极性，促进了岩溶地区的林草植被恢复和生态环境改善。

第二，重大生态治理工程的实施，对遏制石漠化扩展起到了重要作用。1999 年以来，国家在石漠化地区实施退耕还林还草工程，加大长江、珠江防护林等重点生态工程建设投入，防治速度明显加快，成效显著。2008 年，国务院批复了《岩溶地区石漠化综合治理规划大纲》(2006—2015 年)，启动石漠化综合治理试点工作，进一步加快了石漠化治理步伐。

第三，集体林权制度改革的推进，对石漠化地区的森林植被保护有很大促进。自2005年以来，国家开展了集体林权制度改革，把集体林权明确到户，实现了产权明晰、权属稳定，山林成为群众个人财产，广大林农保护森林植树造林积极性高涨，促进了森林资源的经营和保护。

第四，坡改梯等农业技术措施的实施，有效地改变了陡坡耕地的状况，减轻了水土流失。通过农业综合开发、小流域综合治理等项目，采取坡改梯、客土改良、配套小型水利水保等措施，提高了岩溶地区耕地质量，有效控制了水土流失。

第五，实施农村人口转移措施，降低了土地的承载力。通过积极引导农村剩余劳动力劳务输出等措施，降低了农村人口对岩溶土地的依赖程度，减轻了土地的承载力，促进了生态修复。

第六，农村能源结构的调整，减轻了对区域植被的破坏。多年来，各地积极推广节煤炉、节柴灶，提高现有生物质能源的利用，大幅度减少了薪材在农村能源结构中的比例，有效地促进了植被保护。

本章小结

沙漠化和石漠化是指土地退化的两种不同形式，前者属荒漠化中的风蚀荒漠化类型，其外营力是风，造成土地退化的主要特征是地表出现风沙活动和流动沙丘，主要发生在我国西北气候干旱、半干旱区及亚湿润干旱区；而后者不属于荒漠化类型，是一种特殊的土地退化形式，其外营力是水，造成土地退化的主要特征是地表出现岩石裸露或砾石堆积，主要发生在我国西南气候湿润的喀斯特地貌(由碳酸盐类岩石发育而成)分布地区。退化的终结前者为土地沙化，后者为土地石化。沙漠化和石漠化的防治措施要以生物工程措施为主，通过种草、植树、封禁、封育、保护等措施来恢复地表植被。在沙漠化地区营造不同树种、不同配置、不同形式的农田防护林带(网)、草牧场防护林、防风固沙林，可采用人工造林和飞机播种造林。在造林极端困难地段要辅以机械沙障或化学固沙措施。在石漠化地区要退耕还林、还草，封山育林，进行中低产田改造，加强生态农业基本建设。

思 考 题

1. 沙漠化与石漠化的主要指征及实质是什么？
2. 沙区飞机播种造林的主要技术环节？
3. 流动沙地主要造林措施有哪些？
4. 设置机械沙障时需要掌握哪些技术？
5. 化学固沙的作用原理是什么？
6. 强度石漠化的防治措施有哪些？

本章推荐阅读书目

1. 孙保平. 2001. 荒漠化防治工程学 [M]. 北京：中国林业出版社.
2. 朱俊凤，朱震达. 1999. 中国沙漠化防治[M]，北京：中国林业出版社.

参考文献

程延年.1992. 沙漠化与农业[N](1992-06-16). 中国环境报: 6-16.
慈龙骏.2005. 中国的荒漠化及其防治[M]. 北京: 高等教育出版社.
崔书红.1998. 湿润地区的荒漠化[J]. 第四纪研究(2): 173-179.
贵州省林业厅.1998. 贵州省喀斯特石漠化地区生态重建工程建设的探讨[J]. 贵州林业科技, 26(4): 3-6.
国家林业局.2015. 第五次全国荒漠化监测报告[R]. 北京: 国家林业局.
国家林业局.2012. 中国石漠化状况公报[R]. 北京: 国家林业局.
何绍芬.1997. 荒漠化、沙漠化定义的内涵、外延及在我国的实质内容[J]. 内蒙古林业科技(1): 15-18.
刘嘉俊, 范雪蓉.1999. 论中国土地荒漠化的类型、特点及防治对策[J]. 土壤侵蚀与水土保持学报, 5(5): 12-15.
刘淑珍, 柴宗新, 范建容.2000. 中国土地荒漠化分类系统探讨[J]. 中国沙漠, 20(1): 35-39.
欧阳自远.1998. 中国西南喀斯特生态脆弱区的综合治理与开发脱贫[J]. 世界科技研究与发展, 20(2): 53-56.
司洪生.1998. 关于"荒漠化"与"沙漠化"概念的讨论[J]. 世界林业研究, 11(1): 68-71.
孙保平.2000. 荒漠化防治工程学[M]. 北京: 中国林业出版社.
屠玉麟.2000. 贵州喀斯特地区生态环境问题及其对策[J]. 贵州环保科技, 6(1): 1-6.
王海燕.1992. 我国沙漠化整治研究居世界前列[N]. 中国环境报: 6-28.
王鸿, 罗爱忠.2009. 毕节地区石漠化治理存在问题及对策[J]. 岩土力学, 30(2): 427-429.
王荣, 蔡运龙.2010. 西南喀斯特地区退化生态系统整治模式[J]. 应用生态学报, 21(4): 1070-1080.
肖华, 熊康宁, 张浩, 等.2014. 喀斯特石漠化治理模式研究进展[J]. 中国人口·资源与环境, 24(3): 330-334.
熊康宁.2002. 喀斯特石漠化的遥感—GIS典型研究[M]. 北京: 地质出版社.
熊康宁, 李晋, 龙明忠.2012. 典型喀斯特石漠化治理区水土流失特征与关键问题[J]. 地理学报, 67(7): 889-899.
张殿发, 王世杰, 周德全, 等.2001. 贵州省喀斯特地区土地石漠化的内动力作用机制[J]. 水土保持通报, 21(4): 1-5.
张锦林.2003. 林业生态工程是石漠化治理的根本措施[J]. 中国林业(1): 9-10.
张俊佩, 张建国, 段爱国, 等.2008. 中国西南喀斯特地区石漠化治理[J]. 林业科学, 44(7): 84-89.
张信宝.2016. 贵州石漠化治理的历程、成效、存在问题与对策建议[J]. 中国岩溶, 35(5): 497-502.
张煜星.1996. 论荒漠与荒漠化程度评价[J]. 干旱区研究, 13(2): 77-80.
治沙造林学编委会.1981. 治沙造林学[M]. 北京: 中国林业出版社.
中国科学院《中国自然地理》编辑委员会.1985. 中国自然地理·总论[M]. 北京: 科学出版社.
周政贤.2002. 贵州石漠化退化土地及植被恢复模式[J]. 贵州科学, 20(1): 1-6.
朱震达, 崔书红.1996. 中国南方的土地荒漠化问题[J]. 中国沙漠, 16(4): 331-337.
朱震达.1984. 关于沙漠化的概念及其发展程度的判断[J]. 中国沙漠, 4(3): 263-269.
朱震达.1998. 中国土地荒漠化的概念、成因与防治[J]. 第四纪研究(2): 145-153.

第9章

生产建设项目水土保持

长期以来，我国开展了较大规模的水土流失综合治理工作，取得了很大的成效，但近年来，随着人口增长及经济发展，生产建设和资源开发活动急剧增加，大量的生产建设项目立项上马，加之在生产建设中忽视了水土保持，致使全国的水土流失仍然在加剧，局部生态环境恶化突出，并且呈现水土流失面积、水土流失量没有明显减少及水土流失地域、分布及其强度、水土流失危害等发生了新变化的特点，严重制约了我国经济及社会的可持续发展。为此，针对生产建设项目水土流失的特点有针对性地提出合理、可行的水土保持方案，并对水土保持方案的实施加强管理等显得尤为重要。

9.1 水土保持方案编制

随着社会经济的发展，我国的基础设施建设不断推进，大量的生产建设项目立项上马，这些项目涉及地质矿产、交通事业、煤炭工业、电力工业、冶金工业、有色金属工业、建材工业、房地产等，项目类型繁多，分布地域广泛，使水土流失由山丘区扩展到了平原，由农村扩展到了城市，由农区扩展到了林区、工业区、开发区等，水土流失分布及强度发生了变化，使原有的区域水土流失产生、发展规律发生改变，给项目区生态环境带来了很大的危害。

由于开发建设项目水土流失与自然状态下产生的水土流失有明显的不同，因此，以小流域为单元的水土保持规划、设计的指导思想、规划方法、防护措施设计、经济计算与评价等不完全适用于生产建设项目的水土保持方案，因此，针对生产建设项目特殊的水土流失进行水土保持方案编制显得尤为重要。

9.1.1 水土保持方案管理

9.1.1.1 水土保持方案编制规定

1) 方案编制工作规定

(1) 行业归口管理

由于水土保持的相关业务、监督执法归属于水利行业，因此，建设项目的水土保持方案由各级水行政主管部门及地方政府设立的水土保持机构负责审批。

(2) 地域

新修订后的《中华人民共和国水土保持法》第二十五条规定：“在山区、丘陵区、风沙区以及水土保持规划确定的容易发生水土流失的其他区域开办可能造成水土流失的生产建设项目，生产建设单位应当编制水土保持方案，报县级以上人民政府水行政主管部门审批，并按照经批准的水土保持方案，采取水土流失预防和治理措施”，第三十二条规定“开办生产建设项目或者从事其他生产建设活动造成水土流失的，应当进行治理”。

从这个意义上讲，凡在生产建设过程中可能引起水土流失的开发建设项目都应编报水土保持方案，而不仅仅局限于山区、丘陵区和风沙区。

(3)开发建设项目的类型

按照开发建设项目的特点和水土流失的特点，须编报水土保持方案的开发建设项目有以下几类：

矿业、料场开采：矿业开采主要有有色及黑色金属、稀土、煤炭、石油、天然气等，料场开采主要有石料场、土料场、填筑料场等。

工业企业：电网、建材、冶金、电力、森林采伐、电信等。

交通运输：公路、机场、港口、码头、铁路等。

水利水电工程：包括水利水电枢纽工程、输(引、供)谁及灌溉、排水、治涝工程、河道整治及堤防工程等。

城镇建设：包括新建农村小城镇(含移民区)、大中城市扩建改建、经济开发区与旅游开发区建设、房地产等。

开垦荒坡地：开垦禁肯坡度(25°)以下、5°以上荒坡地的，必须经过水行政主管部门批准。

坡地造林和经营经济林木：在5°以上坡地上整地造林、抚育幼林，经营经济林木的。

(4)时限

新修订后的《中华人民共和国水土保持法》第二十七条规定：“依法应当编制水土保持方案的生产建设项目中的水土保持设施，应当与主体工程同时设计、同时施工、同时投产使用”；第五十三条规定：依法应当编制水土保持方案的生产建设项目，未编制水土保持方案或者编制的水土保持方案未经批准而开工建设的，由县级以上人民政府水行政主管部门责令停止违法行为，限期补办手续。

(5)资格

新修订后的《中华人民共和国水土保持法》第二十五条规定：“可能造成水土流失的生产建设项目，生产建设单位应当编制水土保持方案，报县级以上人民政府水行政主管部门审批，并按照经批准的水土保持方案，采取水土流失预防和治理措施。没有能力编制水土保持方案的，应当委托具备相应技术条件的机构编制。”从这个意义上讲，生产建设单位可以自行编制水土保持方案也可委托具有相应技术条件的机构编制，本条规定对编制单位的技术条件和能力做了要求，并没有对资质进行硬性要求。

(6)编报和审批制度

水土保持方案实行同级审批制度，即主体工程在哪级部门立项，水土保持方案就报哪级水行政主管部门审批，但从2016年开始，为落实国务院深化“放管服”改革精神，进一步规范审批、优化服务、提高效率，加快推进重大投资项目开工建设，水利部、各省(自治区、直辖市)都下放了部分生产建设项目的水土保持方案审批权限。

对项目水土保持方案批准后，项目发生变更的，新修订后的《中华人民共和国水土保持法》第二十五条规定：“生产建设项目的地点、规模发生重大变化，未补充、修改水土保持方案或者补充、修改的水土保持方案未经原审批机关批准的。”

(7)考核

2017年中国水土保持学会出台了《生产建设项目水土保持方案编制单位水平评价管理办法》，对水土保持方案编制单位实行星级评价，分为一星级至五星级，五星级为最高等级，每年集中开展一次水平评价，并向社会公告。

2)方案编制技术规定

(1)阶段划分

水土保持方案编制分为可行性研究、初步设计、技施设计3个阶段，其方案编制的深度应与主体工程一致。新建、扩建项目的水土保持方案，其内容和深度应与主体工程所处的阶段相适应，已建、在建项目可直接编制达到初步设计或技施阶段深度的方案，方案审批，主要审定可行性研究和初步设计阶段的水土保持方案和设计。水土保持方案要根据主体工程的设计编制，同时对工程设计提出符合水土保持要求的修改补充意见，对原设计进行评价，并对原设计中不合理的地方进行修正。

(2)各设计阶段要求

①可行性研究阶段　该阶段要求对现场进行考察和调查，摸清建设项目及其周边环境概况、项目区水土流失及水土保持现状，分析和预测生产建设中排放废弃固体物的数量和可能造成的水土流失及其危害，初步估算建设项目的防治责任范围，并制定、分析论证水土流失初选防治方案，对水土保持投资进行估算，并纳入主体工程总投资。

②初步设计阶段　该阶段要求说明水土保持方案初步设计依据，明确项目的水土流失防治责任范围及面积，科学预测开发建设项目造成水土流失的面积、数量，对水土流失的防治措施进行初步设计，并计算出工程量，合理安排各项措施的实施进度；同时对不同工程进行典型设计、水土保持投资进行概算、投资进行年度安排、方案的实施提出保障措施，从水土保持的角度出发，对项目建设合理性做出结论和建议。

③技施设计　在初步设计基础上，进行技术设计和施工图设计，确保方案的实施。

(3)水土保持方案报告书的主要内容

水土保持方案报告书的编制应根据《开发建设项目水土保持方案技术规范》进行编制。

9.1.1.2 水土保持方案实施规定

(1)投资责任

根据“谁开发，谁保护，谁造成水土流失，谁负责治理”的原则，企事业单位在建设或生产过程中造成水土流失的，应负责对其造成的水土流失进行治理，建设项目的水土流失防治费从基本建设投资中列支，生产运行中的项目其水土流失防治费从生产费用中列支。

(2)组织治理方式

项目建设单位有能力进行治理的，自行治理，因技术等原因无力自行治理的，可以交纳防治费，由水行政主管部门代为组织治理。

(3)水土保持监理

业主单位要聘请有水土保持监理资质的单位对水土保持方案实施的过程进行监理，或因工程较小，将水保监理纳入主体工程监理，确保工程质量。

(4)监督实施

工程所在地的水行政主管部门有权监督开发建设单位按批准的水土保持方案实施，具有法律强制性。

(5)竣工验收

根据水土保持“三同时”制度的要求，建设项目主体工程验收时，应同时验收水土保持设施，水土保持设施未经验收或验收不合格的，主体工程不得投产使用。工程验收应有水行政主管部门水土保持监督管理机构参加，并签署意见。

9.1.2 编制内容

9.1.2.1 综合说明

概括、简明扼要地从项目建设的必要性、项目基本情况、项目前期工作及方案编制情况、项目区概况、防治标准、主体工程水土保持分析评价结论、水土流失防治责任范围、水土流失预测结果、水土流失防治分区与措施总体布局、水土保持监测、水土保持投资估算及效益分析、结论与建议方面反映方案的主要内容。

9.1.2.2 编制的总则

(1)编制说明

结合生产建设项目的特点阐述水土保持方案编制的目的意义。

(2)编制的依据

《中华人民共和国水土保持法》(2010 年 12 月修订，2011 年 3 月 1 日施行)等法律法规；《开发建设项目水土保持方案管理办法》等部委规章；《全国生态环境保护纲要》(国务院 2000 年 12 月)等规范性文件；《开发建设项目水土保持方案技术规范》(SL 204—1998)等规范标准；项目立项依据等主要技术文件；项目主体工程的相关资料等技术资料。

(3)方案设计深度及设计水平年

根据《开发建设项目水土保持方案技术规范》(SL 204—1998)关于项目水土保持方案编制深度的规定，工程项目的水土保持方案编制深度应该与主体工程同步。

设计水平年是指水土保持方案拟定的各项水土保持措施全部实施到位，开始发挥总体功能的年限，一般指主体工程完工后的第一年。

建设类项目设计水平年应为主体工程完工后的当年或后一年；建设生产类项目应为主体工程完工后，投入生产之年或后一年。方案服务期从施工准备期开始计算，建设类项目方案服务期至设计水平年，建设生产类项目应结合首采区、排矸场、初期灰场等开采或使用年限确定，原则上不超过 8 年。对于一次立项、分期建设的项目，前一期工程的水土保持方案服务期不宜超过后一期工程的施工准备期。

(4)水土流失防治等级执行标准

防治等级划分为三级，即一级标准、二级标准和三级标准。

国家级预防保护区、治理区，省级预防保护区，执行一级标准；

省级治理区执行二级标准；

其他地区执行三级标准。

若项目区同属于以上两个标准区，则采用高一级标准。

9.1.2.3 生产建设项目概况

①地理位置 应说明项目所在的行政区域，所在的村委会等，项目区所处的经纬度，距离城区及主要交通道路的情况。线型工程应说明起点、走向、途经县级名称、主要控制点和终点。

②工程规模 应介绍项目的主要组成部分，各组成部分的主要的经济技术指标，项目总占地的情况，主要的土石方量，总投资，总工期等。

③项目组成 按分区介绍项目组成，项目有依托关系的，应加以说明。依托其他项目弃渣、取土的，应附意向书。应说明依托工程的水土保持方案报批情况，未报批水土保持方案的，评审时应提出编报的要求。

④施工总布置 应阐述工程主要组成部分的枢纽布置、建筑物布置、道路及场地布置、供排水系统布置、施工用电情况、施工营场地布置，还应重点介绍各区域的平面布置及竖向布置。

⑤施工交通 应详细分析包括项目区的交通情况，包括对外交通和场内交通，分析对外交通是否满足工程施工运输需要，是否需要新建或改建，场内道路的情况如何，新建、改建道路的长度、宽度等情况。

⑥工程项目的施工工艺 主要阐述主体工程的施工工艺、道路的施工工艺。

⑦主体工程的土石方平衡分析计算 根据分区的情况，分述各分区的挖、填方情况，分析计算土石方平衡情况及弃方或借方的情况。表土的剥离、回覆应单独平衡，并应分别计入挖方量、填方量。

⑧施工弃渣 通过对主体工程的土石方平衡分析，计算出弃渣的情况，明确是否需要规划渣场。

⑨施工所需的材料 根据施工规划，分析工程项目所需要的材料，料场的数量、料场位置、占地类型、储量等情况。

⑩工程占地情况 项目总占地情况，项目各分区占地的情况，小计、合计的情况。

⑪拆迁(移民)安置、专项设施改(迁)建 应说明内容、规模和实施单位。

⑫施工的总的进度安排 阐述总工期、工程筹建期、主体工程施工期、工程完建期的情况。

9.1.2.4 生产建设项目区概况

项目区自然条件是影响水土流失的重要因素，水土流失发生的类型、形式、程度等与项目区的自然条件等有密切的关系，主要影响有以下几个方面：

(1)自然环境概况

①地形地貌　项目建设区域的地理位置、侵蚀地貌、地面物质组成、代表性的地面坡度、坡长、水系及河道冲淤情况、海拔高度、项目区的相对高差等。

②地质　防治责任范围内的地质情况，线型工程可分段论述，论述地层岩性、地质构造与地震，项目区是否位于断裂带或是地震带上，是否存在不良地质及灾害等。

③水文　项目建设区域周边地表，地下水状况、河流泥沙平均含沙量、产沙环境、径流模数等情况，防治责任范围内水文特征值，线型工程可分段论述，如不同频率洪峰流量、洪水总量、洪水历时、产流回流等情况，洪水(水位、水量)与建设场地的关系、生态用水的来源和保证率。

④气象　平均气温、无霜期、≥10℃的积温、极端最高最低气温、最高最低月均气温；冻土厚度；多年平均降水量及降水的时空分布、一定频率的1h、6h、12h降水量；年平均蒸发量、大风日数、平均风速、主导风向等。

⑤土壤与植被　项目区内的成土母岩、土壤类型、土壤理化性质等，植被类型、主要群落结构、植被的垂直及水平分布、当地的乡土树(草)种，包括当地的乔木树种、灌木树种、草本等。

⑥其他　简述项目区是否涉及饮用水水源保护区、水功能一级区的保护区和保留区、自然保护区、世界文化和自然遗产地、风景名胜区、地质公园、森林公园、重要湿地等及其与本工程的位置关系。

(2)社会经济概况

项目区土地利用结构、人均土地及耕地情况，对典型工程，可适当扩展到项目区范围外，线型工程与乡、县为单位进行统计调查，涉及移民安置的，应说明拟安置或迁建区的位置、面积、土地利用现状等基本情况。详细论述项目区及周边社会、经济、人口、人均收入、工农业产值比例，项目区防治责任范围内的土地类型、利用现状、分布及其面积、项目征占地基本农田林地的情况，社会经济发展规划，国家或省级的宏观经济发展规划，重点是农、林、水等方面与工程相关的宏观规划。

(3)水土流失及水土保持现状

①项目区内的水土流失现状　项目区的水土流失总面积，不同侵蚀程度面积，所占的百分比，占地范围内的水土流失类型区、流失程度、土壤侵蚀模数、侵蚀量、水土流失允许值、沟壑密度、沟壑发育阶段。项目区是否属于国家或当地政府规划的重点治理流域或区域。

②水土保持现状　项目区有无国家投资或政府投资群众投劳治理的项目，项目区现有水土保持设施的种类、数量、保存现状、防治水土流失的效果等，开展水土保持工作的经验、教训。若扩建项目，还应详细介绍上一期工程水土保持情况(包括水土保持开展情况和存在的问题)。

9.1.2.5 主体工程水土保持分析与评价

(1)主体工程选址(线)水土保持制约性因素分析与评价

应对照《中华人民共和国水土保持法》《开发建设项目水土保持技术规范》(GB

50433—2008)和规范性文件关于工程选址(线)水土保持限制和约束性规定，逐条进行分析。对存在制约性因素又无法避让的，应提出相应要求。

(2)主体工程方案比选的水土保持分析评价

主体工程方案比选的水土保持分析评价应从扰动面积、土石方量、损坏植被面积、水土流失量及危害、水土保持防护、工程投资等方面进行水土保持影响及分析，评价主体工程推荐方案是否存在水土保持制约因素。如果推荐方案存在制约因素，还应从水土保持角度对其他比选方案进行论证，提出水土保持意见。如果各个比选方案均存在制约性因素，就应挑选出影响最小的建设方案，作进一步的分析。

对严格限制类行为，确实无法避免时，方案中应提高防治要求，并与周边环境和其他要求相适应，可提出补充专题论证的要求。

从水土保持的角度看，当比选方案明显优于推荐方案时，须与主体设计单位协商，并在方案中有详细的文字说明。

(3)推荐方案的水土保持分析评价

①工程建设方案及布局水土保持分析评价　对主体工程的总布局几各功能区布置进行分析评价，包括平面布置和竖向布置进行分析评价。

②工程征占地的水土保持分析评价　从主体工程总体布局及各分区布置征占地情况，分析占地类型是否符合有关要求，占地面积是否符合行业用地指标规定。

③土石方平衡的水土保持分析评价　对主体工程土石方开挖、回填状况，土石方调用、借方的来源，弃渣的流向等，尤其是废弃渣的利用等方面进行评价，水土保持的要求是减少开挖扰动、产生的弃渣方便利用、集中堆放、集中防护等。

④取土(石、料)场设置的水土保持分析评价　按照《水土保持法》和《开发建设项目水土保持技术规范》的规定，分析评价取土(料)场设置是否存在制约性因素。

⑤弃渣(砂、石、土、矸石、尾矿、废渣)场设置的水土保持分析评价　应对照《中华人民共和国水土保持法》和《开发建设项目水土保持技术规范》的规定，分析评价弃渣(砂、石、土、矸石、尾矿、废渣)场的设置是否存在制约性因素。

⑥施工组织、施工方法(工艺)的水土保持分析评价　对主体设计的施工组织(施工材料、施工用水、施工用电、施工道路、施工通讯、料场、渣场、施工营地等、表土剥离)进行评价，分析施工方法和施工工艺中产生水土流失的主要环节，从水土保持的角度提出合理化建议。

⑦主体设计中具有水土保持功能工程的分析评价　应按分区，从表土收集、剥离与保护、截(排)水与雨水利用、地面防护、弃渣拦挡、边坡防护、植被建设等方面，对主体工程设计中具有水土保持功能的措施进行分析评价，按《开发建设项目水土保持技术规范》中的界定原则，将以水土保持功能为主的工程界定为水土保持措施，并明确其位置、结构类型、规模，给出工程量及投资并提出补充完善意见。

(4)结论性意见及建议

应明确主体工程选址(线)水土保持制约性、主体工程方案比选、主体工程推荐方案的水土保持分析评价结论。对土石方的优化利用、场地竖向布置优化、可能诱发次生崩塌、护坡、泥石流灾害的灰场、弃渣场、排土场、排矸场、高陡边坡等提出主体工程设计在下阶段需完善和深入研究的问题。

9.1.2.6 水土流失防治责任范围和防治分区

(1)防治责任范围

生产建设项目的水土流失的防治责任范围包括项目建设区和直接影响区。

①项目建设区 一般包括建构筑物占地，施工临时生产、生活设施占地，施工道路(公路、便道等)占地，料场(土、石、沙等)占地，弃渣(土、石、灰、渣等)，对外交通，供水管线、通信、施工用电线路等线型工程占地，水库正常蓄水位淹没区等永久和临时占地面积组成。改、扩建工程项目与现有工程共用部分也应列入项目建设区。

②直接影响区 一般包括移民安置区，道路、线路、管道等专项设施迁建区，排洪泄水区下游，开挖面下边坡，道路两侧，灰渣场下风向，塌陷区，水库库周影响区，地下开采对地面的影响区，工程引发滑坡、泥石流、崩塌的区域等。主要根据区域的地形地貌、植被、汇水面积、风向、开采爆破等因素，结合类比工程的调查确定。移民(拆迁)安置区多由建设单位出资、地方政府安置，专项设施迁建也由其他单位实施，一般列入直接影响区。根据项目的具体情况，集中安置且规模较小(规模较大的应单独编报方案)并由建设单位直接实施时，应列入建设区；由建设单位直接实施的专项设施迁建部分也应列入项目建设区。

(2)防治分区

根据野外调查(勘测)结果，在确定的防治责任范围内，依据主体工程布局、施工扰动特点、建设时序、地貌特征、功能、水土流失的特点等进行分区。

在方案编制前应确定分区，使整个文本前后分区叙述一致。水土流失防治分区的原则为：

①各分区之间具有显著差异性；

②各分区内造成水土流失的主导因子相近或相似；

③一级分区应具有控制性、整体性、全局性，线型工程应按地貌类型划分一级区；

④二级及其以下分区应结合工程布局和施工区进行逐级分区；

⑤各级分区应层次分明，具有关联性和系统性。

9.1.2.7 水土流失预测

(1)预测内容

根据水土保持相关法律法规、生产建设项目工程设计文件及相关技术资料，水土流失的预测应利用设计图纸，结合实地调查，水土保持方案应对项目建设期、生产运行期开挖扰动地表面积、损坏水土保持设施面积、弃渣量、新增水土流失、水土流失危害进行预测分析，因此，水土流失的预测内容包括以下几个方面：扰动原地貌预测、损坏的水土保持设施预测、弃渣量预测、新增水土流失量预测、水土流失危害分析。

(2)预测时段的划分

水土流失的预测主要根据预测时段进行预测，项目导致的新增水土流失主要发生在项目基建期和生产运行期，为此，水土流失预测应结合项目区的特点对基建期及生产运行初期进行预测。对于建设类项目，水土流失的预测时段一般为基建期加运行期一年，根据建设项目施工顺序的先后和不同的施工工艺特点，结合工期划分和施工组织进度安排、各预测分区的特点以及建设区植被恢复条件等，各分区的预测时段在这个基础上再根据具体情况进行调整。对于生产项目，由于水土保持方案的服务期从施工准备阶段至试运行投产后的第8年，8年后的水土保持方案重新编报，因此，水土流失的预测时段分为基建期的预测时段和生产期的预测时段，基建期预测时段一般为基建期加运行期一年，生产期预测时段按实际生产年限进行预测，原则上不超过8年。

但由于在整个施工过程中，各分区水土流失强度是一个动态变化的过程，各项目均有一个水土流失相对较大的时期，因此，根据施工组织进度安排，结合每个预测分区施工项目特点，将水土流失的预测时段进一步划分为两个时段进行，即：强流失时段（时段 t_1）和次强流失时段（时段 t_2）。

（3）预测分区

项目建设扰动区域，由于工程占地的用途不同，其导致的水土流失程度和特性也不同，造成水土流失危害也不一样，故需对工程产生的水土流失进行分区预测，水土流失预测单元的划分应根据地表物质组成、土地利用现状及扰动地貌的功能、形态等进行水土流失预测单元的划分，划分应符合以下原则：同一预测单元的地形地貌、扰动地表的物质组成相同或相近；同一预测单元扰动地表的形成机理与形态相同；同一预测单元土地利用现状基本一致；同一预测单元降雨特征值（降水量、强度与降水的年内分配等）应基本一致。

划分预测单元后，应对预测分区内扰动前后自然流路、汇流面积及汇流量的变化进行分析，确定扰动地貌的水土流失特征值。

（4）预测方法

对于生产建设项目的水土流失，其预测方法根据其预测区域的水土流失特点不同，一般分为两大类，即土壤侵蚀模数法和流失系数法。

①土壤侵蚀模数法　这种方法主要应用于扰动面的预测，如施工营场地、施工道路等，即根据项目区的自然环境条件，利用国家《土壤侵蚀分类分级标准》（SL 190—2007）对土壤侵蚀强度进行分级判断，确定土壤侵蚀强度，再根据不同侵蚀强度面积加权法推算各地类土壤侵蚀模数的背景值来进行计算，其计算公式为：

$$S_m = P_m \times A \times T \tag{9-1}$$

式中　S_m——预测时段内的原生水土流失总量，t；

P_m——原生土壤侵蚀强度，$t/(km^2 \cdot a)$；

A——水土流失面积，km^2；

T——水土流失持续时间，a。

本法可确定出预测区域的土壤侵蚀模数，因此，可以用来预测原生水土流失量和扰动后的水土流失量，对于扰动后的水土流失量，目前也有利用土壤侵蚀加速系数法进行预测，其计算公式为：

$$W_1 = \sum_{i=1}^{n} (F_i \times M_i \times A \times T_i) \tag{9-2}$$

式中 W_1——扰动原地貌产生的水土流失量，t；

F_i——扰动地表的加速侵蚀面积，hm^2；

A——加速侵蚀系数，根据工程地形条件取值；

M_i——原生土壤侵蚀模数，hm^2；

T_i——预测时段，a。

②流失系数法 对于渣场和料场(剥离表土堆放)以占压为主的区域，原生水土流失的预测采用土壤侵蚀模数法进行预测，占压扰动后的预测采用流失系数法进行预测，其计算公式为：

$$W_2 = S_{总} \times a \tag{9-3}$$

式中 W_2——工程弃渣在施工期内总流失量，t；

$S_{总}$——从第1年到第 i 年工程弃渣量总和，t；

a——工程弃渣的总流弃比，根据堆放形状、地形地貌以及建设时序等取值。

新增水土流失量即为扰动后的水土流失量与原生水土流失量间的差值，其计算公式为：

$$S = W - S_m \tag{9-4}$$

式中 S——建设期内新增水土流失量，t；

W——建设期内水土流失总量，t，$W = W_1 + W_2$；

S_m——施工区原生水土流失量(t)。

(5)水土危害分析

针对工程实际，分析对当地水土资源和生态环境、周边生产生活、下游河(沟、渠)道及排水管网淤积、防洪安全等的影响。

(6)综合分析及指导意见

应明确水土流失防治和水土保持监测的重点区域和时段，提出防治措施布设的指导性意见。

9.1.2.8 水土流失防治目标及防治措施布设

1)防治目标

按工程项目水土流失防治等级执行标准确定其目标值。具体防治等级对应的防治目标见表9-1和表9-2。

表9-1 建设类项目水土流失防治标准

防治目标	一级标准		二级标准		三级标准	
	施工期	试运行期	施工期	试运行期	施工期	试运行期
扰动土地整治率(%)	*	95	*	95	*	90
水土流失总治理度(%)	*	95	*	85	*	80
土壤流失控制比	0.7	0.8	0.5	0.7	0.4	0.4
拦渣率(%)	95	95	90	95	85	90
林草覆盖率(%)	*	25	*	20	*	15
植被恢复系数	*	97	*	95	*	90

注：“*”表示指标值应根据批准的水土保持议案措施实施进度，通过动态监测获得，并作为竣工验收的依据之一。

表9-2 生产类项目水土流失防治标准

防治目标	一级标准			二级标准			三级标准		
	施工期	试运行期	生产期	施工期	试运行期	生产期	施工期	试运行期	生产期
扰动土地整治率(%)	*	95	>95	*	95	>95	*	90	>90
水土流失总治理度(%)	*	90	>90	*	85	>85	*	80	>80
土壤流失控制比	0.7	0.8	0.7	0.5	0.7	0.5	0.4	0.5	0.4
拦渣率(%)	95	98	98	90	95	95	85	95	85
林草覆盖率(%)	*	25	>25	*	20	>20	*	15	>15
植被恢复系数	*	97	97	*	95	>95	*	90	>90

注："*"表示指标值应根据批准的水土保持议案措施实施进度，通过动态监测获得，并作为竣工验收的依据之一。

以上标准可根据项目类型及项目区的情况进行调整，具体调整的原则为：

第一，表中的水土流失总治理度、林草覆盖率、林草植被恢复率以多年平均降水量400~600mm的区域为基准，降水量不在此范围时可根据下列原则适当提高或降低表中指标值：300mm以下的地区，可根据降水量与有无灌溉条件及当地生产实践经验分析确定；300~400mm的地区，表中的绝对值可降低3~5；600~800mm的地区，表中绝对值宜提高1~2；800mm以上地区，表中的绝对值宜提高2以上。

第二，表中土壤流失控制比以现状土壤侵蚀强度属中毒侵蚀为主的区域为基准，以其他侵蚀强度为主的区域，可根据以下原则适当提高或降低表中指标的绝对值：以轻度为主的区域应大于或等于1；中度以上侵蚀为主的区域可降低0.1~0.2，最小不得低于0.3；同一开发建设项目土壤流失控制比，可根据实际需要分区分级确定。

第三，表中山区丘陵区线型工程，拦渣率值可减少5；在高山峡谷地形复杂的地段，表中的拦渣率值可减少10。

2)水土流失防治措施总体布局

水土保持措施总体布局应按照系统工程原理，处理好局部与整体、单项与综合、眼前与长远的关系，争取以投资省、效益好、可操作性强的水土保持措施，有效地控制水土流失防治责任范围内的水土流失。水土保持措施总体布局的原则是：工程措施、植物措施、临时防护措施与管理措施相结合，点、线、面水土流失防治相互辅佐，充分发挥工程措施控制性和时效性，形成完整的防护体系。在措施实施进度安排上，实行水土保持与主体工程"三同时"制度，预防和控制水土流失的发生和发展。

在弃渣场坡脚建立防护拦挡工程，使生产中的弃渣得到及时有效的防护，在坡面上和顶面进行植被恢复，在渣场周围布设截水沟，在渣场的堆放中，实行分层堆放，每层设台放坡，每台阶设置马道，马道上布设排水沟，使排水沟与周围的截水沟连为一体，形成一个完整的排水系统；对施工道路，采取挡护和排水工程措施，保护公路路基、边坡的安全与稳定，运行过程中，采取水土保持临时防护措施和管理措施，永久道路，在道路两边种植行道树，临时道路，施工结束后，进行土地整治，恢复植被，使水土流失在"线"上有效控制，减少地表径流冲刷，使泥、土、石"难出沟、不下河、不入库"；在施工营地周围布置排水设施，施工结束后，进行土地整治，即进行土地的平整、改造、修复，恢复植被，形成“面”的防治；对料场，开采前在料场周围布设截水沟，开采过程中，设台进行开采，开采后对坑凹进行回填，恢复植被；在直接影响区，清理散落废弃物，修复损坏旱地或生物设施，加强水土保持管理工作。根据水土流失预测成果，水土保持措施以“点”为防治重点，实现以“点”带“面”，做好项目区水土流失防治工作，改善生态环境的目的。

3)防治措施设计

水土保持防治措施包括工程措施、植物措施、临时防护措施和管理措施，其中管理措施不进行措施设计，只提出管理上的要求，这里主要介绍工程措施、植物措施和临时防护措施的设计。

(1)工程措施设计

①斜坡防护工程　斜坡防护工程是为了稳定生产建设项目开挖地面或堆置固体废弃物形成的不稳定高陡边坡或滑坡危险的地段而采取的水土保持工程措施。常用的斜坡防护工程包括削坡升级、砌石护坡、抛石护坡、混凝土护坡、喷浆护坡等。

②拦渣工程　拦渣工程是为专门存放生产建设项目在基建施工和生产运行中造成的大量弃土、弃石、弃渣、尾矿和其他废弃固体物而修建的水土保持工程。主要包括拦渣坝、拦渣墙、拦渣堤、尾矿坝等。

其中当沟道中堆置弃土、弃石、弃渣和尾矿时，必须修建拦渣坝；当弃土、弃石、弃渣等堆置物易发生滑塌，或堆置在坡顶及斜坡面时，必须修建拦渣墙；当弃土、弃石、弃渣等堆置于河道岸边时，必须按防洪治导线布置拦渣堤，拦渣堤具有防洪要求时，必须结合防洪堤进行布置。

③防洪排水工程　生产建设项目在基建施工和生产运行中，由于破坏地面或排放大量弃土、弃石、弃渣，极易造成水土流失和引发洪水灾害，对项目区本身或下游构成危害。为此，必须修建防洪排水工程，以防害减灾。防洪排水工程主要包括拦洪坝、排洪渠、排洪涵洞、防洪堤、护岸护滩，清淤清障等工程。

(2)植物措施设计

①土地整治工程　土地整治是指被破坏或压占的土地采取措施，使之恢复到所期望的可利用状态的活动或过程。生产建设项目水土保持方案中所指的土地整治工程，是指对因生产、开发和建设损毁的土地，进行平整、改造、修复，使之达到可开发利用状态的水土保持措施。土地整治的重点是控制水土流失，充分利用土地资源，恢复和改善土地生产力。

土地整治工程包括3个方面：一是坑凹回填，一般应利用废弃土石回填整平，并覆土加以利用，也可根据实际情况，直接改造利用；二是渣场改造，即对固体废弃物存放地终止使用以后，进行整治利用；三是整治后的土地根据其土地质量、生产功能和防护要求，确定利用方向，并改造使用。

②植物防护工程　植物防护工程是指在项目直接建设区及周围影响区内的裸露地、闲置地、废弃地、各类边坡等一切能够用绿化植物覆盖的地面所进行的植被建设和绿化美化工程，包括为控制水土流失所采取的造林种草工程和建设生态环境相关的园林绿化美化工程。

(3)临时防护措施设计

临时防护工程主要适用于工程项目的基建施工期，为防止项目在建设过程中造成的水土流失而采取的临时性防护措施。它一般布设在项目工程的施工场地及其周边，工程的直接影响区范围，防护对象主要各类施工场地的扰动面、占压区等。

①表土剥离开挖　对施工场地的地表熟土层，剥离后集中存放于专门堆放场地，采取措施防止其流失；对植被稀少、难生长地区的林草、草皮等应将地表植被连同起下熟土层一起移植到其他地方等工程结束后回植于施工场地等；项目建设施工中，临时堆土及建材应集中堆放，并建临时性拦渣、排水、沉沙等工程，对堆放时间长的土、石、渣体，还应种植临时性草。

②表面覆盖　对临时堆放的渣土，用土工布、塑料布等覆盖，避免水土流失；风沙地区部分地段也可用草、树枝等临时覆盖。

③临时挡土(石)工程　一般在施工场地的边坡下侧或平地区的临时弃渣场边界修建临时挡土(石)工程。临时挡土(石)工程的规模应根据渣体的规模、地面坡度、降雨等情况分析确定，其防洪标准可以根据确定的工程规模，参考相应的弃渣防治工程的防洪标准确定。

④临时排水设施　在施工场地的周边，需修建临时排水设施；临时排水设施可以采用排水沟、暗涵、临时土(石)方挖沟等，也可利用抽排水管；临时排水设施规模和标准，根据工程规模、施工场地、集水面积、气象降雨等情况分析确定；临时排水设施的防洪标准应根据确定的工程规模，参考相应的弃渣防治工程的防洪标准确定。

⑤沉沙池　沉沙池主要是沉积施工场地产生的泥沙，它应选挖泥和运输方便的地方，以利于清淤，根据流域地形地质、可能产生的径流、泥沙量确定堆积泥沙的数量。

4)水土流失防治措施工程量汇总

应分区按措施类型列出工程量汇总表。

5)水土保持工程施工组织设计

水土保持工程施工组织设计应包括施工方法、进度安排等内容。

9.1.2.9　水土保持监测

(1)监测的目的与原则

应结合项目特点说明监测目的，明确监测原则。

(2)监测的范围与时段

水土保持监测的范围为水土流失防治责任范围，监测的时段为施工准备期至设计水平年。

(3)监测的内容、方法、点位与频次布设

①监测内容包括水土保持生态环境变化监测、水土流失动态监测、水土保持措施防治效果监测、重大水土流失事件监测。

②监测采用调查监测与定位监测相结合的方法。有条件的大面积、长距离的大型项目还可增加遥感监测。沿江沿河的项目可增加视频监测。

③水土流失量监测应采用定位观测和调查相结合的方法。水蚀定位观测点宜选用卡

口站、排水沟出口等，重点监测排水含沙量；没有条件时可采用径流小区。风蚀定位观测点宜选择主导风向的下风向，重点监测风蚀量。

④水土流失监测的频次。监测频次应满足六项防治目标测定的需要：土壤流失量的监测，应明确在产生水土流失季节里每月至少一次；应根据项目区造成较强水土流失的具体情况，明确水蚀或风蚀的加测条件；其他季节水土流失量的监测频次可适当减少；除土壤流失量外的监测项目，应根据具体内容和要求确定监测频次。

(4)监测设施设备及人员配备

提出水土保持监测所需的设施、设备、消耗性材料及人员安排。

(5)监测成果

应按有关规定，提出监测成果要求，包括监测报告、观测及调查数据、相关监测图件和影像资料、报告制度要求。

9.1.2.10 水土保持投资计算及效益分析

1)水土保持投资计算

开发建设项目的水土保持投资计算费用由工程费、独立费用、水土保持补偿费、预备费用和建设期融资利息组成。其中工程费包括工程措施费、植物措施费和临时工程措施费。

(1)工程措施、植物措施、施工临时防护工程费

工程措施、植物措施、施工临时防护工程费由工程量乘以单价，单价由直接工程费、间接费、企业利润和税金组成。

①直接工程费　直接工程费是指工程施工过程中直接消耗在工程项目上的活劳动和物化劳动，由直接费、其他直接费和现场经费组成。其中直接费包括人工费、材料费和机械使用费。

②间接费　间接费是指施工企业为工程施工而进行组织与经营管理所发生的各项费用。它构成产品成本，但又不便直接计量。由企业管理费、材料费用和其他费用组成。

③企业利润　指按规定应计入工程措施及植物措施费用中的利润。

④税金　指国家对施工企业承担建筑、安装工程作业收入所征收的营业税、城市维护建设税和教育附加费。

(2)独立费用

独立费用由建设管理费、水土保持监理费、科研勘测设计费、水土保持监测费及水土保持设施验收技术评估费五项组成。

①建设管理费　按水土保持投资中第一至第三部分(工程措施、植物措施、临时措施)之和的1%~2.4%计取。

②水土保持监理费　按《建设工程监理与相关服务收费管理规定》(发改价格〔2007〕670号)计取，且满足实际需要。

③科研勘测设计费　科研勘测设计费包括科研试验费、勘测设计费。大型、特殊水土保持工程可按第一至第三部分投资之和的0.2%~0.5%计列科研试验费(一般工程不计列)。勘测设计费依据《工程勘察设计收费管理规定》(国家计委、建设部计价格

〔2002〕10号)计列。

④水土保持监测费　包括监测人工费、土建设施费、监测设备使用费、消耗性材料费，参照有关规定，结合实际需要计列。

⑤水土保持设施验收技术评估费　参照有关规定计列，并根据实际工作量复核。

(3)水土保持补偿费

水土保持补偿费应按国家和各省(自治区、直辖市)有关规定，按县级行政区计列。

(4)预备费及建设期融资利息

①预备费　预备费包括基本预备费和价差预备费。

②建设期融资利息　根据国家财政金融政策规定，工程在建设期内需偿还并应计入工程总投资的融资利息。

2)效益评价

水土保持效益评价包括生态效益、社会效益和经济效益评价，其中以生态效益和社会效益评价为主。

(1)生态效益评价

生态效益评价主要是对照方案确定的水土流失防治目标计算并分析采取各项措施后预期达到的指标值即扰动土地整治率、水土流失治理度、水土流失控制比、拦渣率、林草覆盖率、植被恢复系数。

①水土流失总治理度　水土保持措施面积与建设区水土流失总面积的百分比。

②土壤流失控制比　项目区容许土壤流失量与方案实施后土壤侵蚀强度的比值。

③拦渣率　采取措施后实际拦挡的弃土弃渣量与弃土弃渣总量的百分比。

④扰动土地整治率　水土保持措施面积与永久建筑物占地面积之和占建设区扰动面积的百分比。

⑤植被恢复系数　林草植被面积与可恢复植被面积的百分比。

⑥林草覆盖率　方案实施后林草覆盖面积与项目区面积的百分比。

(2)社会效益评价

社会效益评价主要是评价通过本水土保持方案的实施，是否保障项目施工的安全，保护了建设区的基础设施和人畜安全，是否可以带动地方第三产业的发展，改善项目责任区农林基础设施，促进土地利用结构调整，是否维护社会稳定和促进地方经济的可持续发展。

9.1.2.11　水土保持方案实施保障措施

(1)组织机构与管理

应明确建设单位水土保持或相关管理机构、人员及其职责、水土保持管理的规章制度，建立水土保持工程档案，以及向水行政主管部门报告建设信息和水土保持工作情况等要求。

(2)后续设计

应明确进行水土保持初步设计及施工图设计的要求。主体工程初步设计中必须有水土保持专章或专篇，审查建设项目初步设计时应同时审查水土保持初步设计，并有水土保持专业技术人员参加。

(3)工程施工

应明确水土保持工程施工中的监理要求。应建立水土保持监理档案，施工过程中的临时措施应有影像资料。

(4)水土把持监测

应明确水土保持监测要求和报告制度。

(5)检查与验收

明确建设单位应经常检查项目建设区水土流失防治情况及对周边的影响，若对周边造成直接影响时应及时处理。

明确在主体工程竣工验收前要进行水土保持设施验收，提出水土保持设施验收的具体要求。

(6)资金来源及使用管理

明确水土保持资金应纳入项目建设资金统一管理，并建立水土保持财务档案。

9.1.2.12 结论及建议

应明确有无限制工程建设的水土保持制约因素，通过方案实施可达到的效果，说明项目建设的可行性；明确下阶段对主体设计的优化建议和需进一步深化研究的水土保持问题。

9.1.3 编制成果

水土保持方案编制的成果包括水土保持方案报告、附件和附图。

9.1.3.1 水土保持方案报告

根据《开发建设项目水土保持技术规范》(GB 50433—2008)和《开发建设项目水土流失防治标准》(GB 50434—2008)及相关要求，水土保持方案报告书主要内容如下：

第一章 综合说明

主要包括主体工程概况、项目区基本情况、项目区水土流失区划、主体工程水土保持分析评价结论、方案编制的主要成果(包括水土流失防治责任范围及面积、水土流失预测结果、水土保持措施总体布局及工程量、水土保持监测、水土保持投资概(估)算及效益分析、结论和建议)、水土保持方案特性表。

第二章 方案编制总则

编制目的和意义、编制的依据(包括法律法规、部委规章、规范性文件、规范标准、主要技术文件、主要技术资料)、水土流失防治标准、指导思想、编制原则、方案编制深度和设计水平年。

第三章 工程概况

项目区地理位置及交通、工程规模和特性、项目组成、工程总体布置、主要材料及来源、拆迁安置、土石方平衡、弃渣场规划、工程征占地情况、项目建设计划、施工组织及施工工序、生产工艺及工序。

第四章 项目区概况

自然环境概况(包括自然地貌、地质构造及地震、水文地质、气象、土壤及植被)、社会经济概况(经济概况及土地利用状况)、水土流失及水土保持现状。

第五章 主体工程分析与评价

主体工程方案比选及制约性因素分析与评价、主体工程征占地分析评价、主体工程施工布局及施工工艺分析与评价、主体工程具有水土保持功能措施的分析与评价(分不计入和计入水土保持方案投资的措施分析与评价两方面)、工程建设对水土流失影响因素分析以及结论性意见、要求和建议。

第六章 防治责任范围及防治分区

工程占地、防治责任范围及面积(项目建设区和直接影响区)、水土流失防治分区。

第七章 水土流失预测

预测范围、预测时段、预测内容和方法(包括内容、方法和预测参数取值)、预测结果(包括扰动原地貌损坏土地面积预测、损坏的水土保持设施预测、工程弃土弃渣量统计、可能产生水土流失量预测、水土流失危害预测)、预测结论及指导性意见。

第八章 水土流失防治目标及防治措施布设

水土流失防治目标、水土流失防治措施布设原则、水土流失防治措施体系和总体布局、主体工程已设计的水土保持措施(包括不计入水土保持方案投资的措施和计入水土保持方案投资的措施及工程量)、水土保持防治措施设计(包括工程措施设计、植物措施设计、临时防护措施设计及管理措施)、方案新增措施工程量汇总、水土保持措施施工组织设计、水土保持措施施工进度安排。

第九章 水土保持监测

监测目的、监测依据、监测原则、监测任务，监测时段及频次、监测区域和监测点位(监测站点布设原则、监测站点布设)、监测内容及方法、监测工作量、水土保持监测成果要求。

第十章 水土保持投资概(估)算及效益分析

投资概(估)算(编制原则、编制依据、编制方法、基础单价与取费标准)、费用组成(工程措施、植物措施、临时防护措施、独立费用、基本预备费、水土保持设施补偿费)、总投资及其分年度安排(总投资、分年度、工程单价分析)、水土保持效益分析(依据、原则、生态效益分析、社会效益分析)。

第十一章 方案实施保障措施

组织领导与管理、后续设计、水土保持工程招投标、水土保持工程建设监理、水土保持监测、施工管理、检查与验收(监督保障、竣工验收)、资金来源与管理。

第十二章 水土保持方案结论及建议

包括方案编制的主要结论及从水土保持角度对项目建设所提出的建议(对设计单位、施工单位、建设单位、监理单位和监测单位的建议)。

9.1.3.2 附件

主要包括政府发展计划部门同意其开展前期工作的相关文件，编制方案报告书的委托书，关于项目区水土流失防治责任范围及损坏水土保持设施的确认书。

9.1.3.3 附图

主要包括：①项目区地理位置图；②项目区水系图；③项目区土壤侵蚀强度分布图；④项目总体布置图；⑤工程平面布置图；⑥水土流失防治责任范围及防治分区图；⑦水土流失分区及水土保持措施布置图；⑧水土保持措施典型设计图。

9.2 生产建设项目水土保持监测

为及时、准确、全面地反映水土保持生态建设情况、水土流失动态及其发展趋势，为水土流失防治、监督和管理决策服务，开展水土保持监测非常重要。我国从20世纪50年代开始，就以传统的水土流失勘查形式对水土流失进行监测，随着遥感和计算机技术的应用，70年代末期，水土流失监测开始向自动化和系统化方向发展，近年来，水土流失监测综合运用遥感(RS)、全球定位系统(GPS)、地理信息系统(GIS)等技术和地面观测、专项试验、调查统计、数理分析等方法，使水土流失监测可以从地面、飞机以及卫星3种空间尺度上进行，大大推动了水土保持监测的发展。

根据《中华人民共和国水土保持法》和《中华人民共和国水土保持法实施条例》的相关规定和要求，水土保持监测的范围包括水土流失及其预防和治理措施，监测的内容包括影响水土流失的主要因子监测、水土流失状况监测、水土流失灾害监测、水土保持工程效益监测等，目前，除对大江、大河流域的监测外，根据《水土保持生态环境监测网络管理办法》和《开发建设项目水土保持设施验收管理办法》的相关规定，水土保持监测主要是对生产建设项目进行监测，为此，这里重点介绍生产建设项目水土保持监测。

9.2.1 水土保持监测管理

9.2.1.1 监测分级管理

根据《水土保持监测技术规程》和《水土保持生态环境监测网络管理办法》，全国水土保持生态环境监测站网由水利部水土保持生态环境监测中心、大江大河流域水土保持生态环境监测中心站、省级水土保持生态环境监测总站和省级重点防治区监测分站组成，生产建设项目依据其规模及对生态环境的影响程度，分属不同的监测机构管理：

①全国性的、重点区域、重大生产建设项目的水土保持监测，由水利部部水土保持生态环境监测中心组织。

②跨省级区域、对生态环境有较大影响的生产建设项目的水土保持监测，由大江大河流域水土保持生态环境监测中心站组织开展。

③国家及省级生产建设项目水土保持设施的验收监测工作，由省级水土保持生态环境监测总站负责。

9.2.1.2 监测资质管理

新修订后的《中华人民共和国水土保持法》第四十一条规定："对可能造成严重水土

流失的大中型生产建设项目，生产建设单位应当自行或者委托具备水土保持监测资质的机构，对生产建设活动造成的水土流失进行监测，并将监测情况定期上报当地水行政主管部门。”从事水土保持监测活动应当遵守国家有关技术标准、规范和规程，保证监测质量。从这个意义上讲，生产建设单位自身具有水土保持监测能力的，可以自行对生产建设活动造成的水土流失进行监测，也可以委托具备水土保持监测资质的机构进行监测。

2017年，中国水土保持学会出台了《生产建设项目水土保持监测单位水平评价管理办法》，对水土保持监测单位实行星级评价，分为一星级至五星级，五星级为最高等级，每年集中开展一次水平评价，并向社会公告。

9.2.1.3 监测工作管理

生产建设项目建设单位(个人)应当按照经批准的水土保持方案，自行或委托具有相应水土保持监测能力的单位，设立专项监测点，及时开展水土保持生态环境监测，生产建设项目水土保持生态环境监测工作实行监测项目备案、监测成果公告的制度。

所谓监测项目备案，即水土保持生态环境监测单位接受生产建设项目水土保持生态环境监测委托之后，应在有管辖权的水土保持生态环境监测主管部门备案。

所谓监测成果公告制度，即生产建设项目建设单位(个人)应当及时向有管辖权的水行政主管部分提交年度监测报告和最终报告，以便对监测数据认证、入库，有管辖权的水行政主管部门根据实际需要将生产建设项目的水土保持监测成果依法向社会公告。

开发建设项目的专项监测点，依据批准的水土保持方案，对建设和生产过程中的水土流失进行监测，接受水土保持生态环境监测管理机构的业务指导和管理。

水土保持生态环境监测数据和成果由水土保持生态环境监测管理机构统一管理。

9.2.2 水土保持监测原则及程序

9.2.2.1 监测原则

根据《水土保持监测技术规程》，生产建设项目水土保持监测应遵循以下原则：

①建设性项目的水土保持监测点应按临时点设置，生产性项目应根据基本建设与生产运行的联系，设置临时点和固定点。

②水土保持监测点布设密度和监测项目的控制面积，应根据开发建设项目防治责任范围的面积确定，重点地段实施重点监测。

③水土保持监测点的观测设施、观测方法、观测时段、观测周期、观测频次等应根据开发建设项目可能导致和产生的水土流失情况确定。监测方案应进行论证，批准后方可实施。

④开发建设项目水土保持监测费用应纳入水土保持方案，基建期监测费用应由基建费用列支，生产期的监测费用应由生产费用列支。监测成果应报上一级监测网统一管理。

⑤大中型开发建设项目水土保持监测应有固定的观测设施，做到地面监测与调查监测相结合；小型开发建设项目应以调查监测为主。

9.2.2.2 监测要求

根据《生产建设项目水土保持监测技术规程》(2015 年，试行)，生产建设项目水土保持监测应满足以下要求：

①生产建设项目水土保持监测工作应与主体工程同步开展。

②生产建设项目水土保持监测主要依据水行政主管部门批复的水土保持方案及工程相关设计文件。

③生产建设项目水土保持监测范围包括工程建设征占、使用和其他扰动区域。

④生产建设项目水土保持监测分区应以水土保持方案确定的水土流失防治分区为基础，根据建设项目特点划定监测分区。一般划分为主体工程区、取土(石、料)场区、弃土(石、渣)场区、施工生产生活区、施工道路区和其他附属工程区。

9.2.2.3 前期准备

承担监测任务的单位应根据项目任务和《水土保持监测技术规程》，做好前期准备，具体包括：

(1)监测实施方案的制定

应包括监测技术路线、监测内容、时段及频次、组织实施与方法、预期成果、进度安排和经费预算。监测技术路线应清楚、明确，具有实际操作性和可行性；监测内容应能全面系统地反映开发建设项目水土流失状况。

(2)监测队伍准备

监测队伍必须由从事水土保持、水工、植被、土壤等方面的专业技术人员组成，在外业工作中，由于监测内容包括水土流失影响因素监测、水土流失状况监测、水土保持效果监测等，监测内容繁多，不同监测内容监测方法不同，因此，划分小组，分配任务，按监测的内容和任务，分块包干。外业完成后，应对内业工作做好面积的统计、量算；各种资料的整理和归纳；完成调查的图件、表和报告。

监测单位应在现场设立监测项目部，大型生产建设项目可以根据工作情况设立监测项目分部。监测单位应于监测合同签订后 20 个工作日内将项目部组成报送建设单位。

(3)监测人员培训

由于监测人员是由不同专业人员组成的临时队伍，如不进行培训，监测思路、监测步调不统一，导致监测工作杂乱，监测工作达不到预期效果，为此，在监测工作开展前，应对监测人员进行培训。培训采用讲授和实习相结合的方法，使参加人员熟悉技术规范及各项具体要求，明确监测内容、方法，掌握操作要领，保证工作质量。

(4)监测的仪器设备准备

前期工作开展前应根据监测任务及监测内容，准备好相应的仪器设备，并将仪器设备交由相应的保管及使用。

(5)基础资料准备

包括项目的主体设计资料、水土保持方案、土地利用现状图等基础图件资料。

(6)监测保障

为保证各项监测工作的顺利实施，除成立专门的监测小组，应配备相关专业的技术人员，确保监测工作的系统性和规范性，严格要求按照施工、布点、调查、观测、试验，合理安排监测的各项内容和时序，切实做好监测工作外，还应做好各项保障措施。

第一，技术保证措施。监测应由成立项目组，对监测内容实行专人负责，监测方案应列出相应提纲和初稿，并对最初的方案进行多方论证，提出切实可行的监测方案，监测过程严格按照监测方案的时序、内容和方法来进行，监测完成后，提交相应的监测报告。

第二，资金来源及管理使用办法。监测经费应设立专门的账户，做到专款专用，严禁挪用、占用，保证用于监测的设备、土建、调查、观测、试验分析、编制监测报告等方面的费用开支，保证经费的合理、高效使用。

第三，监督保证措施。水土保持监测方案确定后，应指派专人监督监测设施的施工、设备的到位、观测及其他监测工作的开展，做到监测设施及时到位，监测及时准确，监测人员认真负责，监测结果可靠。

(7)技术交底

建设单位应在监测人员进场后20个工作日内组织召开监测技术交底会议，水土保持监测单位、监理单位，工程设计单位、主体工程监理单位、施工单位的有关负责人参加会议。介绍《中华人民共和国水土保持法》等法律法规，生产建设项目水土保持管理的相关规定；介绍监测实施方案，包括水土保持监测技术路线、布局、内容和方法，监测工作组织与质量保证体系等；建立项目水土保持组织管理机构，明确监测单位在机构中的职责。

9.2.2.4 监测内容

生产建设项目水土流失的监测包括项目建设期水土流失因子监测、背景值监测、水土流失状况监测和水土流失防治效果监测。

(1)项目建设期水土流失因子监测

包括项目区地形、地貌及水系变化情况监测；建设项目占用地面积、扰动地表面积监测；项目挖方、填方数量及面积，弃土、弃渣及堆存面积监测；项目区林草覆盖度监测。

(2)背景值监测

水土流失背景值监测主要根据项目区的土地利用类型、地形坡度、植被郁闭度等确定不同地类的土壤侵蚀模数，并据此推算原地貌的平均土壤侵蚀模数。

(3)水土流失防治责任范围监测

①永久性占地　永久性占地是指项目建设征地红线范围内、由项目建设者(或业主)负责管辖和承担水土保持法律责任的地方。永久性占地面积由国土部门按权限批准。水土保持监测是对红线围地认真核查，监测建设单位或开发商有无超越红线开发的情况及各阶段永久性占地变化情况。

②临时性占地　临时性占地是指因主体工程开发需要、临时占用的部分土地，土地管辖权仍属于原单位(或个人)，建设单位无土地管辖权。水土保持监测内容：有否超范围使用临时性占地情况；各种临时占地的临时性水土保持措施；施工结束以后，原貌恢

复情况。

③扰动地表面积　扰动地表的行为。在开发建设过程中对原有地表植被或地形地貌发生改变的行为，均属于扰动地表行为。扰动地表水土保持监测内容包括：扰动地表面积；地表堆存面积；地表堆存处的临时性水土保持措施；被扰动部分能够恢复植被的地方植被恢复情况。

④直接影响区　监测对直接影响区的影响程度、有无占压损坏水土保持设施等。

(4)水土流失状况监测

包括水土流失变化情况监测；水土流失量变化情况监测；水土流失程度变化情况监测；对下游和周边地区造成的危害及其趋势监测。

(5)水土流失防治效果监测

包括防治措施的数量和质量监测；林草措施成活率、保存率、生长情况及覆盖度监测；防护工程的稳定性、完好程度和运行情况监测；各项防治措施的拦渣保土效果监测。

9.2.2.5 监测时段与方法

(1)监测时段

生产性项目监测时段可分为施工期和生产运行期，在水土保持方案编制时，监测时段应与方案实施时段相同。

建设性项目监测时段可分为施工期和林草恢复期，林草恢复期种植通常为2～3a，最长不超过5a。

(2)监测方法

点型项目水土流失防治责任范围小于100hm^{2}的采用实地量测、地面观测和资料分析等方法，不小于100hm^{2}的应增加遥感监测方法。

线型项目山区(丘陵区)长度小于5km、平原区长度小于20km的采用实地量测、地面观测和资料分析等方法；山区(丘陵区)长度不小于5km、平原区长度不小于20km的应增加遥感监测方法。

地面观测包括小区观测、控制站监测、简易水土流失观测场监测、简易水土流失观测场监测和重力侵蚀监测。

9.2.2.6 监测点布设

根据监测设计及实施计划，在对项目区及影响区全面踏查的基础上，布设监测点，监测点的布设应按照《水土保持监测技术规程》中监测点的布设原则和选址要求并考虑监测结果的代表性和管理的方便性来布设。

按照监测的目的和作用，监测点分为常规监测点和临时监测点。

①常规监测点　常规监测点是长期、定点定位的监测点，主要进行水土流失及其影响因子、水土保持措施数量、质量及其效果等监测。

②临时监测点　临时监测点是为某种特定监测任务而设置的监测点，其采样点和采样断面的布设、监测内容与频次应根据监测任务确定。

9.2.2.7 数据观测

监测数据观测根据监测区域扰动的面积、扰动程度以及造成的水土流失特点、水土流失危害程度等特点及方便观测等方面，确定数据观测方法。

(1)遥感监测

遥感影像空间分辨率应不低于2.5m，遥感监测流程、质量要求、成果汇总等满足《水土保持遥感监测技术规范》(SL 592—2012)要求。

(2)地面观测

对地貌扰动程度大、弃土弃渣基本集中在一个和几个流域(集水面)范围内的开发建设项目，采用控制站进行监测，扰动地貌小流域控制站的径流观测方法与常规控制站相同。

对扰动面、弃土弃渣等形成的水土流失坡面的监测，采用小区观测法进行监测。

对项目区内分散的土状堆积物及不便于设置小区和控制站的土状堆积物的水土流失观测，采用简易的水土流失观测场进行监测。

对暂不扰动的临时土质开挖面、土或土石混合或粒径较小的石砾堆垫坡面的水土流失量监测，采用简易坡面量测法进行监测。

(3)调查监测

①项目区水土流失因子监测　采用实地勘测、线路调查等方法对地形、地貌、水系的变化进行监测；采用设计资料分析，结合实地调查对土地扰动面积和程度、林草覆盖度进行监测；采用调查和量测等方法，对沟道淤积、洪涝灾害及其对周边地区经济、社会发展的影响进行分析，保证水土流失危害评价的准确性；采用查阅设计文件和实地量测，监测建设过程中的挖填方量及弃土弃渣量。

②水土流失调查　调查监测法可分普查调查、典型调查与抽样调查。普查调查适用于面积较小的面上监测项目的调查；典型调查适用于滑坡、崩塌、泥石流等的调查；抽样调查适用于范围较大的面上监测项目；矿区地面塌陷的面积、造成的危害监测应在分析企业有关预测和调查资料的基础上，进行必要的实地调查。

③水土保持设施监测　应对施工过程中破坏的水土保持设施数量进行调查和核实；并对新建水土保持设施的质量和运行情况进行监测；大型水土保持工程设施应进行稳定性观测。

④水土保持设施效益监测　包括保土效益监测、拦渣效益监测等。保土效益测算应按《水土保持综合治理 效益计算方法》(GB/T 15774—2008)规定进行测算；拦渣效益应根据拦渣工程的实际拦渣量进行计算；扰动土地再利用、植被恢复等效益应通过调查监测法来进行。

9.2.3 水土保持监测成果

水土保持监测成果包括监测报告、附件及附图。

9.2.3.1 水土保持监测报告

水土保持监测报告应包括以下内容：

第一章 前言

应包括项目建设的背景，水土保持监测的必要性，水土保持监测的目的，水土保持监测的依据，监测开展情况。

第二章 建设项目及项目区概况

项目概况(包括项目地理位置、项目的组成及规模、工程布置、施工组织及施工工艺)，项目区概况(包括自然概况、社会经济概况、水土流失及水土保持状况)，建设项目水土流失防治措施体系，水土保持投资。

第三章 水土保持监测布局

监测的指导思想、监测原则、监测目标，监测范围及分区，监测的重点对象、重点地段及监测点布设，监测的时段与工作进度。

第四章 监测的内容与方法

监测内容(水土流失影响因子监测，水土流失背景值监测，水土流失防治责任范围监测，水土流失状况及危害监测，水土保持措施效果监测)，监测方法。

第五章 监测的结果与分析

第六章 结论及建议

9.2.3.2 附件

主要包括项目立项批复，项目水土保持方案批复，水土保持措施整改意见，项目建设过程中租地、材料供应等方面的协议。

9.2.3.3 附图

项目地理位置图，施工总布置及水土流失防治责任范围图，水土保持措施布局图，分区水土保持措施实施图。

9.3 生产建设项目水土保持技术评估

9.3.1 水土保持技术评估管理

9.3.1.1 水土保持技术评估分级管理

根据《中华人民共和国水土保持法》和《开发建设项目水土保持设施验收管理办法》，生产建设项目水土保持设施应与主体工程“三同时”，即同时设计、同时施工、同时验收使用，国务院水行政主管部门负责验收的开发建设项目，验收前，应进行水土保持技术评估，省级水行政主管部门负责验收的开发建设项目，可根据具体情况参照执行，地、县级水行政主管部门负责验收的开发建设项目，可以直接进行竣工验收。

9.3.1.2 水土保持技术评估资质管理

凡从事水土保持技术评估工作的技术人员，必须通过国家发展与改革委员会的资格考试，取得技术评估师资格证，持《水土保持技术评估师资格证》开展工作，从事水土保持技术评估工作的单位，必须取得《水土保持生态建设咨询评估资质》。

水土保持生态建设咨询评估资质分为甲、乙、丙3个等级，甲级持证单位可以在全国范围内承担各类项目水土保持技术评估工作，乙级持证单位可以在本省范围内承担省级较大项目的水土保持技术评估工作，丙级持证单位可以在本省范围内承担省级中小型项目的水土保持技术评估工作，国家发展与改革委员会负责对持证单位资质的考核。

9.3.1.3 水土保持技术评估工作管理

承担技术评估的机构，应当组织水土保持、水工、植物、财务经济等方面的专家，依据批准的水土保持方案、批复文件和水土保持验收规程规范对水土保持设施进行评估，并提交评估报告。

评估应从水土保持措施设计及变更情况、水土保持设施完成情况、水土保持工程质量、水土保持投资、水土保持防治效果、水土保持设施管理等方面进行评估，并给出评估的结论及建议。

9.3.2 水土保持技术评估程序

9.3.2.1 前期准备

承担水土保持技术评估任务的单位应根据评估任务和《开发建设项目水土保持设施验收管理办法》，做好前期准备，具体包括：

(1)队伍准备

监测队伍必须由从事水土保持、水工、植被、财务经济等方面的专业技术人员组成，由于评估工作涉及内容广泛，评估人员应分为综合组、工程组、植物组、财务经济组四个小组，每小组设立组长，实行组长负责制。

(2)人员培训

由于评估人员是由不同专业人员组成的临时队伍，如不进行培训，评估工作可能杂乱无章、不系统、不全面，为此，在评估工作开展前，应对评估人员进行培训。

(3)基础资料准备

包括项目的主体设计资料、水土保持方案、水土保持监测报告等基础资料。

9.3.2.2 评估工作

水土保持评估工作按照分组开展、过程协调、综合结果来进行，具体为：

①工程组　该组主要是对水土保持工程措施设计完成及变更情况(包括主体工程中具有水土保持功能的设施及新增设施的设计及变更)、水土保持工程质量评估(现场抽查和交工)、工程质量综合评价，存在的问题及建议等展开。

②植物组　该组主要是对水土保持植物措施设计完成及变更情况、绿化施工进行评价、绿化面积及绿化的效果等进行评估。

③财务经济组　该组主要对资金的来源及投资概算情况、水土保持投资使用情况、项目的资金计划及项目合同管理情况、资金计划执行情况、财务管理情况、项目的效益等进行评估。

④综合组　该组主要对水土流失防治责任范围、水土保持措施总体布局及实施情况、水土流失防治效果、水土保持监测、水土保持工程投资、总体评价等进行评估。

9.3.3　水土保持技术评估成果

水土保持技术评估成果包括水土保持技术评估报告、附件及附图。

9.3.3.1　水土保持技术评估报告

水土保持技术评估报告包括以下主要内容：

第一章　前言

包括评估的目的，评估的指导思想，评估的依据，评估工作开展情况等。

第二章　工程概况及项目区概况

主要包括项目的组成及规模，项目的主体设施设计及变更情况，项目区自然概况、社会经济及水土流失概况等。

第三章　水土保持措施设计及变更

主要包括水土保持方案报批情况，水土保持措施设计情况，水土保持措施设计变更情况。

第四章　水土保持设施完成情况

包括水土流失防治责任范围，水土保持措施总体布局及分区，工程措施、植物措施评估等。

第五章　水土保持工程质量评估

包括工程质量管理体系，工程质量评估等。

第六章　水土保持投资评估

包括水土保持方案批复投资情况，实际投资及结算情况，水土保持资金使用及管理情况等。

第七章　水土保持防治效果评估

包括水土保持措施运行效果评估，水土保持监测结果，水土流失防治指标评估。

第八章　水土保持设施管理评估

包括施工期管理及运行期管理等。

第九章　评估的结论及建议

从水土保持工程的“三同时”执行情况、项目水土保持方案编制工作情况、水土保持监测工作、工程施工管理、水土保持方案执行情况等进行总结分析，看水土保持设施是否达到验收标准，并针对项目运行的情况，从水土保持的角度提出建议。

9.3.3.2 附件

应包括项目水土保持设施验收综合组评估意见、工程组评估意见、植物组评估意见、经济财务组评估意见，项目主体批复文件，项目水土保持方案批复文件，以及工程建设中租地及材料等供应协议等。

9.3.3.3 附图

包括地理位置图，施工布置及水土流失防治责任范围图，水土保持措施布局图，分部工程水土保持措施实施图。

本章小结

近年来，随着社会经济的发展，资源开发、基础设施建设不断推进，生产建设项目水土流失对生态环境的影响越来越突出，为此，对生产建设项目编制水土保持方案，对其进行水土流失监测、水土保持技术评估显得尤为重要，本章详细阐述了生产建设项目水土保持方案编制、水土保持监测、水土保持技术评估的管理、编制程序及成果，通过本章的学习，学生应当熟悉生产建设项目水土保持方案编制、水土保持监测、水土保持技术评估的管理，掌握水土保持方案编制、水土保持监测、水土保持技术评估编制的程序及方法。

思考题

1. 水土保持方案编制分为哪几个阶段？各阶段间有什么区别与联系？
2. 什么是方案编制的水平年？
3. 水土流失预测的内容包括哪些？其预测时段是如何划分的？
4. 什么是开发建设项目的防治责任范围？
5. 开发建设项目的水土保持投资计算的费用包括哪几部分？
6. 水土保持工程投资计算单价由哪几部分组成？
7. 监测点布设的原则是什么？
8. 开发建设项目水土流失监测包括哪些内容？
9. 水土流失地面监测的方法有哪些？其应用条件是什么？
10. 开发建设项目中水土保持“三同时”指的是什么？
11. 水土保持技术评估一般分哪几个组进行？各组负责什么部分？

本章推荐阅读书目

1. 焦居仁．1998. 开发建设项目水土保持[M]. 北京：中国法制出版社．

2. 刘震．2003. 水土保持监测技术[M]. 北京：中国大地出版社．

3. 中华人民共和国水利部．1998. 开发建设项目水土保持方案技术规范(SL 204—1998)[S]. 北京：中国水利水电出版社．

4. 中华人民共和国水利部．2002. 水土保持监测技术规程(SL 277—2002)[S]. 中国水利水电出版社．

参考文献

焦居仁．1998．开发建设项目水土保持[M]．北京：中国法制出版社．
李智广．2005．水土流失测验与调查[M]．北京：中国水利水电出版社．
刘震．2003．水土保持监测技术[M]．北京：中国大地出版社．
水利部水土保持监测中心．2006．水土保持监测技术指标体系[M]．北京：中国水利水电出版社．
水利部水土保持司．1995．水土保持监督执法概论[M]．北京：中国法制出版社．
王礼先．2000．流域管理学[M]．北京：中国林业出版社．
中华人民共和国水利部．1998．SL 204—1998 开发建设项目水土保持方案技术规范[S]．北京：中国水利水电出版社．
中华人民共和国水利部．2002．SL 277—2002 开发建设项目水土保持监测技术规范[S]．北京：中国水利水电出版社．
中华人民共和国水利部．2003．水土保持工程概(估)算编制规定[M]．郑州：黄河水利出版社．
中华人民共和国水利部．2003．水土保持工程造价编制指南[M]．郑州：黄河水利出版社．

第10章

水土保持工程管理

根据原国家计委、水利部的有关规定，水土保持生态工程项目的建设与管理被纳入了基本建设管理程序，由过去以群众自建、自管、自用的建设和管理模式转为国家基本建设项目的管理新模式。本章主要就国家关于水土保持生态建设项目前期工作、水土保持生态工程“三制”管理、水土保持监测、水土保持监督执法的一般规定和要求以及水土保持项目的验收等方面的规定作简要介绍。

10.1 水土保持项目管理概述

10.1.1 项目及工程项目

(1)项目

项目的含义一般是对项目特征的描述，它是指在一定约束条件下，具有特定目标的一次性任务。在社会生活中，符合该含义的事物是非常普遍的。例如，各类科研项目、治理环境污染的环保项目、建设一座水库或淤地坝的工程建设项目等。

项目作为被管理的对象，具有任务的一次性、目标的特定性和项目的系统性特点。

(2)工程项目

工程项目是指为达到预期的目标，投入一定量的资本，在一定的约束条件下，经过决策与实施的必要程序从而形成固定资产的一次性事业。工程项目是最常见、最典型的项目类型，它属于投资项目中最重要的一类，是一种既有投资行为又有建设行为的项目的决策与实施活动。一般来讲，投资与建设是分不开的：投资是项目建设的起点，没有投资就不可能进行建设；而没有建设行为，投资的目的也无法实现。

从管理角度看，一个工程项目应是在一个总体设计及总概算范围内，由一个或者若干个互有联系的单项工程组成，建设中实行统一核算、统一管理的投资建设项目。

工程项目具有建设目标的明确性、建设目标的约束性、建设的一次性和不可逆性、影响的长期性、投资的风险性、管理的复杂性等特点。

10.1.2 水土保持项目分类

(1)水土保持生态建设项目

水土保持生态建设项目是以流域或区域为单元实施的水土流失综合治理工程，一般由国家投资。水土保持生态建设工程项目纳入了基本建设管理程序，要求强化施工管理，特别是质量评定和控制管理。

(2)生产建设水土保持工程

生产建设项目水土保持工程是指在建设或生产过程中，可能引起水土流失的公路、铁路、机场、港口、码头、水工程、电力工程、通信工程、管道工程、国防工程、矿产和石油天然气开采及冶炼、工程工厂建设、建材开采、城镇新区建设、地质勘探、考古、滩涂开发、生态移民、荒地开发、林木采伐等项目防治水土流失的工程。生产建设项目水土保持方案由水行政主管部门审批，项目建设单位组织实施。按《中华人民共和国水土保持法》的规定，水土保持工程要与主体工程同时设计、同时施工、同时投产使用。

(3)水土保持国际合作项目

例如，JICA项目、水土保持欧援项目均属于水土保持国际合作项目。

(4)其他相关工程

以机关团体、厂矿企事业单位、城乡居民、个体工商户及私营企业以承包、租赁合作、拍卖“四荒”使用权等形式，获得对土地治理开发的权益的项目以及国家相关部门开展的退耕还林、以工代赈、退牧还草和国土整治等生态建设项目。

10.1.3 项目管理及工程项目管理

(1)项目管理

项目管理是为使项目取得成功(实现所要求的质量、所规定的时限、所批准的费用预算)所进行的全过程、全方位的规划、组织、控制与协调。具有复杂性、创造性、组织性和项目经理的重要性等特征。

(2)工程项目管理

工程项目管理是指为使工程项目在一定的约束条件下取得成功，对项目的所有活动实施决策与计划、组织与指挥、控制与协调、教育与激励等一系列工作的总称。工程项目管理具有决策与计划、组织与指挥、控制与协调、教育与激励等重要职能。

10.1.4 水土保持项目管理

水土保持项目管理是指在水土保持项目建设中，利用工程管理的原理、方法、手段，针对水土保持项目建设活动的特点，对水土保持项目建设的全过程、全方位进行科学管理和全面控制，最优地实现水土保持项目建设的投资和成本目标、工期目标与质量目标。

10.2 水土保持生态建设项目前期工作

10.2.1 基本建设项目与水土保持项目管理程序

(1)基本建设的概念

基本建设是指固定资产的建设，包括建筑、安装和购置固定资产的活动及与其相关的工作。根据我国现行的法律规定，凡利用国家预算内基建拨改贷、自筹资金、国内外基建信贷以及其他专项资金进行的，以扩大生产能力或新增工程效益为目的的新建、扩建工程及有关工作，均属于基本建设。

(2)基本建设项目管理程序

基本建设程序是由行政法规所规定的，其各个环节和先后顺序都必须按此执行。

建设程序是指建设项目从规划、选项、评估、决策、设计、施工到竣工验收、投产使用的全过程。

根据国家计委以及水利部〔1995〕128号文《水利工程建设程序管理规定》，水利工程的建设程序分为8个阶段，即项目建议书、可行性研究报告、初步设计、施工准备(包括招标设计)、建设实施、生产准备、竣工验收、项目后评价。

根据原国家计委、水利部的有关规定，水土保持生态工程项目的建设与管理纳入基本建设管理程序，由过去以群众自建、自管、自用的建设和管理模式转为国家基本建设项目的管理新模式。

10.2.2 水土保持规划

水土保持规划是指预防和治理水土流失，保护、改良和合理利用水土资源的专业规划。是在多种方案的比较和选择中，确定适合规划区域未来社会经济发展和水土流失防治目标的总体蓝图。

水土保持设计是在规划、可行性研究报告等前期文献指导下，在小流域或开发建设项目区等尺度，对水土保持措施定点、定位的配置和具体安排。

水土保持规划设计是水土流失综合防治的基础和前提。《中华人民共和国水土保持法》明确了“预防为主，全面规划，综合防治，因地制宜，加强管理，注重效益”的我国水土保持工作基本方针。《中华人民共和国水土保持法》同时指出：“国务院和县级以上地方人民政府的水行政主管部门，应当在调查评价水土资源的基础上，会同有关部门，编制水土保持规划”，强化了水土保持规划工作的法律地位。1995年，国家技术监督局发布了《水土保持综合治理 规划通则》，它是我国第一部适合水土保持规划设计各个阶段工作的国家标准。2000年，水利部公布了《水土保持规划规划编制暂行规定》《水土保持工程初步设计报告编制暂行规定》等行业规定；2006年5月，水利部重新修订颁布了《水土保持规划编制规程》(SL 335—2006)，代替了2000年颁布的暂行规定，根据水利部2012年批准的水利技术标准修订计划，2014年对原颁规程进行了修订，颁布了《水土保持规划编制规程》(SL 335—2014)。至此，我国的水土保持规划设计工作基本上走上了规范化、法制化的轨道。

10.2.2.1 规划设计的意义和作用

水土保持规划设计的意义，在于它是为防治水土流失，保护、改良和合理利用水土资源，维护和提高土地生产力而进行的对土地的空间配置和治理工作的时序安排，以最终达到规划提出的综合防治目标。从资源利用方面，合理开发利用规划区域的水土资源，并进行综合措施配置，以保持系统具有持续稳定的生产力；从社会经济方面，实现良好的经济效益和社会效益，满足人民日益增长的物质和文化需要，脱贫致富；从生态环境的保护方面，改善、提高生产和生活环境，保护生物多样性；从整体上保持规划区域内的社会经济、资源与环境之间的动态平衡，充分发挥流域单元的系统功能，使系统持续、稳定、高效地发展。

水土保持规划设计是水土流失治理的核心内容，它使水土流失综合防治和水土保持工作按照客观自然规律和社会经济规律进行，避免盲目性，达到多快好省的目的，其作用主要体现在以下几方面：

一是通过规划设计，明确生产发展方向，恰当地安排农、林、牧各业生产用地比例，合理利用水土资源，使水土流失从根本上得到控制。我国一些山地丘陵区域，大多沿用广种薄收、单一农业经营的习惯，这是造成严重水土流失和人民生活贫困的主要原因。通过合理的规划，改变单一的农业生产结构，变广种薄收为少种高产、多收，农、林、牧、副各业综合发展。

二是通过规划设计，确定必须采取的各项水土保持措施，包括工程措施、林草措施、农业耕作技术措施，如梯田、坝库、林草、沟垄种植等的科学部署，建设规模和发展速度等，做到心中有数，有条不紊，特别是注意治坡与治沟的并举，工程措施与林草措施的配套，治理与管护的兼顾。多年来，很多地方对以上关系处理不当，使水土保持工作进退维谷，甚至损失惨重，投入的大量人力、财力、物力付诸东流。因此，研究编制出科学的规划设计，协调处理好这些关系，使水土保持工作得以协调稳定地向前发展。

三是通过规划设计，能够明确改变农业生产结构的实施办法和有效途径。改广种薄收、单一农业经营为合理利用土地、农林牧综合发展，提出有效的实施途径，遵循自然规律和社会经济发展规律，是一项既涉及自然科学又牵动社会科学的系统工程，没有切实可行的规划，单靠良好的愿望或简单的命令是不能妥善解决的。

四是通过规划设计，深入研究实施各项治理措施所需的人才、物资、经费和时间，并作出合理安排，使各项治理措施的实施速度既积极又可靠。一方面，要充分挖掘劳动潜力，把一切能用上的力量全部都使出来；另一方面，要注意协调各项措施的关系，包括施工季节和年度进度，使各项措施相互促进。

五是通过规划设计，实事求是地分析和估算治理的效益。如在经济效益方面，实施各项治理措施后，在提高粮食产量，增加现金收入，改变群众的贫苦面貌等方面，能达到什么程度。用这些实际能达到的美好前景，教育群众，调动群众进行水土流失综合防治的积极性；在减少河流泥沙的效益方面，可为大中河流的开发治理和各项水利工程建设的规划设计提供科学依据。

10.2.2.2 规划设计的指导思想

水土保持工作的目的就在于防治水土流失，减少自然灾害，建立良性生态环境，保护、开发和合理利用水土资源，建立稳定的生态经济系统，发展经济，脱贫致富，在此基础上，实现水土流失区资源、环境和社会经济的持续发展。水土保持规划设计工作的指导思想就是根据这一目标确定的，并要贯穿在水土保持规划设计工作的始末。

(1)贯彻“预防为主、全面规划、综合防治、因地制宜、加强管理、注重效益”的水土保持方针。

(2)在水土保持规划设计中，将水土流失治理与水土资源的开发、利用相结合，经济效益与生态效益相结合，努力发展商品生产。以提高土地生产力、控制水土流失、保护生态环境为中心，以建立持续、稳定、高效的流域生态经济复合系统。

(3)在治理措施规划设计中，要一切从实际出发，实事求是地对水土流失区的自然资源和社会经济的有利因素、制约因素、可开发因素进行综合分析，根据当地的实际情况和市场需求确定发展方向和治理的具体目标，使治理工作具有鲜明的科学性、典型性和效益性，起到示范推广作用。

(4)在水土资源的利用中，通过合理优化农、林、牧业用地比例和产业结构，提高水土资源的利用效益。采取水土保持综合措施，产销配套等一系列相应的配套技术，维护和改善系统的物质循环、能量转换、价值增值和信息传递功能，使综合治理的劳动消耗最少，生态、经济和社会效益最好。

(5)因地制宜、因害设防，全面统筹、科学地配置各项水土保持措施。工程措施和生物措施相结合，治坡和治沟相结合，工程措施采取大、中、小相结合，生物措施采取乔、灌、草相结合，小流域治理与骨干工程相结合，立体配置、层层设防，建立群体防护体系。

(6)以科技为先导，提高水土流失区的人口素质。通过典型示范、培训、田间试验示范等多种形式和方法推广科技知识，实行科学种田，以实现农业的高产、优质、高效。

(7)建立一套完整的监督、管理体系。从承包责任制、林草所有权、合同签订、检查验收、收益分配，以及管护、奖罚等方面作出明确规定，在技术、资金、物资、人员及机构的管理等方面实现科学化、标准化、制度化。

(8)建立资源、环境与社会经济的动态监测体系，为预防新的水土流失的发生，巩固治理的效益和生态环境保护提供依据。

10.2.2.3 规划设计的依据和目标

1)规划设计依据

水土保持规划设计依据是指编制规划设计所依据的法律法规、标准、主要技术文件和任务依据等。

(1)法律法规

主要包括《中华人民共和国水土保持法》《中华人民共和国水土保持法实施条例》以及各省、自治区、直辖市颁布的“实施《中华人民共和国水土保持法》办法”。

(2)部委规章

主要包括以部长令等形式颁布的强制性规定、决定等，如《水土保持生态环境监测网络管理办法》(水利部第12号令)、水利部《关于修改部分水利行政许可规章的决定》(水利部第24号令)等，要求项目所涉及的行业都必须执行。

(3)规范性文件

水土保持行业主管部门以红头文件形式下发的行业内部必须执行的规范、规定、决定等。

(4)技术标准

水土保持规划技术标准是水土保持技术标准体系的重要组成部分。水土保持技术标准主要由水土保持综合技术标准、规划设计技术标准、调查勘测技术标准、单项工程技术标准、预防监督技术标准、水土流失监测技术标准、施工与质量管理技术标准、材料技术标准、试验测试及仪器设备技术标准等构成。

水土保持规划的技术标准是水土保持规划设计部门在水土保持规划中必须遵从的技术规范，也是水土保持主管部门审查批准水土保持工程项目规划设计的主要依据。

水土保持规划标准包括由国家技术监督局发布实施的中华人民共和国国家标准，由原水利电力部和机构改革以后的水利部制订的行业标准和行业规范、规程和规定等，由地方技术监督部门、水土保持管理部门制订的地方规范、规程和规定等。

《水土保持综合治理 规划通则》(GB/T 15772—2008)、《水土保持综合治理 技术规范》(GB/T 16453.1 ~ 6—2008)、《水土保持综合治理 效益计算方法》(GB/T 15774—2008)、《水土保持综合治理 验收规范》(GB/T 15773—2008)、《水土保持规划编制规范》(SL 335—2014)、《水土保持工程项目建议书编制规程》(SL 447—2009)、《水土保持工程可行性研究报告书编制规程》(SL 448—2009)、《水土保持工程初步设计报告编制技术规程》(SL 449—2009)、《水利水电工程制图标准 水土保持图》(SL 73.6—2015)、《水土保持监测技术规程》(SL 277—2002)等是水土保持规划设计必须遵循的国家标准。

2)规划设计目标

规划目标应分近期目标和远期目标。近期目标应明确生态修复、预防监督、综合治理、监测预报、科技示范与推广等项目的建设规模，提出水土流失治理程度、人为水土流失控制程度、土壤侵蚀减少率、林草覆盖率等量化指标。远期目标可进行展望或定性描述。

水土保持规划设计的目标主要是实现规划区水土流失综合防治后的经济目标、社会发展目标和生态环境治理及保护目标。

(1)经济发展目标

经济发展目标要提出生产力发展以及不断完善生产关系的具体目标。

①土地生产力目标　主要有单位面积土地的产量和产值；土地利用率或土地生产潜力实现率及其他有关指标等。

②经济发展目标　采用总产值或总收入，收入或产值的的增长速度，劳动生产率提高，产投比的增加等作为经济发展水平的目标指标。

③生产发展目标　如人均基本农田面积，灌溉用地面积，工矿用地，城镇交通建设用地等各类用地面积等。

(2)社会发展目标

社会发展目标主要指人口增长及社会、国家、群众对不同产品的需求和人均收入水平等。

①人口增长目标　包括人口出生率、计划生育率、人口自然增长率及治理期人口控制的目标。

②人口对产品的需求目标 包括粮食、油料、木材、蔬菜、肉类、燃料等的需求量，畜牧需求量，牧草需求量，果品需求量等一系列的需求所达到的目标。

③生活水平及其他目标 包括人均纯收入、教育普及率、劳动力利用率等。

(3)生态环境目标

水土流失防治的一个根本任务就是进行生态环境的治理，保护和改善生态环境，为水土流失区的社会经济发展创造条件。

①生态环境建设目标 指对规划设计区的生态环境问题(如水土流失、过度放牧造成的草场退化、滥砍滥伐造成的森林破坏等)进行整治，以实现生态环境的改善。具体目标有土壤流失量，水土流失治理程度，治理面积，林草覆盖率，防风固沙面积等。

②生态环境保护目标 生态环境保护目标主要在于水土保持规划设计区内特殊景观、生物多样性的保护，以及预防大气污染、水污染，防灾，生态平衡(如农田矿物质平衡、能量的投入产出平衡)等方面。

10.2.2.4 设计阶段的划分

水土保持建设项目规划设计工作的第一步是编制水土保持规划，该规划经县级以上人民政府批准后，指导今后一定时期内的水土保持生态建设工作。规划中确定的重点地区和重点建设项目应成为下阶段工程立项的依据。第二步是在规划制导下，根据项目的轻重缓急，提出建议立项的工程项目，编制项目建议书。第三步是开展项目的可行性研究，编制可行性研究报告，该报告一经批准，工程项目就正式立项。第四步是完成水土保持初步设计，该设计经有关部门审批后，列入年度计划开始拨款兴建。

全国性规划如全国水土保持生态环境建设规划、全国水土保持监督管理规划、全国水土保持监测网络建设与管理规划、长江黄河等大江大河综合防治规划等，都可以根据形势发展进行修订。此类项目不会直接立项，而是就其中的某些分项目分期立项建设。

区域或专项工程项目，如省级水土保持生态环境建设、大江大河支流(一般面积在2000km^2以上)治理、水土保持科研与技术推广、治沟骨干工程建设、土壤侵蚀遥感普查等及县级水土保持总体规划，需要编制规划、项目建议书、可行性研究报告3个不同阶段的规划设计文件。

具体实施的项目如小流域综合防治实施设计、开发建设项目水土保持方案、监测站网建设等，在上述规划、可研报告等指导下，直接编制初步设计文件，报有关部门批准后组织实施。

1)水土保持规划

水土保持规划是贯彻实施国家可持续发展战略和科教兴国战略，推动水土流失地区社会经济和资源环境协调发展的指导性文件，是水土保持工作的基础和依据。水土保持规划要与国家和地区的社会发展规划、生态环境建设规划相适应，与有关部门发展规划相协调，做到工程措施、生物措施和耕作措施相结合，治理保护与开发利用相结合，经济效益、社会效益和生态效益相结合。

水土保持规划分为水土保持综合规划和水土保持专项规划。

水土保持综合规划以县级以上行政区或流域为单元，根据区域或流域自然与社会经济情况、水土流失现状及水土保持需求，对预防和治理水土流失，保护和利用水土资源作出的总体部署，规划内容涵盖预防、治理、监测、监督管理等。

水土保持专项规划根据水土保持综合规划，对水土保持专项工作或特定区域预防和治理水土流失而作出的专项部署。

水土保持规划应按照规划指导思想，遵循“统筹协调、分类指导、突出重点、广泛参与”的原则编制。水土保持规划编制所需的基本资料应来源可靠，数据准确，并具有代表性。水土保持规划编制应遵循下级规划服从上级规划、专项规划服从综合规划的原则。不同类型和不同级别的水土保持规划均应在水土保持区划的基础上进行。水土保持规划的规划水平年宜与相关国民经济和社会发展规划协调，可分近期和远期两个水平年，并以近期为重点。

(1)水土保持综合规划编制应包括的主要内容

①不同级别的规划，应根据规划编制任务书的要求，开展相应深度的现状调查及必要的专题研究。

②分析评价水土流失的类型、分布、强度、原因、危害及发展趋势。根据规划区社会经济发展要求，进行水土保持需求分析，确定水土流失防治目标、任务和规模。

③根据水土保持区划，结合规划区特点，进行水土保持总体布局，并根据规划的水土流失重点预防区和重点治理区，明确重点布局。

④提出预防、治理、监测、综合监管等规划方案。

⑤提出重点项目安排，匡算近期拟实施的重点项目投资，实施效果分析，拟定实施保障措施。

国家流域和省级水土保持综合规划的规划期宜为10～20a；县级水土保持综合规划不宜超过10a。

(2)水土保持专项规划编制应包括的内容

①根据专项规划编制的任务与要求，开展相应深度的现状调查和勘查，并进行必要的专题研究。

②分析并阐明开展专项规划的必要性；在现状评价和需求分析的基础上，确定规划目标、任务；专项工程规划还需要论证工程规模。

③提出规划方案。以水土保持区划为基础，提出措施总体布局。

④提出规划实施意见和进度安排，匡(估)算投资，进行效益分析或经济评价。拟定实施保障措施。

水土保持专项规划的规划期宜为5～10a。

(3)水土保持综合规划编制提纲

①基本情况　自然条件、社会经济条件、水土流失与水土保持及其他。

②现状评价与需求分析　现状评价、需求分析。

③规模目标、任务和规模　规模目标和任务、规划规模。

④总体布局　区域布局、重点布局。

⑤预防规划　预防范围、对象及项目布局、措施体系及配置。

⑥治理规划　治理范围、对象及项目布局、措施体系及配置。

⑦监测规划 监测站网、监测项目、监测内容和方法。

⑧综合监管规划 监督管理、科技支撑、基础设施与管理能力建设。

⑨实施进度及投资匡(估)算 实施进度、近期重点项目安投资匡(估)算。

⑩实施效果分析及。

⑪实施保障措施。

(4)水土保持专项规划编写提纲

①前言。

②规划概要 概要规划的主要内容和结论。

③规划背景及必要性 规划背景、规划必要性、规划编制技术路线。

④基本情况 自然条件、社会经济、水土流失现状、水土保持现状。

⑤现状评价与需求分析。

⑥规划目标、任务和规模 规划指导思想和原则、规划范围、规划目标、规划任务、规划规模。

⑦分区及总体布局 水土保持分区、总体布局和措施体系。

⑧综合防治 预防保护、综合治理的典型设计与措施配置。

⑨监测 监测项目、监测内容与方法、监测点布置。

⑩综合监督管理 监督管理、技术支持。

⑪实施进度及近期重点项目安排。

⑫投资估算与资金筹措。

⑬效益分析与经济评价。

⑭实施保障措施。

2)项目建议书

项目建议书是开展可行性研究工作的依据。项目建议书编制阶段的主要工作，是在批准的项目总体规划指导下，对拟建项目的基本情况做概要说明，对项目建设的必要性和合理性做重点分析和论证。初步确定项目的防治目标、建设规模及采取的防治措施，估算投资并提出筹措意见，提出技术支持、监测、管理等方案。

水土保持项目建议书编制期限一般为5～10a，超过10a的项目需要重新编报项目建议书。

项目建议书是国家基本建设前期工作程序中的一个重要阶段，是在工程项目规划完成之后、可行性研究报告工作开展之前，前期工作需要进行的一个关键环节。水土保持工程项目建议书，不仅仅是水土保持工程项目责任单位或建设单位向上级主管部门申请立项的主要技术文件，而且是有关主管部门决定该工程是否立项建设、能否审查批准的重要依据。只有项目建议书被批准后，该水土保持工程项目才能被列入国家中、长期经济发展计划，该水土保持工程项目的前期工作程序也才可以进入下一阶段，即开展可行性研究工作。

水土保持工程项目建议书的编制，必须贯彻执行国家和水土保持行业及相关行业的法律、法规，遵循国家有关基本建设的方针、政策，符号有关技术标准和规范。

(1)项目建议书阶段的主要内容及深度要求

①说明项目所在行政区域内自然条件、社会经济条件、水土流失及其防治等基本情

况，论证项目建设的必要性。

②基本确定工程建设主要任务，初步确定建设目标。

③基本确定建设规模，基本选定项目区，初步查明项目区自然条件、社会经济条件、水土流失及其防治等基本情况，涉及工程地质问题的应了解并说明影响工程的主要地质条件和工程地质问题。

④初步确定工程总体方案，选定典型小流域，进行典型设计，对大中型淤地坝、拦沙坝等沟道治理工程应做重点论证。

⑤推算工程量，初步拟定施工组织形式及进度安排。

⑥初步拟定水土保持监测计划。

⑦初步拟定技术支持方案。

⑧初步明确管理机构，初步提出项目管理模式和运行管护方式。

⑨估算工程投资，初步提出资金筹措方案。

⑩进行国民经济评价，提出综合评价结论。对利用外资项目，还应提出融资方案并评价项目的财务可行性。

对于国家基本建设前期工作程序中，规划、项目建议书、可行性研究、初步设计这四个阶段来说，项目建议书处于其中的第二个阶段。由于流域(或区域)性水土保持规划在一定时期内，基本保持着相对稳定(或固定)的状态，因而水土保持工程建议书实际处于一个工程项目整个前期工作的最初阶段。从这个意义上说，与可行性研究、初步设计阶段相比，项目建议书阶段距离项目批准建设和实施的时间最长。按照国家的有关规定，项目建议书从编制的深度要求上，要比可行性研究、初步设计的深度都要浅，内容也相对简单一些。

(2)项目建议书的主要内容

①综合说明；

②项目建设的必要性；

③建设任务、规模与项目区选择；

④总体方案；

⑤工程施工；

⑥水土保持监测；

⑦技术支持；

⑧项目管理；

⑨投资估算和资金筹措；

⑩经济评价；

⑪结论与建议。

3)可行性研究

水土保持工程可行性研究报告是确定建设项目和编制设计文件的依据。可行性研究阶段要对项目做进一步调查和勘测，以取得较可靠的资料。其工作深度分三种情况：一是要选定项目建设任务及顺序、工程建设场址、主要建筑物形式等，一般不允许变更；二是要基本选定工程规模、对外交通等，允许有小幅度变更或局部变更；三是初步选定机电设备、工程管理方案、主体工程施工方法和主体布置等，若有必要经充分论证后可以变动。

编制可行性研究报告应以批准的项目建议书或规划为依据，贯彻国家基本建设的方针政策，遵循有关技术标准，在对工程项目的建设条件进行调查和勘测的基础上，从技术、经济、社会、环境等方面，对工程项目的可行性进行全面的分析、论证和评价。

可行性研究阶段的工作主要是对项目的技术、经济、社会、环境的可行性做重点阐述，确定项目范围、建设地点和数量，基本确定防治总体布局方案、各类型区的各项防治措施及工程量，初步确定技术方案、施工方法和进度控制及建设管理方案，提出较准确的投资估算和经济评价指标。

可行性研究是国家基本建设前期工作程序中的一个重要阶段，水土保持工程项目的可行性研究是在水土保持规划的基础上，对拟建水土保持项目的建设条件进行调查、勘测、分析，并对防治措施进行方案比较等工作，论证建设项目的必要性、技术可行性、经济合理性。它是确定建设项目和编制初步设计的依据。可行性研究的投资估算一经上级主管部门批准，即为控制该建设项目初步设计概算静态总投资的最高限额，不得随意突破。

(1) 可行性研究报告编写依据

①批准的项目建议书。

②国家对水土保持相关的方针、政策。

③国家对基本建设的要求和规定。

④水土保持以及相关的技术规程、规范。

⑤对项目建设的自然和社会经济条件进行的调查和勘测资料。

(2) 可行性研究报告

编写要求其主要内容和深度应符合下列要求：

①论述项目建设的必要性和确定项目建设任务。

②确定建设目标和规模，选定项目区，明确重点建设小流域(或片区)，对水土保持单项工程应明确建设规模。

③明确现状水平年和设计水平年，查明并分析项目区自然条件、社会经济技术条件、水土流失及其防治状况等基本建设条件；水土保持单项工程涉及工程地质问题的，应查明主要工程地质条件。

④提出水土保持分区，确定工程总体布局。根据建设规模和分区，选择一定数量的典小流域进行措施设计，并推算措施数量；对单项工程应确定位置，并初步明确工程型式及主要技术指标。

⑤估算工程量，基本确定施工组织形式、施工方法和要求、总工期及进度安排。

⑥初步确定水土保持监测方案。

⑦基本确定技术支持方案。

⑧明确管理机构，提出项目建设管理模式和运行管护方式。

⑨估算工程投资，提出资金筹措方案。

⑩分析主要经济评价指标，评价项目的国民经济合理性和可行性。对利用外资项

目，还应提出融资方案并评价项目的财务可行性。

(3)可行性研究报告编制提纲

①综合说明；

②项目背景与设计依据；

③建设任务与规模；

④总体布局与措施设计；

⑤施工组织设计；

⑥水土保持监测；

⑦技术支持；

⑧项目管理；

⑨投资估算和资金筹措；

⑩经济评价；

⑪结论与建议。

4)初步设计

水土保持工程初步设计是在批准的可行性研究报告基础上，以小流域(或片区)为单元进行的。水土保持工程初步设计应在认真做好调查、勘察、试验和研究及取得可靠资料数据的基础上，本着安全可靠、技术先进、注重实效、经济合理的原则，将各项治理措施落实到小班(地块)，设计应有分析计算，图纸应完整清晰。

水土保持工程初步设计要以小流域(或片区)为单元进行编制，对建设目标进行量化，对防治方案、总体布局、措施配套要落实到地块，对各项措施要做标准设计、单项设计或专项设计，编制施工组织设计方案、分年度实施计划、项目组织管理方案，核定投资概算等。

(1)初步设计阶段的主要任务和深度

①复核项目建设任务和规模；

②查明小流域(或片区)自然、社会经济、水土流失的基本情况；

③水土保持工程措施应确定工程设计标准及工程布置，做出相应设计，对于水土保持单项工程应确定工程的等级；

④水土保持林草措施应按立地条件类型选定树种、草种并做出典型设计；

⑤封育治理等措施应根据立地类型和植被类型分别做出典型设计；

⑥确定施工布置方案、条件、组织形式和方法，做出进度安排；

⑦提出工程的组织管理方式和监督管理办法；

⑧编制初步设计概算，明确资金筹措方案；

⑨分析工程的经济效益、生态效益和社会效益。

(2)水土保持总体初步设计报告编写提纲

①综合说明；

②项目背景及设计依据；

③建设任务与规模；

④项目组成与项目区概况；

⑤总体布置与措施设计；
⑥施工组织设计；
⑦水土保持监测；
⑧技术支持；
⑨工程管理；
⑩投资概算及资金筹措；
⑪效益分析；
⑫附图；
⑬附件。

(3)水土保持单项工程初步设计报告编写提纲

①综合说明；
②项目背景及设计依据；
③工程总体布置；
④工程设计；
⑤施工组织设计；
⑥工程管理；
⑦投资概算与资金筹措；
⑧效益分析；
⑨附图。

10.3 水土保持生态建设项目“三制”管理

实行项目法人责任制、招标投标制、建设监理制这三项制度的改革，是我国改革开放后在基本建设领域推行的重大改革。逐步形成了以国家宏观监督调控为指导，项目法人责任制为核心，招标投标制和建设监理制为服务体系的建设项目新的管理体制和模式。在基本建设中形成了新的市场三元主体，即以项目法人为主体的工程招标发包体系，以设计、施工和材料设备供应为主体的投标承包体系，以建设监理单位为主体的中介服务体系。

为加强对基本建设项目的建设和管理，国务院、水利部自1995年以来，制定了多项对建设项目实行“项目法人责任制、招标投标制、建设监理制”的规定，特别是1999年《国务院办公厅关于加强基础设施施工工程质量管理的通知》和国务院2000年279号令《建设工程质量管理条例》颁布后，对工程质量提出了更严格的要求。随着我国水土保持生态环境建设进程的加快和覆盖面的大幅度扩大，实行项目“三制”管理已势在必行。

10.3.1 水土保持生态工程项目法人制

(1)基本建设的项目法人制

法人是具有权利能力和行为能力，依法独立享有民事权利、承担民事义务的组织。是与自然人相对应的一个法律意义上的“人”。项目法人的提出在我国始于1994年，水利部率先在水利工程建设中作试点，并于1995年制定了《水利工程建设项目实行项目法人责任制的若干意见》，国家计委于1996年也制定了《关于实行建设项目法人责任制的暂行规定》。实行项目法人责任制后，由项目法人对项目的立项、资金筹措、建设实施、生产经营、还本付息、资产的保值增值，实行全过程负责，并承担风险。

(2)水土保持生态工程项目法人制的形式

根据国家《水利产业政策》，水土保持属社会公益性项目，其建设资金从中央和地方预算内资金、水利建设基金和其他可用于水利建设的财政性资金中安排。按水利部文件规定，生产经营性项目原则上都要实行项目法人责任制，其他类型的项目应创造条件实行项目法人责任制。

根据水土保持的特点，实行项目法人制可采用以下形式：县级水行政主管部门责任制，乡村集体组织负责制，成立股份公司形式的项目法人制，专项工程法人责任制。

10.3.2 项目招标投标制

1)工程项目招标投标制

投标招标制是适应市场经济规律的一种竞争方式，对维护工程建设的市场秩序，控制建设工期，保障工程质量，提高工程效益具有重要意义。投标招标制的实行也是与国际惯例接轨，为此国家制定了《中华人民共和国招标投标法》。从1984年，我国颁布了招标投标法规后，1995年水利部率先修改完善了《水利工程建设项目施工招标投标管理规定》，1997年国家计委颁布了《国家基本建设大中型项目实行招标投标制的暂行规定》，规定中指出建设项目主体工程的设计、建筑安置、监理和主要设备、材料供应、工程总承包单位以及招标代理机构，除保密上有特殊要求或国务院另有规定外，必须通过招标确定。2000年国务院批转国家计委、财政部、水利部、建设部《关于加强公益性水利工程建设管理若干意见的通知》，再次明确规定水利工程建设必须按照有关规定认真执行招标投标制。

(1)招标方式

常规的工程招标由项目法人通过公开发表公告等形式，请具有一定实力的单位参与投标竞争，通过招标程序，选择具备资质、条件较好的单位承担项目的某些部分的工作。从经常采用的招标方式看，一般有公开招标、邀请招标、邀请议标等几种。

(2)招标投标程序

①招标准备　招标申请经批准后，首先是编制招标文件(也称标书)，主要内容包括工程综合说明，投标须知及邀请书，投标书格式，工程量报价，合同协议书格式，合同条件，技术准则及验收规程，有关资料说明等。其次是编制标底，即项目费用的预测数。

②招标阶段　主要过程有发布招标公告及招标文件，组织投标者进行现场查勘，接受投标文件。

③决标与签订合同阶段　首先是公开开标，接着是由专家委员会评标，双方进行谈判，最后签订合同。

2) 水土保持工程项目招标投标

水土保持生态工程项目的招标投标，主要在项目前期的规划设计、主要设备和材料的供应、工程监理、重点工程的施工等方面。2001年10月水利部发布了《水利工程建设项目招标投标管理规定》，在招标范围中明确规定，关系社会公共利益、公共安全的水土保持等建设项目必须进行招标。根据水土保持工程的特点，经批准可采用邀请招标方式。

10.3.3 工程建设监理制

(1) 建设监理制

监理是受项目法人委托，对工程建设的各种行为和活动如项目的论证与决策、规划设计、物资采购与供应、施工等进行监督、监控、检查、确认等，并采取相应的措施使建设活动符合行为准则(即国家的法律、法规、政策、经济合同等)，防止在建设中出现主观随意性和盲目决断，以达到项目的预期目标。目前，我国的建设监理以逐步实现社会化，由专门的监理单位负责建设监理，它具有公开性、独立性、科学性的特点。

监理的主要任务：一是在工程建设各阶段(如前期研究和设计、招标投标、施工等)的投资进行控制；二是在项目设计和施工中对工程质量进行全面控制；三是对工程的进度进行控制；四是依据各方签订的合同，对合同的执行进行管理；五是及时了解、掌握项目的各种信息，并对其进行管理；六是组织协调项目法人与承包方发生的矛盾和纠纷。监理的业务范围，主要包括项目前期可行性研究和论证，组织编制工程设计，协调法人组织施工招标，对项目的施工进行监理等。主要工作内容是进行工程建设合同管理，依据合同对项目的投资、质量、工期进行控制。

(2) 水利工程建设监理制

水利工程建设监理是全国实行建设监理较早的行业，1996年水利部正式颁发了《水利工程建设监理规定》《水利工程建设监理单位管理办法》《水利工程建设监理工程师管理办法》，明确规定在我国境内的大中型水利工程建设项目，包括水土保持工程，必须实施建设监理。

在监理单位的选择上明确规定，必须由具有水利工程建设监理资格等级证书、有法人资格从事工程建设监理业务的单位承担。

水利工程建设监理单位和监理人员的资质实行统一负责、分级管理制度，即由水利部统一审批监理单位，各省、各流域机构对其隶属和辖区的监理单位参与资格的初审和管理。

(3) 水土保持生态工程的监理

水利部2000年对公益性水利工程建设，规定必须实行建设监理。为使水土保持生态工程的监理规范、有序地开展，2000年印发了《关于加强水土保持生态建设工程监理管理工作的通知》，对水土保持生态建设监理工程师的培训、考试、注册，监理单位的资质申报等做了全面部署，经过几年的实践，水土保持生态工程的监理已逐步展开。

(4) 监理工作费用

根据国家物价局和建设部关于建设监理费的规定，按工程概(预)算投资额的费率取费，具体规定是：投资小于500万元的项目施工监理费按2.5%计，500万~1000万元的项目按2.5%~2%计，1000万~5000万元的项目按2%~1.4%计，5000万~100 000万元的项目按1.4%~1.2%计。

10.4 水土保持生态工程监理

10.4.1 水土保持生态工程监理组织与管理

2000年水利部发布了《关于加强水土保持生态工程监理管理的通知》，以规范、有序地开展监理，结合国家建设工程监理的有关规定，明确了水土保持生态建设监理的有关事宜。

(1)水土保持生态建设监理资质

①监理单位资质

基本规定　凡从事工程建设监理的单位必须具备相应的建设监理资质，必须按批准的等级和核准的经营范围，承担建设监理业务。承担监理业务的机构必须进驻施工现场进行监理；监理单位不得转让、分包监理业务。不得从事所监理工程的施工和材料、设备、构件的经营活动。

监理单位资格规定　新设立的监理单位须先向当地工商部门申请企业法人预登记，取得营业核准书后，再按有关规定向水行政主管部门申报监理单位资格，经批准后到工商管理部门进行企业法人正式登记。水利工程建设监理资格分为甲、乙、丙三级。

监理单位资格报批　申报，申请资格的单位填写《水利工程建设监理单位资格等级申请表》，并出具必需的证明材料；审核审批，申请材料先送水利部水土保持监测中心进行初审，经水利部建设司和水土保持司审核后报送水利部水利工程建设监理资格评审委员会，由其组织审核，核定是否具备资格及资格等级，由水利部颁发《水土保持生态建设监理单位资格等级证书》。

年检　监理单位的资格实行每年年检一次，4年复检一次。根据检查情况做出相应处理结论。

②监理人员资格

基本规定　建设监理人员分为三类，即总监理工程师、监理工程师和监理员，这些监理人员都必须持证上岗；监理工程师实行注册管理制度，未取得资格证书、上岗证书或虽取得了监理工程师资格证书但未经注册的人员不得从事建设监理业务。

监理人员培训　根据水利部有关规定，水土保持生态建设监理工程师的培训由水利部水土保持监测中心负责组织，学习内容主要有建设监理概论、合同管理、质量控制、进度控制、投资控制、信息管理、水土保持生态建设监理概论等。

监理人员考试　参加全国统一考试。

(2)水土保持生态工程监理组织机构

①监理单位组织机构　目前，承担水土保持生态工程监理业务的单位主要有两类：专门成立的水土保持生态建设咨询或监理公司；在原监理单位增加水土保持生态工程建

设监理业务范围。

②监理内部组织机构　目前的水土保持生态工程建设项目以省为总体管理单位，监理也应以省为单位设立监理总部，由总监理工程师对工程实施监理管理。在地区级设立监理分部。

③监理人员专业配置　由于水土保持生态工程涉及专业多，在监理人员配置上应充分考虑项目所涉及的主要专业，配齐各类专业人员。

(3)水土保持生态工程建设监理内容和监理形式

①监理工作主要内容

监理的重点阶段　根据目前工作实际，应重点对水土保持生态工程进行施工阶段的监理。随着监理工作的不断展开，今后还应延伸到项目的前期规划设计、决策、招标投标等各个阶段和环节。

监理的重点工作　工程投资控制、施工质量控制、施工进度控制。

②监理形式　水土保持生态工程监理形式主要有巡回检查式监理、检测式监理、旁站式监理等。

10.4.2 水土保持生态工程质量控制

水土保持生态建设项目的工程质量是在建设中形成的，从项目的申报和决策、可行性论证、工程设计、施工准备，到组织实施、单项及总体工程的验收，后期运行等各阶段、各个环节，都与项目的质量直接相关，每个环节都会影响到工程的质量。

工程质量主要是指工程产品的质量和工作质量，工程产品的质量要靠工作质量的控制来保证，也就是对施工各工序过程的每个环节、每个因素进行全面控制。

(1)水土保持生态工程质量管理体系

工程项目的质量涉及很多部门和单位，从质量管理角度看主要由以下三方面构成：一是各级政府及其所属的质量监督体系；二是设计单位和施工单位的质量保证体系；三是项目法人和其所聘的监理单位的质量控制体系。由这三方面组成了建设项目的质量管理体系。

(2)水土保持生态工程设计质量控制

①水土保持生态工程的设计资质　根据国务院《建设工程质量管理条例》的规定，从事建设工程勘察、设计的单位应当依法取得相应等级的资质证书，并在其资质等级许可范围内承揽工程。水土保持生态工程应当由具有水土保持生态工程建设综合设计资质的单位承担综合治理的设计工作。

②水土保持生态工程设计　根据水利部《水土保持工程初步设计报告编制暂行规定》，以小流域为单元进行初步设计，将各项治理工程落实到具体地块、工点。具体设计工作分为典型设计、单项设计和专项设计。

③设计质量过程控制　包括设计准备阶段的质量控制和设计阶段的质量控制。

④设计文件基本要求　根据水利部规定，水土保持初步设计成果要求每条小流域必须有一本初步设计报告，报告设计文本、附表、附图等。对较大的治理工程，如治沟骨干工程，每个工程应有一个设计文件，要达到施工图设计深度。

(3)水土保持生态工程施工质量控制

①施工质量控制系统 施工阶段的质量控制分为事前控制、事中控制和事后控制三个过程。事前控制主要包括设计图纸及文件、施工现场布设、施工队伍及人员的培训、工程用原材料的质量检验；事中控制主要包括施工工艺及工序控制、质量监督整改、企图质量控制；事后控制主要是对施工质量检验报告及有关技术文件进行审核，整理相关资料，建立档案，对工程质量进行评定等。

②质量控制方法与程序 控制质量的主要依据包括有关设计文件和图纸、施工组织设计文件、合同中规定的企图质量依据；控制的方法分旁站式检查、试验与检验控制、指令式控制和抽样检验控制；质量控制主要对三个步骤进行控制，包括开工条件的审核、施工过程中的检查和检验和工程完工后的中间交工签认。

③监理工程师质量控制体系 监理工程师控制质量主要靠严密的组织体系、完善的工作制度、有效的控制方法等。

④水土保持生态工程施工质量控制 包括工序质量分析、工序质量控制、施工工序、质量控制点的设置及工序质量查验。

(4)工程质量检验

工程质量检验就是对工程或其中的特性进行测验、检查、试验、量度等。它是监理工程师的重要内容之一。质量检验包括检验的基本条件、基本制度和质量检验体系。由于工程的每个工序、工点都要进行质量检验，对监理工程师来讲工作量太大、也不现实，将需检验的工序和环节分为两类进行检验：一类是必须在监理工程师到场的情况下，承包商才能进行的检验，称之为“待检点”；另一类为简历工程师可以到场、也可以不到场进行的检验，称之为“见证点”。

(5)水土保持生态工程质量评定与验收

工程质量评定是监理工程师的工作之一，也就是根据国家或地方的工程质量标准，对施工项目确定其质量等级，作为政府主管部门最终确定工程质量的重要参考依据。

工程质量评定项目划分和质量等级：水利工程质量按单元工程、分部工程和单位工程逐级评定。工程质量分为“合格”和“优良”两个等级。

单元工程质量平定要素由保证项目、基本项目和允许偏差项目三部分组成。

工程质量验收方法：

①隐蔽工程 隐藏工程是指那些在施工过程中上一道工序的工作结束，被下一道所掩盖，而无法进行复查的部位。在进行下一道工序前，现场监理人员应按照设计要求、施工规范。采用必要的检查工具，对其进行检查与验收，如符合设计要求和规范规定，应及时签署隐蔽工程记录手续，以便承包商继续下一道工序施工；同时，对隐蔽工程记录交承包商归入技术资料；如不符合有关规定，应以书面形式通知承包商，令其处理，处理符合要求后进行隐蔽工程验收与签证。

②单元工程 对于重要的单元工程，监理工程师应按照工程合同的质量等级要求，根据该单元工程的实际情况，参照前述的质量评定标准进行验收。

③分部工程 在单元工程验收的基础上，根据各单元工程质量验收结论，参照分部工程质量标准，便可得出分部工程的质量等级，以便决定可否验收；对单元或分部土建

工程完工后转交其他中间过程的，均应进行中间验收。承包商得到监理工程师中间验收认可的凭证后，才能继续施工。

④单位工程　在单元工程、分部工程验收的基础上，对单元、分部工程质量等级的统计推断，再结合直接反映单位工程结构及性能质量的质量保证资料核查和单位工程外观质量评定，便可系统地核查是否达到设计要求；结合外观等直观检查，对整个单位工程的外观及使用功能等方面质量作出全面的综合评定，从而决定是否达到工程合同所要求的质量等级，进而决定能否验收。

(6)水土保持生态工程质量事故处理

工程质量事故是指在工程建设过程中或竣工后，由于工程设计、施工、材料、设备等原因造成工程质量未达到国家规范、规程和标准规定，影响工程使用寿命或正常发挥寿命或正常发挥效益。出现工程质量事故，轻者造成停工、返工、影响整个工程建设；严重者质量事故会不断恶化，导致整个工程建设失败，个别的还会造成重大人身伤亡事故。一般根据对工程耐久性和正常使用的程度、检查处理质量事故对工期影响时间的长短、造成的直接经济损失等，将质量事故划分为特大质量事故、重大质量事故、一般质量事故三类。水利工程的具体规定将质量事故划分为特大质量事故、重大质量事故、一般质量事故、质量缺陷。

工程质量事故的原因有：设计失误、施工违章、材料不合格、管理不合格。

出现工程质量事故，监理工程师通常的做法是停工整顿、事故处理。

10.4.3　水土保持生态工程进度控制

工程进度控制是指对工程建设的各个阶段中的各项工作的时间进行规划、调整、协调的全过程。工程进度的控制是一个动态的过程，首先是按照计划进度执行，及时了解和掌握工程的实际进度，对其进行统计、分析和研究，找到与计划进度的偏差，分析其原因，针对影响因素制定相应的调整方案，提出新的进度控制计划，然后按新计划执行，依此循环进行进度控制。

(1)影响进度的主要因素分析

对水土保持工程进度造成影响的因素主要包括组织管理因素、计划制定因素、建设实施的相关要素、自然环境因素。

(2)监理工程师进度控制的主要任务

①发布开工令；

②审查审批施工单位的施工进度计划；

③监督检查和控制施工进度；

④落实业主应提供的施工条件；

⑤进度协调进度；

⑥其他任务。

(3)施工进度的监督和调控

在工程建设施工过程中，由于人为和自然等多种原因，往往会造成工程的实际进度与计划进度不相符的情况，这就要求监理工程师随时掌握工程实际进度情况，对进度存在的问题提出修正意见，以确保工程进度按计划完成。

①工程实施进度的检查 了解和掌握工程实施进度是监理工程师控制工期的一项基本工作。常用的方法有：承包商进度报表的查实、到施工现场检查进度情况、定期召开现场生产会议。

②工程进度的检查、分析与比较

工程进度检查结果的表示方法 通常采用图、表两种方式表达工程实际进度与计划进度的情况。具体方法有：进度图法、进度表检查法。

进度分析与调整 对工程进度的分析内容主要有：工程总进度，单项工程或措施进度，工程年进度、月进度，投资进度，设备、物资、材料供应进度，劳动力使用进度。

常用的进度比较方法有：横道图、网络图。

(4)施工暂停与复工

在工程施工过程中，往往会因各种原因造成施工的暂停、复工，这时，监理工程师要根据有关规定，发布工程暂停令和复工令，做好进度控制工作。

①施工暂停 造成工程施工暂停的原因有：因业主原因造成的施工暂停；因施工单位的原因造成的施工暂停；紧急情况造成的施工暂停。

②复工 根据《土木工程施工合同条件》的规定，在监理工程师发出暂停施工指令的12周后，如果工程师仍没有发出复工指令，施工单位或承包商可向工程师提出要求复工的申请。该申请在28d内未得到指示，承包商可按以下方式处理：如果停工的是部分工程，可将此部分的工程视为被减掉的项目，让监理工程师按变更工程处理；如果是全部工程停工，可以认为是项目法人违约。

(5)水土保持生态工程进度调控特点

由于水土保持生态工程点多、面广、量大的特点，在工程进度控制中，可以采用较为灵活、适用的方法，如控制关键工作法。在一般的水土保持生态建设中，应作为监理工程师重点控制的关键工作有：基本农田建设、造林整地工程、种子苗木准备、造林和抚育时间、保墒种草、林木浇水保证、治沟工程汛期进度、坡面蓄排水工程、维修工程。

(6)施工进度报告

控制工程进度，经常需编报施工进度报告。常见的报告有三种类型：一是施工单位或承包商向监理工程师提交的月进度报告；二是监理工程师向项目法人或业主提交的进度报告；三是监理工程师协助项目法人向贷款方提交的进度报告。

10.4.4 水土保持生态工程投资控制

(1)工程建设前期阶段投资控制

工程建设投资控制要从项目的规划阶段开始，即做预先控制。按水土保持生态建设质量要求，尽可能用较少的投资获得最大效益。在工程前期工作中调控投资可从定额设计、设计概算审查两方面控制。

(2)施工阶段投资控制

施工阶段投资控制的主要措施有：

①制定资金投入计划和投资控制规划；

②审批承办商的现金流量估算；

③工程计量和计价控制；

④工程价款支付；

⑤索赔控制。

(3)水土保持生态工程经济评价

①经济评价概要　经济评价一般包括国民经济评价和财务评价，由于水土保持生态建设项目是以生态效益、社会效益为主的项目。用于水土保持生态建设的资金主要由各级政府财政投入，属于社会公益性建设。因此，大多数项目的经济评价只做国民经济评价，一般不作财务评价。有些申请国内贷款和国外贷款的项目，也要按借贷方的要求，进行财务评价。

②经济评价参数的确定

经济计算期　水利工程规定不超过50a，对于水土保持生态建设项目其建设期一般为5a，运行期一般为20～30a，因此项目的经济计算期一般按30a计算。

计算基准年　一般以项目建设的第一年为计算基准年，如2000年开始建设的项目，其经济评价的计算基准年则为2000年。

社会折现率　由于水土保持生态建设项目是公益性建设项目，其社会折现率一般按7%进行计算。

影子价格　根据国家计划部门、建设部门的测算，由国家定期公布，经济评价时按公布结果计算。

③效益费用计算内容　水土保持生态建设项目的效益主要包括基础效益(保水、保土效益)、经济效益、社会效益和生态效益四类。其中经济效益主要计算直接经济效益和间接经济效益。

项目费用主要包括建设投资和管理运行费。一般只对效益费用比(EBCR)、净效益现值(ENPV)、内部收益率(EIRR)。

10.5 水土保持项目监测评价

监测是指执行项目活动的各级管理部门对项目进行连续或定期的评价和监督，以确保项目投入物的发放、工作日程、目标产出和其他要求的行动进程与计划一致；评价是为了系统地有目的地确定基于项目活动目标的相关性、效率及影响过程。

水土保持项目监测评价是评定项目管理过程中各种职能活动和各项投入产出的效果。

10.5.1 项目监测工作体系

10.5.1.1 水土保持监测的组织管理

水土保持监测的组织管理必须既服务于工作的需要，又反映土壤侵蚀和水土保持工作的区域特点；既有利于全国水土保持生态建设规划的落实，又便于分区分类监测相关内容；既服务于建立全国性的监测体系和技术网络，又为建立全国或区域性的水土流失预测预报模型提供全面、系统的数据。

《中华人民共和国水土保持法实施条例》第二十二条规定："水土保持监测网络是指全国水土保持监测中心，大江大河流域水土保持中心站，省、自治区、直辖市水土保持监测站以及省、自治区、直辖市重点防治区水土保持监测分站。"全国水土保持监测中心对全国水土保持监测工作实施具体管理，组织对全国性、重点地区、重大生产建设项目的水土保持监测。大江，大河流域监测中心站参与国家水土保持监测、管理和协调工作，向监测中心提供中等尺度的监测信息，负责组织和开展流域内大型工程项目和对生态环境有较大影响的生产建设项目的水土保持监测工作。省级水土保持监测总站负责对所辖区内的监测分站、监测点的管理，并向监测站和上级主管部门提供监测信息，承担国家、省级开发建设项目水土流失及其防治的监测工作。

10.5.1.2　水土保持项目监测的组织体系

项目确立以后，应围绕项目的实施内容、结构和目标，设计出一个针对性强、科学、可行的监测指标及指标体系，在项目实施的同时，开展项目监测工作。

一般来说，监测的组织体系大体分为3个层次，即上级监测领导部门、中级监测执行部门和基层监测组织。基层监测组织是监测组织体系的基础，其作用是及时准确地将搜集到的各种监测信息向上传递给中层监测执行部门，并经中层监测执行部门加工整理后传递至上级监测领导部门，从而使上层领导部门及时掌握项目的进展情况，形成决策，对于错误的决策可及时纠偏，修正计划。

中级监测执行部门是监测组织体系的核心。中级监测执行部门起一个上情下达、下情上达的中介作用，其作用是对基层监测组织收集的信息进行分析、加工、提炼、处理。得到有用的信息，并编制成监测报告提交给上层领导决策部门；同时对上级领导部门的决策分解成具体任务向下传递到基层监测组织，以便指导基层组织开展监测工作。

上级监测领导部门的作用是依据传递上来的信息，做出正确的决策，并将之落实到中级监测执行部门。

10.5.1.3　水土保持项目监测的内容体系

水土保持项目监测的内容体系大体包括人员及组织管理监测、计划管理监测、财务管理监测、物资管理监测、工程技术监测、成果与效益监测、其他专题监测7部分。

①人员及组织管理监测　包括对规章制度的制定、管理人员的设置、劳务投入的数量、质量的高效性、人员培训工作的开展、考绩工作的科学性、项目管理组织机构的健全、机构之间关系的协调性、机构运转的高效性、各机构的职责和项目招投标实施中的有关问题等进行监测。

②计划管理监测　检查项目实施的实际进度，监测项目总体进展情况和各子项目间进度的协调配套情况。

③财务监测　主要监测资金的筹措、资金的分配使用、资金的回收以及影响资金按

计划筹措和使用的干扰因素。

④物资管理监测 包括物资、设备采购、库存及使用等各环节的监测。

⑤工程技术管理监测 包括工程在交付施工前，设计单位编制的设计文件、图纸，是否经各级技术负责人签字，是否符合国家和地区的有关法规，技术标准，设计文件是否符合设计任务书、初步设计和设计合同的要求；施工单位是否建立了质量检查、测试、监督机构，是否建立了全面质量管理制度，工程施工中出现过什么重大技术问题，如何解决及解决程度；技术服务工作是否有效，工程是否达到技术指标要求等。

⑥成果与效益监测 包括受益者的反映和参与程度，水土保持项目的生态效益、经济效益和社会效益各项指标是否按期完成、是否达到要求等。

⑦其他专题监测 对于在项目执行中提出的各项专题以及发现的某一侧面的矛盾需要进行调查分析时，应开展专题监测，提出解决矛盾的建议。如对水土保持执法监督的监测、典型小流域项目的监测等。

10.5.1.4 水土保持项目监测技术与规范体系

主要包括：《水坠坝技术规范》(SD 122—1984)、《水土保持综合治理 规划通则》(GB/T 15772—2008)、《水土保持综合治理 技术规范》(GB/T 16453.1～5—2008)、《水土保持综合治理 验收规范》(GB/T 15773—2008)、《水土保持综合治理 效益计算方法》(GB/T 15774—2008)、《开发建设项目水土保持技术规范》(GB 50433—2008)、《水土保持规划编制规范》(SL 335—2014)、《水土保持工程项目建议书编制规程》(SL 447—2009)、《水土保持工程可行性研究报告书编制规程》(SL 448—2009)、《水土保持工程初步设计报告编制技术规程》(SL 449—2009)、《水利水电工程制图标准 水土保持图》(SL 73.6—2015)、《水土保持监测技术规程》(SL 277—2002)等。

10.5.2 水土保持项目监测指标体系的构建

10.5.2.1 水土保持生态建设项目监测的指标体系

水土保持生态建设项目监测的指标体系包括：项目进度监测指标、项目资金监测指标、项目物资管理监测指标、项目实施质量和效用监测指标、项目成本监测指标、项目受益者参与指标、项目效益监测指标、项目影响监测指标、项目的可持续监测指标、项目分险性指标等。

(1)项目进度监测指标

主要指标是工程实际完成率，是将项目实际进度与计划进度进行比较，用来反映项目工程进度计划执行的程度。

(2)项目资金监测指标

①资金使用情况监测指标 指资金的实际投资情况与同期按计划应使用的资金额比较。

②资金使用效益监测指标 包括资产产值率、资金利税率、资金利润率、资产回收率、资产创汇率等。

(3)项目物资管理监测指标

包括物资采购计划完成率、实际物资储备率、物资储备保险系数等。

(4)项目实施质量和效用监测指标

①质量监测指标 监测人员应按项目设计要求和各类质量标准要求与工程人员一道对质量进行监督检查。对于已完工项目，除按要求进行验收外，还需要用工程合格率、工程质量优良品率、实际返工损失率等指标考核工程质量。

②工程效用监测指标 用工程效果合格率来衡量。工程效果合格率是工程完工后的实际效果与工程设计效果的比较。

(5)项目成本监测指标

以项目制定的成本控制指标与项目实际成本指标为监测指标，监测二者之间的偏差，分析成本控制情况。

(6)项目受益者参与监测指标

项目受益者参与监测指标反映项目对受益者产生的影响程度，受益者对项目所持的态度。如项目区参与项目人数所占比例，对项目持有“非常满意”“满意”“不太满意”“失望”等态度的人数占受益区总人数的比例等。

(7)项目效益监测指标

项目效益监测指标一般是通过监测项目成本与项目成果之间的相对关系来比较资源是否得到优化配置和经济可行，如内部收益率、投资回收期、投资利润率、产品质量增加率等。此外，水土保持项目还有一套监测指标，分别从经济效益、社会效益、生态效益和保水保土效益的角度来监测项目的收益。

①经济效益监测指标 主要有：人均纯收入、各业收入、人均产粮、生活消费等指标，并根据调查资料计算恩格尔系数。

②社会效益监测指标 主要有：粮食及其他农产品的产量与产值、土地利用结构与土地利用率的变化、农村产业结构与土地生产率的变化、劳动力利用率与劳动生产率的变化、农户消费水平的变化、环境容量变化、教育事业的发展变化、卫生事业的发展变化、交通运输的发展变化、科技水平的提高情况、解决人畜饮水困难情况以及农村供水设备、供水农户及其占缺水农户比例的变化。

③生态效益监测指标 主要有：植被变化、土壤理化性质、水质变化等。

④保水保土效益监测 分为单项措施的保水保土能力监测和小流域的保水保土能力监测。

(8)项目影响监测指标

经济影响监测指标可用国民经济的影响及分配、就业国内资源成本、技术进步的影响指标来表示。环境影响监测指标可用森林覆盖率、水土流失量等表示。社会影响监测指标可采用农民人均纯收入、人均粮食生产量等表示。

(9)项目可持续性监测指标

指项目的目标群体或受益农户在项目执行期结束和外部资源投入终止后能否在环境不变或环境发生变化时动态或静态的保持项目所带来的好处。

(10)项目分险性监测指标

包括分险发生的可能性指标、发生的概率指标、分险发生的影响及影响程度指标、分险的重要程度指标。

10.5.2.2　生产建设项目水土保持监测指标体系

(1)生产建设项目概况指标

包括项目区位置、项目区所属“三区”类型、项目的数量和类型等。

(2)水土流失情况指标

包括对原地貌类型的扰动而造成的水土流失的监测，主要指标有：扰动土地类型与面积，损坏水土保持设施面积，弃土、石、渣量及占地面积，水土流失面积，水土流失强度，水土流失量等。

(3)生态环境变化情况指标

生态环境变化情况指标指由于生产建设项目引起的地形地貌、植被、水系、水土流失等的变化情况和对当地农牧业造成的影响，对项目区及周边生态、水环境及周边居住环境等的影响。主要包括占用、扰动土地面积，挖方、填方数量，弃土弃渣量，河流泥沙含量变化，项目建设前后项目区水土流失面积、强度的变化情况等。

(4)水土流失危害指标

指水土流失带来的生态危害、经济损失的指标。

(5)水土保持措施实施指标

该指标是治理水土流失、控制水土流失灾害、改善生态环境的数量和标志。包括水土保持方案的实施情况，各项防治措施的种类、数量及工程的实施时间、工程量等。

(6)水土保持措施效果指标

包括水土流失治理度、扰动土地整治率、土壤流失控制比、拦渣率、林草覆盖率、植被恢复系数6项量化指标。此外，还需要对各项防治措施的保存量，林草措施的成活率、保存率，防护工程的稳定性、完好性，防护措施的拦渣、护坡、排水沉沙、改善生态环境效果等进行监测。

10.5.3　水土保持项目监测方法体系

根据项目监测的目的和分工要求不同，水土保持监测的方法可分为监测资料收集方法和监测资料分析方法。

10.5.3.1　监测资料的收集方法

水土保持项目监测资料的收集方法可以根据不同需要来确定，如果根据项目建设目标和项目实施涉及的内容来分，应收集每一个阶段的工程进展情况，包括工程量完成情况、投资筹措、资金使用情况、材料消耗情况、工程质量等工程资料、项目区的经济效益、生态效益和社会效益等，然后汇总监测。资料的收集可采用不同方式，如图表资料、文字资料、调查数据等。根据资料类型来分，可分为数量型信息和质量型信息两种收集方法。数量型信息可以通过统计核算方法(如统计报表、典型调查、抽样调查)、设立固定的技术经济监测点和发放调查表的手段获取；质量型数据可通过个别访问、问卷调查、召开小型座谈会等形式直接获取，也可通过报纸杂志、项目文件、会议记录、已写成的调查报告等资料间接获取。

生产建设项目监测资料的收集可采用巡查、调查及收集主体工程相关报告、项目水土保持方案报告书、相关水行政主管部门验收的典型工程水土保持设施竣工验收报告书和验收评估报告，以及项目评估报告等获得。

10.5.3.2 监测资料的分析方法

(1)比较分析法

将项目执行中的实际情况与计划相比较的方法。包括执行的实际情况与计划指标相比较、设计要求与现实状况相比较、完成后的实际效果与预期效果相比较、项目区与非项目区相比较。

(2)数理统计法

利用监测信息数据和数理统计工具，找出影响项目进度、质量、资金分配、经济效益等方面的主要因素，帮助项目管理人员整理思路，以求及时纠正偏差或调整计划。实际操作中常用简便易行的有排列图法、分层法、因果图法、控制图法、平均数分析法和百分数表示法等几种方法。

10.5.4 水土流失监测

10.5.4.1 水蚀监测

1)坡面监测

(1)监测内容

包括气候因素、地貌因素、土壤与地面组成物质因素、植被因素和人为因素监测5个方面。

(2)监测方法

①径流小区法

径流小区分类　根据小区的大小划分为微型小区、中型小区和大型小区。微型小区的面积通常在1～2m^2之间，当简单地比较两种措施的差异，而其差异又不受监测面积大小影响时，可以优先使用微型小区。中型小区的面积一般在100m^2左右，通常用于作物管理措施、植物措施、轮作措施和一些可以布设在小区内，且与大田没有差异的其他措施的水土保持效益监测。大型小区的面积在1hm^2左右，适于不能在小型和中型小区内布设的水土保持措施效益的评价或在微型和中型小区内无法监测的项目，如坡面细沟发育。

根据不同地区小区间的可比性的高低，可将小区划分为标准小区和非标准小区。在我国，标准小区的定义是选取垂直投影长20m、宽5m、坡度5°或15°的坡面。与标准小区相比，其他不同规格、不同管理方式下的小区都为非标准小区。

径流小区组成　坡面径流泥沙测验小区由一定面积的小区、集流分流设施和保护设施等部分组成。

②核素示踪技术　核素示踪技术是通过比较没有发生侵蚀地块土壤中核素含量与侵

蚀地块土壤核素含量的差异，进而利用核素流失量与侵蚀量间的定量关系，推求坡面水土流失量的技术方法。根据核素来源，可以将常用示踪核素分为人为放射核素、天然放射性核素和宇宙射线产生的放射性核素3种。

人为放射性核素　主要来源于核武器试验释放的核尘埃，经过干、湿沉降进入环境。其中^{137}Cs常被用于坡面水土保持监测。在测定了^{137}Cs背景值的基础上，测定其他坡面不同部位土壤中的^{137}Cs浓度，进一步与背景值进行比较，基于已经建立的土壤流失量与^{137}Cs流失量之间的定量模型，推出监测坡面多年平均的侵蚀速率。

天然放射性核素　包括3大系列，其中^{210}Pb常被用于坡面水土保持监测。^{210}Pb的来源包括通过大气沉降而被土壤吸附的外源性^{210}Pb和由土壤中^{222}Rn衰变得到的补偿性^{210}Pb。

宇宙射线产生的放射性核素是由宇宙射线与大气中原子核相互作用产生的，经过输送沉降到地表，并与地表物质结合。宇宙射线产生的放射性核素主要有^{7}Be、^{14}C等。其中^{7}Be被常用于坡面水土保持监测。

③插钎法　插钎法是坡面水土保持监测的传统方法，具有悠久的历史。它的基本原理是在选定的具有代表性的监测坡面上，按照一定的间距将直径为5mm的不锈钢钎子布设在整个坡面上，钎子上刻有刻度，一般为以0为中心上下标出5cm的刻度，最小刻度值为1mm。监测时将测钎垂直插入地表，保持零刻度与地面齐平，在监测期内监测测钎的读数，将本次读数与上次读数相减，差值为负值则表明在监测期内发生了侵蚀，侵蚀强度可以用平均差值计算得到。当差值为正值时，说明监测坡面发生了泥沙沉积，沉积量的大小也可以通过平均差异计算得到。

④全球定位系统(GPS)　全球定位系统(GPS)可以用于坡面水土保持的监测，特别是对坡面切沟的长期定位监测。

⑤三维激光扫描仪法　目前国际上先进的地面空间数据测量技术，它将传统的点测量扩展到面测量，可对复杂的地面特征进行扫描，形成地表的三维坐标数据。

2)小流域水土保持监测

(1)监测内容

①自然环境监测　自然环境主要包括地质地貌、气象、水文、土壤、植被等自然要素。

地质地貌监测　包括地质构造、地貌类型、海拔、坡度、沟壑密度、主沟道纵比降、沟谷长度等。

气象要素监测　包括气象类型、年均气温、≥10℃积温、降水量、蒸发量、无霜期、大风日数、气候干燥指数、太阳辐射、日照时数、寒害、旱害等。

水文监测　包括地下水水位、河流径流量、输沙量、径流模数、输沙模数、地下水埋深、矿化度等。

土壤监测　包括土壤类型、土壤质地与组成、有效土层厚度、土壤有机质含量、土样养分(N、P、K)含量、pH值、土壤阳离子交换量、入渗率、土壤含水量、土壤密度、土壤团粒含量等。

植被监测　包括植被类型与植被种类组成、郁闭度、覆盖度、植被覆盖率等。

②社会经济状况监测　主要包括土地面积、人口、人口密度、人口增长率、农村总人口、农村常住人口、农业劳动力、外出打工劳动力、基本农田面积、人均耕地面积、国民生产总值、农民人均产值、农业产值、粮食总产量、粮食单产量、土地资源利用状况、矿产资源开发状况、水资源利用状况、交通发展状况、农村产业结构等。

③水土流失监测　主要包括水土流失面积、土壤侵蚀强度、侵蚀性降雨强度、侵蚀性降雨量、产流量、土壤侵蚀量、泥沙输移比、悬移质含量、土壤渗透系数、土壤抗冲性、土壤抗蚀性、径流量、径流模数、输沙量、泥沙颗粒组成、输沙模数、水体污染(生物、化学、物理性污染)等。

④水土保持措施监测　按照其措施的不同分为：梯田监测、淤地坝监测、林草监测、沟头防护工程监测、谷坊监测、小型引排水工程监测、耕作措施监测等。

⑤水土保持效益监测　主要监测水土保持的基础效益，包括治理程度、达标治理面积、造林存活率、造林保存率等。

(2)监测方法

①小流域控制站监测　小流域由于面积小、汇流迅速，所以其径流泥沙变化幅度比较大，一般通过对建设在流域出口处控制站次降雨水位监测，获得小流域次降雨径流资料，在径流测量的同时采集水沙样，进一步分析得到含沙量，获得小流域次降雨泥沙资料。在次降雨径流泥沙资料基础上，经过资料汇总分析，得到该流域逐月、逐年的径流泥沙资料。

径流监测　小流域水土保持监测中的控制站多采用巴塞尔量水槽或薄壁堰型(堰顶厚度小于堰上水头的0.67倍)量水堰。

泥沙测定　小流域泥沙的测定可以分为采样法和自动监测法两类。根据取样的自动化程度，采样法也可以分为人工采样和自动采样两种方法，人工采样是在测定水位的同时，采集径流泥沙样品，然后带回实验室，分析泥沙含量。

目前，应用比较多的悬移质采样器有横式采样器和瓶式采样器等；推移质采样器有沙质推移质采样器和卵石推移质采样器。

②小流域侵蚀量调查　当有流域内水库或塘坝库区大比例尺地形图、库坝断面设计图、库容特征曲线、建库及拦蓄时间、库坝运行记录等设计资料时，小流域土壤侵蚀的调查就可以根据水沙平衡进行，即某时段库坝来水来沙量等于该时段下游出库水量、沙量及库坝内泥沙淤积量。通过调查一定时段内各项的定量值，即可获得该时段内流域侵蚀泥沙的总量，进而获得该时段内的平均侵蚀状况。

当没有流域内库坝的设计资料时，可用断面测量法确定流域侵蚀量。按照库区地形图，设置观测断面并埋桩；用经纬仪对断面做控制测量，确定各基点位置和高程，绘制平面图；将经纬仪架在断面一端固定桩上，对准另一端固定桩定出观测断面，库内用测船沿着断面行进，每隔10m左右用经纬仪测定一次距离，同时用测绳或测杆测定水深，直到断面终点。移动仪器到另一断面，重复测定，直至整个库区全部测完；根据测定结果计算各测点的高程；根据各测点高程绘制出蓄水淤积断面，结合库区地形图，完善断面图；计算各断面淤积面积；分别求出相邻断面平均面积，乘以断面间距，得到部分淤积泥沙的体积；将部分淤积泥沙体积累加得到总的泥沙淤积量，除以淤积年限及流域面积，即可得到该流域年均侵蚀量和侵蚀模数。

3) 区域水土保持监测

(1) 监测内容

①区域土壤侵蚀与环境特征分析

区域水土流失类型分析 包括基于土壤侵蚀形态的分类和基于侵蚀强度的分级两个方面。

区域水土流失特征分析 在了解土壤侵蚀的区域分异和土壤侵蚀的区域划分基础上，进行区域水土流失区域特征分析。

②资料收集整理及侵蚀因子数据库建设

区域水土流失因子数据收集 水土流失受到诸多自然和人为因子的影响。自然因子包括气候、土壤、植被、地形等；人为因子包括土地利用、治理措施等。

区域水土流失因子数据管理：目的是高效组织数据，安全管理数据。

(2) 监测方法

目前，国内外区域水土保持监测主要有遥感调查和抽样调查两种方法。

10.5.4.2 风蚀监测

1) 监测内容

①风蚀影响因子 包括风向、风速、降水、植被、土壤水分及人为活动。

②风蚀量 包括风蚀类型、强度及变化规律。

③风蚀危害 包括土壤表层粗化、生产力下降、流沙入侵等。

④风蚀防治 包括植被降低风速、植被减少输沙率、植被的固沙作用、植被的阻沙作用、防护林带的积沙、植被对风沙土的改良等。

2) 监测方法

(1) 风蚀影响因子监测

①风的监测 采用风速风向仪获取的风速和风向数据是风沙运动的基本要素，用以计算风蚀力的大小，确定地表流场的分布。风速观测关注的重点是大于起沙风的风速(一般为5m/s)及其风向和持续时间。在常规气象观测中，整点前10min平均风速、瞬时最大风速以及风向频率等也可以作为风沙观测的基本数据。风的观测分为瞬时观测和长期观测。瞬时观测结合风沙运动观测，获取沙粒的启动风速和输沙率的对应风速。长期观测一般设置在特定的风沙观测场中，获取长期的风速风向数据。

采用风速梯度观测，获取风速沿高度变化的风速剖面，是计算摩阻流速和地表粗糙度的重要参数。通常以2m作为观测高度，应用风速梯度仪测定不同高度的风速。

②土壤水分测定 主要方法包括物理法、化学法和放射性法。土壤含水量的测定方法中最经典的方法是烘干法，也是国际上公认的标准方法。其他方法有中子仪法、时域反射仪(TDR)法。

③地表物质监测 主要是可蚀性指标的监测。土壤可蚀性是土壤对侵蚀作用的敏感性，风蚀中土壤可蚀性可以通过测定土壤的理化性质和风洞试验测定。

④植被监测 在风蚀区，植被调查的主要内容有草本和灌木的个体、群体特征、地上生物量测定、根茎叶描述及植被覆盖度。目前，植被的调查方法主要为野外调查与室

内植被遥感图像判读。

群落特征调查　在植被群落的野外调查中，适用的调查方法主要有：样方法、样线法、点样法及点——四分法。

地上生物量测定　对于干旱区草本群落生物量的测定，常用收割法，直接将植物体地上枝叶及繁殖器官全部刈割下来进行烘干称重。

植被覆盖度　目前，植被覆盖度的监测方法有地面监测和遥感监测。地面监测法又分为目估法、采样法，遥感监测方法主要是植被指数法。

⑤人为因子监测　主要监测人为活动对地表的破坏以及恢复治理措施的效果。对采取措施的区域，风向、风速、土壤水分、植被等的监测与上述各项指标一致，监测积沙、风蚀量。

(2)风蚀量监测

风蚀量监测是指监测某一地表类型在特定气候条件下，一定时段内单位面积风蚀量及其影响因子，通常采用插钎法、风蚀桥法和集沙仪法。

10.5.4.3　重力侵蚀和混合侵蚀监测

1)滑坡监测

(1)监测内容

滑坡监测主要包括变形监测、相关因素监测和宏观前兆监测3个方面。

①变形监测　一般包括位移监测、倾斜监测以及与变形有关的物理量监测。

②形成和变形有关因素监测

地表水动态监测　包括与滑坡形成和活动有关的地表水的水位、流量、含沙量等动态变化，以及地表水冲蚀作用对滑坡的影响，分析地表水动态变化与滑坡内地下水补给、径流、排泄的关系，进行地表水与滑坡形成、稳定性的相关分析。

地下水动态监测　包括滑坡范围内钻孔、井、洞、坑、盲沟等地下水的水位、水压、水量、水温、水质等动态变化，泉水的流量、水温、水质等动态变化，土体含水量等的动态变化。分析地下水补给、径流、排泄及其与地表水、大气降水的关系，进行地下水与滑坡形成与稳定性的相关分析。

气象变化监测　包括降雨量、降雪量、融雪量、气温等，进行降水等与滑坡形成、稳定性的相关分析。

地震活动监测　监测或收集附近及外围地震活动情况，分析地震对滑坡形成与稳定性的影响。

人类活动监测　主要是与滑坡的形成、活动有关的人类工程活动，包括洞掘、削坡、加载、爆破、振动，以及高山湖、水库或渠道渗漏、溃决等，并据以分析其对滑坡形成与稳定性的影响。

③变形破坏宏观前兆监测　包括宏观形变监测、宏观地声监测、动物异常监测、地表水和地下水宏观异常监测。

(2)监测方法

主要有常规大地测量法、全球定位系统(GPS)测量法、简易监测法、近景摄影测量法、遥感(RS)法、地面倾斜法、机测法和电测法等。

2)泥石流监测

(1)监测内容

包括固体物质来源监测、气象水文条件监测、动态要素监测、动力要素监测、流体特征监测。

(2)监测方法

①降雨观测　在泥石流沟的形成区或形成区附近设立雨量观测站点，固定专人进行观测。主要监测和分析降水量和降水过程。

②源区观测　主要观测泥石流形成区和固体物质储量及其动态变化状况、滑坡、崩塌的发育、数量、稳定性等，以及形成区岩石风化、破解程度、植被覆盖、生物状况、类型、坡耕地等的动态变化状况。

③泥石流观测　泥石流观测的基本方法是断面测流法，在形成区和堆积区也可用测钎法和地貌调查法。

3)泻溜监测

(1)监测内容

主要包括侵蚀量监测、泻积物粒级分析、气象因子观测。

(2)监测方法

①集泥槽法　在要观测的典型坡面底部，紧贴坡面用青砖砌筑收集槽，收集泻溜物，算出泻溜剥蚀量的方法。

②测针法　将细针(通常用细钉代替)按等距布设在要观测的裸露坡面上，从上到下形成观测带，通过定期观测测针间坡面，到两测针顶面连线距离的大小变化，计算出泻溜剥蚀的平均厚度。

4)崩塌监测

(1)监测内容

主要包括形态特征监测、影响因素监测。

(2)监测方法

常用相关沉积法进行。相关沉积法是测量崩塌发生后的塌积物体积估算出的。

5)崩岗监测

(1)监测内容

包括形态特征监测和影响因素监测。

(2)监测方法

一般采用排桩法，即在崩岗区设置基准桩和测桩。

10.5.4.4 冻融侵蚀监测

1)监测内容

包括冻融侵蚀影响因子和冻融侵蚀特征与危害监测。

冻融侵蚀影响因子包括气候因子、地貌地质因子、植被、土壤及其他因子。

冻融侵蚀特征与危害监测包括侵蚀方法与分布调查、侵蚀数量、侵蚀发生日期及频数、危害及水土保持调查。

2）监测方法

（1）寒冻剥蚀监测

多采用容器收集法或测钎法。

（2）热融侵蚀监测

可应用排桩法结合典型调查来进行监测。

（3）冰雪侵蚀监测

可采用水文站观测径流、泥沙的方法，结合冰碛垄的形态测量来实现冰雪侵蚀监测。

10.6 水土保持执法与监督

10.6.1 水土保持法规与机构

（1）水土保持法规体系

我国水土保持的法规体系分为6个层次：

第一层次：《中华人民共和国宪法》

宪法是国家的根本大法，也是制定水土保持法规的基本依据。

第二层次：基本部门法

由全国人民代表大会常务委员会颁布的基本部门法也涉及有关水土保持方面的内容，是我国开展水土保持法制建设的基础。同时，《中华人民共和国刑法》《中华人民共和国民法通则》等基本法也为水土保持法规顺利实施提供了基本保障。

第三层次：与水土保持密切相关的资源法律

依照《宪法》的原则，全国人民代表大会还制定了颁布了《水土保持法》《土地管理法》《水法》《防洪法》《森林法》《草原法》《渔业法》《矿产资源法》《野生动物保护法》9部与水土保持密切相关的资源法律，逐步形成了我国水土保持的法律体系。

第四层次：国家行政部门制定的有关法令、法规和条例

国务院及有关部委根据水土保持的具体情况制定的各种专门性法令、法规、条例和决定，是我国水土保持法规体系的重要组成部分。已颁布的有《水土保持法实施条例》《开发建设晋陕蒙接壤地区水土保持规定》《开发建设项目水土保持方案管理办法》《水利部开发建设项目水土保持方案编报审批管理规定》《水利部水土保持生态环境监测网络管理办法》《国家土地管理局、水利部关于加强土地开发利用管理搞好水土保持的通知》《地矿部、水利部关于贯彻执行〈水土保持法实施条例〉有关规定的通知》《水利部、国家电力总公司关于电力建设项目水土保持工作的暂行规定》《水利部、国家煤炭工业局关于加强煤矿生产建设项目水土保持工作的通知》《水利部、国家有色金属工业局关于加强有色金属生产建设项目水土保持工作的通知》《铁道部、水利部关于铁路建设项目水土保持工作规定》《水利部、交通部关于公路建设项目水土保持工作规定》等。

第五层次：地方性法规、部门规章

地方法规是各省、自治区、直辖市根据有关水土保持法律和法规，结合本地区实际而制定并经地方人民代表大会审议通过的法规。如《山西省实施水土保持法办法》《陕西省实施土地法办法》等。

第六层次：地方规范性文件。

省、自治区、直辖市的土地、环保、水政、农业、林业等主管部门以及县级人民代表大会、政府依据法律、法规、条例、地方性法规和规章等制定的有关流域管理和水土保持方面的规范性文件。

以上这些法律、法规、条例、规章、规范性文件形成了我国水土保持的法规体系。

(2)我国水土保持管理机构体系

根据国家法律规定，我国建立了从中央到地方各级政府水行政部门为主管的，各有关部门相互分工的水土保持管理体制，并形成国家、省(自治区、直辖市)、区、县、乡(镇)5级管理体系。

10.6.2 水土保持监督执法

(1)水土保持监督执法的意义

监督是一个综合的动态过程，是一种特殊的管理活动，是在社会分工和共同劳动条件下产生的一种管理职能，是人们为达到某种目标而对社会运行过程实行的检查审核、检察督导和防患于未然的活动。

水土保持监督属于行政监督范畴。是国家有关主管部门及其所属监督机构按照有关水土保持方面的法律、法规规定的权限、程序和方式，对有关公民、法人和其他组织在水土保持方面行为活动的合法性、有效性进行的检察督导。

开展水土保持监督执法是贯彻执行有关水土保持法规的需要，是促进国民经济持续、稳定、协调发展的需要、是保护自然资源和生态环境的重要举措，是巩固现有成果的有效措施。

(2)水土保持监督执法体系

根据《水土保持法实施条例》中的规定，水土保持监督机构负责对《水土保持法》及其实施条例的执行情况实施监督检查，自国务院1993年5号文件发布以来，全国建立和健全水土保持监督执法机构，形成了国家、省、地、县、乡完整的水土保持执法体系。

水土保持监督机构经由地方编委批准或是全额拨款行使行政职能的事业单位；监督机构有常设办公地点，配备专用预防监督车、通讯联络设备和取证工具等，条件好的地方可统一着装，所有监督执法人员要经过专门培训掌握水土保持业务和法律知识，合格后方可持县级以上人民政府颁发的水保监督检查员证上岗。

(3)水土保持监督的主要内容

①对农业生产的监督　根据《水土保持法》的规定，对开垦禁垦陡坡地的行为、开垦禁垦坡度以下、5°以上荒坡地的行为和活动方式由水土保持监督部门进行监督管理。

②对林业生产进行监督　根据《森林法》的规定，采伐森林或林木及林业经营活动由林业主管部门监督实施。

③对交通、水工程、工矿企业生产建设活动的监督　交通、水工程、工矿企业的生产建设活动是水土保持监督的一项重要内容，而且任务十分繁重。根据《水法》《土地管理法》《水土保持法》《渔业法》等规定，主要通过审批方案、现场检查、验收设施等方法进行。

④对取土、挖沙、采石、开垦荒坡地等生产活动的监督　根据《水法》《防洪法》《水土保持法》等的规定，对取土、挖沙、采石、开垦荒坡地等活动可能引起的水土流失、影响行洪安全等进行监督。

⑤对水土资源开发利用的监督　根据《水法》《渔业法》《防洪法》《土地管理法》等的有关规定，对水土资源的开发利用进行监督。

⑥对从事挖药材、样柞蚕、烧砖瓦等副业生产进行监督。

⑦对特殊区域进行监督　根据《环境保护法》的有关规定对自然保护区、国家公园、文物古迹等进行监督检查。

⑧对重要设施进行监督保护。

(4)水土保持执法的主要内容

①对《水土保持法》及《水土保持法实施条例》的贯彻情况实施监督检查；

②审批相应级的开发建设项目水土保持方案，督促开发建设单位编报水土保持方案，监督“三同时”制度的执行；

③征收、使用和管理水土保持设施补偿费和水土流失防治费；

④进行水土保持监测网络的规划、建设与管理，定期公告水土流失状况；

⑤划定水土保持重点预防保护区和重点监督区并实施管理；

⑥核发与管理《编制水土保持方案资格证书》；

⑦对违反《水土保持法》的行为做出行政处理。

总之，水土保持监督执法的内容很广泛，以上仅作简单的概括，需要在实践中根据有关水土保持法律法规和政策的规定不断进行补充和完善，实行全面监督。

10.7　工程验收

10.7.1　一般工程验收

《水土保持综合治理 验收规范》(GB/T 15773—2008)规定了水土保持综合治理验收的分类、各类验收的条件、组织、内容、程序、成果要求、成果评价和建立技术档案。适用于以小流域为单元的水土保持综合治理验收。

(1)验收类型

①单项验收　在小流域综合治理实施过程中，施工承包单位按合同完成了某一单项治理措施时，由实施单位主持单位及时组织验收，评定其质量和数量。对工程较大的治理措施(如大型淤地坝、治沟骨干工程等)，施工单位在完成其中某项分部工程(如土坝、溢洪道、泄水洞等)时，实施主持单位也及时组织验收。

②阶段验收　每年年终，小流域综合治理实施主持单位，按年度实施计划完成了治

理任务时，由项目主管单位组织阶段验收，并对年度治理成果作出评价。

③竣工验收 一届治理期(一般5a左右)末，项目主管单位按小流域综合治理规划全面完成了治理任务时，由项目提出部门组织全面的竣工验收，并评价治理成果等级。

(2)验收共性要求

①三类验收都应有相应的验收条件、组织、内容、程序和成果要求。

②三类验收都应以相应的合同、文件和有关的规划、设计为验收依据。

③三类验收的重点都应是各项治理措施的质量和数量。在竣工验收中，还应着重治理措施的单项效益与综合效益。

(3)技术档案

包括技术档案的基本要求、主要内容和技术档案的管理与使用。

10.7.2 开发建设项目水土保持设施验收

10.7.2.1 水土保持设施验收分级管理

根据《中华人民共和国水土保持法》和《开发建设项目水土保持设施验收管理办法》，开发建设项目水土保持设施经验收合格后，项目方可正式投入生产或者使用，开发建设项目所在地的县级以上地方人民政府水行政主管部门，应当定期对水土保持方案实施情况和水土保持设施运行情况进行监督检查，县级以上人民政府水行政主管部门或者其委托的机构，负责开发建设项目水土保持设施验收工作的组织实施和监督管理。县级以上人民政府水行政主管部门按照开发建设项目水土保持方案的审批权限，负责项目的水土保持设施的验收工作。

县级以上地方人民政府水行政主管部门组织完成的水土保持设施验收材料，应当报上一级人民政府水行政主管部门备案。

10.7.2.2 水土保持设施验收程序

《开发建设项目水土保持设施验收管理办法》第七条规定："在开发建设项目土建完工后，建设单位应当会同水土保持方案编制单位，依据批复的水土保持方案报告书、设计文件的内容及工程量，对水土保持设施情况进行检查，编制水土保持方案实施工作总结报告和水土保持设施竣工验收报告，方可向审批该水土保持方案的机关提出水土保持设施验收申请。"

《开发建设项目水土保持设施验收管理办法》第十一条规定："县级以上人民政府水行政主管部门在受理申请后，应当组织有关单位的代表和专家成立验收组，依据验收申请、有关成果和资料，检查建设现场，提出验收意见，需要先进行评估的开发建设项目，建设单位在提交验收申请时，应当同时附上技术评估报告。建设单位、水土保持方案编制单位、设计单位、施工单位、监理单位、监测报告编制单位应当参加现场验收。"

《开发建设项目水土保持设施验收管理办法》第十三条规定："县级以上人民政府水行政主管部门应当在受理验收申请之日起二十日内作出验收结论，对验收合格的项目，水行政主管部门应当自作出验收结论之日起十日内办理验收合格手续，作为开发建设项目竣工验收的重要依据之一，对验收不合格的项目，负责验收的水行政主管部门应当责令建设单位限期整改，直至验收合格。”

10.7.2.3　水土保持设施验收报告

水土保持设施验收时，建设单位应提交水土保持方案实施工作总结报告和水土保持设施竣工验收报告，根据《开发建设项目水土保持设施验收管理办法》，水土保持方案实施工作总结报告和水土保持设施竣工验收报告主要包括以下内容：

水土保持方案实施工作总结报告

第1章　前言

主要包括工程概况、水土保持方案报批、实施过程情况简介。

第2章　主体工程及水土保持工程概况

主要包括主体工程主要技术经济指标，主要建设内容，有关设计文件批复、调整过程；水土保持方案报批过程，主要建设内容、建设时限、投资概算，水土保持方案中确定的防治措施设计落实、调整情况。

第3章　工程建设管理

(1)组织领导，包括水土保持工作领导及具体管理机构，水土保持工程建设、设计、施工、监理单位；(2)规章制度，包括有关水土保持工程建设过程中建立的各类规章、制度、办法；(3)监督管理，包括各级水行政主管部门及水土保持监督管理部门检查、监督情况；(4)建设过程，包括水土保持工程招标投标过程，合同及其执行情况，施工材料采购及供应；(5)建设监理，包括监理规划及实施细则，监理制度、机构、人员、检测方法，水土保持工程的质量、进度、投资控制情况；(6)工程投资，包括批准的水土保持投资概算，资金到位时间，年度安排，概算调整情况，经费支出；(7)完成主要工程，包括治理措施类型及数量变更情况，实际完成水土保持工程、植物、临时防护工程等的类型、数量，与设计工程量增减情况及原因分析。

第4章　经验、存在问题及建议

主要包括在水土保持方案实施过程的主要经验，目前存在的主要问题，对今后管理运行的建议。

第5章　运行管理

主要包括水土保持工程移交、使用，管理维修养护责任、办法。运行期水土保持监测任务。

第6章　附件

主要包括：水土保持方案及其批复文件；水土保持工程设计批复文件；水土保持工程设计变更审批文件；投资到位及使用情况说明；有关水行政主管部门的监督检查意见；主体工程总平面图。

水土保持设施竣工验收技术报告

第1章　简要说明

主要包括有关水土保持方案实施情况说明

第2章 防治责任范围

主要包括批复的水土流失防治责任范围与实际发生的责任范围对比，调整变化的原因。

第3章 工程设计

主要包括水土保持方案确定的水土保持措施，在设计报告中的设计要点，重大设计变更。

第4章 施工

主要包括工程量及进度，各项防治工程完成的数量、实施时间，与批准的方案实施时间、工程量比较，并分析其原因；施工质量管理。施工单位质量保证体系，建设单位和监理单位的质量控制体系，施工事故及其处理；工程建设大事。包括有关批文，较大的设计变更，有关合同协议，重要会议等；价款结算。批准的工程量及其投资，施工合同价与实际结算价对比，分析增减的原因。

第5章 工程质量

主要包括水土保持工程的分部工程的情况；监理工程师、质量监督机构的质量检验结果及质量评定；初步验收确定的各分部工程的质量等级；对整体水土保持工程质量评价。

第6章 工程初期运行及成效评价

主要包括工程运行情况。各项水土保持工程建成运行后，其安全稳定性、暴雨后的完好情况，工程维修、植物补植情况；工程效益：(1)水土流失治理。工程试运行期间控制水土流失面积，治理水土流失面积及治理程度，项目区水土流失强度变化值。废弃土、石、渣的拦挡量、拦渣率，各类开挖面、拆除后的施工营地的平整、护砌量，植被恢复数量；(2)植被变化。建设前、施工期间、竣工后林草植被面积，植被恢复指数；(3)土地整治及生产条件恢复，土地整治率，施工临时占用耕地的恢复数量，土地生产力恢复能力；(4)水土流失监测。根据水土流失专项监测报告，提出施工期间、工程运行后水土流失量，是否达到国家规定的限值。对水系、下游河道径流泥沙影响，水土流失危害情况变化；(5)综合评价。主体工程建设对水土流失及生态环境的实际影响范围、程度、时间，水土保持工程的控制效果，防治成效。

第7章 附件及有关资料

主要包括：工程竣工后水土流失防治责任范围图；水土保持工程设计文件、资料；水土保持工程施工合同、验收报告；工程质量等级评定报告；水土流失专项监测报告；水土保持设施竣工验收图；水土保持工程实施过程中的影像资料。

本章小结

水利工程的建设程序分为8个阶段，即项目建议书、可行性研究报告、初步设计、施工准备(包括招标设计)、建设实施、生产准备、竣工验收、项目后评价等阶段。项目建议书是开展可行性研究工作的依据。项目建议书编制阶段的主要工作，是在批准的项目总体规划指导下，对拟建项目的基本情况做概要说明，对项目建设的必要性和合理性做重点分析和论证。

可行性研究阶段的工作主要是对项目的技术、经济、社会、环境的可行性做重点阐述，确定项目范围、建设地点和数量，基本确定防治总体布局方案、各类型区的各项防治措施及工程量，初步确定技术方案、施工方法和进度控制及建设管理方案，提出较准确的投资估算和经济评价指标。

水土保持工程初步设计是在认真做好调查、勘测、试验和研究及取得可靠资料数据的基础上，进行分析、论证和方案比较等，得出结论并进行设计，对可研阶段的成果报告进行复核，按批复文件的要求，对工程设计做必要的补充。

在水土保持生态工程建设实施阶段实行项目法人责任制、招标投标制、建设监理制“三制”管理。

思考题

1. 什么是基本建设？我国基本建设的程序是什么？
2. 试比较水土保持生态工程项目可行性研究报告与初步设计报告的不同之处。
3. 简述水土保持工程投资费用构成。
4. 简述“三制”管理的内容及意义。
5. 简述水土保持规划的主要内容。
6. 说明施工阶段监理工作程序。
7. 简述监理工程师对水土保持工程质量、进度、投资控制的意义。
8. 监理工程师进度控制的任务是什么？
9. 简述施工阶段监理投资控制的程序。
10. 简述我国水土保持法规体系。

本章推荐阅读书目

1. 水利部水土保持司，水利部水土保持监测中心．2001. 水土保持生态建设法规与标准汇编[M]. 北京：中国标准出版社．

2. 中华人民共和国水利部．2006. 水土保持规划编制规程[S]. 北京：中国水利水电出版社．

3. 吴发启．1996. 水土保持规划学[M]. 西安：陕西地图出版社．

参考文献

姜德文．2002. 生态工程建设监理[M]. 北京：中国标准出版社．

水利部水土保持司、水利部水土保持监测中心．2001. 水土保持生态建设法规与标准汇编(1～4卷)[M]. 北京：中国标准出版社．

水利部水土保持司、水利部水土保持监测中心．2001. 水土保持生态建设项目前期工作培训教材[M]. 北京：中国标准出版社．

余新晓，毕华兴．2013. 水土保持学[M]. 北京：中国林业出版社．

赵廷宁，赵永军．2012. 水土保持项目管理[M]. 北京：中国林业出版社．

中华人民共和国水利部．2003. 水土保持工程概算定额[M]. 郑州：黄河水利出版社．